建设工程图识读一本通系列

建筑装饰装修工程制图与识图

第 2 版

沈百禄　编著

机 械 工 业 出 版 社

本书是“建设工程图识读一本通系列”丛书之一，其主要内容包括建筑装饰工程制图的基本概念、视图的基础知识、轴测投影、透视投影、家具设计图的识读及绘制、房屋建筑施工图的识读、建筑室内结构设施与设备安装图识读和建筑装饰装修工程图识读等内容。

本书专为室内设计专业、建筑装饰工程专业的大中专院校教学人员、装饰工程设计人员和工程现场管理与施工人员编写，内容贴近工程实际，且涉及面宽。另外，选用了大量的图表，使内容更加生动易懂。

本书可作为大中专院校的相关专业的教材，也可作为教学参考书或各类专业人员的自学用书。

图书在版编目（CIP）数据

建筑装饰装修工程制图与识图/沈百禄编著. —2版. —北京：机械工业出版社，2010.4（2014.8重印）
（建设工程图识读一本通系列）
ISBN 978-7-111-29962-2

Ⅰ.①建… Ⅱ.①沈… Ⅲ.①建筑装饰-建筑制图②建筑装饰-建筑制图-识图法 Ⅳ.①TU238

中国版本图书馆CIP数据核字（2010）第036150号

机械工业出版社（北京市百万庄大街22号 邮政编码100037）
策划编辑：薛俊高 责任编辑：薛俊高 张大勇
版式设计：霍永明 责任校对：吴美英
封面设计：陈 沛 责任印制：刘 岚
北京京丰印刷厂印刷
2014年8月第2版·第6次印刷
184mm×260mm·15.5印张·382千字
标准书号：ISBN 978-7-111-29962-2
定价：29.80元

凡购本书，如有缺页、倒页、脱页，由本社发行部调换

电话服务
社服务中心：（010）88361066
销售一部：（010）68326294
销售二部：（010）88379649
读者购书热线：（010）88379203

网络服务
门户网：http：//www.cmpbook.com
教材网：http：//www.cmpedu.com
封面无防伪标均为盗版

再版前言

本书自2007年第1版问世后，得到了读者和市场的基本肯定，但面对日益兴旺的建筑装饰装修市场和渴望早日掌握专业知识和专业技能的广大室内设计专业的学生，我明显感觉到专业教材的落后，同时，在自己的教学过程中，发现了我编著的《建筑装饰装修工程制图与识图》2007年版中存在着一些不足。这次经与出版社商榷，决定革新再版。

这次再版有以下几个特点：

1. 增加了“习题”的内容，其中大多数习题是我在日常教学中一贯使用的，被实践证明对学生提高空间概念、加强逻辑思维和增强绘图能力等诸方面是非常有效的，有不少习题是我自编自创的。

2. 对第四章——透视投影的内容作了全面地调整和改换，把以前在理论上深奥难懂、绘图时操作繁琐的内容改成学习易懂、绘图简便的新方法，有些方法是本人在综合多种方法后新创的。这些方法运用在我的实践教学中时，一般通过三、四小时的教与学，大多数学生就学会了。

3. 精减了一部分与本书主题关系不够密切的内容，如在第五章——家具设计图的识读与绘制中的“家具的接合方法”，这些方法在后述的内容中也有部分提及，故没有必要太详细地说明。

4. 保持了重视重点内容的特点，如第一章通过对“几何作图”的介绍和练习，使学生重视起图案设计；如第二章既要培养学生的空间概念，又避开了一些深奥复杂的“画法几何”问题。

最后说明两点：

1. 本人认为，本书不仅可以作为建筑装饰工程设计与施工第一线广大工程管理、设计人员、工程技术人员的工作工具书和参考书，更可以作为大、中专和职业高中相关专业学生的教材或教学辅导书。

2. 尽管本人作出了努力，但由于能力有限，加之时间紧迫，不足与错误在所难免，所有不当之处，谨请谅解与指正。

编著　沈百禄

目 录

第1章　概　　述

1.1　建筑室内装饰工程图的基本知识

1.1.1　建筑室内装饰工程图的概念及作用

建筑装饰工程图是设计人员按照一定的投影原理，用各种线条、符号、文字和数字等给出的图样，用以表达设计思想、装饰结构、装饰造型及饰面处理要求等，并应遵照国家有关建筑及装饰设计的规范和标准。

室内装饰工程的图样设计与许多领域的相关科学知识和专业要求有关，是一门新兴的、交叉的边缘学科，它不仅要求设计者具有相关的建筑工程知识，还必须具有装饰工程制图、建筑美学、人体工程学、环境心理学、环境物理学、环境保护学及环境美学、装饰材料学、装饰施工、装饰工程经济、建筑风水学等方面的知识。每一项室内装修工程都是一项比较复杂的综合性建设工程。所以，室内装饰装修工程的图样种类，既有建筑工程施工图样，也有家具、木制品施工图样、采暖通风管线施工图样，电气安装图样等。

由于这些图样都是按照国家颁布的相应的设计标准绘制的，因此，室内装饰工程图的第一个作用就体现为是装饰工程建设的依据。

其次，设计、生产、施工和监理所用的是同一套图样，为了使生产或施工者严格按照设计图样进行作业，从而充分体现设计者的意图，使产品或作业有一个统一的技术规范，以保证产品或施工作业的质量，故室内装饰工程图又起到一种技术语言的作用。

再者，室内装饰工程图在甲方（建设方、用户或设计方）与乙方（设计方、生产方或施工方）之间形成一座“桥梁”，是合同各方对合同标的之艺术性、功能性、技术性，以及质量要求和造价要求等的总合。

1.1.2　室内装饰工程图的特点

室内装饰工程图样主要涉及建筑装饰施工基本图样、室内装饰结构施工图样、设备安装施工图样等多种。

建筑装饰施工基本图样是工程施工总的指导图样，是保证建筑建设效果的实施依据。与工程建设有关的各个分项工程必须从属于建筑施工基本图样。各个工种的施工图样必须以建筑施工基本图样为准。建筑装饰施工基本图样主要有总平面图、室内平面布置图、建筑内外立面图、天花图及建筑的各种立体效果图等。

室内装饰结构施工图样是建筑室内结构的具体结构形式图样，有建筑室内结构施工图样、室内结构详图等。

设备安装施工图样是室内附属设施、设备的安装图样，主要有家具布置及木工图样、水暖管线施工图样、电气安装施工图样等多种类型。

各种建筑装饰施工所用的图样是在确立了建筑平面图、立面图、剖面图的基础上绘制的，它能够表达建筑物的总体布局、外部造型、内部布置、细部构造、内外装饰以及一些固定设施和施工要求，其中包括建筑材料、建筑构配件、尺寸关系的表达，可作为建筑主体结构、内外装饰的施工依据。

建筑总平面图有两类：一类是规划图，另一类是建筑物的平面图。规划图主要是表达建筑物环境的施工图，从事室内装修的人员接触较少。但是在室内设计中，往往采用规划图中绿化图例的绘制方法绘制室内景点布置图。

建筑物的平面图主要用于表达建筑物的平面形状、水平方向各个部分的布置与组合关系，如各个房间的平面形状、交通通道的布置、出入口的走向、门窗与构造柱的位置，建筑构造水平断面的形状、大小等；室内平面布置图是在建筑平面图的基础上，按室内设计要素进行平面家具、设备等的布置。

建筑室内的天花图也是建筑平面图的一种，多年以来在建筑装饰行业内部有一个约定俗成的画法，即为了画图的方便和更容易识读图样，天棚图样的绘制不采用第一角投影的仰视图画法，而是采用与室内地面图样相对应同样视点的投影图，这样更容易与地面位置相对照，无论是制图还是识图都更加容易简便，这种画法称为“镜像画法”。

建筑内外立面图主要是表达建筑本身的立面、剖面、构造等的图样，包括室内的门窗、管线、构造设施的高度、宽度位置，室内墙面上的各种装饰设计，以及表达建筑构造、材料详图等。

室内结构施工图样是表达建筑室内具体构造的图样，主要是建筑室内的各种局部剖面、材料和工艺的表达。它主要有建筑室内的各种构造设施的垂直和水平剖面图样、局部剖面图样、建筑室内局部放大图样，以及各种家具、室内设备、附属设施的陈设位置等等多种。

建筑的尺寸标注是以轴线为尺寸依据，标注时尺寸界线的起止符号经常采用 450 中粗斜短线“/”；高度有尺寸和标高符号，可以标注至小数点后三位 0.000；图例符号从属于建筑制图标准，以土建工程材料和设备为主。

建筑室内的立体效果图样，除了采用透视图以外（图 1-1），还经常采用机械制图中的轴测图（图 1-2）。

图 1-1　室内设计透视图

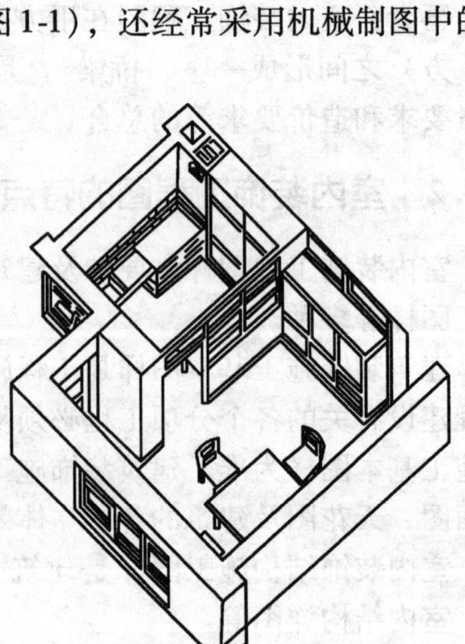

图 1-2　室内设计轴测图

1.2 室内装饰工程图绘制的基本知识

1.2.1 绘图仪器及用品简介

目前，尽管装饰工程设计、施工中所使用的施工图大多是用计算机绘制的，但在学习制图时仍然要了解和熟悉传统的制图工具和用品的性能、特点和使用方法等。

1. 常用制图工具

（1）图板　图板（图 1-3a）用于固定绘图纸，要求图板角边相互垂直，图板板面平滑无节。常用的图板规格有 0 号（900mm × 1200mm）、1 号（600mm × 900mm）和 2 号（450mm ×600mm），绘制时应根据图纸幅面的大小来选择图板。

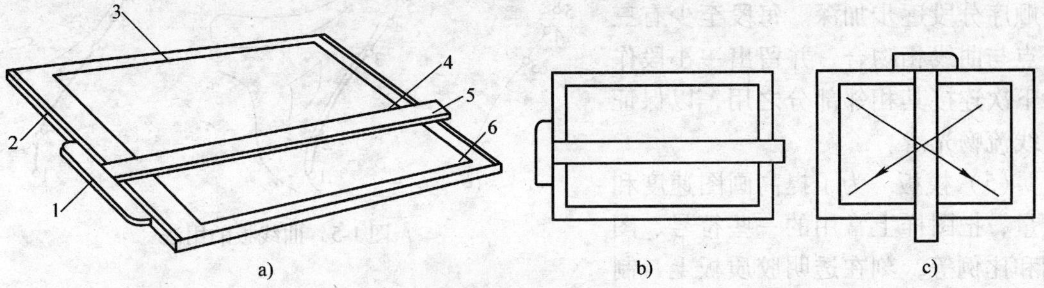

图 1-3　图板及丁字尺用法

a）图板和丁字尺　b）正确　c）错误

1—尺夹　2—图板导边　3—图板工作面　4—丁字尺的工作面　5—尺身　6—图纸

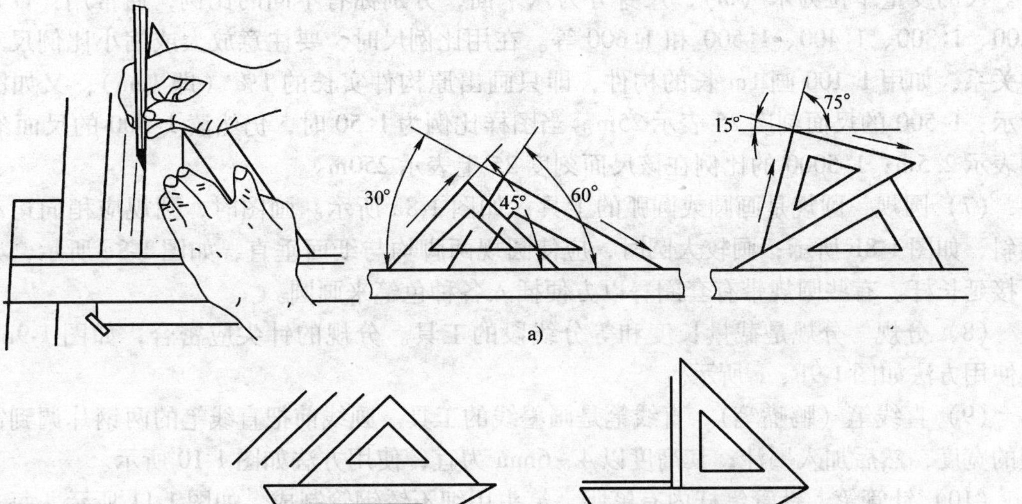

图 1-4　三角板使用方法

a）用三角板画垂直线和 15°、30°、45°、60°、75°斜线　b）用三角板画平行线和垂直线

（2）丁字尺　丁字尺和图板相配合主要用来画水平线。应当注意，画水平线时，尺头内侧必须紧靠着图板的左边，线条沿着尺身的工作边自左向右画出，如图1-3b所示。不允许将尺头靠在图板其他侧边画线，以避免图板各边不垂直时，画出的图线不准确，如图1-3c所示。

（3）三角板　三角板是制图的主要工具之一。三角板与丁字尺配合使用时，可用来画垂直线和画特殊角度（15°、30°、45°、60°、75°）线，如图1-4a所示。用两块三角板配合使用时，也可以画平行线或垂直线，如图1-4b所示。

（4）曲线板　曲线板（图1-5）是用来画非圆曲线的工具。画图时，先定出要画曲线上的若干点，并用笔徒手顺着各点轻轻地、流畅地画出曲线，然后选用曲线板上曲率合适的部位，从起点到终点按顺序分段逐步加深。每段至少有三个点与曲线相吻合，并留出一小段作为下次连接其相邻部分之用，以保证曲线流畅光滑。

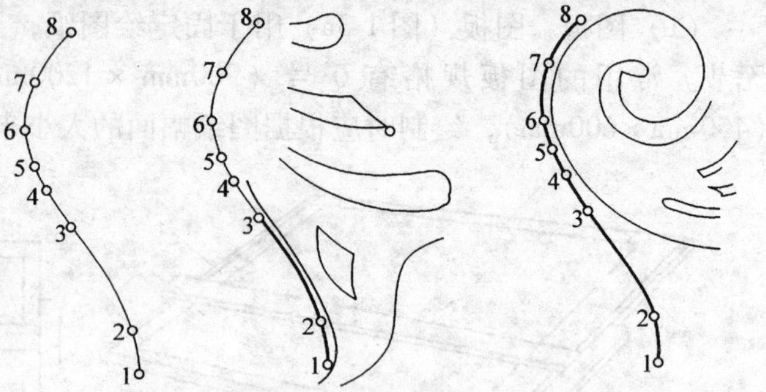

图1-5　曲线板的用法

（5）模板　为了提高画图速度和质量，把图样上常用的一些符号、图例和比例等，刻在透明胶质板上，制成模板使用。常用的模板有建筑模板（图1-6a）、装饰模板（图1-6b）和结构模板等不同用途的模板。

（6）比例尺　比例尺又称为三棱尺，如图1-7a所示。它是根据一定比例关系制成的尺子。尺的度量单位为米（m），尺身分为六个面，分别标有不同的比例，通常用：1∶100、1∶200、1∶300、1∶400、1∶500和1∶600等。在用比例尺时，要注意放大或缩小比例尺和实长的关系，如用1∶100画1m长的构件，即只画出原构件实长的1%（即1cm）；又如图1-7b所示：1∶500的尺面刻度25表示25m。当图样比例为1∶50时，仍然读1∶500的尺面刻度25则表示2.5m；1∶5000的比例在该尺面刻度25上表示250m。

（7）圆规　圆规是画圆或圆弧的工具，如图1-8a所示。画图时，圆规应稍向运动方向倾斜，如图1-8b所示；画较大圆时，应使圆规两脚均与纸面垂直，如图1-8c所示，必要时可接延长杆。有些圆规带有套圈，以方便插入各种色笔来画圆。

（8）分规　分规是截量长度和等分线段的工具。分规的针尖应密合，如图1-9a所示。其使用方法如图1-9b、c所示。

（9）直线笔（鸭嘴笔）　直线笔是画墨线的工具。画线前把直线笔的两钢片调到需画线型的宽度，然后加入墨汁，其高度以4～6mm为宜，使用方法如图1-10所示。

（10）针管笔　针管笔杆内有笔胆，笔头用细不锈钢管制成，如图1-11所示。每支针管笔只能画出一种线型，可根据图线的粗细来选择0.2～1.2mm几种规格的针管笔，可直接用它来代替鸭嘴笔绘图，使用与携带均很方便。

2. 制图用品

（1）绘图铅笔　绘图铅笔的铅芯硬度用B和H标明。B～6B表示软铅芯，数字愈大，铅芯愈软；H～6H表示硬铅芯，数字愈大，铅芯愈硬；HB表示中等硬度。画底图时一般用

H 或 2H 型铅笔，加深、加粗图线时一般用 HB 或 B 型铅笔。

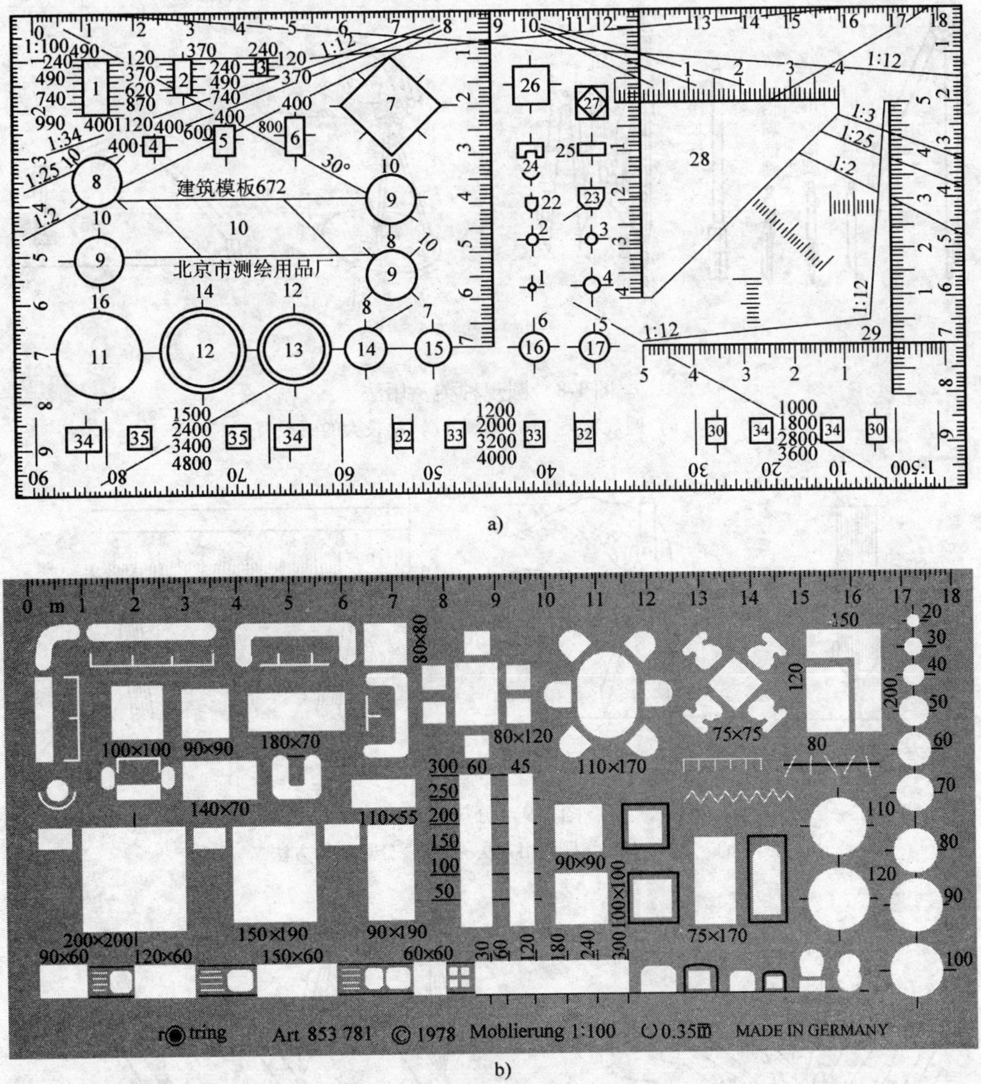

图 1-6　模板

a）建筑模板　b）装饰模板

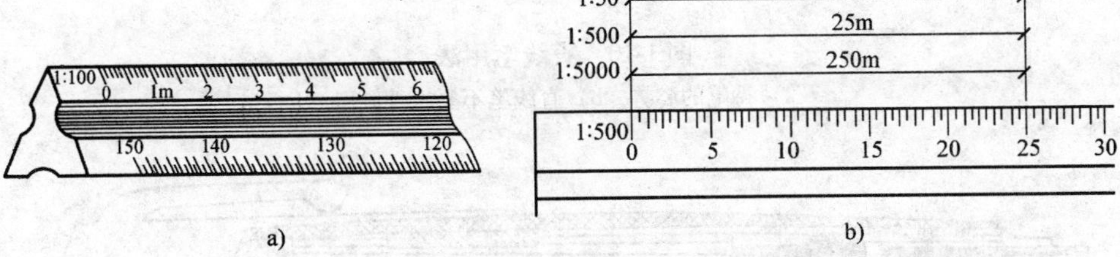

图 1-7　比例尺的用法

a）比例尺　b）比例尺的换算

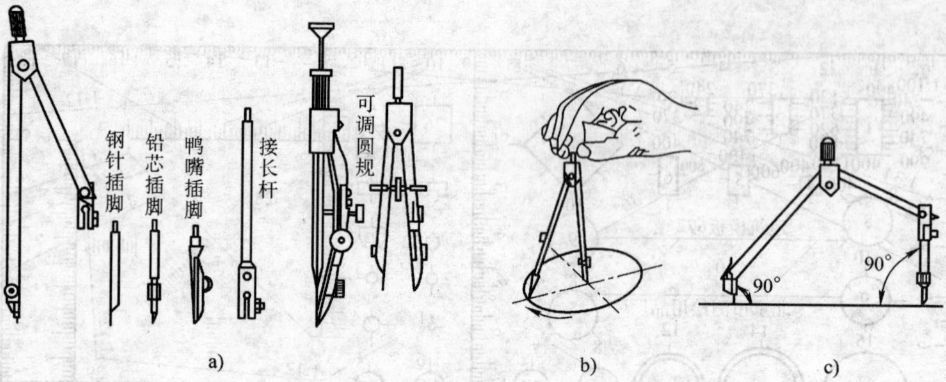

图 1-8　圆规种类及用法

a）圆规种类　b）绘圆　c）绘较大的圆

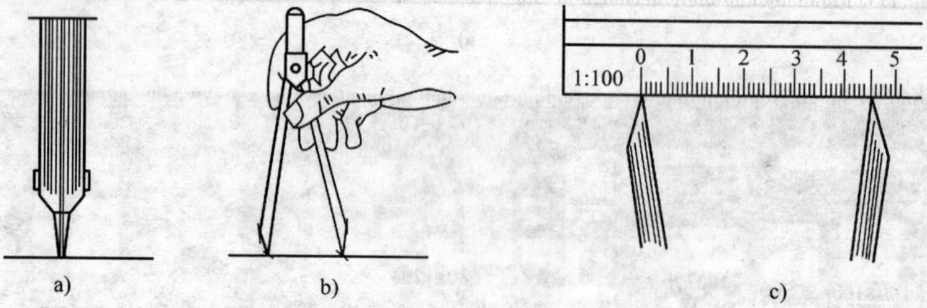

图 1-9　分规用法

a）分规　b）分规使用方法一　c）分规使用方法二

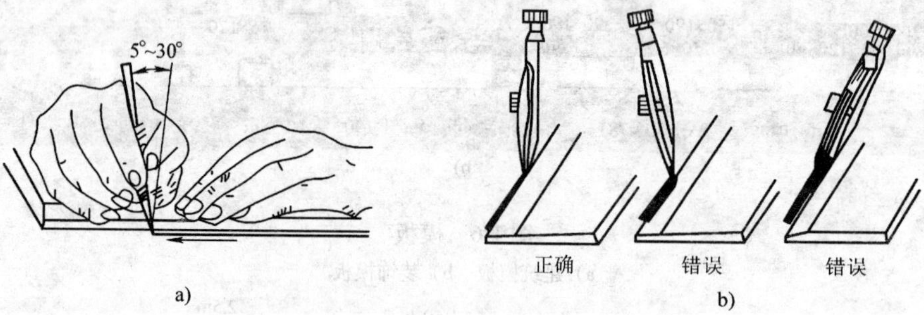

图 1-10　直线笔用法

a）持笔的姿势　b）直线笔不要内外倾斜

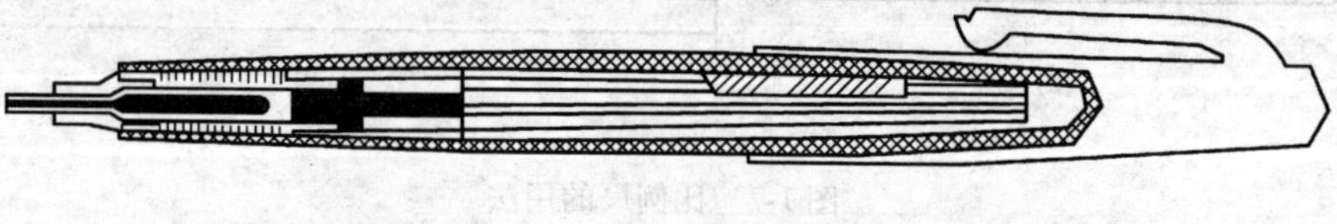

图 1-11　针管笔

（2）图纸　绘图时需要绘图纸，绘图纸要求质地坚实、纸面洁白，以橡皮擦拭不起毛为佳。

（3）其他制图用品　其他制图用品包括橡皮、擦线板、小刀、砂纸和透明胶带等。

1.2.2　室内装饰工程图的基本标准

为了使房屋建筑制图规格统一，便于交流，符合设计、施工和存档的要求，兼顾手工制图与计算机制图的各自特点，中华人民共和国建设部于2001年11月1日对原标准作了修订，发布了新的有关房屋建筑制图国家标准（简称国标），于2002年3月1日在全国范围内实施。

房屋建筑制图国家标准共六种：《房屋建筑制图统一标准》GB/T 50001—2001、《总图制图标准》GB/T 50103—2001、《建筑制图标准》GB/T 50104—2001、《建筑结构制图标准》GB/T 50105—2001、《给水排水制图标准》GB/T 50106—2001、《暖通空调制图标准》GB/T 50114—2001。标准对建筑工程图的有关内容作了具体规定，供设计绘图时参照执行。

本节仅介绍国标中关于图纸幅面及格式、比例、字体、图线及尺寸标注等基本规定。

1. 图纸幅面和标题栏（GB/T 50001—2001）

为了合理使用图纸，便于资料管理，工程图纸的幅面及图框尺寸，应符合表1-1的规定。由表可知基本图纸幅面的规格尺寸有五种，以A0、A1、A2、A3、A4为其代号。其中，A0图纸的幅面最大，面积为$1m^2$，A4图纸的幅面最小。图纸幅面的大小是按宽（b）×长（l）确定的，且$l=\sqrt{2}b$。各号图幅间的关系是：前一号幅面的图纸沿长边对开，即为后一号图纸的幅面，如图1-12所示。

表1-1　幅面及图框尺寸

幅面代号 / 尺寸代号	A0	A1	A2	A3	A4
$b \times l$	841×1189	594×841	420×594	297×420	210×297
c	10			5	
a	25				

图纸以短边作为垂直边称为横式，以短边作为水平边称为立式。一般A0～A3图纸宜横式使用。图纸格式如图1-13、图1-14、图1-15所示。图纸长边可以加长，加长后的图纸尺寸参见表1-2。

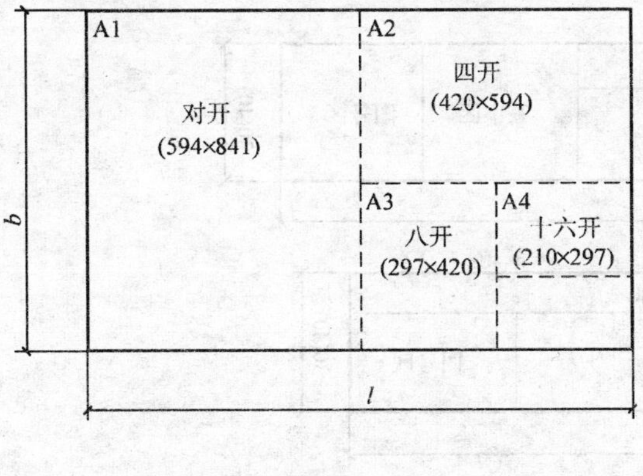

图1-12　各号图幅间的关系

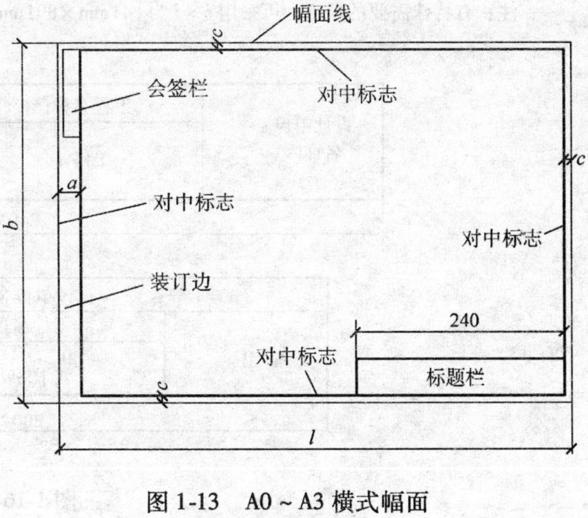

图1-13　A0～A3横式幅面

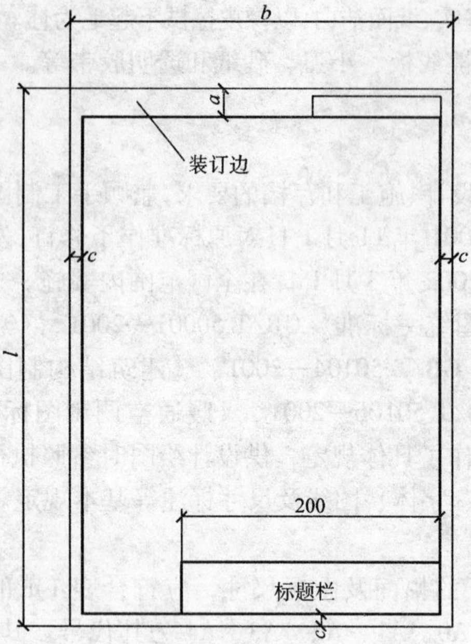

图 1-14　A0 ~ A3 立式幅面

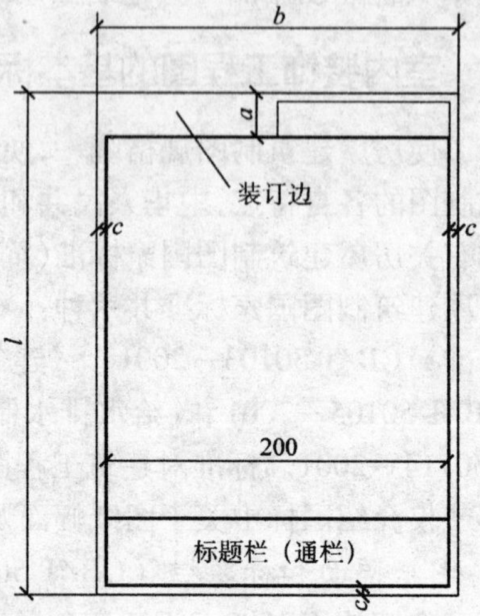

图 1-15　A4 立式幅面

图纸的标题栏，位于图纸右下角，与看图的方向一致，用于填写图名、图号以及设计人、制图人、审批人的签名和日期等，如图 1-16 所示，GB/T 50001—2001 提供了两种标题栏，供设计时选用。

表 1-2　图纸长边加长尺寸

幅面尺寸	长边尺寸	长边加长后尺寸
A0	1189	1486 1635 1783 1932 2080 2230 2378
A1	841	1051 1261 1471 1682 1892 2102
A2	594	743 891 1041 1189 1338 1486 1635 1783 1932 2080
A3	420	620 841 1051 1261 1471 1682

注：有特殊需要的图纸，可采用 $b \times l$ 为 841mm × 891mm 与 1189mm × 1261mm 的幅面。

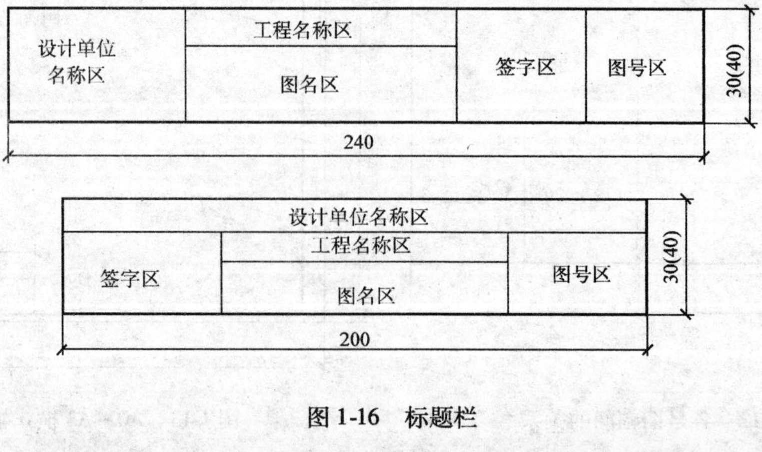

图 1-16　标题栏

2. 图线（GB/T 50001—2001）

建筑工程图中图线的粗细，视图样的比例大小和图中线条的疏密程度选用表 1-3 中的线宽组。同一张图纸内，相同比例的各图样，应选用相同的线宽组。

表 1-3　线　宽　组

线宽比	线宽组					
b	2.0	1.4	1.0	0.7	0.5	0.35
0.5*b*	1.0	0.7	0.5	0.35	0.25	0.18
0.25*b*	0.5	0.35	0.25	0.18	—	—

为了表示不同的内容，分清主次，图样须使用不同的线型及粗细的图线来绘制。表 1-4 对各种图线的线型、线宽作了明确的规定。图 1-17 是图线在工程图中的应用举例。

表 1-4　图线的线型、线宽和用途

名称		线型	线宽	一般用途
实线	粗		*b*	主要可见轮廓线 剖面图中被剖着部分的主要结构构件轮廓线、结构图中的钢筋线、建筑或构筑物的外轮廓线、剖切符号、地面线、详图标志的圆圈、图纸的图框线、新设计的各种给水管线、总平面图及运输中的公路或铁路路线等
实线	中		0.5*b*	可见轮廓线 剖面图中被剖着部分的次要结构构件轮廓线、未被剖着但仍能看到而需要画出的轮廓线、标注尺寸的尺寸起止 45° 短画线、原有的各种水管线或循环水管线等
实线	细		0.25*b*	尺寸界线、尺寸线、材料的图例线、索引标志的圆圈及引出线、标高符号线、重合断面的轮廓线、较小图形中的中心线
虚线	粗		*b*	新设计的各种排水管线、总平面图及运输图中的地下建筑物或构筑物等
虚线	中		0.5*b*	需要画出的看不到的轮廓线 建筑平面图运输装置（例如桥式吊车）的外轮廓线、原有的各种排水管线、拟扩建的建筑工程轮廓线等
虚线	细		0.25*b*	不可见轮廓线、图例线
单点长画线	粗		*b*	结构图中梁或框架的位置线、建筑图中的吊车轨道线、其他特殊构件的位置指示线
单点长画线	中		0.5*b*	见有关专业制图标准
单点长画线	细		0.25*b*	中心线、对称线、定位轴线 管道纵断面图或管系轴测图中的设计地面线等
双点长画线	粗		*b*	预应力钢筋线
双点长画线	中		0.5*b*	见各有关专业制图标准
双点长画线	细		0.25*b*	假想轮廓线、成型前原始轮廓线
折断线			0.25*b*	不需要画全的断开界线
波浪线			0.25*b*	不需要画全的断开界线 构造层次的断开界线
加粗线			1.4*b*	地平线、立面图的外框线等

图线画法的注意事项：

1）单点长画线或双点长画线，当在较小图形中绘制有困难时，可用实线代替。

2）单点长画线或双点长画线的两端，不应是点。点画线与点画线交接或点画线与其他图线交接时，应是线段交接。

3）虚线的实线段和间隙应各自等长，一般实线段和间隙分别为 2 ~ 3mm、0.8mm 左右。虚线交接或虚线与其他图线交接时，应是线段交接，虚线为实线的延长线时，不得与实线连接。

4）图线不得与文字、数字或符号重叠、混淆，不可避免时，应首先保证文字等的清晰。具体画法如图 1-18 所示。

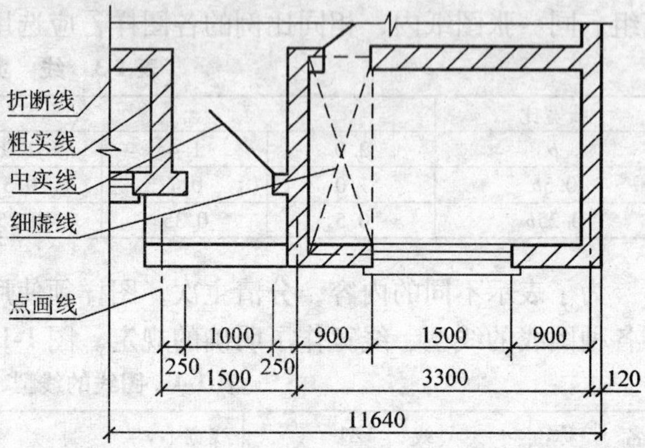

图 1-17　图线在工程图中应用

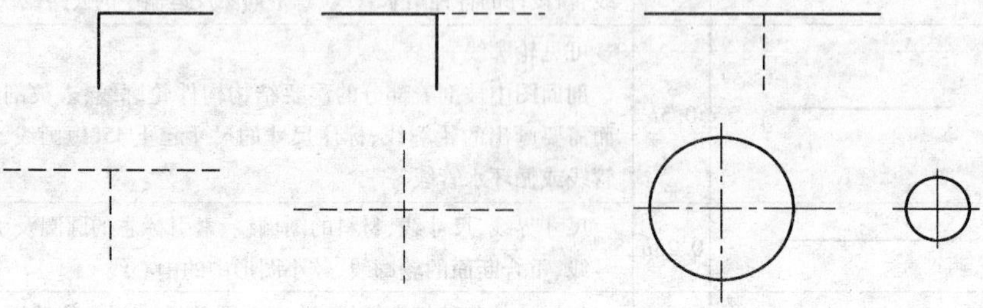
图 1-18　实线、虚线、点画线画法举例

3. 字体（GB/T 50001—2001）（技术制图字体 GB/T 14691—1993）

工程图样上常用的文字有汉字、阿拉伯数字、拉丁字母，有时也用罗马数字、希腊字母。为了保证图样的规范性和通用性，图样上文字的书写必须做到：字体端正、笔画清晰、间隔均匀、排列整齐，且标点符号清楚正确。

（1）汉字　国标规定，图样及说明中的汉字应采用长仿宋体，并采用国家正式公布的简化字。

汉字的字号以字体的高度 h（单位为 mm）表示，最小高度为 3.5mm，常用字号共 6 种，按$\sqrt{2}$的比值递增。长仿宋字体字宽与字高之比等于 $1/\sqrt{2}$。

书写长仿宋体字的基本要领可归纳为：横平竖直、起落有锋、结构匀称、填满方格。

（2）字母和数字　拉丁字母、阿拉伯数字或罗马数字同汉字并列书写时，它们的字高比汉字的字高宜小 1 ~ 2 号，且不应小于 2.5mm。

拉丁字母、阿拉伯数字或罗马数字都可以写成竖笔铅垂的直体字或竖笔与水平线成 75°的斜体字，如图 1-19 所示。

4. 比例（GB/T 50001—2001）

工程图样中图形与实物相对应的线性尺寸之比，称为比例。

图 1-19　字母和数字示例

比例应以阿拉伯数字表示，比例符号为“:”。在建筑工程图中，比例应书写在图名的右侧，其字号应比图名的字号小 1 ~ 2 号。图名下应画一条粗实线，其长度与图名文字所占长度相同，如图 1-20 所示。

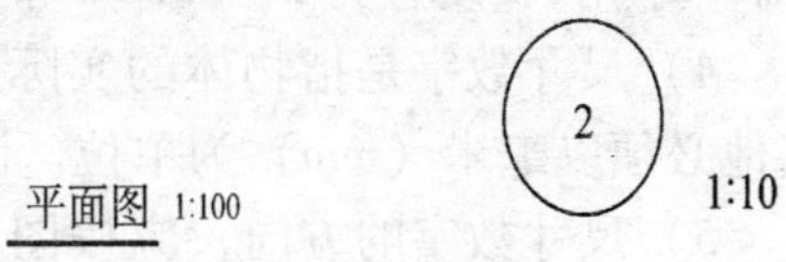

图 1-20　比例的注写

比例的大小是指其比值的大小，分为原值比例（比值为 1 的比例，即 1:1）、放大比例（比值大于 1 的比例，如 2:1、5:1 等）和缩小比例（比值小于 1 的比例，如 1:100、1:500）等。

绘图所用比例，应根据图样的用途与被绘对象的复杂程度，从表 1-5 中选取，并优先选用常用比例。注意：不论选用何种比例绘图，图上所注尺寸都为物体的实际尺寸，与比例无关，即标注尺寸不随绘图比例变化。

表 1-5　绘图所用的比例

常用比例	1:1、1:2、1:5、1:10、1:20、1:50、1:100、1:150、1:200、1:500、1:1000、1:2000、1:5000、1:10000、1:20000、1:50000、1:100000、1:200000
可用比例	1:3、1:4、1:6、1:15、1:25、1:30、1:40、1:60、1:80、1:250、1:300、1:400、1:600

5. 尺寸标注（GB/T 50001—2001）

工程图样除了按比例绘制物体的形状外，还必须标注完整、准确的实际尺寸，以作为施工、验收等的依据。

（1）尺寸标注的基本规定　图样中的尺寸，由尺寸界线、尺寸线、尺寸起止符号和尺寸数字四个要素组成，如图 1-21 所示。

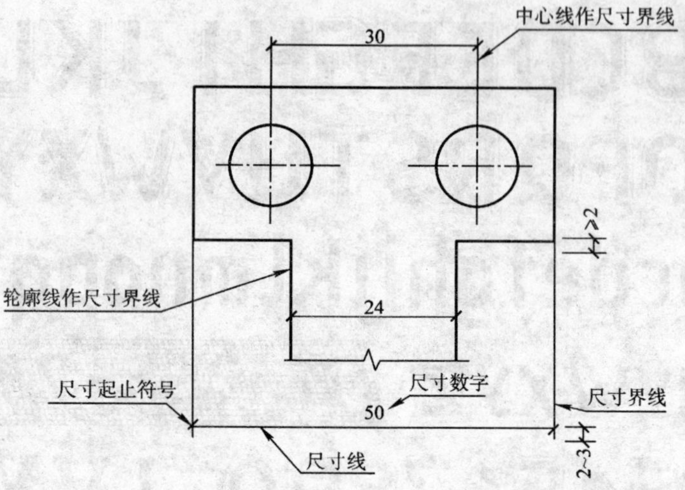

图 1-21　尺寸的组成

1）尺寸界线应用细实线绘制，一般应与被注长度垂直，其一端应离开图样轮廓线不小于 2mm，另一端宜超出尺寸线 2 ~ 3mm（定位轴线做尺寸界线时例外）。图样轮廓线、中心线等可用作尺寸界线，必要时，轮廓线作尺寸界线。

2）尺寸线采用细实线绘制，应与被注长度平行。图样本身的任何图线均不得作尺寸线。

3）尺寸起止符号（或称尺寸终端）一般用中粗短线绘制，其倾斜方向与尺寸界线成顺时针转 45°角，长度宜为 2 ~ 3mm。半径、直径、角度与弧长的尺寸起止符号，宜用箭头表示。

4）尺寸数字是指物体的实际尺寸。尺寸单位，除标高及总平面以米（m）为单位外，其他必须以毫米（mm）为单位。图样上不注写单位。

5）尺寸数字的方向，应按图 1-22a 所示，即水平尺寸的数字注写在尺寸线上方中部，字头向上；铅垂尺寸的数字注写在尺寸线的左方中部，字头朝左；倾斜尺寸的数字注写在尺寸线上方中部，字头应有朝上的趋势。若尺寸数字在 30°斜线区内，宜按图 1-22b 的形式标注。

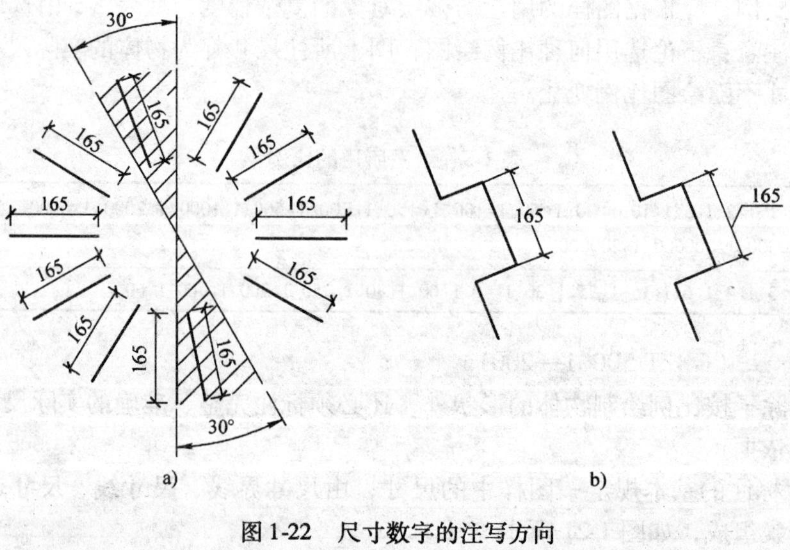

图 1-22　尺寸数字的注写方向

（2）常见的尺寸标注

1）半径、直径、球的尺寸标注。较大圆弧半径的尺寸线，应一端从圆心开始，另一端画箭头指向圆弧。半径数字前应加注半径符号“R”，如图 1-23a。较小圆弧的半径，可按图 1-23b 形式标注。大圆弧的半径，可按图 1-23c 形式标注。

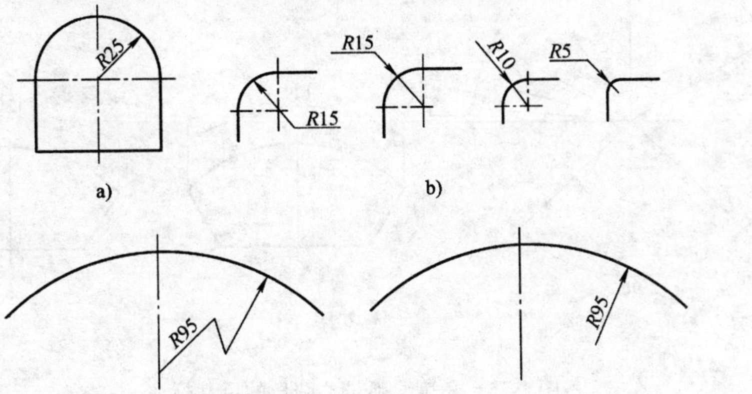

c)

图 1-23　半径的尺寸标注

a）半径的标注方法　b）小圆弧半径的标注方法　c）大圆弧半径的标注方法

标注圆的直径尺寸时，直径数字前应加直径符号“ϕ”。在圆内标注的尺寸线应通过圆心，两端画箭头指至圆孤，如图 1-24a 所示。较小圆的直径尺寸，可标注在圆外，如图 1-24b 所示。

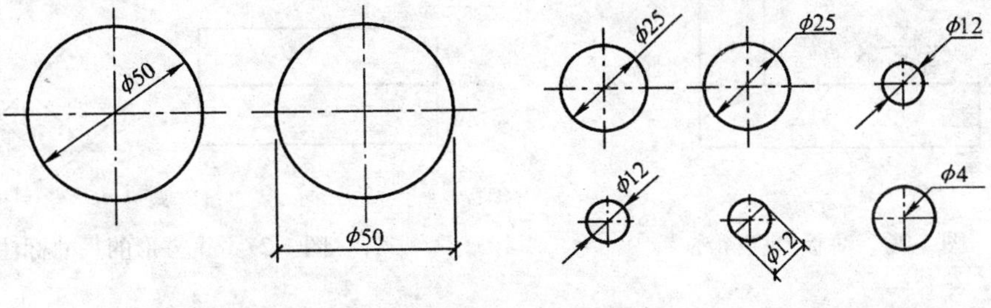

a)　　　　b)

图 1-24　直径的尺寸标注方法

a）圆直径表示法　b）小圆直径的标注方法

标注球的半径或直径尺寸时，分别在尺寸数字前加注符号“SR”或“$S\phi$”。注写方法与圆弧半径和圆直径的尺寸标注方法相同。

2）角度、弧长、弦长的尺寸标注。角度的尺寸线用圆弧表示，圆弧的圆心为该角的顶点，角的两条边为尺寸界线。起止符号为箭头。如角度小无法画箭头，可用圆点代替，角度数字应按水平方向注写，如图 1-25a 所示。

弧长的尺寸线为与该圆弧同心的圆弧，尺寸界线垂直于该圆弧的弦，起止符号用箭头，弧长数字上方加注圆弧符号“ ⌒”，如图 1-25b 所示。

弦长的尺寸线为与该弦平行的直线，尺寸界线垂直于该弦，起止符号用中粗斜短线，如图 1-25c 所示。

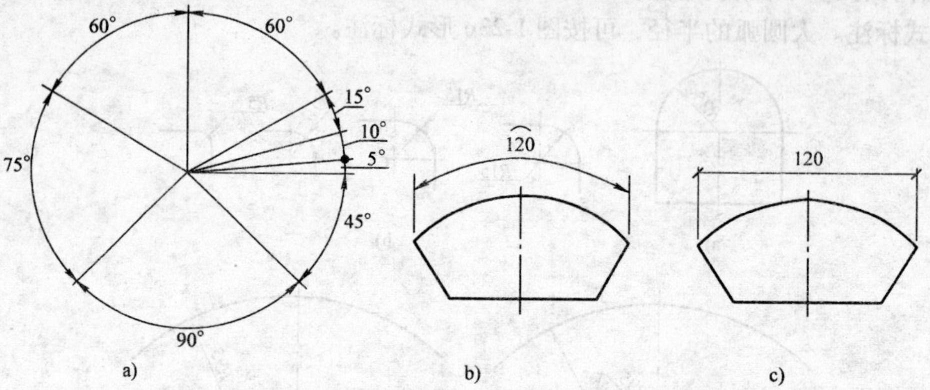

图 1-25　角度、弧长、弦长的尺寸标注

a）角度标注方法　b）弧长标注方法　c）弦长标注方法

3）薄板厚度、正方形、坡度、非圆曲线的标注。在薄板板面标注板厚时，应在厚度数字前加厚度符号“*t*”，如图 1-26 所示。

在正方形侧面标注该正方形的尺寸时，可用“边长 × 边长”的形式，也可在边长数字前加正方形符号“□”如图 1-27 所示。

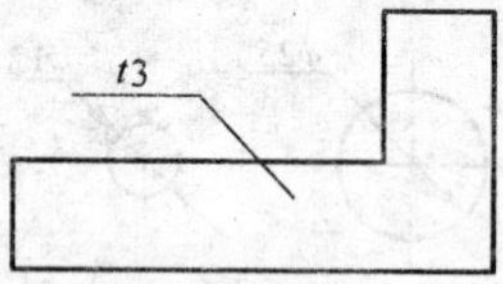

图 1-26　薄板厚度标注

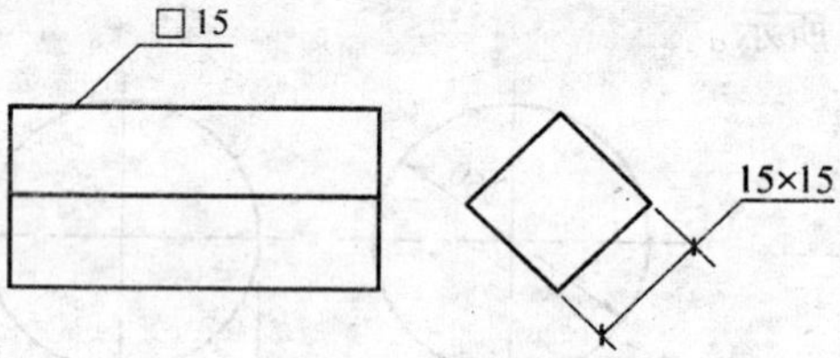

图 1-27　正方形的尺寸标注

标注坡度时，在坡度数字下，应加注坡度符号“←”，该符号为单面箭头，指向下坡方向，坡度也可用直角三角形的形式标注，如图 1-28 所示。

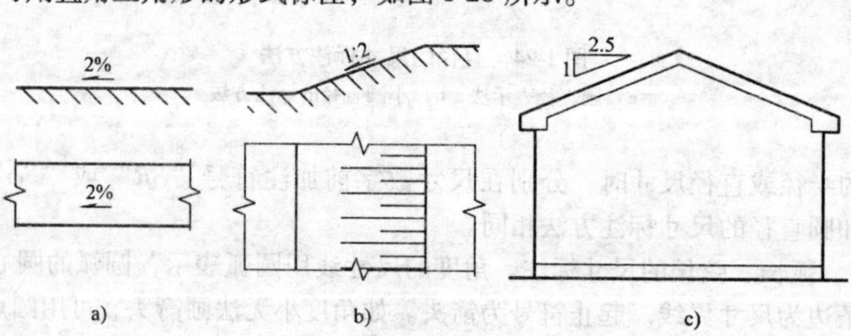

图 1-28　坡度标注

a）纵坡　b）边坡　c）直角三角形标注坡度

非圆曲线的尺寸，可用坐标形式或网格形式标注，如图 1-29 所示。

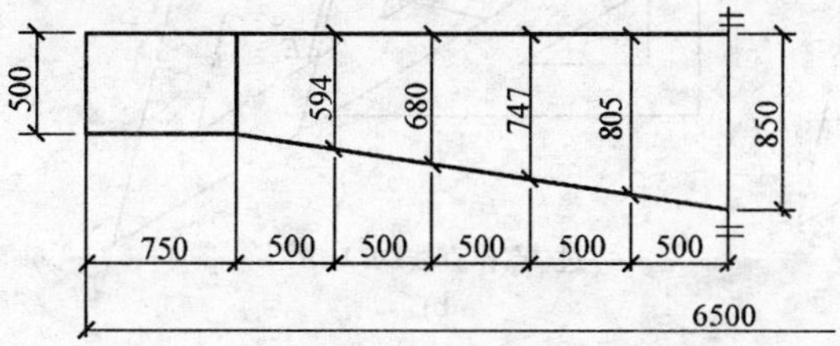

坐标法标注曲线尺寸

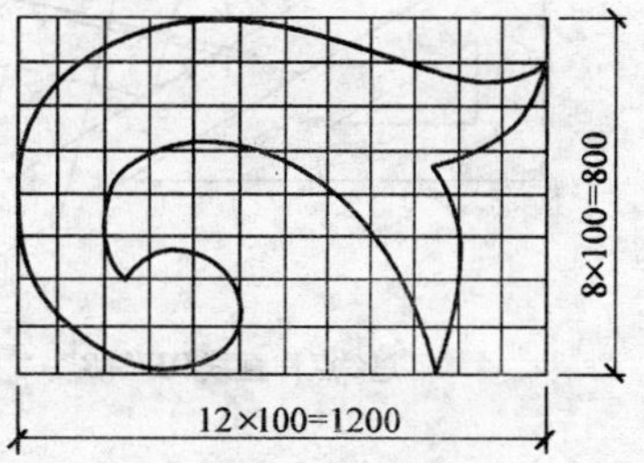

网格法标注曲线尺寸

图 1-29　非圆曲线的尺寸标注

连续排列的等长尺寸，可用“数 × 等长尺寸 = 总长”的形式标注。

图中连续重复的构配件等，当不易标明定位尺寸时，可在总尺寸的控制下，定位尺寸不用数值而用“均分”或“EQ”字样表示。

（3）尺寸标注的注意事项　图样上标注的尺寸数字，与绘图的比例及绘图的准确度无关。读图时以尺寸数字为准，不得从图上直接量取。

尺寸数字应尽可能标注在图形轮廓线以外，任何图线、文字及符号都不得与数字相交。当不可避免时，应将尺寸数字处的图线断开，以保证所注尺寸的清晰和完整。

半圆或小于半圆的圆弧，一般标注半径尺寸；圆或者大于半圆的弧，一般标注直径尺寸。

互相平行的尺寸线，应以较小尺寸靠近图样轮廓线，较大尺寸应离图样轮廓线较远，避免较小尺寸的尺寸界线与较大尺寸的尺寸线相交，如图 1-17 中的三道尺寸。

1.3　几何作图

几何作图方法是绘图的基本技能，掌握几何图形的作图原理和方法，有利于提高绘图速度和准确性，下面介绍几种常用的几何作图。

1.3.1　基本作图

1. 直线的平行线、垂直线

过已知点 C，作已知直线 AB 的平行线、垂直线，如图 1-30 所示。也可用圆规作垂直线，方法同“平分线段”，不过它不仅是垂直线，而且是平分线。

2. 平分线段、等分线段

平分线段：要平分已知线段 AB，可分别以 A、B 为圆心，大于 $AB/2$ 长为半径，在线段 AB 上下分别交汇得两点，连接两点的直线平分 AB。

平行线法等分线段：若将已知线段 AB 五等分，其作图方法和步骤如图 1-31 所示。

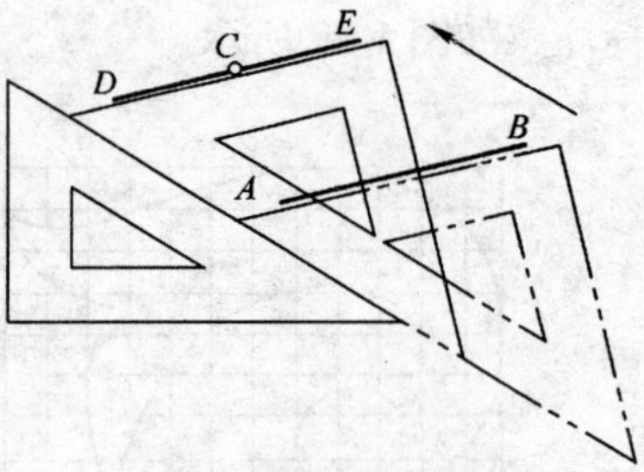

过C点作直线DE//AB

a)

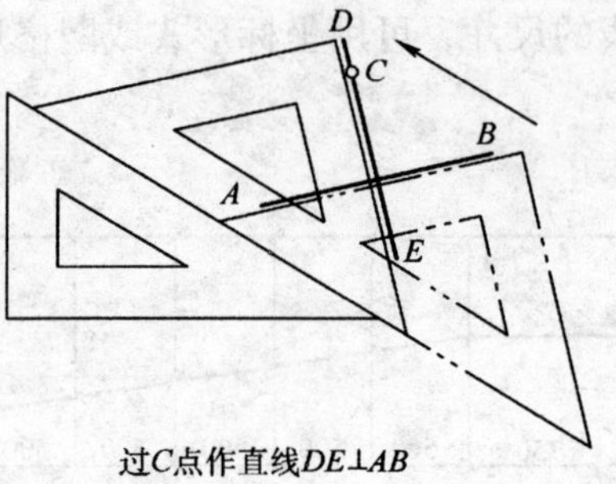

过C点作直线DE⊥AB

b)

图 1-30　直线的平行线、垂直线

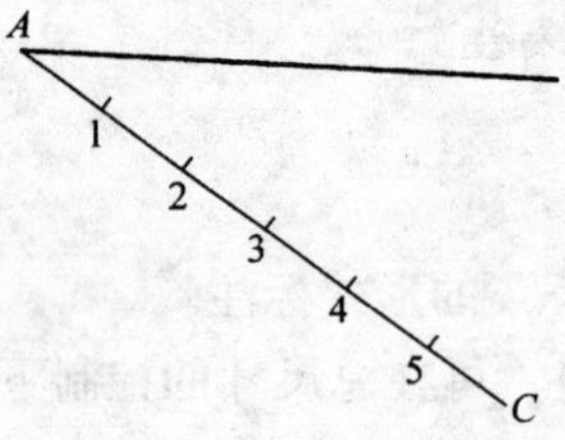

过端点A作任意直线AC，并以适当长度在AC上量取五等分，得1、2、3、4、5各等分点。

a)

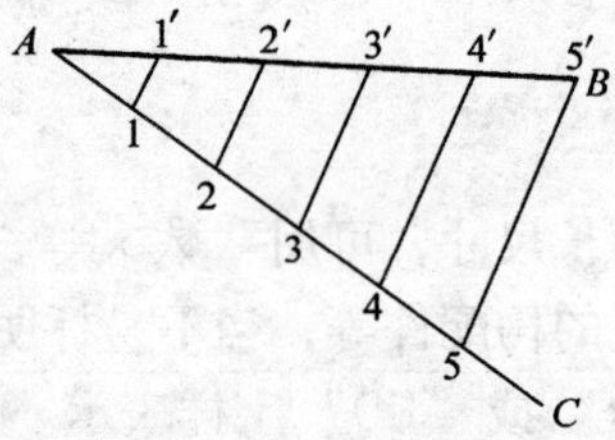

连接5B，分别过1、2、3、4各等分点作5B的平行线，与AB相交得1′、2′、3′、4′点，即为所求的等分点。

b)

图 1-31　平行线法等分线段

分规试分法等分线段：当线段不太长，等分数不太多时，可用分规试分法。若将已知线段 AB 三等分，其作图方法和步骤如图 1-32 所示。

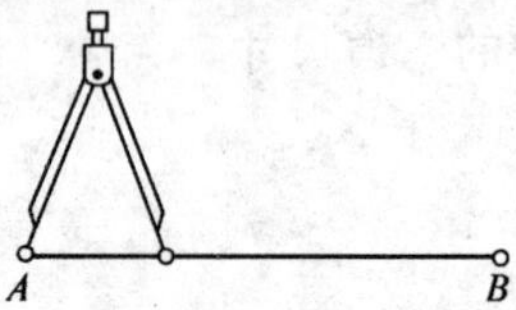

将分规针尖距目测调整约为AB/3,然后以A点起，进行试分

a)

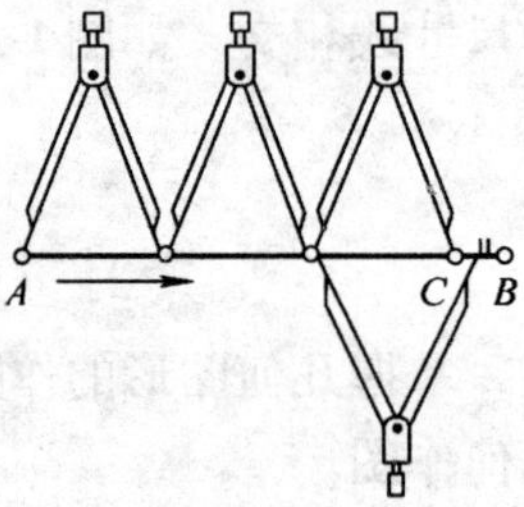

截取三次得C点，视C点的具体位置在AB之内（或之外），增加或减少CB/3后，再次截取

b)

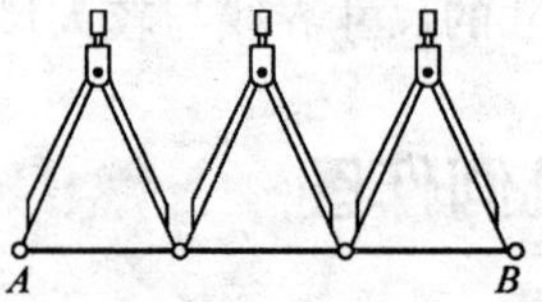

数次试分，直至分尽为止

c)

图 1-32　分规试分法等分线段

3. 任意等分两平行线间的距离

利用刻度尺上某单位长度，直接等分作图。若将平行两直线 AB、CD 间距离五等分，其作图方法和步骤如图 1-33 所示。

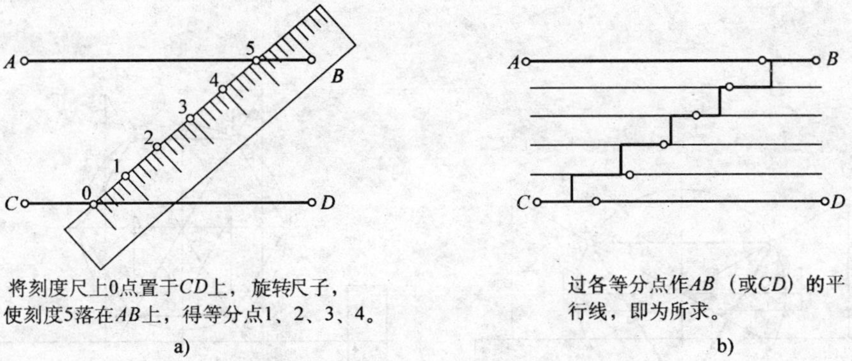

图 1-33　五等分两平行线间的距离

1. 3. 2　等分圆周和作正多边形

做正多边形，同属等分圆周的范畴。圆周三、四、六、八、十二等分，均可用丁字尺配合三角板作出，也可用圆规配合作出。圆周五等分，可配合圆规作出；圆周任意等分，可通过近似等分圆周法作出。

1. 圆周的三、四、六、八、十二等分

圆周被四、八等分后，等分角线与水平线的夹角为0°或45°的倍数。作图方法如图 1-34 所示。

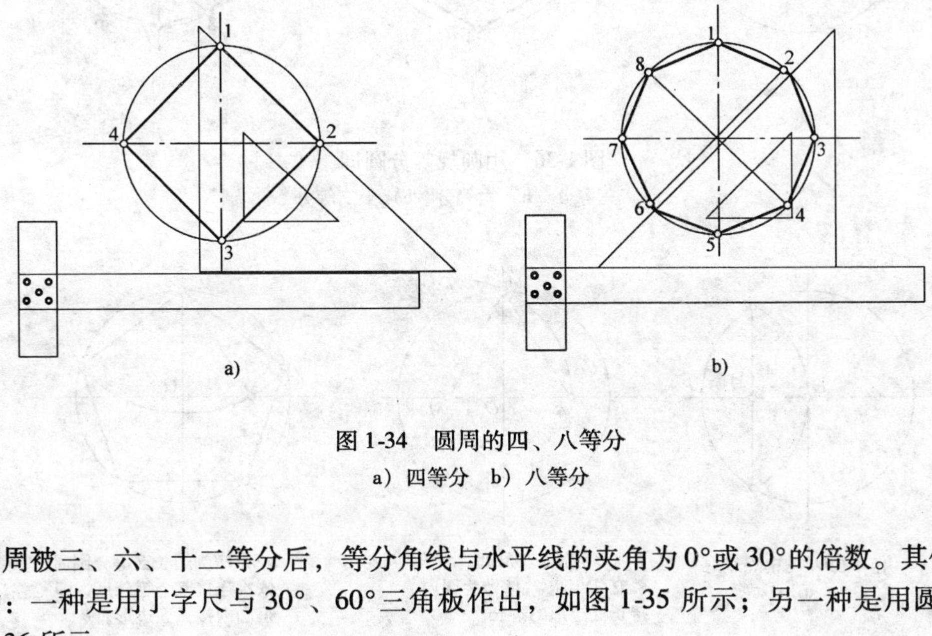

图 1-34　圆周的四、八等分

a）四等分　b）八等分

圆周被三、六、十二等分后，等分角线与水平线的夹角为0°或30°的倍数。其作图方法有两种：一种是用丁字尺与 30°、60°三角板作出，如图 1-35 所示；另一种是用圆规作出，如图 1-36 所示。

2. 圆周的五等分、正五边形及任意等分

圆周的五等分及正五边形需借助于圆规作出。

作图方法一（圆内接法）：在已知圆内作内接正五边形，如图 1-37 所示。

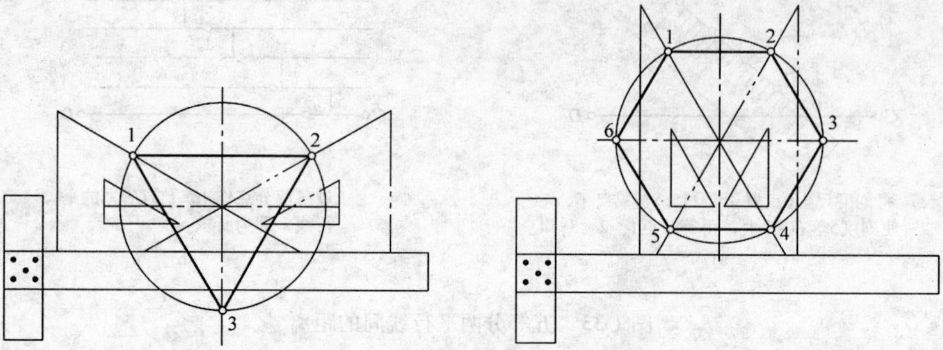

a)　　　　　　　　b)

图 1-35　圆周四三、六等分

a）三等分　b）六等分

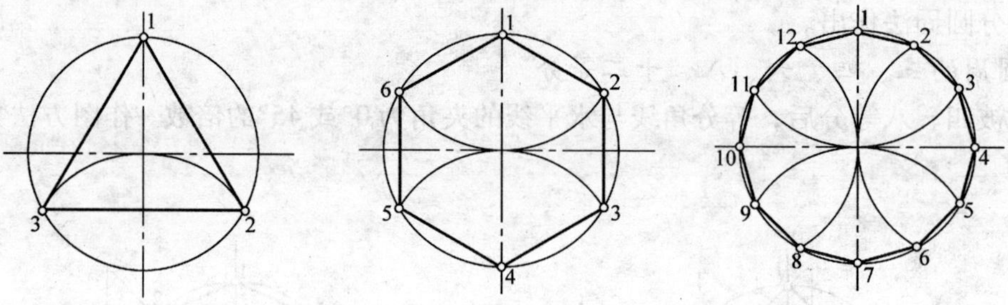

a)　　　　　　　　b)　　　　　　　　c)

图 1-36　用圆规等分圆周

a）三等分　b）六等分　c）十二等分

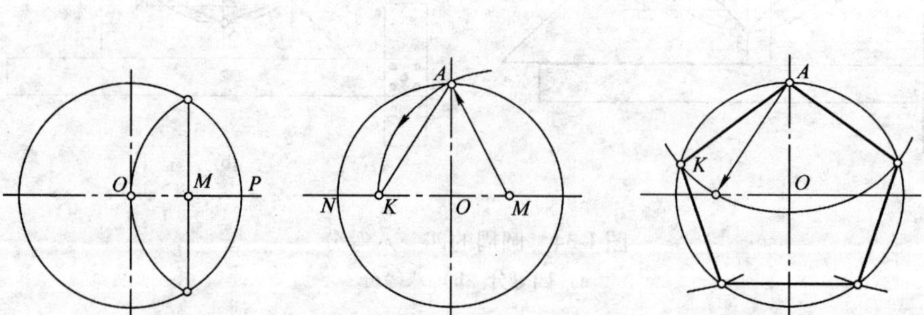

作半径*OP*的中点*M*。

a)

以*M*为圆心，*MA*为半径画弧交*ON*于*K*，*AK*即为圆内接正五边形的边长。

b)

以*AK*为边长五等分圆周，依次连接五个等分点，即得圆内接正五边形。

c)

图 1-37　圆周的五等分作图方法一（圆内接法）

作图方法二（已知边长法）：已知正五边形一边，如图 1-38 所示。

作图方法三（民间画法）：以确定的边长为十分，在其中心作一垂直平分线，在该线上先后取九点五分和五点九分，并在分开点处再作垂直线，左右各取八点五分，最后连接各线外端的五个点，即成正五边形。

其作图口诀为：九五顶五九，八五两边分，如图 1-39 所示。

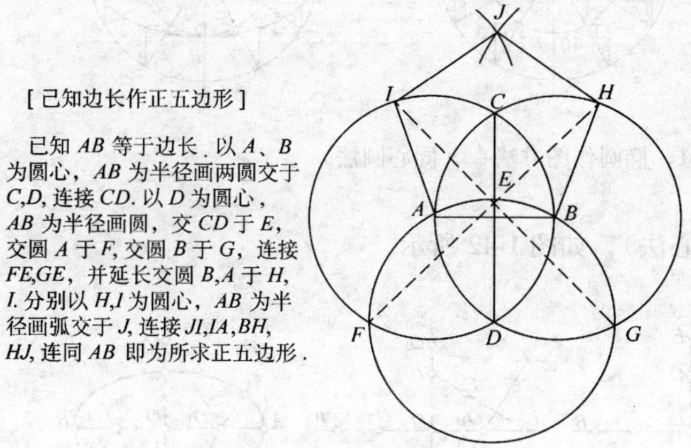

图 1-38　圆周的五等分作图方法二（已知边长法）

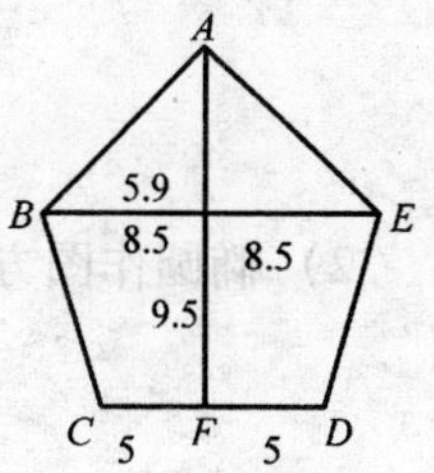

图 1-39　圆周的五等分作图方法三（民间画法）

圆周任意等分可用近似画法：常用分规试分法，此法简便易行，具体作法与试分线段相同；另一种方法是用圆规三角板作图。

若将已知圆周七等分，并作圆内接正七边形，作图方法如图 1-40 所示。

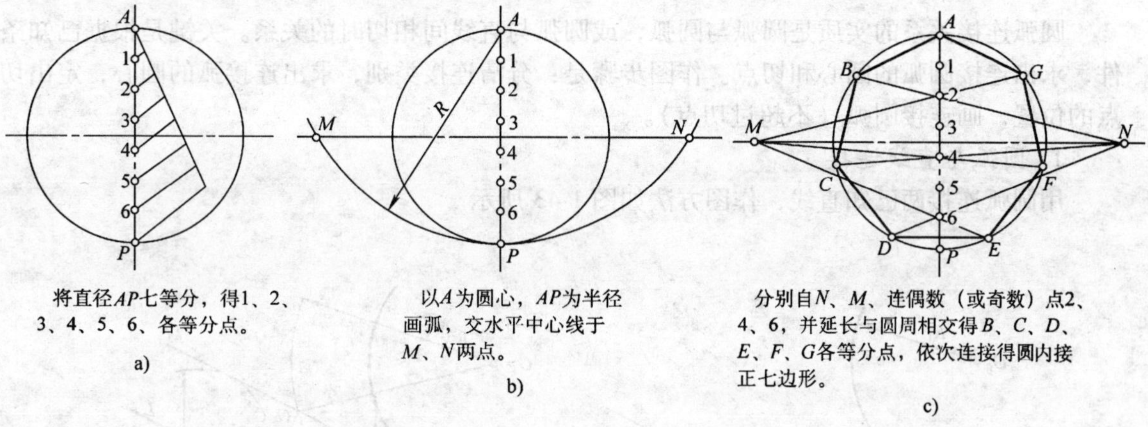

图 1-40　圆内接正七边形的近似画法

1.3.3　非圆曲线的画法

工程图样中常出现的非圆曲线有：椭圆、渐开线等（本书只介绍椭圆）。

1）椭圆作图方法一（同心圆法），如图1-41所示。

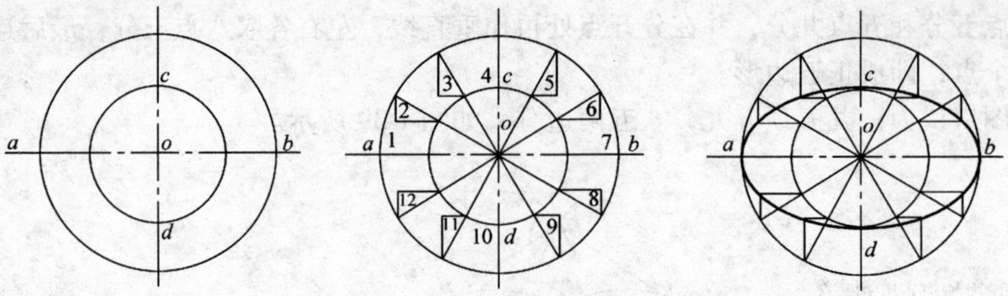

图1-41 椭圆作图方法一（同心圆法）

2）椭圆作图方法二（四心法），如图1-42所示。

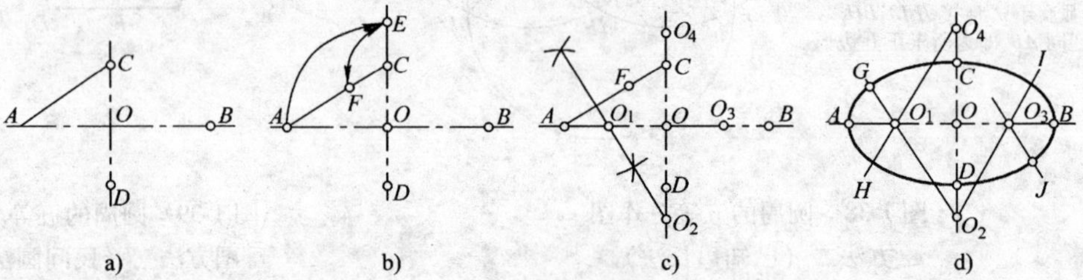

图1-42 椭圆作图方法二（四心法）

1.3.4 圆弧连接

圆弧连接关系的实质是圆弧与圆弧，或圆弧与直线间相切时的关系。关键是根据已知条件，求出连接圆弧的圆心和切点。作图步骤是：分清连接类别，求出连接弧的圆心，定出切点的位置，画连接圆弧（不超过切点）。

1. 圆弧与直线连接

用圆弧连接两已知直线，作图方法如图1-43所示。

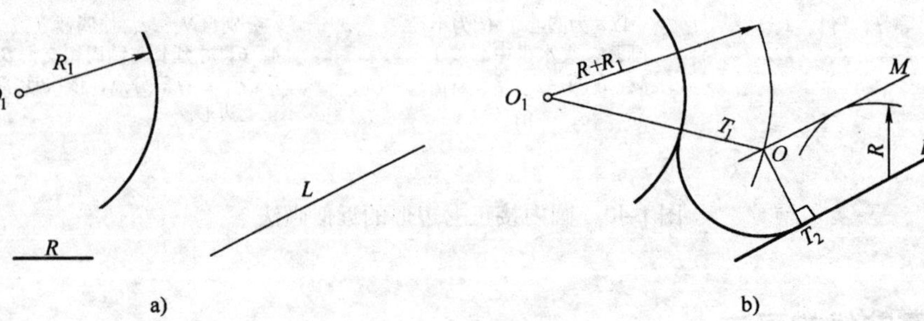

图1-43 用半径为 R 的圆弧连接 R_1 弧及直线 L

2. 圆弧与圆弧连接

用圆弧连接两已知圆弧有三种情况：圆弧与圆弧外连接、圆弧与圆弧内连接、圆弧与圆弧内外连接。作图方法如图 1-43、图 1-44、图 1-45 所示。

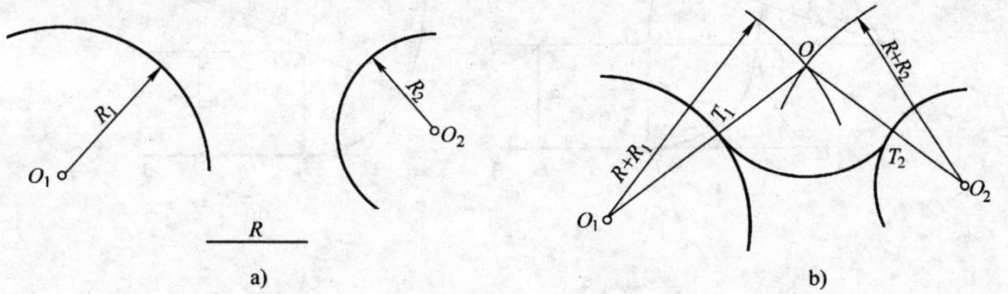

图 1-44　用圆弧连接两已知圆弧

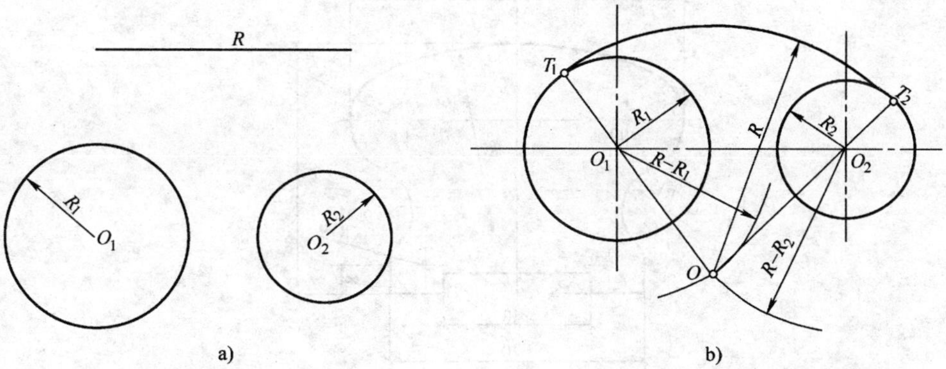

图 1-45　用圆弧连接两已知圆

3. 混合连接

用圆弧连接已知直线和已知圆弧称为混合连接。这种情况为圆弧与直线连接及圆弧与圆弧连接的综合运用。

若用半径为 R 的圆弧连接已知直线 BC 及圆弧 AC，如图 1-46 所示，其作图方法与步骤请读者自行分析。

1.3.5　平面图形的画法

绘制平面图，首先应对平面图形作尺寸和线段性质分析，以确定正确的绘图步骤。

1. 平面图形的尺寸和线段分析

分析尺寸时，首先要查找尺寸基准（标注尺寸的起点）。通常以图形的对称轴线、较大圆的中心线、图形轮廓线等作为尺寸基准。如图 1-47 中宽度 90、40、70 尺寸基准为对称轴线，总高 70、圆心 O_1 高度 8、槽深 6 尺寸基准为下边轮廓线。

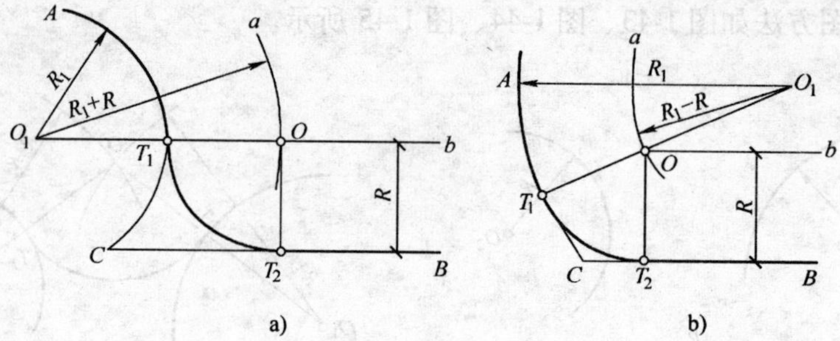

图 1-46　用圆弧连接已知直线和圆弧

a）连接弧与圆弧 *AC* 外连接　b）连接弧与圆弧 *AC* 内连接

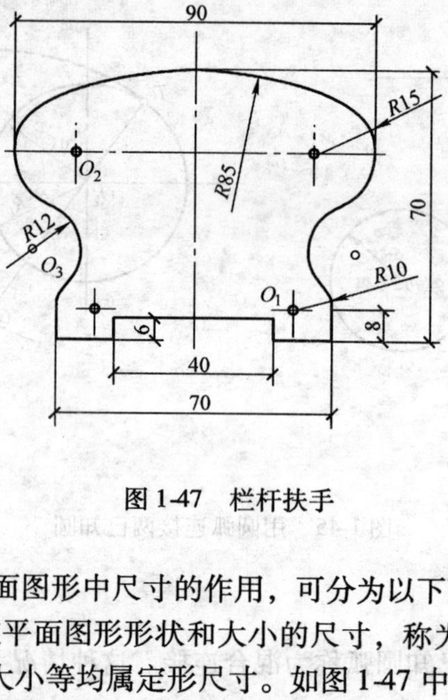

图 1-47　栏杆扶手

（1）尺寸分类　根据平面图形中尺寸的作用，可分为以下两类。

1）定形尺寸。用以确定平面图形形状和大小的尺寸，称为定形尺寸。如圆的直径、圆弧半径、多边形边长、角度大小等均属定形尺寸。如图 1-47 中 *R*85、*R*15、*R*12、*R*10，槽宽 40、槽深 6 等。

2）定位尺寸。用以确定平面图形中各组成部分与尺寸基准之间相对位置的尺寸，称为定位尺寸。平面图形的定位尺寸包含 *X*、*Y* 两个方向，每个方向至少要有一个尺寸基准。如圆心、封闭线框、线段等在平面图形中的位置尺寸，属定位尺寸。如图 1-47 中圆心 O_1 高度 8、圆心 O_2 距对称轴线[（90/2）-*R*15]等。

应当指出，有的尺寸具有双重作用，既是定形尺寸，又是定位尺寸。

（2）线段分类　平面图形中的线段，根据图中所给的两类尺寸齐全与否可分为以下三类。

1）已知线段，具有定形尺寸和齐全的定位尺寸的线段，称为已知线段。已知线段能作出如图 1-71 中 *R*85、槽宽 40、槽深 6 等。

2）中间线段。具有完整的定形尺寸，而定位尺寸不全的线段称中间线段。中间线段必须依靠一个连接关系才能作出。如图 1-47 中 *R*15 圆心 O_2 的横向定位尺寸为距对称轴线［(90/2) -15］，竖向的定位尺寸未知，必须借助于该圆弧与 *R*85 的内连接关系才能确定。*R*10 圆心 O_1 高度 8，横向定位尺寸必须借助于该圆弧与直线的相切关系作出。

3）连接线段。只有定形尺寸而没有定位尺寸的线段称为连接线段。连接线段必须依靠两个连接关系才能作出。如图 1-47 中 *R*12 没有确定圆心的位置，必须借助于它与 *R*15 及 *R*10 的外连接关系才能作出。

画图步骤如图 1-48 所示。

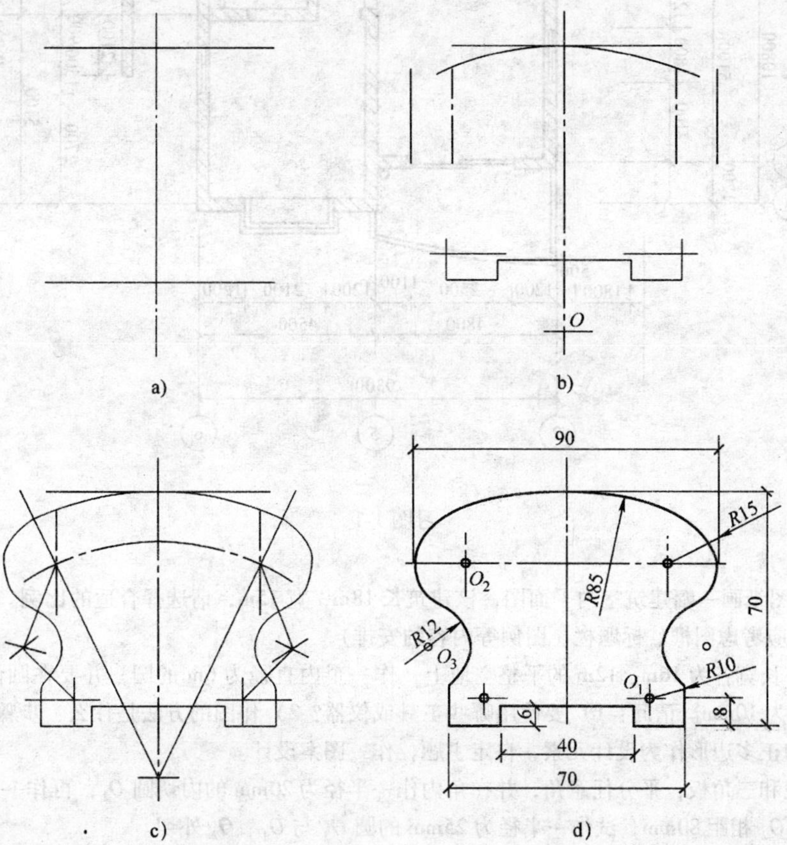

图 1-48　栏杆扶手画法

a）画基准线　b）画已知线段　c）画中间线段和连接线段

d）加粗、整理、标注尺寸

习　题

1. 指出下图中在尺寸标注方面的各项错误。

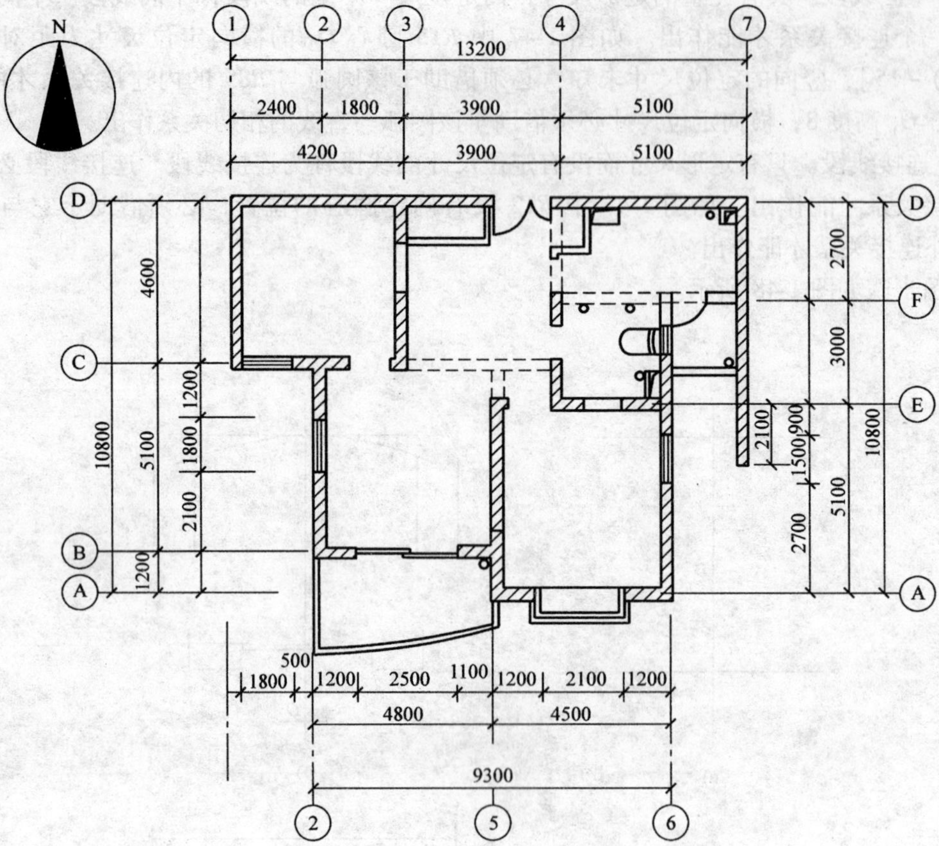

习图 1-1

2. 若用 A3 图纸画一幅建筑室内平面图，该建筑长 18m，宽 15m，请选择合适的比例。（注意在选择常用比例的同时，应考虑图框、标题栏、图例等内容的安排）

3. 若要在一长宽各为 16m、12m 的平整空地上，作一个内直径为 6m 的圆，并要在圆内做一内接正五边形，圆周线宽为 10mm。请问：1）要使用哪些工具或仪器？2）作图的方法是什么？步骤有哪些？

4. 利用圆和正多边形作为设计元素，自定主题，作一图案设计。

5. 运用圆规和三角板，平分任意角，并在角内作一半径为 20mm 的内切圆 O_1，再作一半径为 30mm 的圆 O_2，使 O_1 与 O_2 相距 80mm，试作一半径为 25mm 的圆 O_3 与 O_1、O_2 外切。

第 2 章　视图的基础知识

2.1　投影的概念及其特性

在日常生活中，我们常看到人或物体被阳光照射后在地面上呈现影子的现象。但是这个影子只反映了物体某一、二面的外形轮廓，而其他几个侧面的轮廓却未反映出来。假设光线能透过形体，而将形体的各个点和各条线都投影在平面上，这些点和线的影就能够反映出形体各部分形状的图形。

2.1.1　投影法分类

在实施投影的过程中，我们将物体称为形体，光源称为投影中心，通过物体各特征点的光线称为投影线，落影平面称为投影面，透过形体上各点的投影线与投影面的交点称为点的投影。将相应各点的投影连接起来，即得到形体的投影。这样形成的平面图形称为投影图。此种形成投影的方法称为投影法。

根据投影中心（S）与投影面的距离和投影线的性质，投影法可分为中心投影法和平行投影法两大类。

1. 中心投影法

当投影中心距离投影面为有限远时，且所有的投影线都汇交于一点的投影法称为中心投影法，如图 2-1a 所示，如透视投影（以人眼为投影中心）。

2. 平行投影法

当投影中心距离投影面为无限远时，所有的投影线均可看作互相平行，这种投影法称为平行投影法，如图 2-1b、c 所示。根据投影线与投影面的倾角不同，平行投影法又分为斜投影法（投影线倾斜于投影面）和正投影法（投影线垂直于投影面）两种。

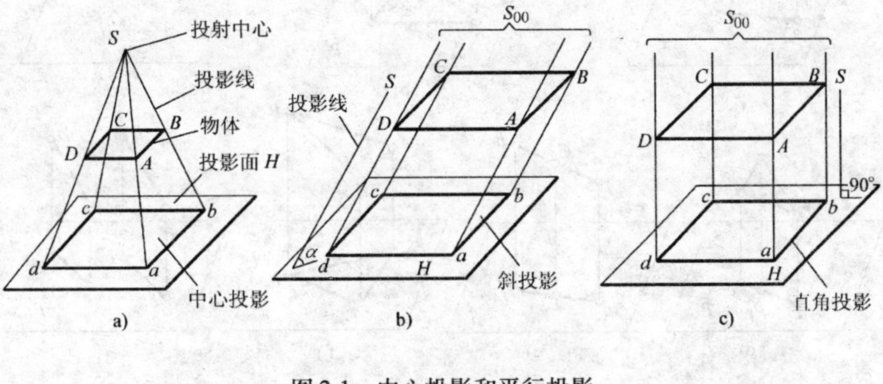

图 2-1　中心投影和平行投影

a）中心投影　b）斜投影　c）正投影

一般工程图都是按正投影的原理绘制的，为叙述方便起见，如无特殊说明，以后书中所指投影均为正投影。

2.1.2 正投影的特性

1. 真实性（或全等性）

当直线线段或平面图形平行于投影面时，其投影反映实长或实形，如图 2-2a、b 所示。

2. 积聚性

当直线或平面平行于投影线时（或垂直于投影面），其投影积聚为一点或一直线，如图 2-2c、d 所示。

3. 类似性

当直线或平面倾斜于投影面而又不平行于投影线时，其投影小于实长或不反映实形，但与原形类似，如图 2-2e、f 所示。

4. 平行性

在空间互相平行的两直线在同一投影面上的投影保持平行，如图 2-2g 所示，$AB /\!/ CD$ 则 $ab /\!/ cd$。

5. 从属性

若点在直线上，则点的投影必在直线的投影上，如图 2-2e 中 C 点在 AB 上，C 点的投影 c 必在 AB 的投影 ab 上。

6. 定比性

直线上一点所分直线线段的长度之比等于它们的投影长度之比；两平行线段的长度之比等于它们没有积聚性的投影长度之比，如图 2-2e 中 $AC:CB=ac:cb$，图 2-2g 中 $AB:CD=ab:cd$。

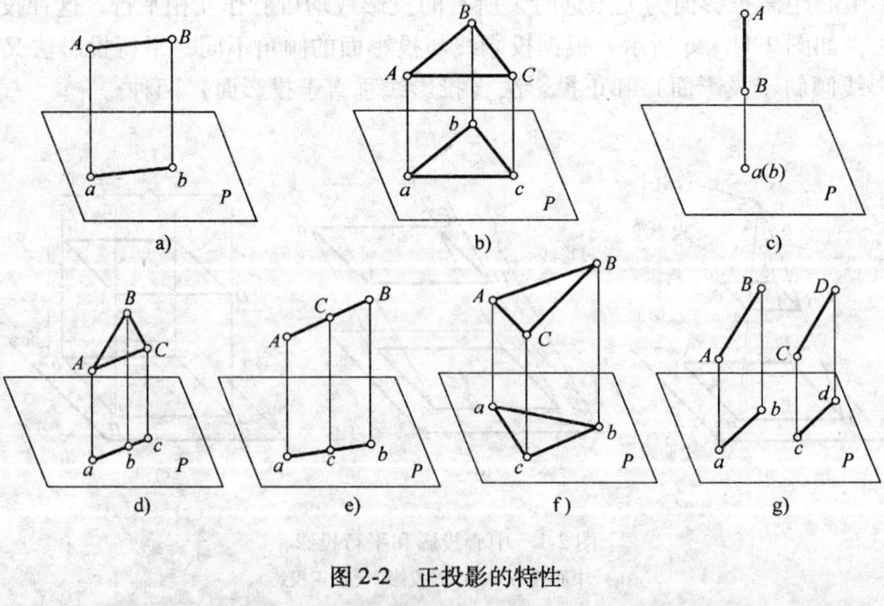

图 2-2 正投影的特性

2.2 三面投影图

2.2.1 物体的三面投影

一般情况下，要确定某物体的整体形状，用一个投影面是困难的，有些物体可用两个投影面，但大多数物体需用三个投影面。如图 2-3a 所示，用水平投影面 H、正立投影面 V 和侧立投影面 W。在这三个投影面上的投影分别称为水平投影（简称 H 投影）、正面投影（简称 V 投影）、侧面投影（简称 W 投影）。V 面、H 面和 W 面共同组成一个三面投影体系，三投影面两两相交的交线 OX、OY 和 OZ 称投影轴，三投影轴的交点 O 称为原点。

形体的 V、H、W 投影所确定的形状是唯一的。

2.2.2 三面投影图展开

为使三个投影面处于同一个图纸平面上，我们把三个投影面展开。如图 2-3a 所示，规定 V 面固定不动，H 面绕 OX 轴向下旋转 90°，W 面绕 OZ 轴向右旋转 90°，从而都与 V 面处在同一平面上。这时 OY 轴分为两条，一条随 H 面转到与 OZ 轴在同一铅直线上，标注为 OY_H；另一条随 W 面转到与 OX 轴在同一水平线上，标注为 OY_W，如图 2-3b 所示。正面投影（V)、水平投影（H）和侧面投影（W）组成三面投影图。

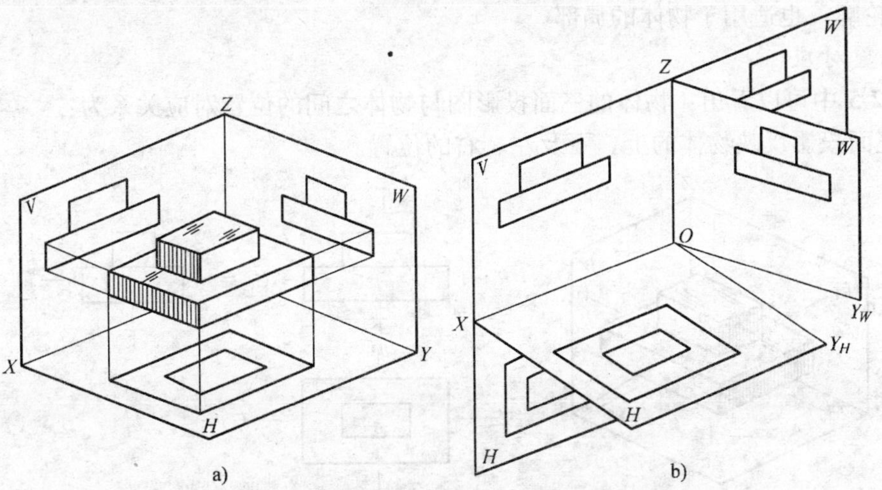

图 2-3　三面投影图的展开

实际作图时，只需画出物体的三个投影而不需画投影面边框线，如图 2-4 所示。熟练作图后，三条轴线亦可省去。

2.2.3 三面投影图的特性

1. 度量相等

三面投影图共同表达同一物体，它们的度量关系为：

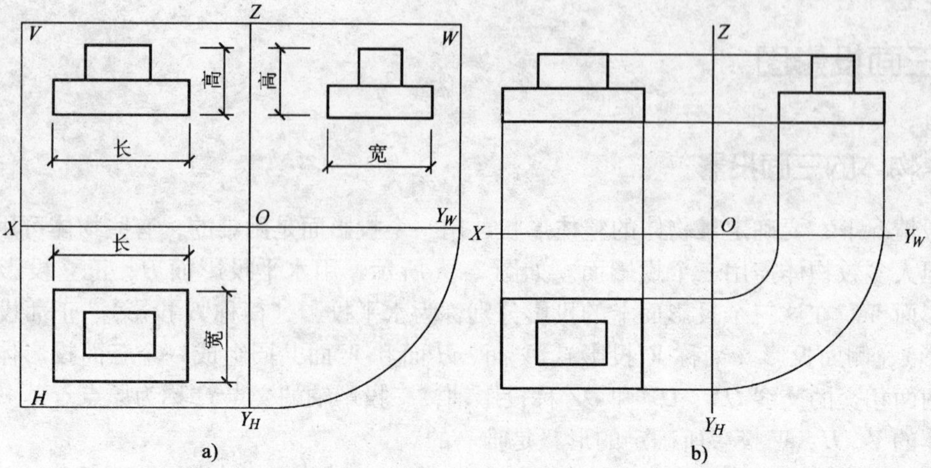

图 2-4　三面投影图的度量对应关系

1）正面投影与水平投影长对正。

2）正面投影与侧面投影高平齐。

3）水平投影与侧面投影宽相等。

这种关系称为三面投影图的投影定律，简称三等定律。应该指出：三等定律不仅适用于物体总的轮廓，也适用于物体的局部。

2. 位置对应

从图 2-5 中可以看出：物体的三面投影图与物体之间的位置对应关系为：

1）正面投影反映物体的上、下及左、右的位置。

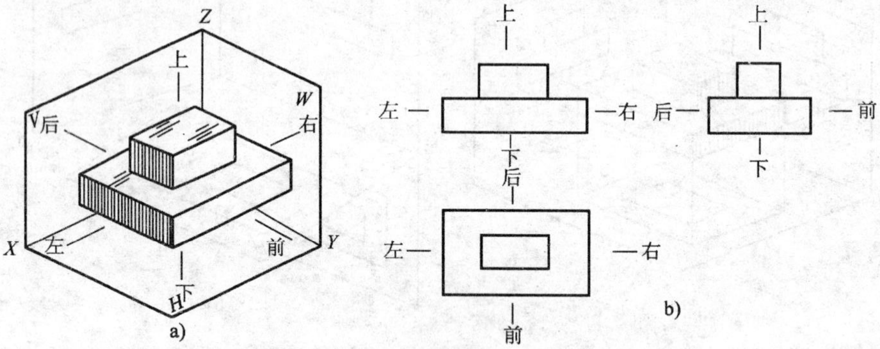

图 2-5　投影图和物体的位置对应关系

2）水平投影反映物体的前、后及左、右的位置。

3）侧面投影反映物体的上、下及前、后的位置。

2.2.4　画三面投影图

1. 画图步骤

1）按各投影图的比例与图幅大小的关系，在图纸上适当安排三个投影的位置。如对称图形，则先作出对称轴线。选择 V、H、W 时，要使三个投影图上尽量减少虚线。

2）先从最能反映形体特征的投影画起，一般先画正面投影（V）。

3）根据“长对正，高平齐，宽相等”的投影关系，作出其他两个投影。

2. 画法举例

以图 2-6 所示台阶模型的三面投影画法举例说明。

1）台阶模型立体图。它是由长方体切去两块长方体后形成的台阶，箭头表示 V 投影方向，如图 2-6a 所示。

2）绘出外形长方体的三面投影（用细实线打底稿）如图 2-6b 所示。

3）在长方体三面投影的轮廓线内加绘台阶的三面投影：先加绘台阶的 V 投影，据此再绘 H、W 投影，如图 2-6c 箭头所示；最后加粗线型完成全图，如图 2-6d 所示。

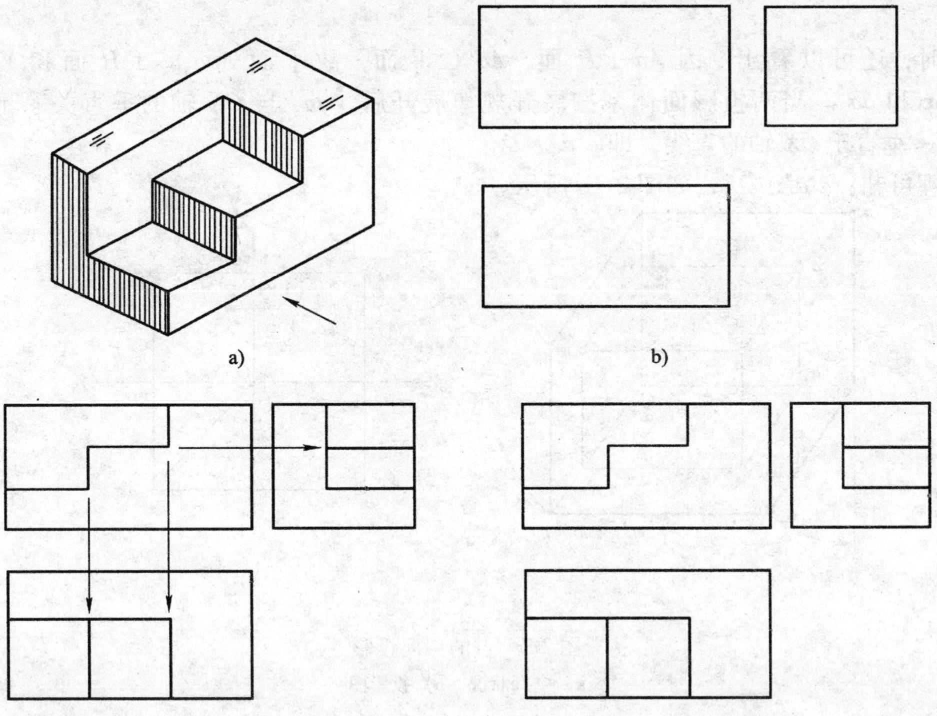

图 2-6　台阶模型的三面投影图

a）立体图　b）作长方体投影　c）切去两个长方体后的形状

d）擦去多余线条，加粗加深线型

2.3　点的投影

任何形体都是由若干表面所围成的，而表面都是由点、线等几何元素所组成的。因此，点是组成空间形体最基本的几何元素，要研究形体的投影问题，首先要研究点的投影。

2.3.1 点的三面投影形成

图 2-7a 是空间点 A 的三面投影的直观图，过 A 点分别向 H、V、W 面的投影为 a、a'、a''。约定：空间点用大写字母表示（如 A），其在 H 面上的水平投影用相应的小写字母表示（如 a）；在 V 面上的正面投影用相应的小写字母并在右上角加一撇表示（如 a'）；在 W 面上的侧面投影用相应的小写字母并在右上角加两撇表示（如 a''）。

2.3.2 点的三面投影规律

从图 2-7a 可看出：$aax = Aa' = a''az$，即 A 点的水平投影 a 到 OX 轴的距离等于 A 点的侧面投影 a''到 OZ 轴的距离，都等于 A 点到 V 面的距离。由图 2-7a 可看出，由 Aa'和 Aa 确定的平面 Aaa_xa'为一矩形，故得：$aa_x = Aa'$（A 点到 V 面的距离），$a'a_x = Aa$（A 点到 H 面的距离）。

同时，还可以看出：因 $Aa \perp H$ 面，$Aa' \perp V$ 面，故平面 $Aaa_xa' \perp H$ 面和 V 面，则 $OX \perp a'ax$和 aa_x。当两投影面体系按展开规律展开后，aa_x 与 OX 轴的垂直关系不变，故 $a'a_xa$为一垂直于 OX 轴的直线，即 $a'a \perp OX$。

同理可知：$a'a'' \perp OZ$，如图 2-7b 所示。

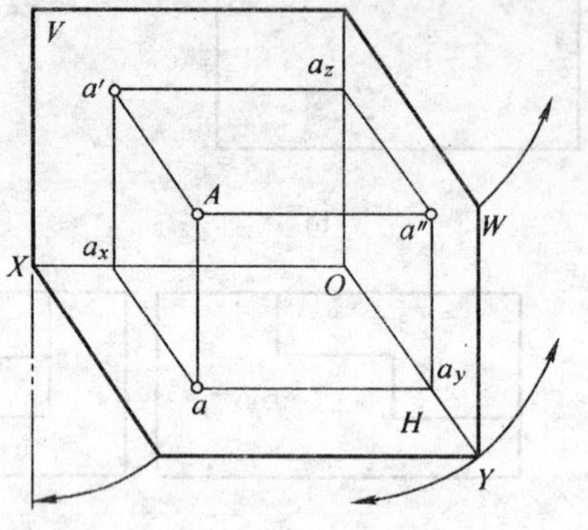

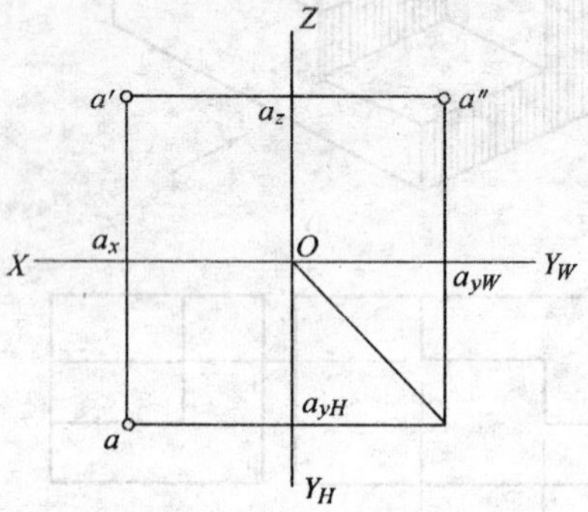

图 2-7 点的三面投影

a）空间状况 b）投影图

空间点的位置除了用投影表示以外，还可以用坐标来表示。我们把投影面当作坐标面，把投影轴当作坐标轴，把投影原点当作坐标原点，则点到三个投影面的距离便可用点的三个坐标来表示。

综上所述，可得点的三面投影规律如下：

1）一点的 H 投影与 V 投影的连线 $\perp OX$ 轴；一点的 V 投影与 W 投影的连线 $\perp OZ$ 轴；一点的 H 投影与 W 投影的连线 $\perp OY$ 轴。

2）一点的 H、V、W 投影分别反映该点在坐标系中的坐标值。

3）一点的每一投影图可反映出该点的两维空间尺度，如点的 H 投影图可反映其的 X 和 Y 坐标值。反之，若已知一点的任两投影图（含上下、左右、前后三种关系），则该点的三维空间就可知了。

2.3.3 例题分析

下面用例题说明如何根据点的两个投影便可求出第三个投影。

【例 2-1】 如图 2-8a 所示，已知点 A、B 的两面投影，求作第三面投影。

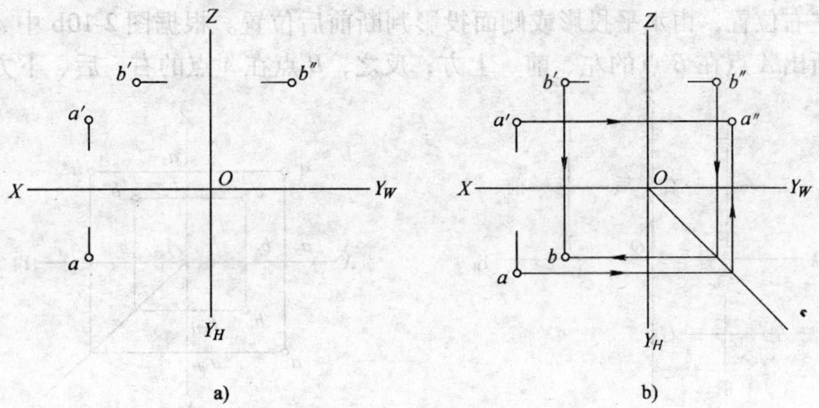

图 2-8 已知两面投影求第三面投影

a）已知条件 b）作图

2.3.4 特殊位置点的投影规律

如果空间点处于投影面上或投影轴上，即为特殊位置点，如图 2-9 所示。

1）若点在投影面上，则点在该投影面上的投影与空间点重合，另两个投影均在投影轴上，如图 2-9b 中的点 A 和点 B。

2）若点在投影轴上，则点的两个投影与空间点重合，另一个投影在投影轴原点，如图 2-9b 中的点 C。

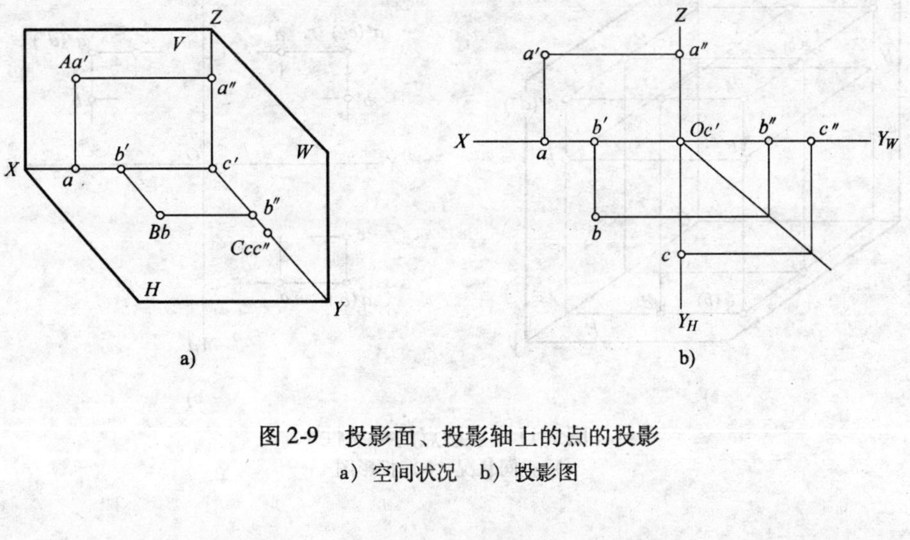

图 2-9 投影面、投影轴上的点的投影

a）空间状况 b）投影图

2.3.5 两点的相对位置与重影点

1. 两点的相对位置

根据两点的投影，可判断两点的相对位置。如图 2-10 所示，从图 2-10a 表示的上下、左右、前后位置对应关系可以看出：可由正面投影或侧面投影判断上下位置，由正面投影或水平投影判断左右位置，由水平投影或侧面投影判断前后位置。根据图 2-10b 中 *A*、*B* 两点的投影，可判断出 *A* 点在 *B* 点的左、前、上方；反之，*B* 点在 *A* 点的右、后、下方。

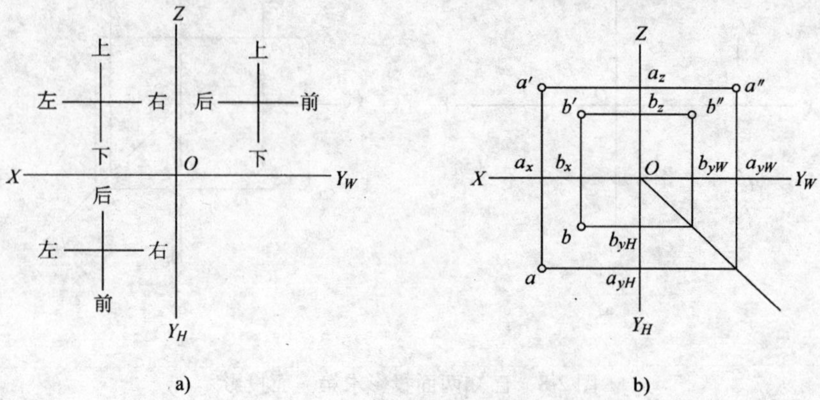

图 2-10　两点的相对位置

a）空间状况　b）作图

2. 重影点及可见性的判断

当空间两点位于某一投影面的同一条投影线上时，则此两点在该投影面上的投影重合，这两点称为对该投影面的重影点。

如图 2-11a 所示，*A*、*C* 两点处于对 *V* 面的同一条投影线上，它们的 *V* 面投影 a'、c' 重合，*A*、*C* 两点就称为对 *V* 面的重影点。同理，*A*、*B* 两点处于对 *H* 面的同一条投影线上，*A*、*B* 两点就称为对 *H* 面的重影点。

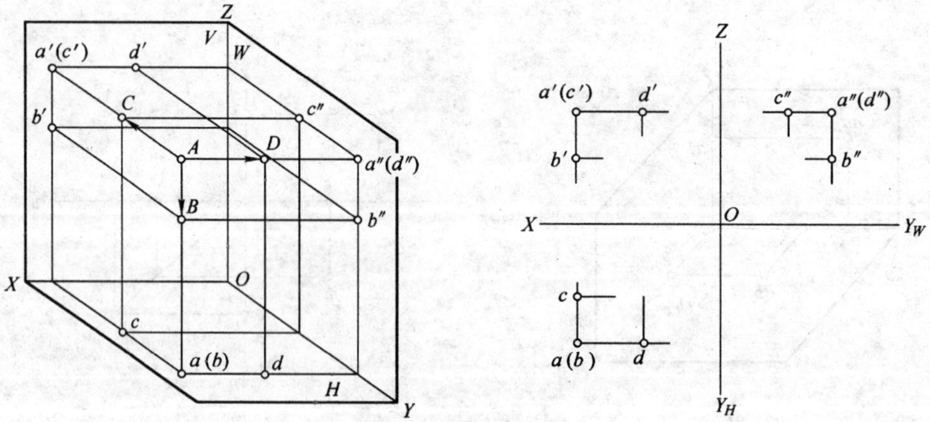

图 2-11　重影点的可见性

a）空间状况　b）投影图

当空间两重影点，其中必有一点遮挡另一点，这就存在着可见性的问题。如图 2-11b 所示，A 点和 C 点在 V 面上的投影重合为 a'（c'），A 点在前遮挡 C 点，其正面投影 a' 是可见的，而 C 点的正面投影（c'）不可见，加括号表示（称前遮后，即前可见后不可见）。同时，A 点在上遮挡 B 点，a 为可见，b 为不可见（称上遮下，即上可见下不可见）。同理，也有左遮右的重影状况（左可见右不可见），如 A 点遮住 D 点。

2.4 直线的投影

由于空间两个点可以确定一条直线，所以直线的投影可以由直线上任意两点的同面投影连成直线来确定。

2.4.1 各类直线的投影特性

根据直线与投影面的相对位置的不同，直线可分为投影面平行线、投影面垂直线和一般位置直线，投影面平行线和投影面垂直线统称为特殊位置直线。

1. 一般位置直线

（1）空间位置　一般位置直线对三个投影面都处于倾斜位置，它与 H、V、W 面的倾角 α、β、γ 均不等于0°或90°，如图 2-12a 所示。

（2）投影特性　如图 2-12a 所示，将直线 AB 上向投影面作投影，该投影在空间形成了一个平面，这个平面与投影面 H 的交线 ab 就是直线 AB 的 H 面投影。

绘制一条直线的三面投影图，可将直线上两端点的各同面投影相连，便得直线的投影，如图 2-12b 所示。

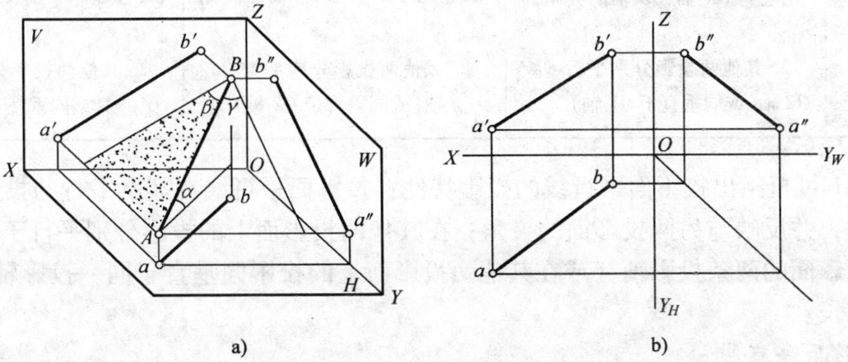

图 2-12　直线的投影
a）空间状况　b）投影图

一般位置直线的投影特性为：

一般位置直线的三个投影均倾斜于投影轴，均不反映实长，也无积聚性；三个投影与投影轴的夹角均不反映直线与投影面的夹角。

2. 投影面平行线

（1）投影面平行线分类

1）水平线：平行于 H 面，与 V、W 面倾斜的直线。

2）正平线：平行于 V 面，与 H、W 面倾斜的直线。

3）侧平线：平行于 W 面，与 H、V 面倾斜的直线。

（2）投影特性　投影面平行线的投影特性见表 2-1。

表 2-1　投影面平行线的投影特性

直线的位置	正　平　线	水　平　线	侧　平　线
直观图	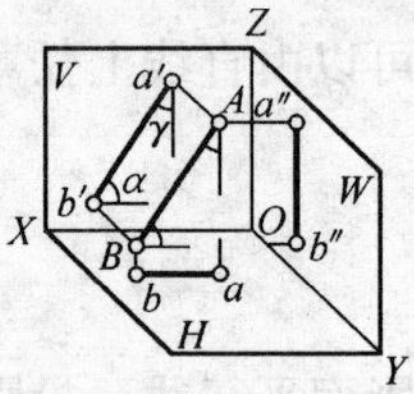	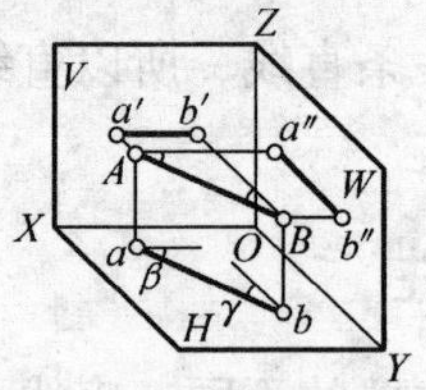	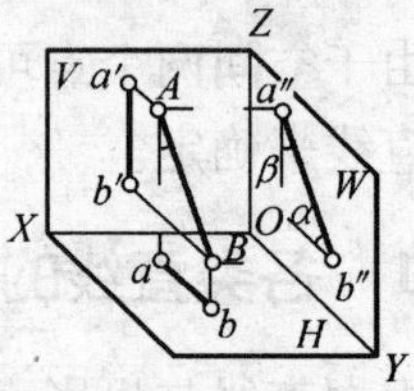
投影图	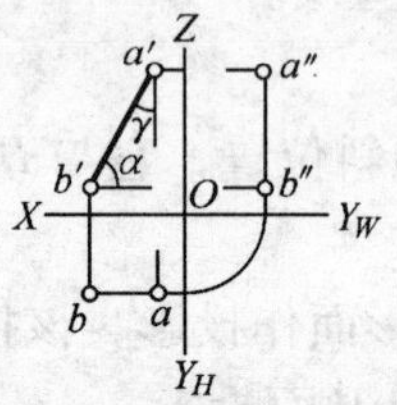	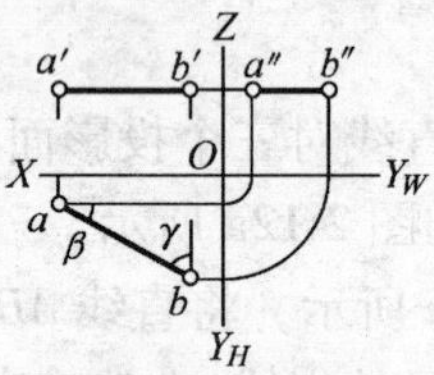	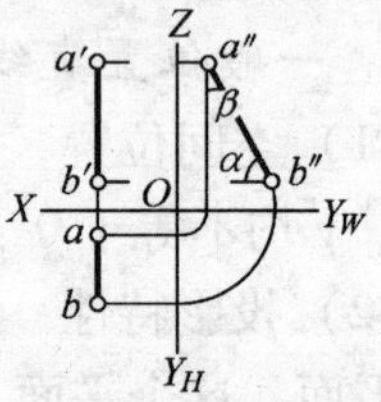
投影特性	1. 正面投影 $a'b'$ 反映线段实长，它与 OX 轴、OZ 轴的夹角即 α、γ 2. 其他两投影分别平行 OX/OZ 轴（或同垂直于 OY 轴）	1. 水平投影 ab 反映线段实长，它与 OX 轴、OY_H 轴的夹角即 β、γ 2. 其他两投影分别平行 OX/OY_W 轴（或同垂直于 OZ 轴）	1. 侧面投影 $a''b''$ 反映线段实长，它与 OY_W 轴、ZO 轴的夹角即 α、β 2. 其他两投影分别平行 OZ/OY_H 轴（或同垂直于 OX 轴）

从表 2-1 可概括出投影面平行线的投影特性：投影面平行线在其所平行的投影面上的投影反映实长，并反映与另两投影面的夹角；在其他两投影面上的投影分别平行于该直线所平行的那个投影面的两条投影轴（或在其他两投影面上的投影同垂直于同一投影轴），且长度都小于其实长。

3. 投影面垂直线

（1）投影面垂直线分类

1）正垂线：垂直于 V 面且与其他两投影面都平行的直线。

2）铅垂线：垂直于 H 面且与其他两投影面都平行的直线。

3）侧垂线：垂直于 W 面且与其他两投影面都平行的直线。

（2）投影特性　投影面垂直线的投影特性见表 2-2。

从表 2-2 可概括出投影面垂直线的投影特性：

投影面垂直线在其所垂直的投影面上的投影积聚成一点；在其他两个投影面上的投影分别垂直于该直线所垂直的那个投影面的两条投影轴（或其他两投影同平行于同一投影轴），并且都反映线段的实长。

表 2-2　投影面垂直线的投影特性

直线的位置	正　垂　线	铅　垂　线	侧　垂　线
直观图	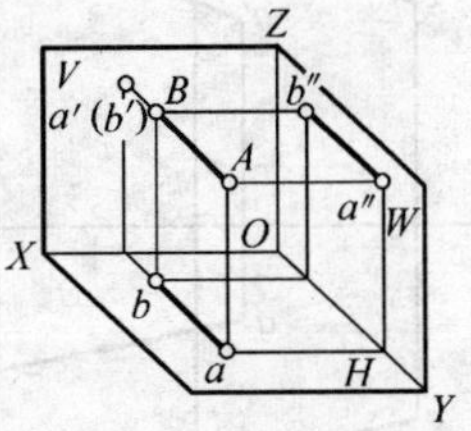	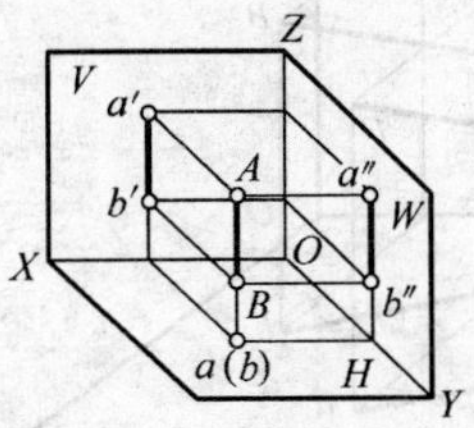	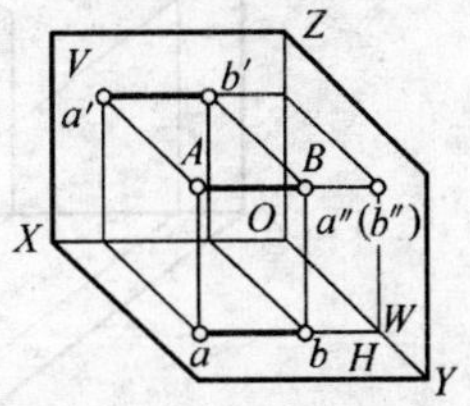
投影图	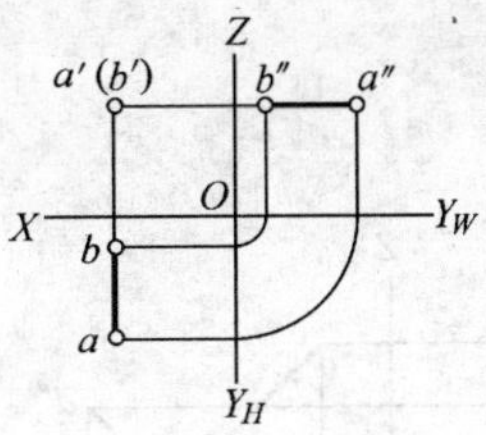	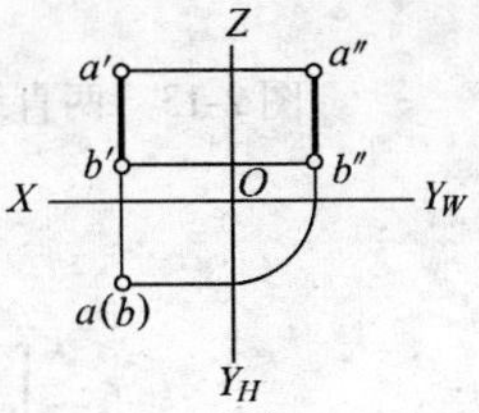	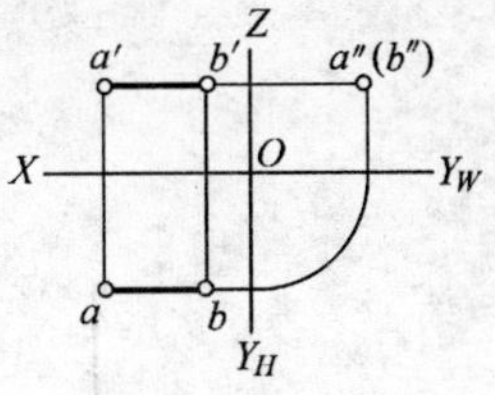
投影特性	1. 正面投影 $a'(b')$ 积聚成一点 2. 水平投影 $ab \perp OX$ 轴，侧面投影 $a''b'' \perp OZ$ 轴（即 ab、$a'b'$ 均平行于 OY 轴），并且都反映线段实长	1. 水平投影 $a(b)$ 积聚成一点 2. 正面投影 $a'b' \perp OX$ 轴，侧面投影 $a''b'' \perp OY_W$ 轴（即 $a'b'$、$a''b''$ 均平行于 OZ 轴），并且都反映线段实长	1. 侧面投影 $a''(b'')$ 积聚成一点 2. 正面投影 $a'b' \perp OZ$ 轴，水平投影 $ab \perp OY_H$ 轴（即 $a'b'$、ab 均平行于 OX 轴），并且都反映线段实长

2.4.2　两直线的相对位置

两直线在空间的相对位置关系有三种情况：平行、相交、交叉（或异面）。

1. 两直线平行

若空间两直线平行，则它们的同面投影必然互相平行，如图 2-13 所示。反过来，若两直线的同面投影都互相平行，则此两直线在空间也一定互相平行。但当两直线均为某一投影面平行线时，如图 2-14a 所示，则需比较两直线在该投影面上的投影才能确定它们在空间是否平行。如图 2-14b 所示，通过侧面投影可以看出 *AB*、*CD* 两直线在空间不平行，也可通过分析两投影直线的长短或倾角关系来判定。

2. 两直线相交

若空间两直线相交，则它们的同面投影也必然相交，并且交点的投影符合点的投影规律，如图 2-15 所示。

3. 两直线交叉（或异面）

空间两条既不平行也不相交的直线，称为交叉直线。若空间两直线交叉，则它们的同面投影可能有一个或两个平行，但不会三个同面投影都平行；它们的同面投影可能有一个、两个或三个相交，但交点不符合点的投影规律（交点的连线不垂直于投影轴）。

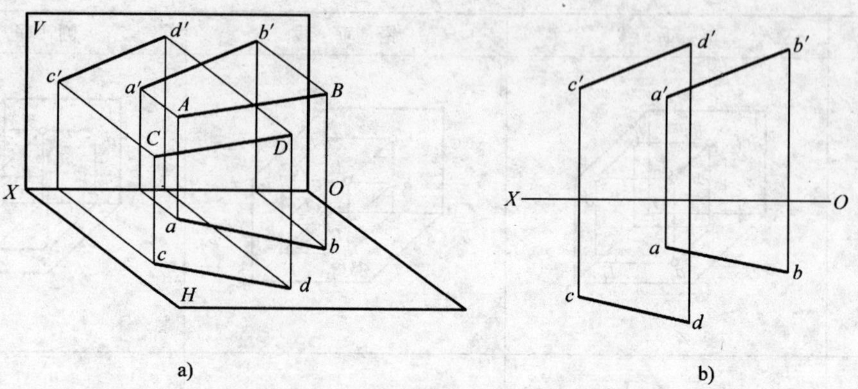

图 2-13　两直线平行

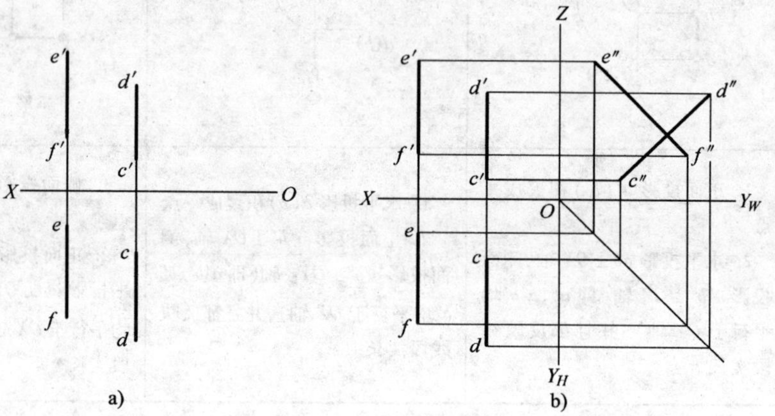

图 2-14　两直线不平行

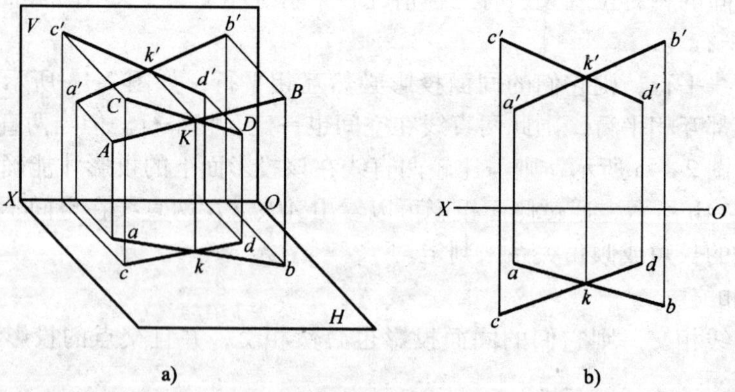

图 2-15　两直线相交

交叉两直线同面投影的交点是两直线对该投影面的重影点的投影，对重影点需要判别可见性。重影点可见性可根据重影点的其他投影按照前遮后、上遮下、左遮右的原则来判断。

如图2-16所示，AB、CD的H面投影ab、cd的交点为CD上的Ⅱ点和AB上的Ⅰ点在H面上的重合投影，看V面，Ⅰ点在上，Ⅱ点在下，所以1为可见，2为不可见。同理，AB、CD的V面投影$a'b'$、$c'd'$的交点为AB上的Ⅳ点与CD上Ⅲ点在V面上的重合投影，从H面投影看，Ⅲ点在前，Ⅳ点在后，所以3′可见，4′不可见。

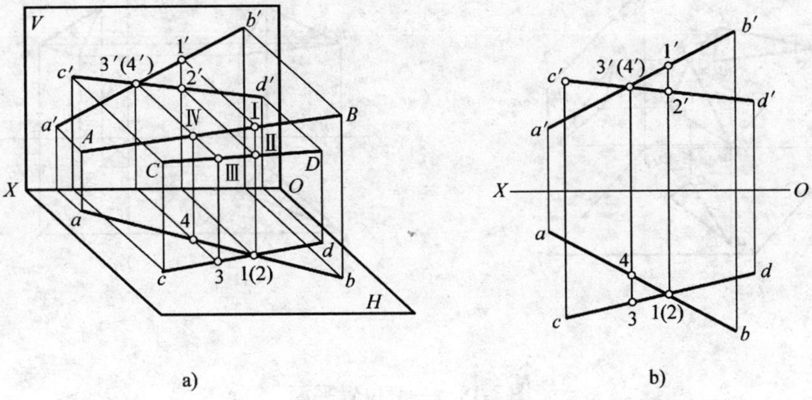

图2-16　两直线交叉

2.5　平面的投影

2.5.1　平面的表示法

平面的表示方法有以下几种，如图2-17所示。

图2-17a：不在同一直线上的三点；图2-17b：一直线和直线外一点；图2-17c：两相交直线；图2-17d：两平行直线；图2-17e：任意平面图形（如四边形、三角形、圆等）。

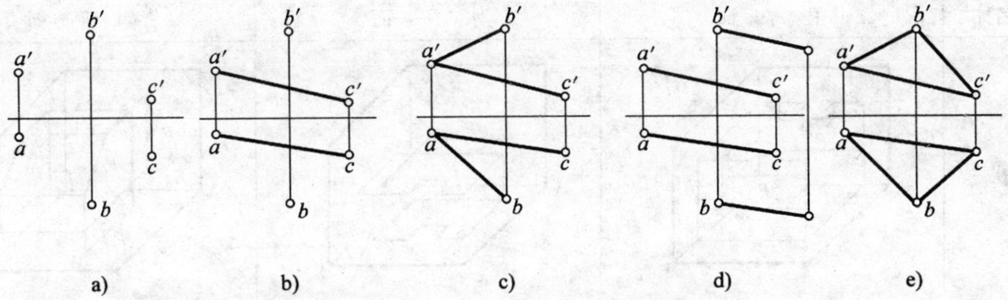

图2-17　几何元素表示平面

2.5.2　各种位置平面的投影特性

根据平面与投影面相对位置的不同，平面可分为投影面平行面、投影面垂直面、一般位置平面。投影面平行面和投影面垂直面统称特殊位置平面。

1. 一般位置平面

与三个投影面均倾斜成一定角度的平面，称为一般位置平面，如图 2-18a 所示。因为一般位置平面与三个投影既不平行，也不垂直。因此，可概括出一般位置平面的三个投影既不反映实形，也不积聚成直线，均是类似形，如图 2-18b 所示。

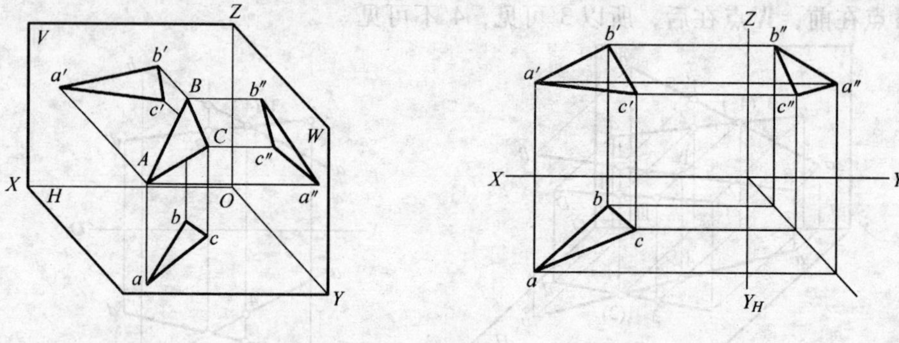

a)　　b)

图 2-18　一般位置平面

a）空间示意　b）投影图

2. 投影面平行面

（1）投影面平行面分类

1）水平面：平行于 *H* 面，与 *V*、*W* 面垂直的平面。

2）正平面：平行于 *V* 面，与 *H*、*W* 面垂直的平面。

3）侧平面：平行于 *W* 面，与 *H*、*V* 面垂直的平面。

（2）投影特性　根据投影面平行面的空间位置，我们可以得出其投影特性。投影面平行面的投影特性见表 2-3。

表 2-3　投影面平行面的投影特性

平面的名称	正平面	水平面	侧平面
直观图	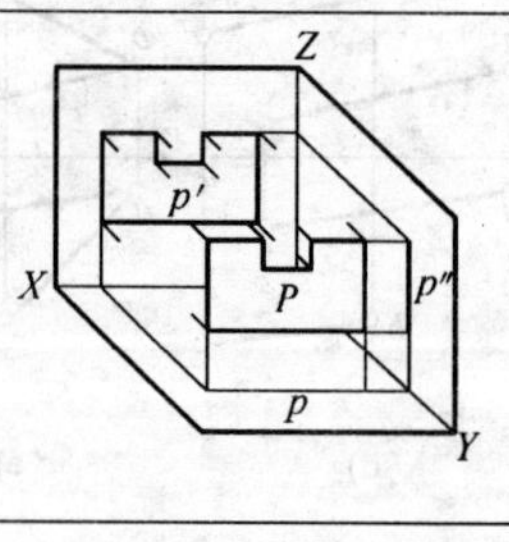	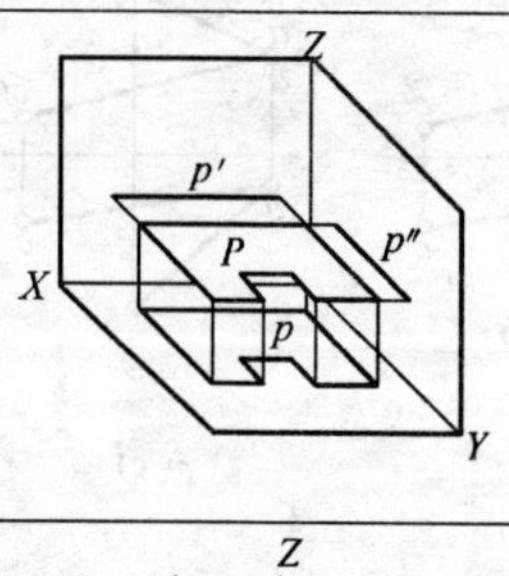	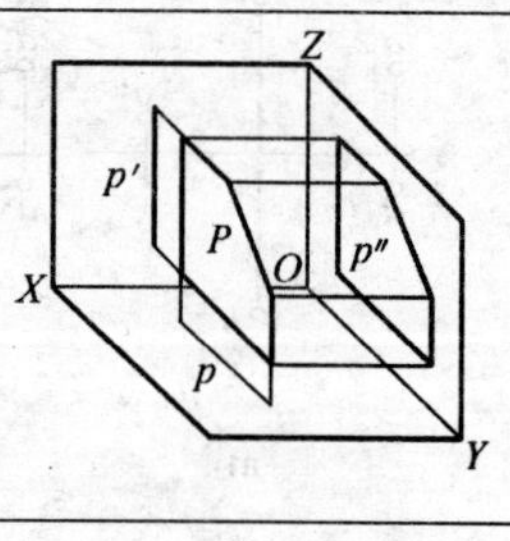
投影图	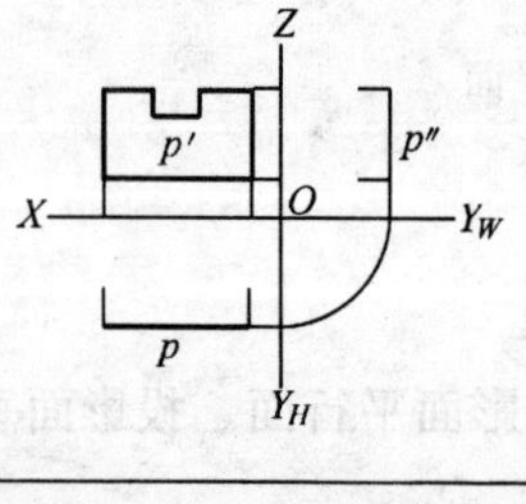	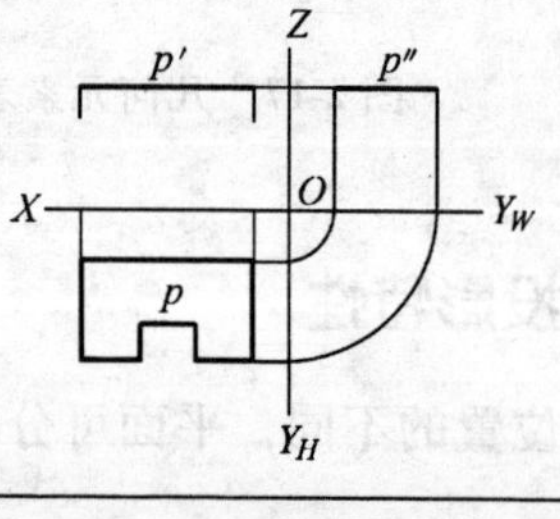	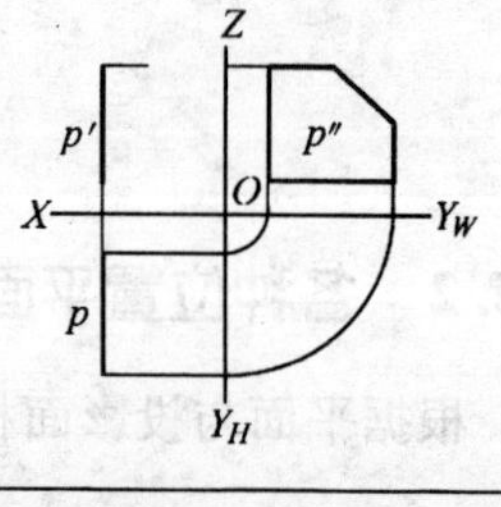

（续）

平面的名称	正 平 面	水 平 面	侧 平 面
投影特性	1. V 面投影反映实形 2. H 面、W 面投影积聚成直线，分别平行于投影轴 OX、OZ	1. H 面投影反映实形 2. V 面、W 面投影积聚成直线，分别平行于投影轴 OX、OY_W	1. W 面投影反映实形 2. V 面、H 面投影积聚成直线，分别平行于投影轴 OZ、OY_H

投影面平行面的投影特性：投影面平行面在它所平行的投影面上的投影反映实形；在其他两个投影面上的投影，分别积聚成直线，并且分别平行于该平面所平行的那个投影面的两条投影轴。

3. 投影面垂直面

（1）投影面垂直面分类

1）铅垂面：垂直于 H 面，且与 V、W 面倾斜的平面。

2）正垂面：垂直于 V 面，且与 H、W 面倾斜的平面。

3）侧垂面：垂直于 W 面，且与 H、V 面倾斜的平面。

（2）投影特性　投影面垂直面的投影特性见表 2-4。

表 2-4　投影面垂直面的投影特性

平面的名称	正 垂 面	铅 垂 面	侧 垂 面
直观图	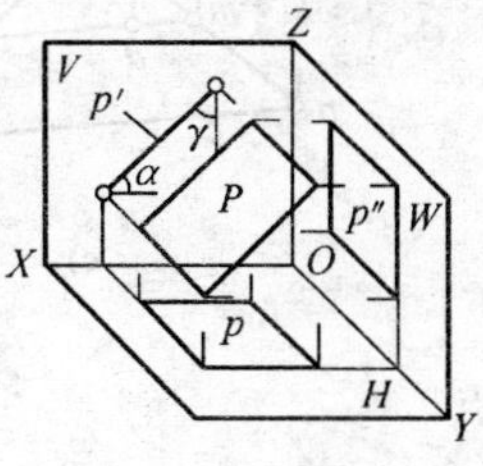	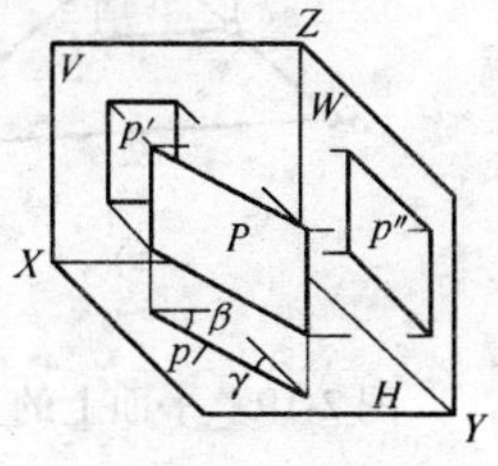	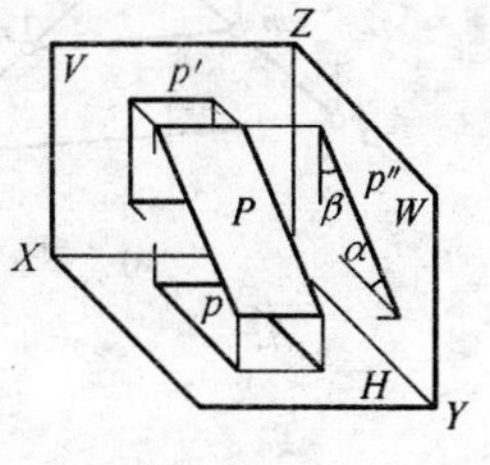
投影图	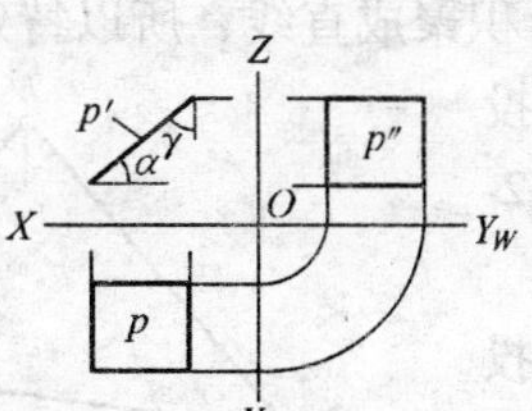	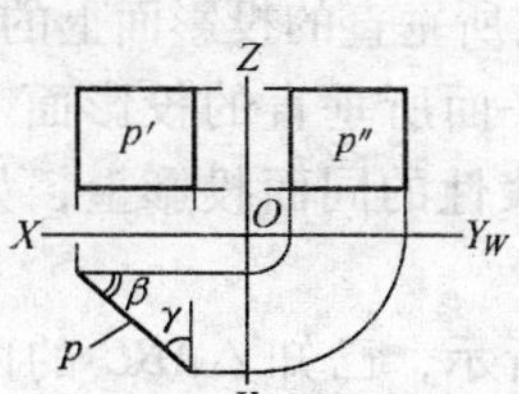	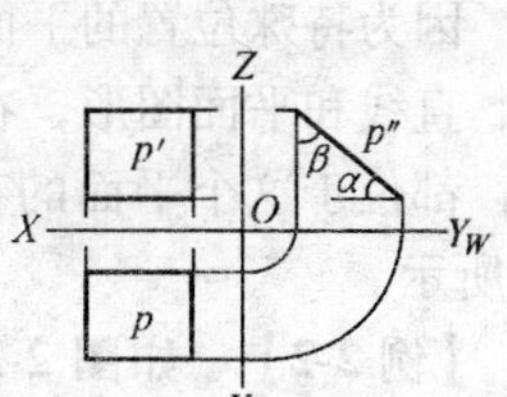
投影特性	1. V 面投影积聚成一直线，并反映与 H、W 面的倾角 α、γ 2. 其他两投影为面积缩小的类似形	1. H 面投影积聚成一直线，并反映与 V、W 面的倾角 β、γ 2. 其他两投影为面积缩小的类似形	1. W 面投影积聚成一直线，并反映与 H、V 面倾角 α、β 2. 其他两投影为面积缩小的类似形

投影面垂直面的投影特性：投影面垂直面在它所垂直的投影面上的投影积聚成一条斜直线，它与投影轴的夹角，分别反映该平面对其他两投影面的夹角；在其他两投影面上的投影为面积缩小的类似形。

2.5.3　平面上的直线和点

1. 平面上的直线

直线在平面上的几何条件是：直线通过平面上的两点，或通过平面上一点且平行于平面上的一直线，如图 2-19a、b 所示。

2. 平面上的点

点在平面上的几何条件是：点在平面的一条直线上。因此，要在平面上取点必须先在平面上取线，然后再在此线上取点，即：点在线上，线在面上，那么点一定在面上。如图 2-19c 所示。

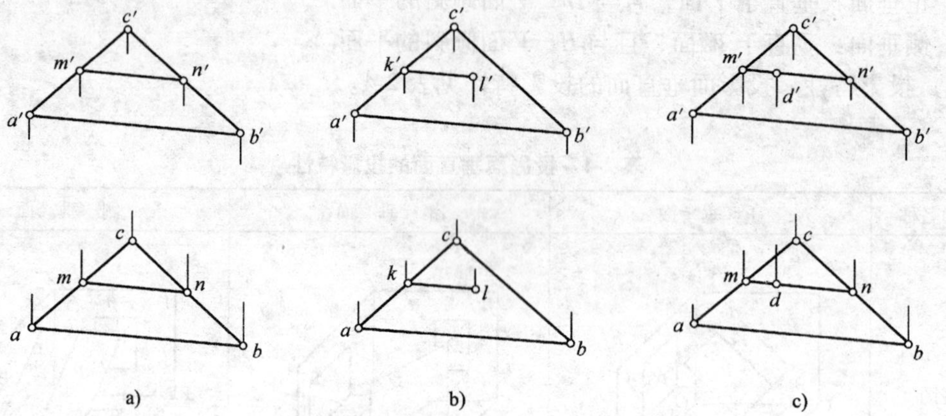

图 2-19　平面上的直线和点

3. 特殊位置平面上的直线和点

因为特殊位置的平面在它所垂直的投影面上的投影积聚成直线，所以特殊位置平面上的点、直线和平面图形，在该平面所垂直的投影面上的投影，都位于这个平面的有积聚性的同面投影上，如图 2-20 所示。

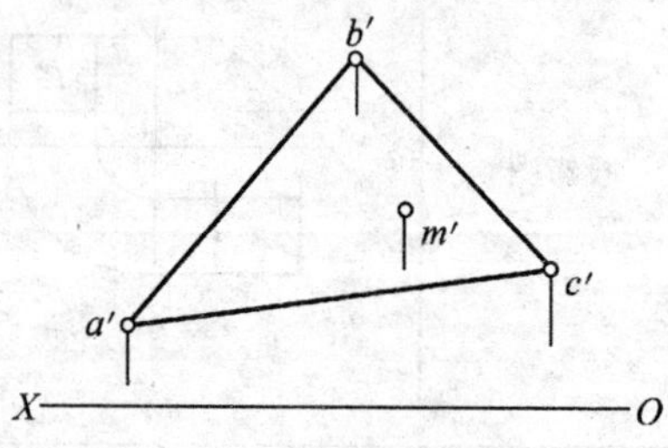

图 2-20　投影面垂直面上的点

【例 2-2】　如图 2-21a 所示，已知△*ABC* 的两面投影，及△*ABC* 内 *K* 点的水平投影 *k*，作正面投影 *k*′。

（1）分析　由初等几何可知，过平面内一个点可以在平面内作无数条直线，任取一条过该点且属于该平面的已知直线，则点的投影一定落在该直线的同面投影上。

（2）作图（过程如图 2-21b、c 所示）　过△*ABC* 的某一顶点与点 *K* 作一直线如 *AL*，*k*′在直线 *AL* 的正面投影上。

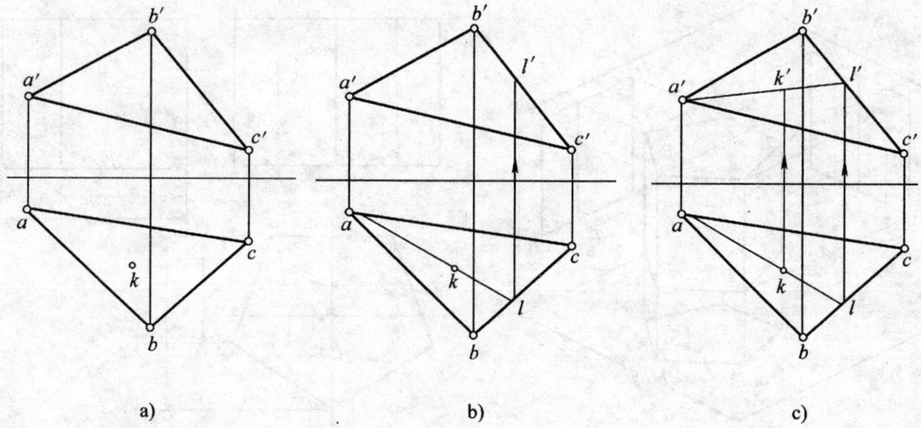

图 2-21　作平面内点的投影
a）已知　b）作图过程一　c）作图过程二

2.6　立体的投影

2.6.1　平面立体的投影

平面立体的每个表面都是平面，如棱柱、棱锥，由底平面和侧平面围成。立体的侧面称为棱面，棱面的交线称为棱线，棱线的交点称为顶点。平面立体的投影实质就是画出组成立体各表面的投影。看得见的棱线画成实线，看不见的棱线画成虚线。

1. 直棱柱

直棱柱的棱线互相平行，上底面和下底面互相平行且大小相等。常见的棱柱有三棱柱、四棱柱、五棱柱和六棱柱。

现以图 2-22 所示的正五棱柱为例，说明棱柱的投影特征和作图方法。

（1）直棱柱的投影

1）分析。如图 2-22a 所示，正五棱柱的顶面和底面平行于水平面，后棱面平行于正平面，各棱面均垂直于水平面。在这种位置下，五棱柱的投影特征是：顶面和底面的水平投影重合，并反映实形——正五边形。五个棱面的水平投影分别积聚为五边形的五条边。正面和侧面投影上大、小不同的矩形分别是各棱面的投影，不可见的棱线画虚线。

2）作图。

①先画出对称中心线，如图 2-22b 所示。

②再画出两个底面的三面投影：其 H 投影重合，反映正五边形实形，是五棱柱的特征投影。它们的 V 投影和 W 投影均积聚为直线。

③画出各棱线的三面投影：H 投影积聚为正五边形的五个顶点，其 V 投影和 W 投影均反映实长，如图 2-22b 所示。

（2）棱柱表面取点、取线　由于组成棱柱的各表面都是平面，因此，在平面立体表面上取点、取线的问题，实质上就是在平面上取点、取线的问题。

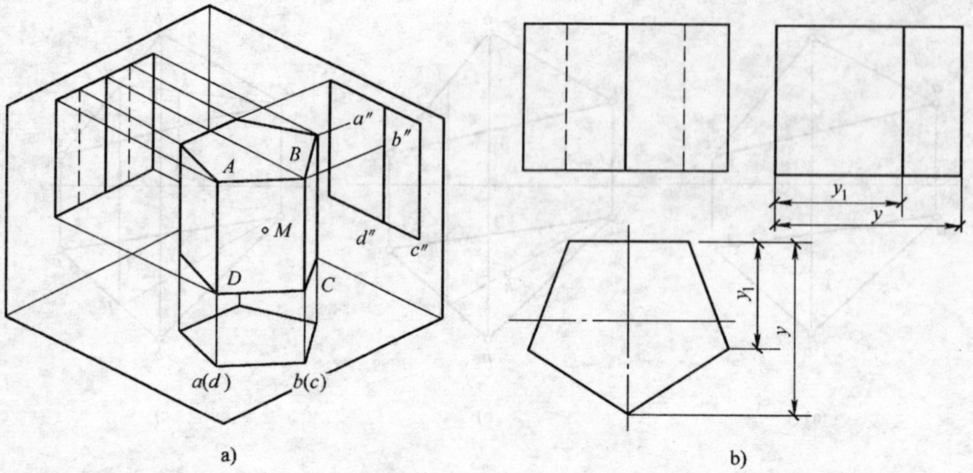

图 2-22　正五棱柱的投影

a）空间示意　b）投影图

判别立体表面上点和线可见与否的原则是：如果点、线所在表面的投影可见，那么点、线的同面投影可见，否则不可见。

【例 2-3】　如图 2-23a 所示，已知五棱柱棱面上点 M 的正面投影 m'，求作另外两投影 m、m''。

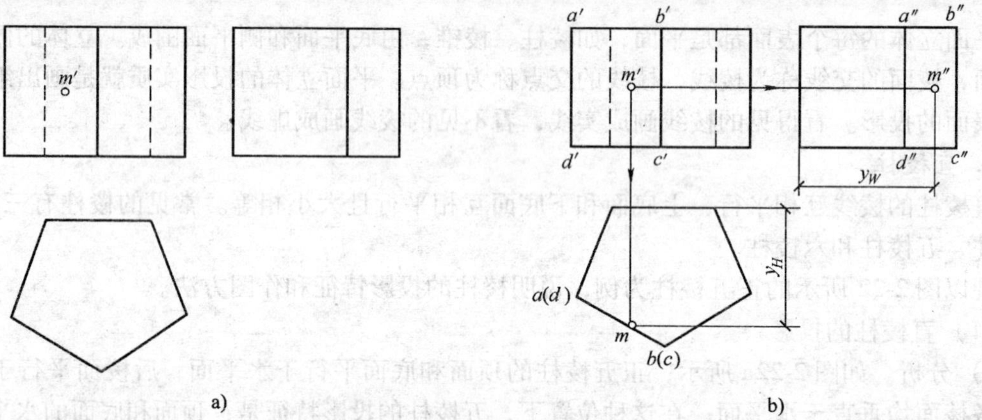

图 2-23　五棱柱表面上取点

a）已知条件　b）作图

1）分析。从图中可知：M 点的正面投影 m'可见，由此判断 M 点在五棱柱的左前面 AB-CD 上，左前面为铅垂面，H 投影有积聚性，其 M 点 H 投影 m 必在该侧面的积聚投影上。

2）作图（过程如图 2-23b 所示）。

①分别过 m'向下引垂线交积聚投影 $abcd$ 于 m 点。

②根据已知点的两面投影求第三投影的方法（二补三）求得 m''。

③判别可见性：因 M 点在左前侧面，则 m''可见。

2. 棱锥

棱锥的棱线交于一点。常见的棱锥有三棱锥、四棱锥、五棱锥等。现以如图 2-24 所示的三棱锥为例说明棱锥的三面投影。

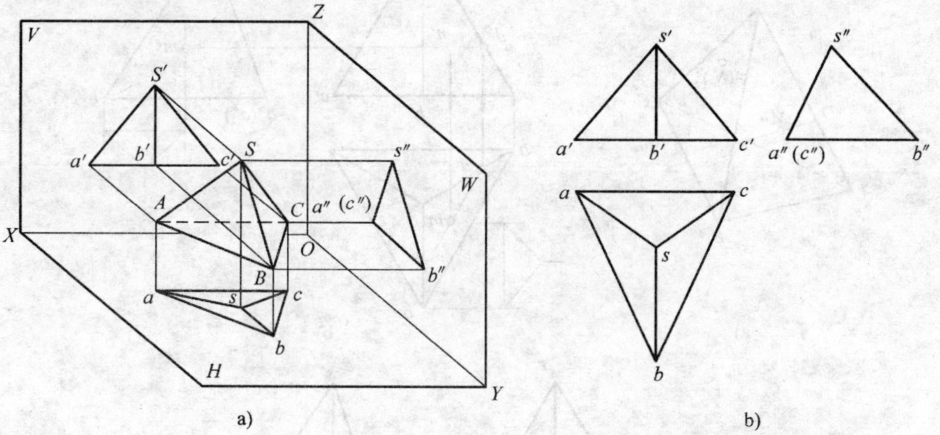

图 2-24 三棱锥的投影

a）空间示意　b）投影图

（1）棱锥的投影

1）分析。三棱锥是由一个底面和三个侧面所组成。底面及侧面均为三角形。三条棱线交于一个顶点，三棱锥的底面为水平面，侧面△*SAC* 为侧垂面。

2）作图。

①画出底面△*ABC* 的三面投影：*H* 面投影反映实形，*V*、*W* 面投影均积聚为直线段。

②画出顶点 *S* 的三面投影：将顶点 *S* 和底面△*ABC* 的三个顶点 *A*、*B*、*C* 的同面投影两两连线，即得三条棱线的投影，三条棱线围成三个侧面，完成三棱锥的投影。

（2）棱锥表面上取点、取线　棱锥的棱面是一般位置平面，其三面投影没有积聚性，解题时应首先确定所给点、线在哪个表面上，再根据表面所处的空间位置利用辅助线作图。

【例 2-4】　如图 2-25a 所示，已知三棱锥棱面 *SAB* 上点 *M* 的正面投影 *m′* 和棱面 *SAC* 上点 *N* 的水平投影 *n*，求作另外两个投影。

（1）分析

M 点所在棱面 *SAB* 是一般位置平面，其投影没有积聚性，必须借助在该平面上作辅助线的方法求作另外两个投影，如图 2-25b 所示。也可以在棱面 *SAB* 上过 *M* 点作 *AB* 的平行线为辅助线作出其投影。*N* 点所在棱面 *SAC* 是侧垂面，可利用积聚性画出其投影。

（2）作图（过程如图 2-25b、c 所示）

1）过 m' 作 $m'd' /\!/ a'b'$ 交 $s'a'$ 于 d'，由 d' 作垂线得出 d，过 d 作 ab 的平行线，再由 m' 求得 m。

2）由 m' 高平齐、宽相等求得 m''，如图 2-25b 所示。

3）*N* 点在三棱锥的后面侧垂面上，其侧面投影 n''、在 $s''a''$ 上，因此不需要作辅助线，利用“高平齐”可直接作出 n'。

4）再由 n'、n''，根据“宽相等”直接作出 n，如图 2-25c 所示。

5）判别可见性：m、n、m''可见。

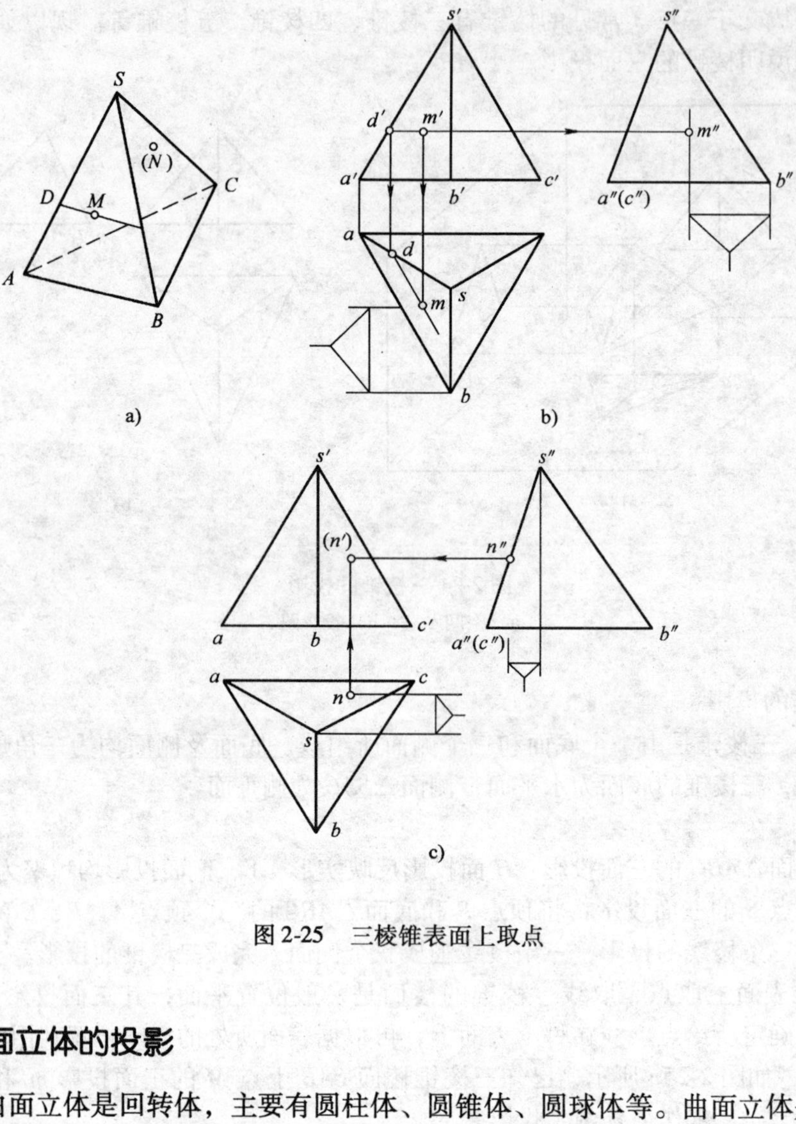

图 2-25　三棱锥表面上取点

2.6.2 曲面立体的投影

常见的曲面立体是回转体，主要有圆柱体、圆锥体、圆球体等。曲面立体是由曲面或曲面与平面围成的。

曲面立体投影应判别其可见性。曲面上可见与不可见的分界线称为回转面对该投影面的转向轮廓线。因为转向轮廓线是对某一投影面而言，所以它们的其他投影不应画出。

1. 圆柱体

圆柱体由圆柱面和上下两底面围成。圆柱面可看成由一条母线绕平行于它的轴线回旋而成，圆柱面上任意一条平行于轴线的直母线称为圆柱面的素线。下面以如图 2-26a 所示的圆柱为例说明圆柱体的三面投影。

（1）圆柱体的投影

1）分析。圆柱体由圆柱面、顶面、底面围成。圆柱也可看作是由无数条相互平行且长度相等的素线所围成。当圆柱轴线垂直于 H 面，底面、顶面为水平面，底面、顶面的水平投影反映圆的实形，其他投影积聚为直线段。

2）作图。过程如图 2-26b 所示。

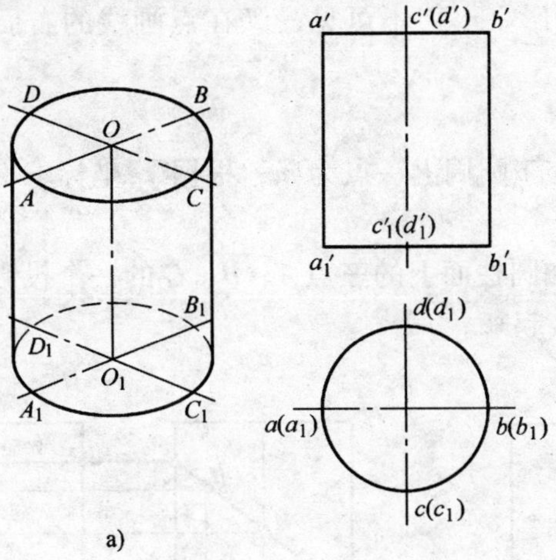

图 2-26　圆柱体的投影

a）空间示意　b）投影图

①用点划线画出圆柱体的轴线、中心线。

②画出顶面、底面圆的三面投影。

③画转向轮廓线的三面投影，该圆柱面对正面的转向轮廓线（正视转向轮廓线）为 AA_1 和 BB_1，其侧面投影与轴线重合，对侧面的转向轮廓线（侧视转向轮廓线）为 DD_1 和 CC_1，其正面投影与轴线重合。

④还应注意圆柱体的 H 面投影圆是整个圆柱面积聚成的圆周，圆柱面上所有的点和线的 H 面投影都重合在该圆周上。圆柱体的三面投影特征为一个圆对应两个矩形。

（2）圆柱表面上取点、取线　在圆柱体表面上取点，可直接利用圆柱投影的积聚性作图。

【例 2-5】　如图 2-27a 所示，已知圆柱面上的点 M、N 的正面投影，求其另两个投影。

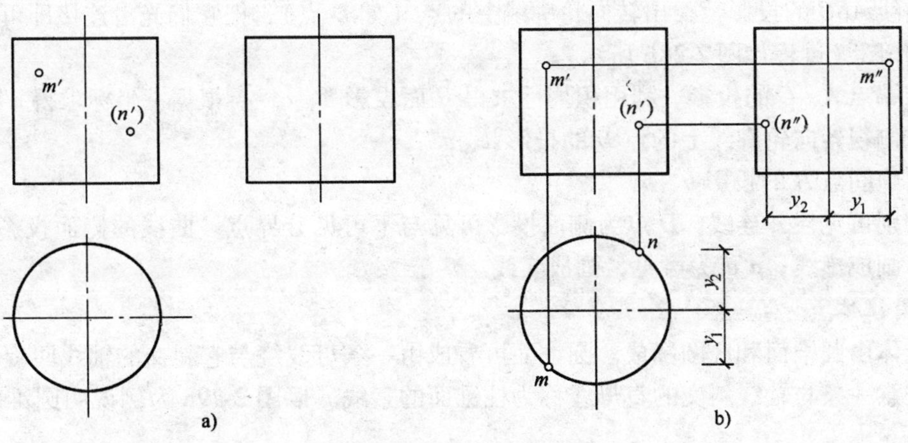

图 2-27　圆柱表面上取点

a）已知条件　b）作图

1）分析。M 点的正面投影 m' 可见，又在点画线的左面，由此判断 M 点在左前半圆柱面上，侧面投影可见；N 点的正面投影（n'）不可见，又在点画线的右面，由此判断 N 点在右后半圆柱面上，侧面投影不可见。

2）作图。过程如图 2-27b 所示。

①求 m、m''。过 m' 向下作垂线交于圆周上一点为 m；根据 y_1 坐标求出 m''。

②求 n、n''。作法与 M 点相同。

【例 2-6】 如图 2-28a 所示，已知圆柱面上的三点 A、B、C 的一个投影 a'、b、c''，求其另两个投影，并把 A、B、C 顺序连接起来。

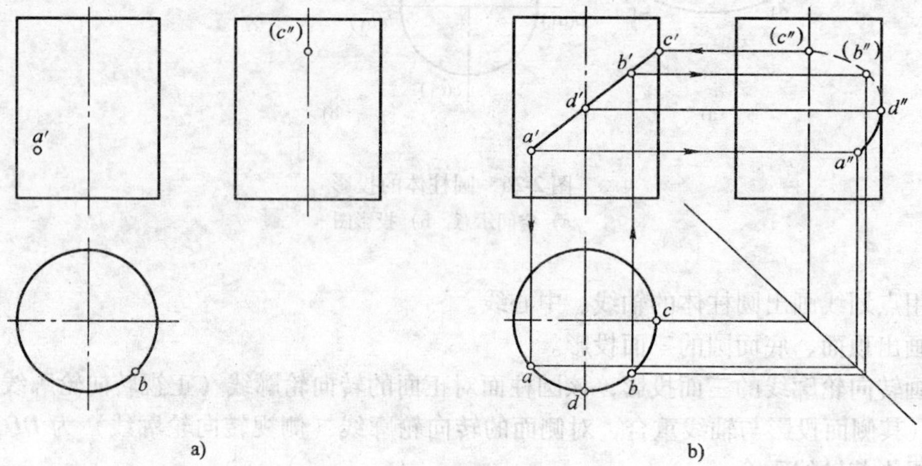

图 2-28　圆柱表面上取线
a）已知条件　b）作图

1）分析。圆柱面上的线除了素线外均为曲线，由此判断线段 ABC 是圆柱面上的一段曲线。A、B 位于前半圆柱面上，C 位于最右的转向轮廓线上，因此 a'、b'、c' 可见。为了准确地画出曲线 ABC 的投影，找出转向轮廓线上的点（如 D 点），把它们光滑连接即可。

2）作图（过程如图 2-28b 所示）。

①求端点 A、C 的投影。利用积聚性求得 H 面投影 a、c，再根据 y 坐标求得 a''、c''。

②求侧视转向轮廓线上的点 D 的投影 d、d''。

③求中间点 B 的投影 b、b''。

④判别可见性并连线。D 点为侧面投影可见与不可见分界点，曲线的侧面投影 $c''b''d''$ 为不可见，画成虚线；$a''d''$ 为可见，画成实线。

2. 圆锥体

圆锥体由圆锥面和底圆围成。圆锥面可看成由一条母线绕与它斜交的轴线回旋而成，圆锥面上任意一条与轴线斜交的直母线称为柱锥面的素线。以图 2-29a 为例说明圆锥的三面投影。

（1）圆锥体的投影

1）分析。圆锥体可看作是由无数条交于顶点的素线所围成，也可看作是由无数个平行于底面的纬圆所组成。当圆锥轴线垂直于 H 面，底面为水平面，H 面投影反映底面圆的实形，其他两投影均积聚为直线段。

2）作图。过程如图 2-29b 所示。

①用点划线画出圆锥体各投影轴线、中心线。

②画出底面圆和锥顶 S 的三面投影。

③画出各转向轮廓线的投影。正视转向轮廓线的 V 面投影 $s'a'$、$s'b'$，侧视转向轮廓线的 W 面投影为 $s''c''$、$s''d''$。

④圆锥面的三个投影都没有积聚性。圆锥面三面投影的特征为一个圆对应两个三角形。

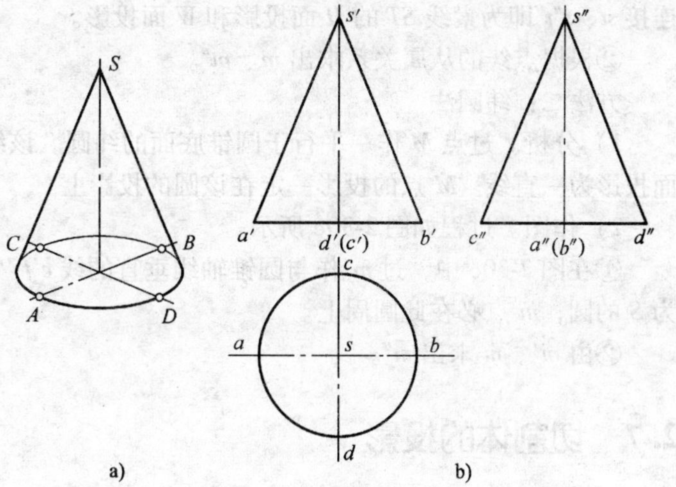

图 2-29　圆锥体的投影

a）空间示意　b）投影图

（2）圆锥体表面上取点、取线　由于圆锥面的三个投影都没有积聚性，求表面上的点时，需要采用辅助线法。为了作图方便，在曲面上作的辅助线应尽可能的是直线（素线）或平行于投影面的圆（纬圆）。因此在圆锥面上取点的方法有两种：素线法和纬圆法。

【例 2-7】　如图 2-30 所示，已知圆锥面上点 M 的正面投影 m'，求 m、m''。

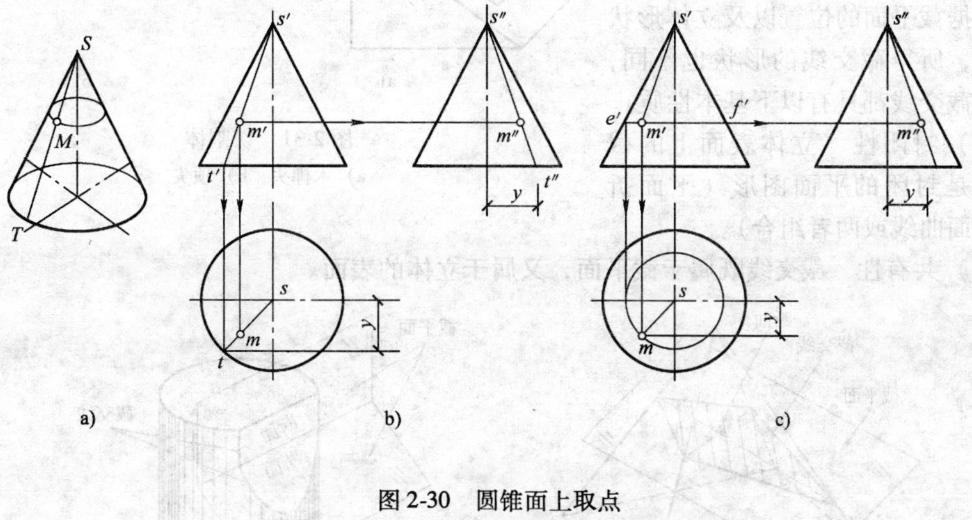

图 2-30　圆锥面上取点

a）空间示意　b）素线法　c）纬圆法

方法一：素线法

1）分析。如图 2-30a 所示，M 点在圆锥面上，一定在圆锥面的一条素线上，故过锥顶 S 和点 M 作一素线 ST，求出素线 ST 的各投影，根据点线的从属关系，即可求出 m、m''。

2）作图。过程如图 2-30b 所示。

①在图 2-30b 中连接 $s'm'$延长交底圆于 t'，在 H 面投影上求出 t 点，根据 t、t'求出 t''，连接 st、$s''t''$即为素线 ST 的 H 面投影和 W 面投影。

②根据点线的从属关系求出 m、m''。

方法二：纬圆法

1）分析。过点 M 作一平行于圆锥底面的纬圆。该纬圆的水平投影为圆，正面投影、侧面投影为一直线。M 点的投影一定在该圆的投影上。

2）作图。过程如图 2-30c 所示。

①在图 2-30c 中，过 m'作与圆锥轴线垂直的线 $e'f'$它的 H 投影为一直径等于 $e'f'$、圆心为 S 的圆，m 点必在此圆周上。

②由 m'、m 求出 m''。

2.7 切割体的投影

立体被平面切割后剩余部分的投影，叫做切割体的投影。在工程中常常会遇到这样的形体。如图 2-31a 所示木榫头和图 2-31b 所示顶尖。

截割立体的平面称为截平面；截平面与立体表面的交线称为截交线；由截交线所围成的平面图形称为截面（断面）。如图 2-32a、b 所示。

根据截平面的位置以及立体形状的不同，所得截交线的形状也不同，但任何截交线都具有以下基本性质。

（1）封闭性　立体表面上的截交线总是封闭的平面图形（平面折线、平面曲线或两者组合）。

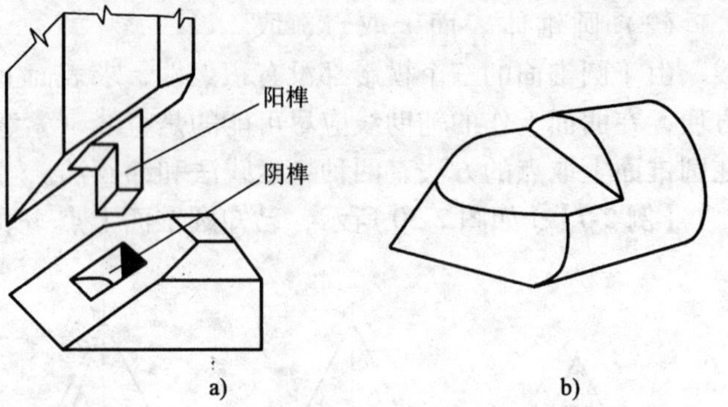

图 2-31　切割体

a）木榫头　b）顶尖

（2）共有性　截交线既属于截平面，又属于立体的表面。

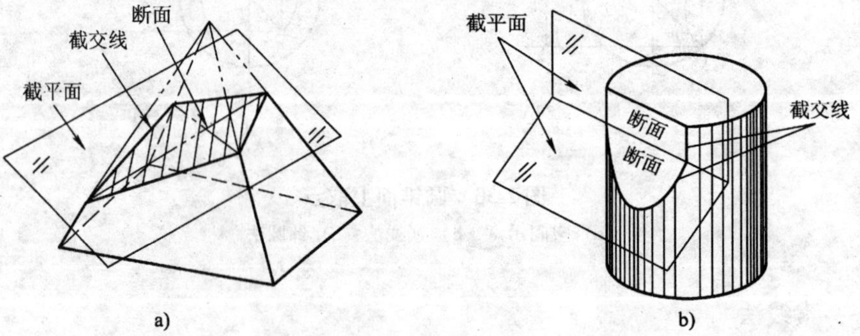

图 2-32　截交线概念

a）平面体的截交线　b）曲面体的截交线

2.7.1 平面切割体的投影

1. 截交线分析

用平面截切平面立体所得的截交线，是由直线段组成的封闭的平面多边形。平面多边形的每一个顶点是平面立体的棱线与截平面的交点，每一条边是平面立体的表面与截平面的交线。画截交线的实质就是求出平面立体的棱线与截平面的交点，或直接求出平面立体的表面与截平面的交线。

2. 平面截切棱锥

【例 2-8】 如图 2-33 所示，求四棱锥被正垂面 P 截割后，截交线的投影。

（1）分析　由图 2-33a 可见，截交线为四边形。四边形的四个顶点是四棱锥的四条棱线与截平面的交点。由于截平面 P 为正垂面，故截交线的 V 面投影积聚为直线，可直接确定，然后再由 V 面投影求出 H 面和 W 面投影。

（2）作图。过程如图 2-33b 所示。

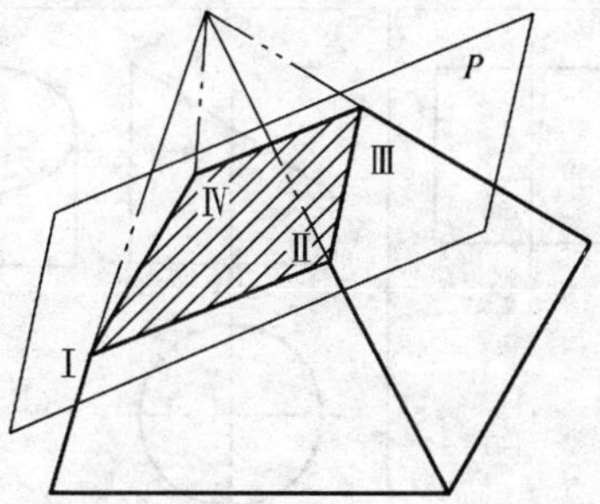

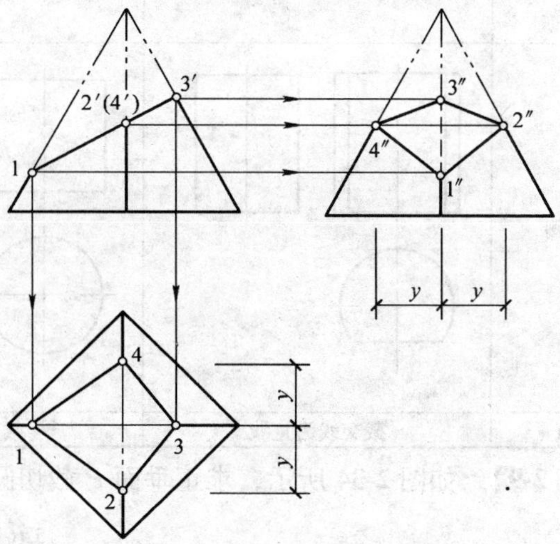

图 2-33　平面截割四棱锥
a）立体图　b）投影图

1）根据截交线投影的积聚性，在 V 面投影中直接求出截平面 P 与四棱锥四条棱线交点的 V 面投影 1′、2′、3′、4′。

2）根据从属性，在四棱锥各条棱线的 H、W 面投影上，求出交点的相应投影 1、2、3、4 和 1″、2″、3″、4″。

3）将各点的同面投影依次相连（注意同一侧面上的两点才能相连），即得截交线的各投影。由于四棱锥去掉了被截平面切去的部分，所以截交线的三个投影均为可见。

2.7.2 曲面切割体的投影

1. 截交线分析

平面与曲面立体相交，其截交线一般为封闭的平面曲线（或其中有直线段）。截交线是截平面与曲面立体表面的共有线，求截交线时只需求出若干共有点，然后按顺序光滑连接成封闭的平面图形即可。因此，求曲面立体的截交线实质上就是在曲面立体表面上取点。

2. 平面截切圆柱

平面截切圆柱时，根据截平面与圆柱轴线的相对位置的不同，截交线有三种不同的形状，见表 2-5。

表 2-5　平面截切圆柱

截平面位置	截平面与轴线平行	截平面与轴线垂直	截平面与轴线倾斜
立体图		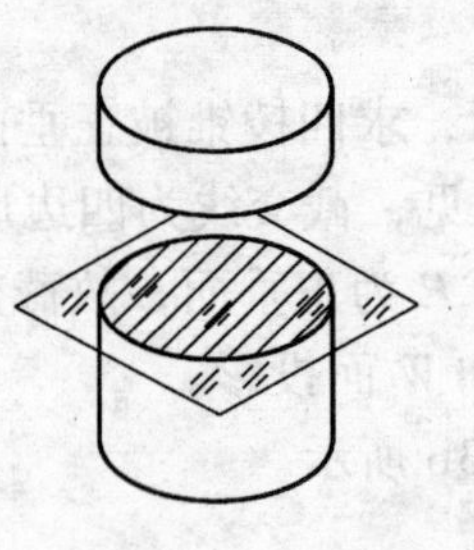	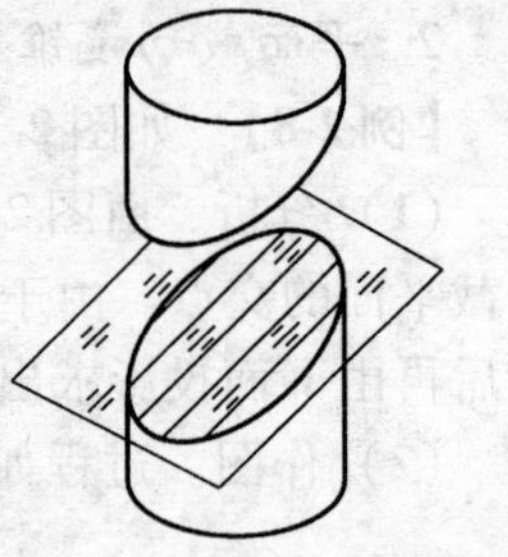
投影图		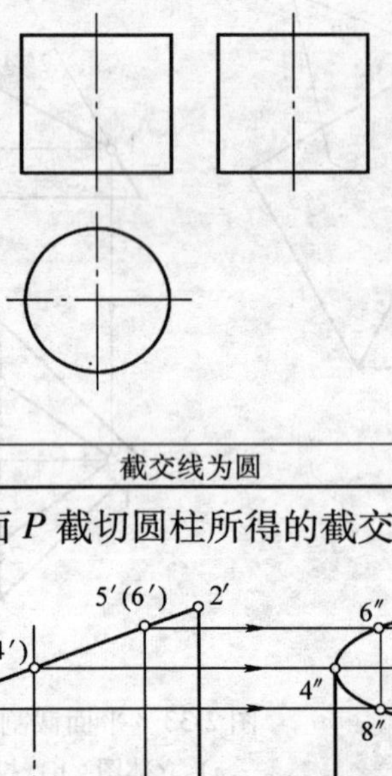	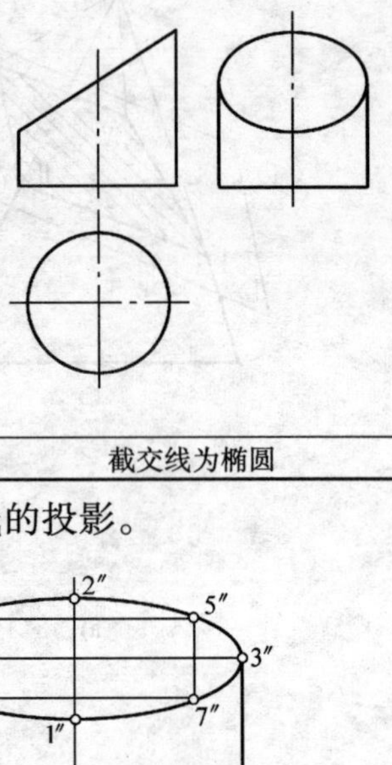
特点	截交线为直线	截交线为圆	截交线为椭圆

【例 2-9】　如图 2-34 所示，求正垂面 P 截切圆柱所得的截交线的投影。

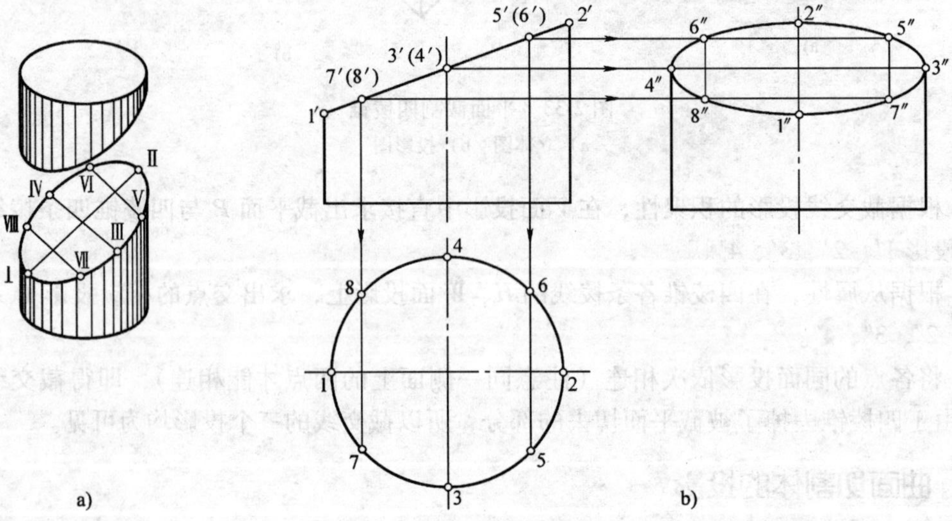

图 2-34　平面截切圆柱
a）立体图　b）作图

（1）分析　正垂面 P 倾斜于圆柱轴线，截交线的形状为椭圆。平面 P 垂直于 V 面，所以截交线的 V 面投影和 P 平面的 V 面投影重合，积聚为一段直线。截交线的水平投影与圆柱面的水平投影一样也有积聚性，与圆柱面 H 面投影的圆周重合。截交线的侧面投影仍是一个椭圆，需要作图求出。

（2）作图

1）求特殊点。要确定椭圆的形状，需要找出椭圆的长轴和短轴。椭圆短轴为Ⅰ—Ⅱ，长轴为Ⅲ—Ⅳ，其投影分别为 $1'$、$2'$、$3'$、（$4'$）。Ⅰ、Ⅱ、Ⅲ、Ⅳ分别为椭圆投影的最低、最高、最前、最后点，由 V 面投影 $1'$、$2'$、$3'$、$4'$ 可直接求出 H 面投影 1、2、3、4 和 W 面投影 $1''$、$2''$、$3''$、$4''$。

2）求一般点。为作图方便，在 V 面投影上对称性地取 $5'$、（$3'$）、$7'$、$8'$）点，H 面投影 5、3、7、8 一定在柱面的积聚投影上，由 H、V 面投影再求出其 W 面投影 $5''$、$3''$、$7''$、$8''$。取点的多少一般可根据作图准确程度的要求而定。

3）依次光滑连接 $1''$、$8''$、$4''$、$6''$、$2''$、$5''$、$3''$、$7''$、$1''$ 即得截交线的侧面投影，将不到位的轮廓线延长到 $3''$ 和 $4''$。

3. 平面截切圆锥

平面截切圆锥时，根据截平面与圆锥相对位置的不同，其截交线有五种不同的情况，见表 2-6。

表 2-6　平面截切圆锥

截平面位置	截平面垂直于轴线	截平面倾斜于轴线	截平面平行于一条素线	截平面平行于轴线（平行于两条素线）	截平面通过锥顶
立体图	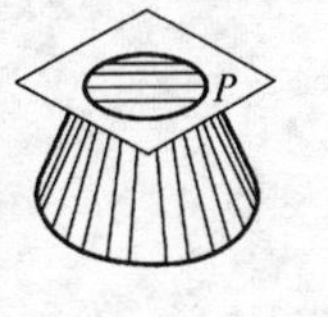	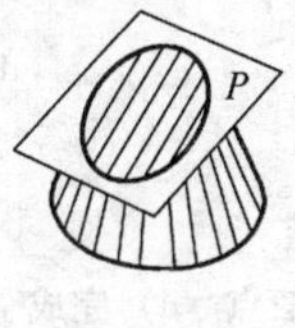	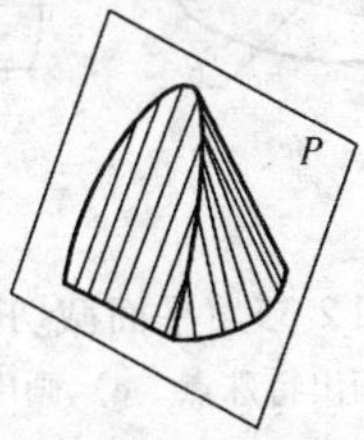	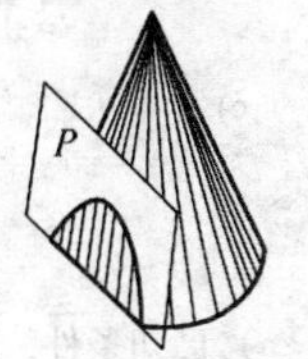	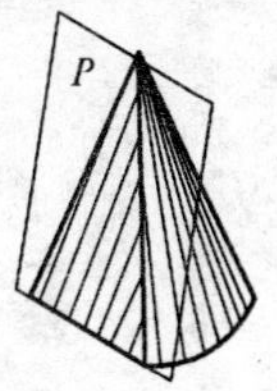
投影图	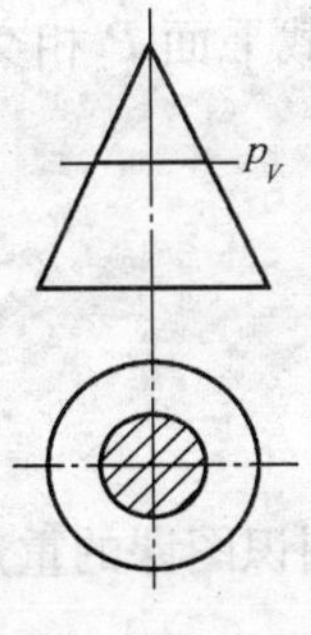	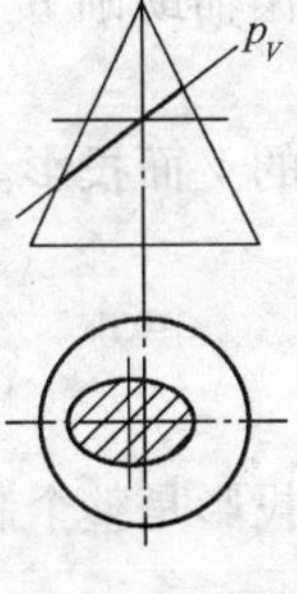	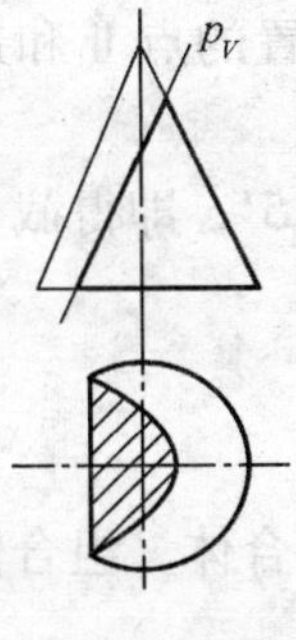	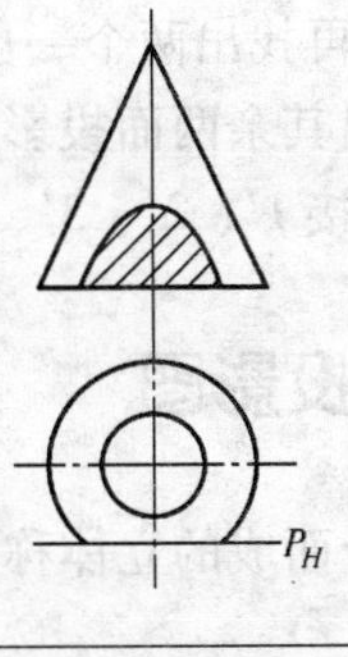	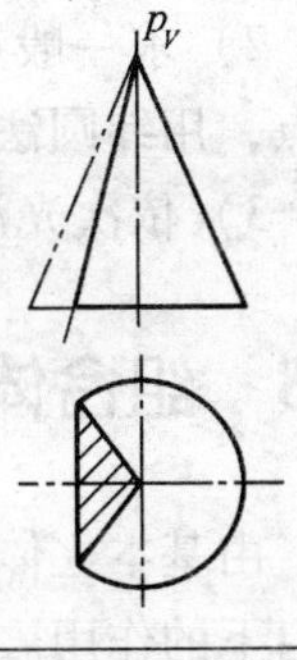
特点	截交线为圆	截交线为椭圆	截交线为抛物线	截交线为双曲线	截交线为两素线

【例 2-10】　如图 2-35 所示，求正平面 P 截切圆锥所得的截交线的投影。

（1）分析　由图 2-35 可看出，截平面 P 为平行于圆锥轴线的正平面，截切圆锥所得的截交线为双曲线，双曲线的 H 面投影和 W 面投影与正平面 P 的积聚投影重合，为一直线段，均不反映实形。

（2）作图

1）求特殊点。确定双曲线的顶点和端点，图2-35b中，点Ⅰ和Ⅴ为双曲线的端点，位于圆锥底面圆周上；点Ⅲ为双曲线的顶点（最高点）；这三点均可直接求出三面投影。

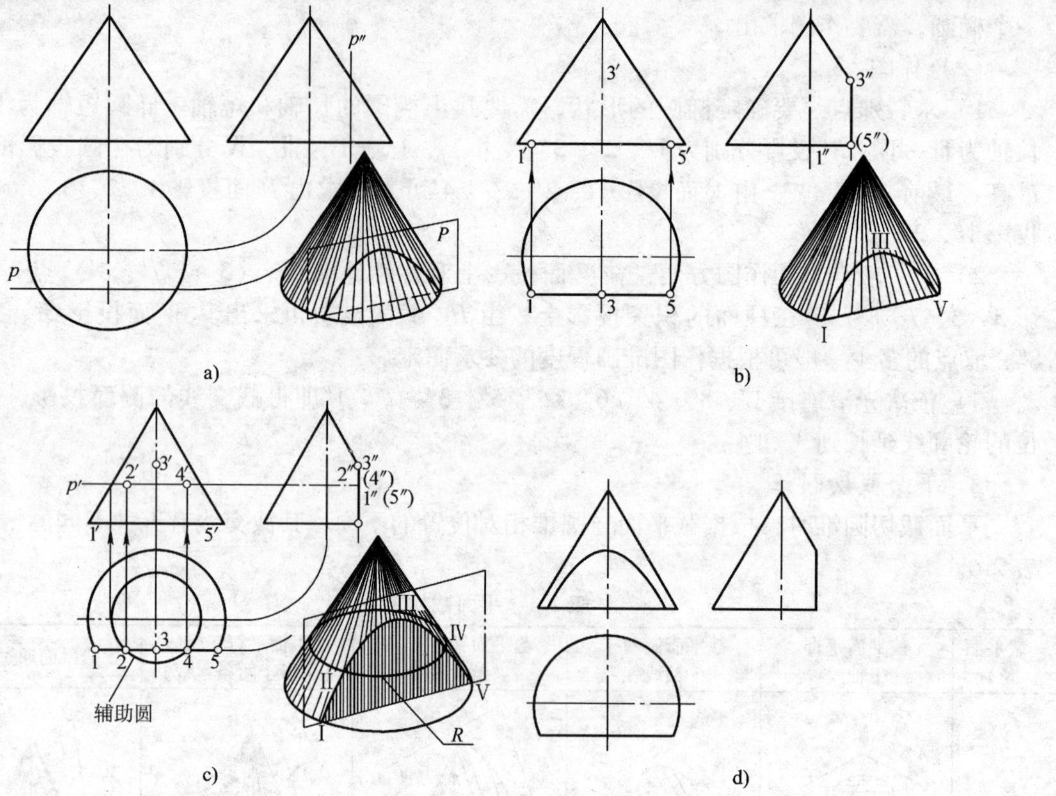

图2-35　平面截切圆锥

a）已知条件　b）画出特殊点　c）画出一般点　d）完成全图

2）求一般点。再找出两个一般位置的点Ⅱ和Ⅳ，作辅助圆R与截平面P相交于2、4两点，用纬圆法求出其余两面投影。

3）依次光滑连接1′、2′、3′、4′、5′，即得截交线的V面投影。

2.8　组合体的投影图

由基本立体组合而成的立体称为组合体，组合体的投影是整个制图识图课的重点，起承上启下的作用。

2.8.1　组合体的画法

1. 组合体的形体分析

工程建设中一些比较复杂的形体，一般都可看作是由基本几何体（如棱柱、棱锥、圆柱、圆锥、球等）通过叠加、切割、相交或相切而形成的。如图2-36所示的肋式杯形基础的形体，可以看成由四棱柱底板、中间四棱柱（其中挖去一楔形块）和 6 块梯形块叠加组成。

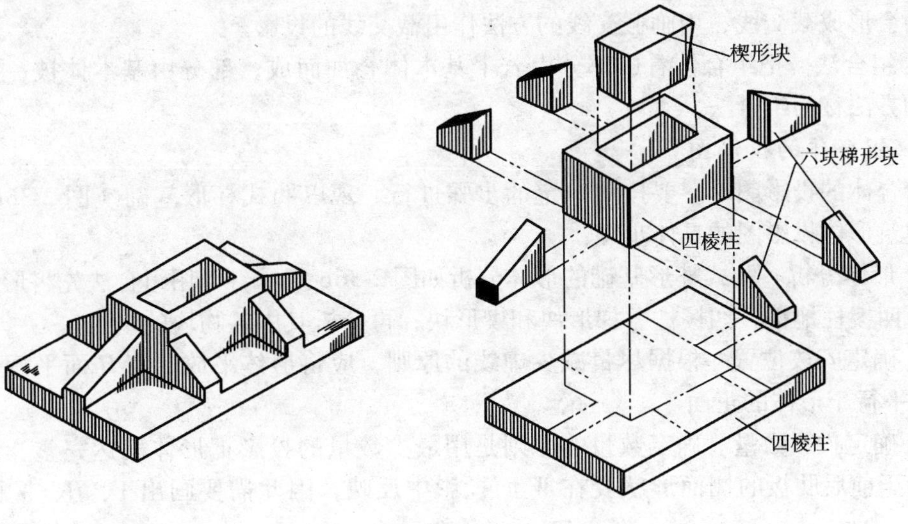

a)　　　　b)

图 2-36　肋式杯形基础形体分析
a）肋式杯形基础　b）形体分析

所以，组合体就有两种分析方法：

（1）叠加法　把组合体看成由若干基本体叠加而成的方法称为叠加法。各基本体叠加时，其表面结合有三种方式：平齐（共面）、相切、相交，在画投影图时，应注意这三种结合方式，正确处理两结合表面的投影，如图 2-37 所示。

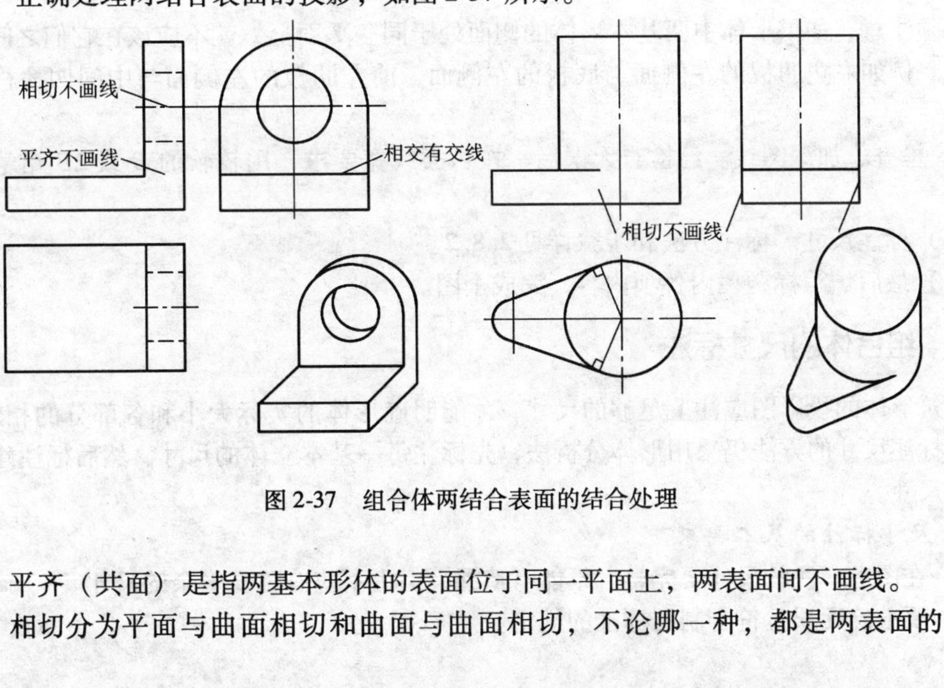

图 2-37　组合体两结合表面的结合处理

1）平齐（共面）是指两基本形体的表面位于同一平面上，两表面间不画线。

2）相切分为平面与曲面相切和曲面与曲面相切，不论哪一种，都是两表面的光滑过渡，不应画线。

3）相交是指面与面相交时，在相交处表面必然形成交线，应画交线的投影。

（2）截割法　把组合体看成由基本体被一些面切割后而成的方法称为截割法。在基本体的表面会形成截交线，用画截交线的方法作出截交线的投影。

（3）组合法　把组合体看成部分由若干基本体叠加而成，部分由基本体被一些面切割后而成的方法称为组合法。

2. 画组合体的投影图

画组合体的投影图时，要按照一定的步骤进行。现以肋式杯形基础（图 2-36a）为例，说明画建筑形体投影图的具体步骤：

（1）形体分析　肋式杯形基础的形体分析如图 2-36b 所示，可用组合法先将形体分解为四部分，四棱柱地板、四棱柱、梯形块和楔形块，再分析其中各物块的组成。

（2）确定安放位置　根据尽量减少虚线的原则，应将形体平放，使 *H* 面平行于底板底面，*V* 面平行于形体的正面。

（3）确定投影数量　确定数量的原则是用最少数量的投影把形体表达完整、清楚。基础形体由于前后肋板的侧面形状要在 *W* 面投影中反映，因此需要画出 *V*、*H*、*W* 面三个投影。

（4）画投影图

1）根据形体大小和注写尺寸所占的位置，选择适宜的图幅和比例。

2）布置投影图。先画出图框和标题栏线框，明确图纸上可以画图的范围，然后大致安排三个投影的位置，使每个投影在注写完尺寸后，与图框的距离大致相等。

3）画投影图底稿。按形体分析的结果，顺次画出四棱柱底板（图 2-38a）、中间四棱柱（图 2-38b）、6 块梯形块（图 2-38c）和楔形杯口（图 2-38d）的三面投影。画每一基本形体时，先画其最具有特征的投影，然后画其他投影。在 *V*、*W* 面投影中杯口是看不见的，应画成虚线。

必须注意，如果形体中两基本形体的侧面处于同一平面上，就不应该在它们之间画一条分界线。例如左边肋板的左侧面与底板的左侧面，前左肋板的左侧面与中间四棱柱的左侧面。

4）检查、加深图线。经检查无误后，按各类线宽要求，用较软的 *B* 或 2*B* 铅笔进行加深。

（5）标注尺寸　标注方法和步骤详见 2. 8. 2。

（6）最后填写标题栏内各项内容，完成全图。

2. 8. 2　组合体的尺寸标注

建筑形体的投影图应注上足够的尺寸，才能明确形体的实际大小和各部分的相对位置。组合体标注尺寸的方法仍采用形体分析法，先标注每一基本立体的尺寸，然后标注建筑形体的总体尺寸。

1. 尺寸标注的基本要求

1）在图上所注的尺寸要完整，不能有遗漏，但也不应有重复多余的尺寸。

2）要准确无误且符合制图标准的规定。

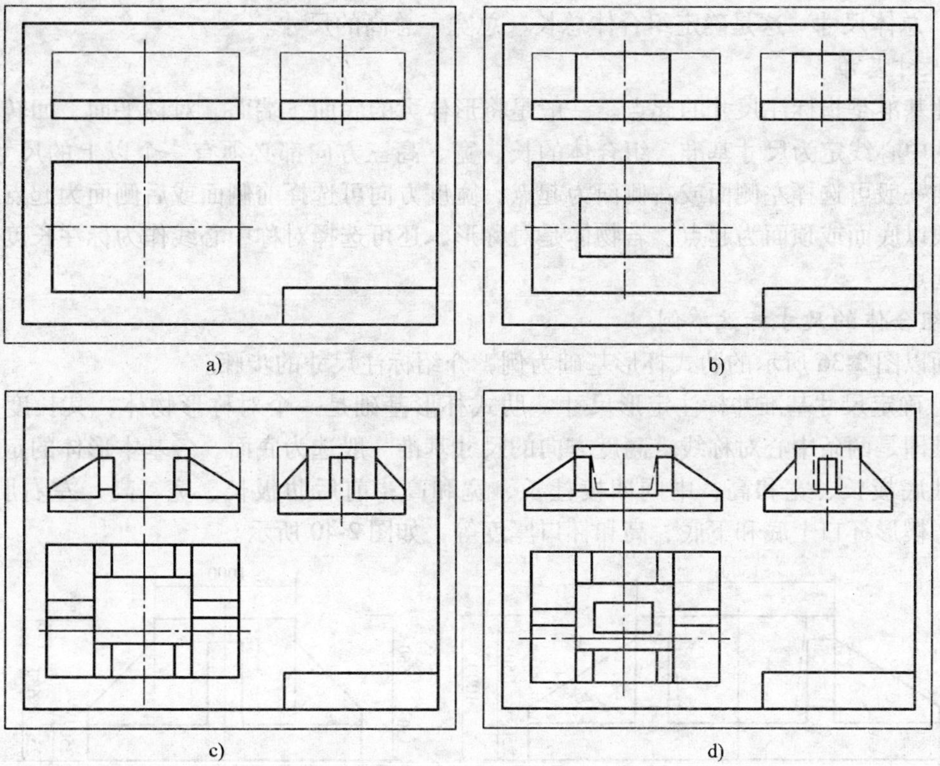

图 2-38　肋式杯形基础作图步骤

a）布图、画底板　b）画中间四棱柱　c）画梯形块　d）画模形杯

3）尺寸布置要清晰，便于读图。

2. 尺寸标注的种类

（1）定形尺寸　这是确定组合体中各基本形体大小的尺寸。基本形体形状简单，只要注出它的长、宽、高或直径，即可确定它的大小。尺寸一般标注在反映该形体特征的实形投影上，对于带切口基本体，除了要反映出各种形状尺寸外，还应标出切口处截平面的位置尺寸，如图 2-39 所示。

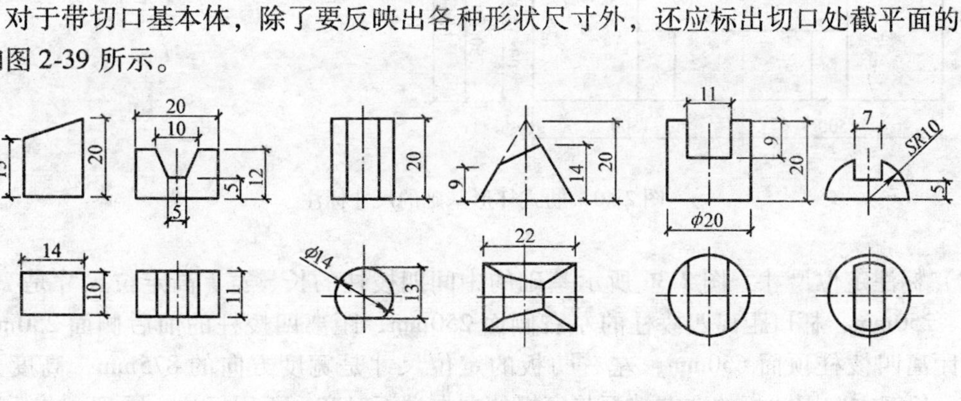

图 2-39　带切口基本体的尺寸标注

（2）定位尺寸　这是确定各基本形体在建筑形体中相对位置的尺寸。

（3）总体尺寸　这是确定组合体总长、总宽、总高的尺寸。

3. 尺寸基准

尺寸基准是指标注尺寸的起点。一般是将形体大的底面、端面、对称平面、回转体的轴线和圆的中心线定为尺寸基准。组合体的长、宽、高三方向都必须有一个以上的尺寸基准。长度方向一般可选择左侧面或右侧面为起点，宽度方向可选择前侧面或后侧面为起点，高度方向一般以底面或顶面为起点。若物体是对称形，还可选择对称中心线作为标注长度和宽度尺寸的起点。

4. 组合体的尺寸标注举例

下面以图2-36所示的肋式杯形基础为例，介绍标注尺寸的步骤。

（1）确定尺寸基准并标注定形尺寸　肋式杯形基础是一个对称形物体，其长度方向的尺寸基准即是两条中心对称线；高度方向的尺寸基准一般选为底面。各基本形体的定形尺寸有四棱柱底板长、宽和高；中间四棱柱长、宽和高；前后肋板长、宽、高；左右肋板长、宽、高；楔形杯口上底和下底、高和杯口厚度等，如图2-40所示。

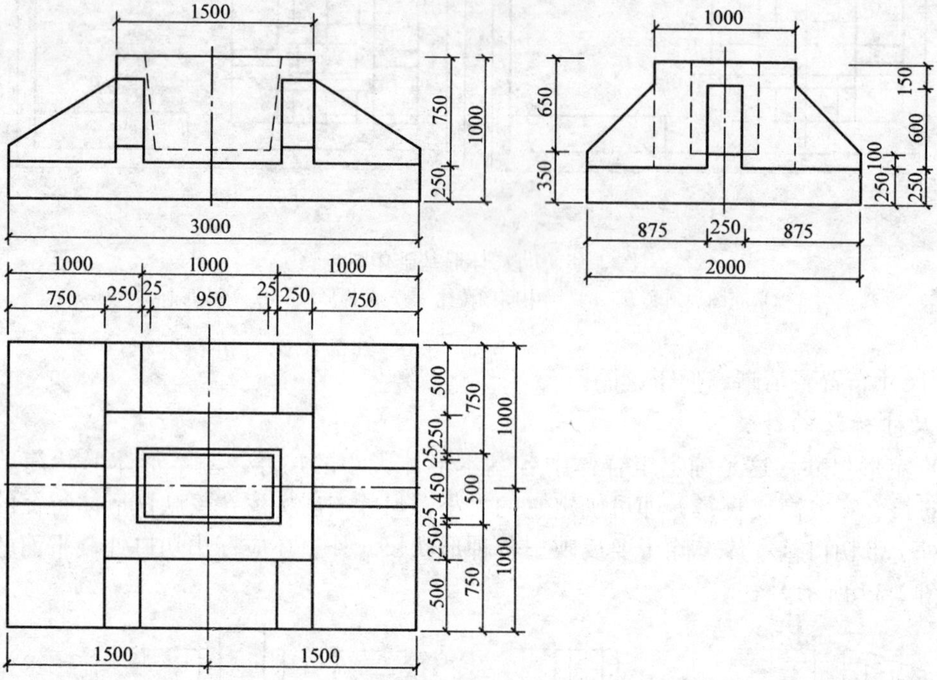

图2-40　肋式杯形基础的尺寸标注

（2）标注定位尺寸　图2-36所示基础的中间四棱柱的长、宽、高定位尺寸是750mm、500mm、250mm，杯口距离四棱柱的左右侧面250mm，距离四棱柱的前后侧面250mm。杯口底面距离四棱柱顶面650mm，左右肋板的定位尺寸是宽度方向的875mm，高度方向的250mm，长度方向因肋板的左右端面与底板的左右端面对齐，不用标注。同理，前后肋板的定位尺寸是750mm、250mm。

（3）标注总尺寸　基础的总长和总宽即底板的长度3000mm与宽度2000mm，不用另加标注，总高尺寸为1000mm。

2.8.3 阅读组合体的投影图

根据组合体的投影图想象出物体的空间形状和结构,这一过程就是读图。阅读形体的投影图,就是根据投影图和所标注尺寸,想象出形体的空间形状、大小、组成方式和构造特点。

1. 读图前应掌握的基本知识

1）掌握三面投影关系，即“长对正、高平齐、宽相等”的关系，了解建筑形体的长、宽、高三个方向尺度和上、下、左、右、前、后六个方向在形体投影图上的对应位置。

2）熟练掌握基本形体的投影特点及其读图方法，并能进行形体分析。

3）掌握各种位置的线、平面、曲面,以及截交线、相贯线的投影特点,能进行线面分析。

4）掌握形体的各种表达方法，即掌握单面、两面、三面、多面投影图，辅助投影图，剖面图，断面图等的特性和画法。

5）掌握尺寸标注法，并能用尺寸配合图形，来确定形体的形状和大小。

2. 读图的基本方法和步骤

（1）读图的基本方法

1）形体分析法。即根据基本形体的投影特点，用适当的分析方法，在投影图上分析形体各个组成部分的形状和相对位置，然后综合起来确定形体的总的形状。

2）线面分析法。即从形体分析获得该形体的大致整体形象，如有局部仍弄不清楚时，可运用线、面的投影规律，分析形体上线、面的空间关系和形状，从而把握形体的细部。

3）恢复原形法。即恢复形体在切割之前的形状，进而分析切割面的位置，确定表面交线的形状，帮助读懂投影图。

（2）读图的步骤

1）先要抓住最能反映形状特征的一个投影，结合其他投影，进行分析。

2）先进行形体分析，后进行线面分析；先外部分析，后内部分析；先整体分析，后局部分析，再由局部到整体。

3）最后综合起来想象出该组合体的整体形象。

（3）读图示例

【例 2-11】 运用形体分析法想象出图 2-41 中的组合体的整体形状。

读图过程如下:

（1）将投影分成若干部分，分析出各部分的形状

如图 2-41 的 V 面投影图所示，该形体是左右对称的。在 H 面投影图上将形体分成 a、b、c、d 四个部分。按照投影的“三等”关系和基本体投影特征知，四边形 a'在平面图与左侧立面图中对应的是 a、a''线框，这就可以确定该建筑形体的正中间是一个如图 2-41b 所示的四棱柱 A。同理，可知 b'的 1 平面是正垂面（V 面投影图为斜直线，H、W 面有类似形），其空间形状是如图 2-41b 中所示的上顶面为斜面的四棱柱 B。d'所对应的空间形状与 B 形状是完全相同的。再看正立面图中的 c'线框，在平面图中与之对应的是矩形 c，在侧面图中与之对应的是矩形 c''，所以它的空间形状是如图 2-41b 所示的四棱柱 C。

（2）根据投影确定各组成部分在整个形体中的相对位置

由投影可知，V 面投影图反映了形体各组成部分（基本形体）的上下左右位置；H 面投影图反映了形体各组成部分的前后左右位置；W 面投影图反映了形体各组成部分的上下前

后关系。于是从各投影图中可知 C 形体在最下面，A 形体在 C 形体的中间上方，且 C 形体从 A 形体下方的方槽中通过。B、D 形体对称地分放在 A 形体的两侧，与 C 形体前面、后面距离相等。

（3）综合以上分析，想象出整个形体的形状与结构

由分析可知形体各组成部分的形状以及相对位置，最后只需将这些组成部分按投影图所示位置组合即可。组合后的形状如图 2-41c 中的立体图所示。

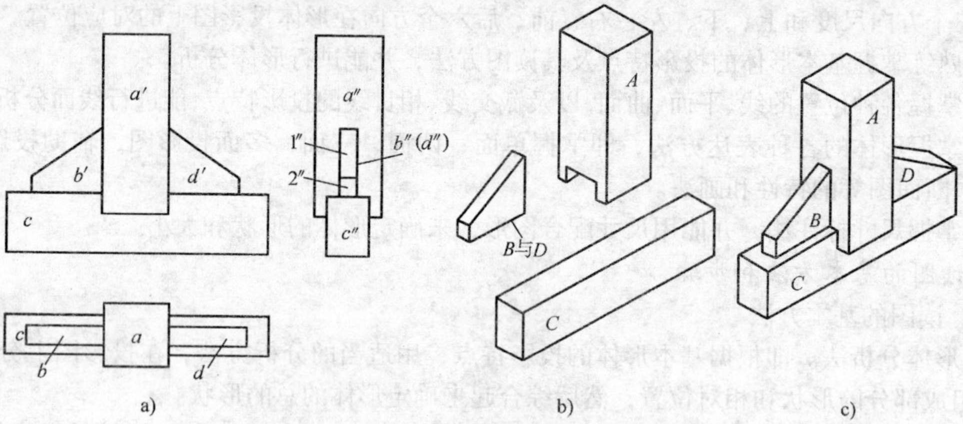

图 2-41　形体分析法读图

a）已知三面投影　b）形体分析　c）形体的立体图

【例 2-12】 运用线面分析法想象出图 2-42a 中组合体的整体形状。

（1）将投影分成若干部分，按投影分析出各部分的形状

1）将正立面图中封闭的线框编上号并找出其对应投影关系，以确定其空间形状。正立面图中有 a'、b'、c'三个封闭线框，按“高平齐”的投影关系，a'线框对应在 W 面投影上的一条竖直线 a''，根据平面的投影规律可知 A 平面是一个正平面，它的水平投影应为与之长对正的水平线 a。正立面图中的 L 形 b'线框，按“高平齐”的投影关系，它的 W 面投影为斜线 b''，在 H、V 面投影图上有类似形，因此，B 平面应为侧垂面，根据平面的投影规律，它的水平投影不仅应与它的正面投影长对正，而且应为正面投影的类似形，所以就可以确定平面图中的 L 形 b 线框是它的水平投影。根据“高平齐”原则，c'线框的 W 面投影为竖线 c''，说明 C 平面为正平面，它的水平投影为平面图中的水平线 c。

2）将平面图中剩下的封闭线框编上号（d、h），将侧面图中的封闭线框也编上号（e''、f''、g''），并找出其对应投影，确定其空间形状。

同理，可以分析出平面图中的 d 线框的对应投影为水平线段 d'、d''，可确定它的空间形状为矩形的水平面；h 线框的对应投影为水平线段 h'、h''，可确定它为矩形的水平面；e''线框的对应投影为竖线 e'、e，可确定它为直角三角形的侧平面；f''线框的对应投影为竖线 f'、f，可确定它为侧平面；g''线框的对应投影为竖线 g'、g，可确定它为侧平面。

（2）根据投影，分析各组成部分的相对位置，并综合起来想象出整体形状

由投影图可知各组成部分的上、下、左、右、前、后关系，因此不难想象出其整体形状为在长方体的左上方切割去一个大的三棱柱体，再在余下形体的左、上、前方又切割去了一

个小的三棱柱体，如图 2-42b 所示。

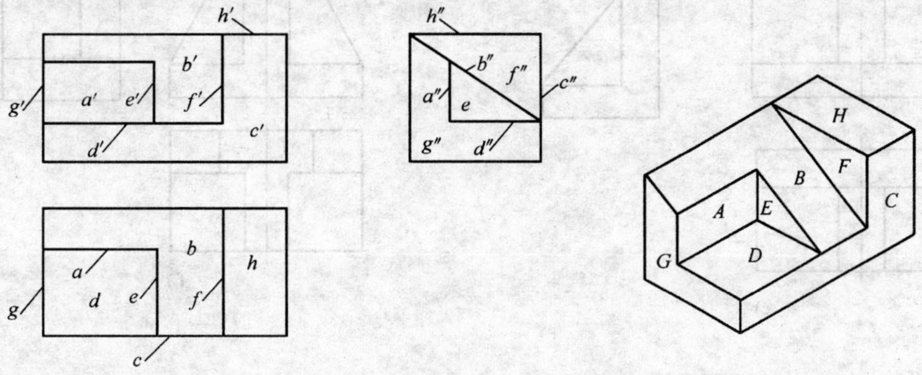

图 2-42　组合体的线面分析

a）线面分析读图　b）读图分析结果

上面虽然采用了两种不同的读图方法，但这两种方法并不是截然分开的，它们既相互联系，又相互补充，读图时往往要同时用到这两种方法，并借助尺寸分析解决。

习　　题

1. 对照投影图，在立体图旁的圈内填上相应的编号。

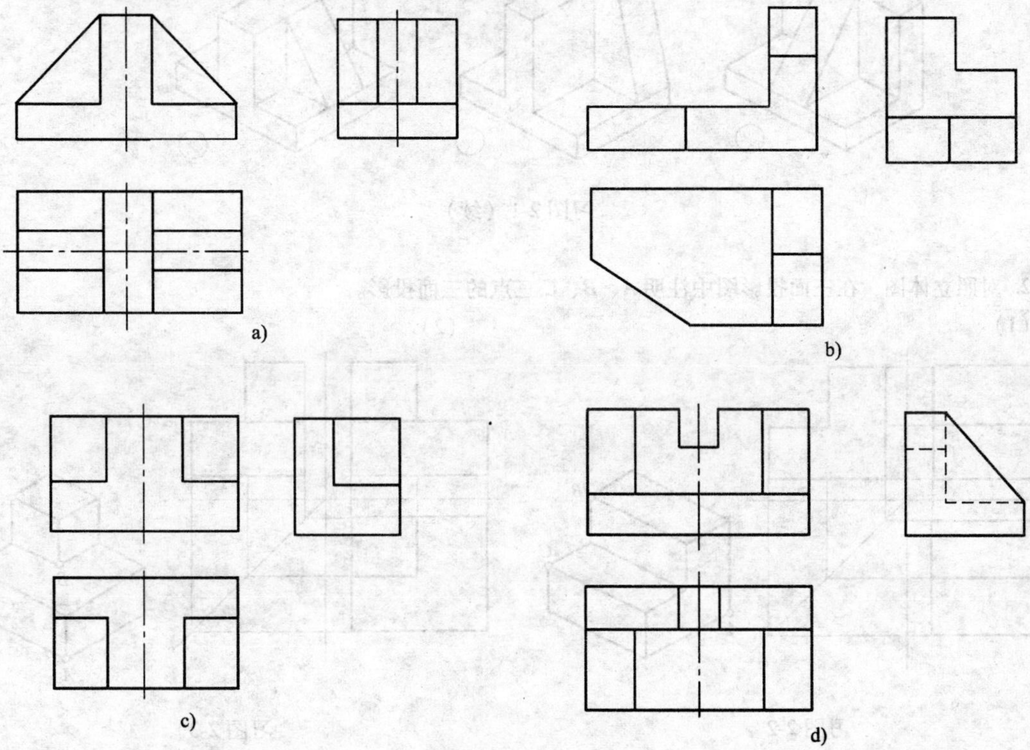

习图 2-1

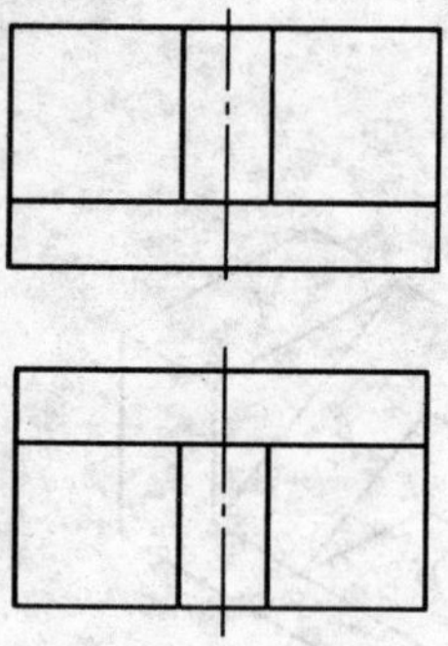

e)

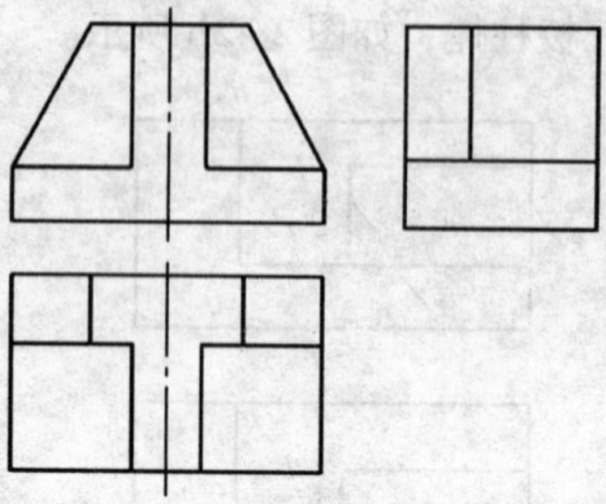

f)

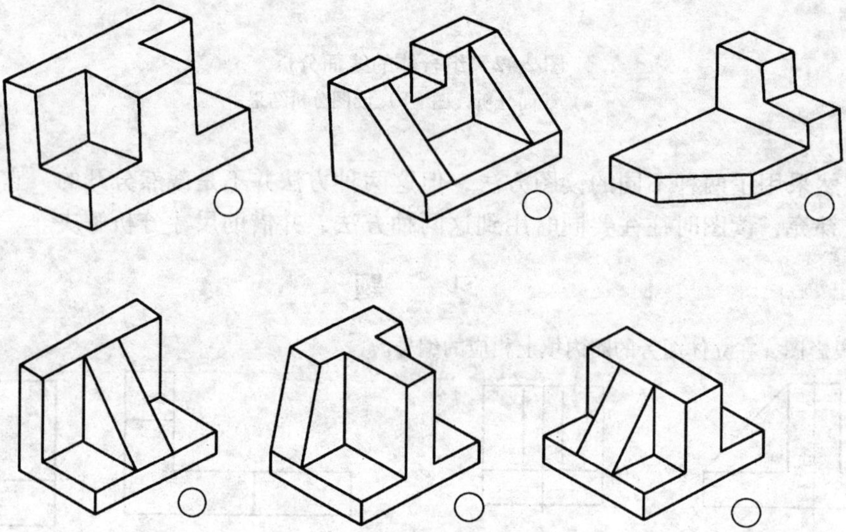

习图 2-1（续）

2. 对照立体图，在三面投影图中注明 *A*、*B*、*C* 三点的三面投影。

（1）

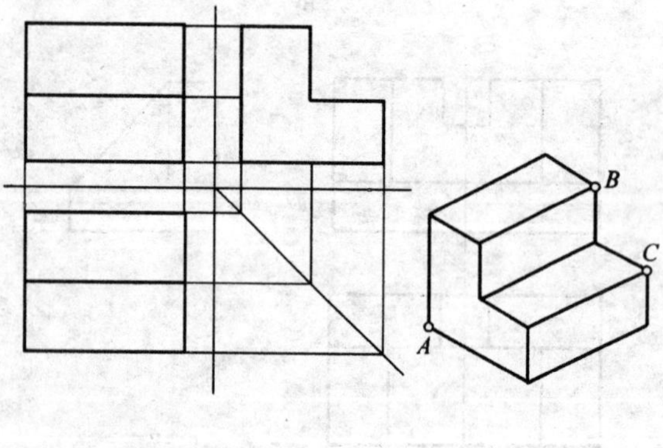

习图 2-2

（2）

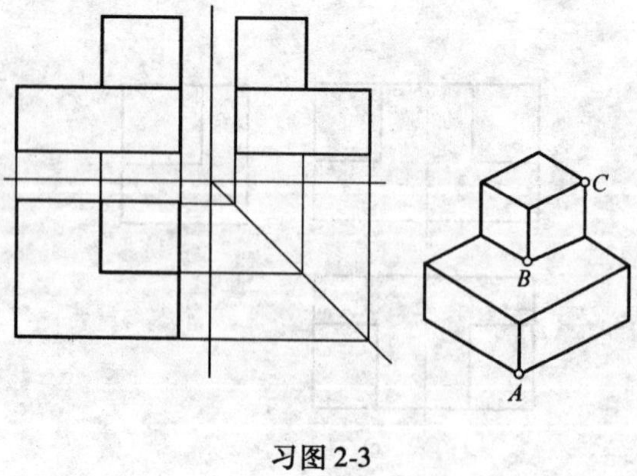

习图 2-3

(3)

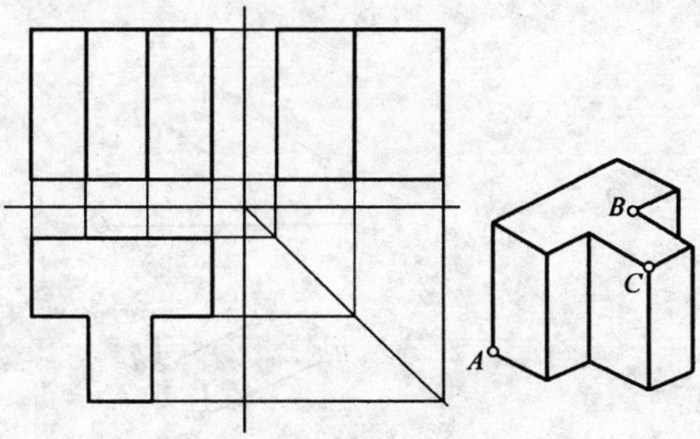

习图 2-4

(4)

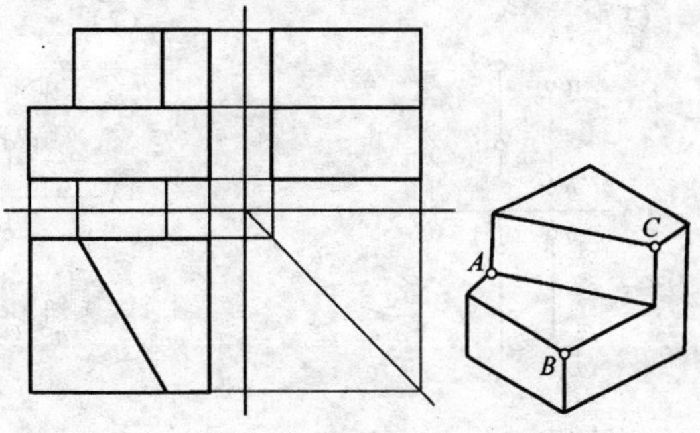

习图 2-5

3. 已知 *A*、*B* 两点的空间坐标，*A*（30、40、25）；*B*（45、20、50），并知 *C*（*x*、*y*、35）点与 *A* 点在 *H* 投影面中重影。试给出 *A*、*B*、*C* 三点的三面投影图。

4. 在下列投影图中，试标出立体图上所注线段的三面投影，并判断直线的名称（空间位置）。

(1)

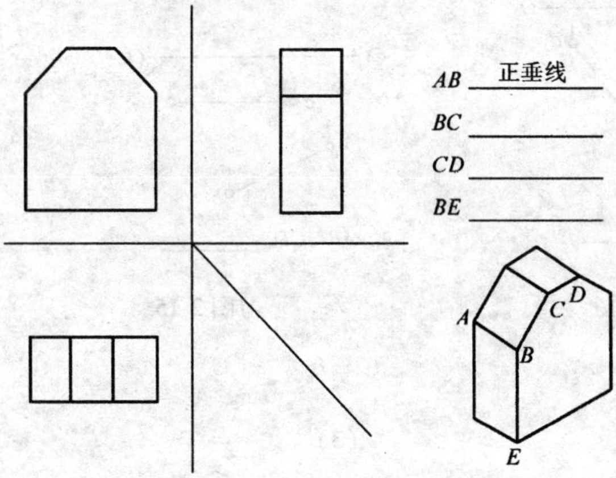

习图 2-6

(2)

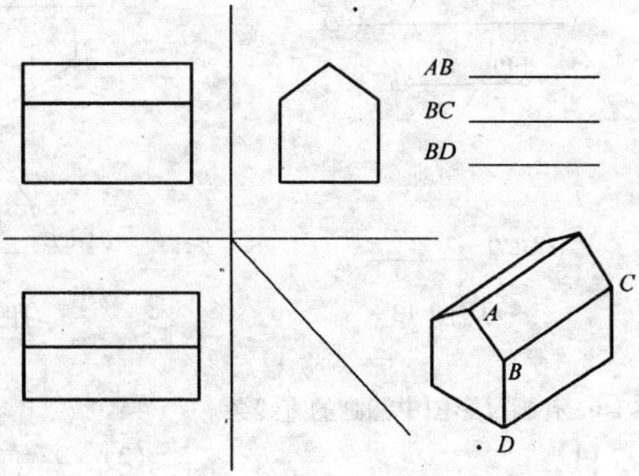

习图 2-7

(3)

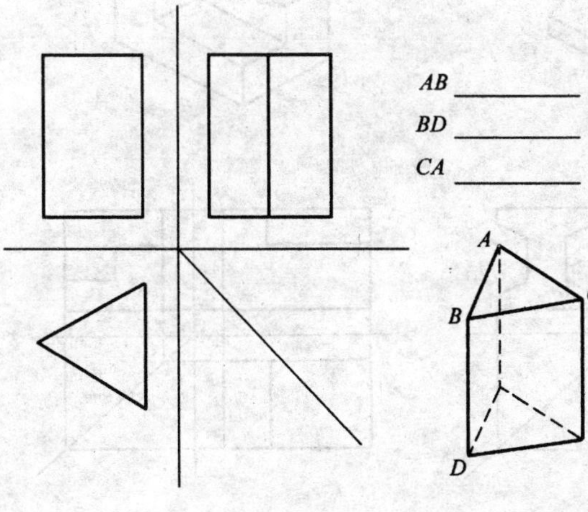

习图 2-8

(4)

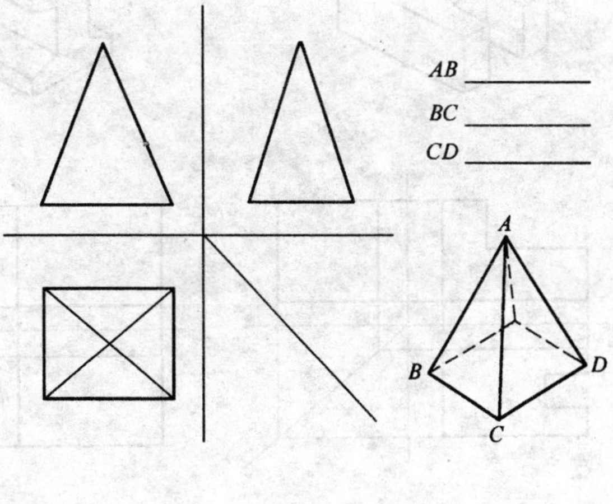

习图 2-9

5. 判断下列两直线的相对位置。

(1)

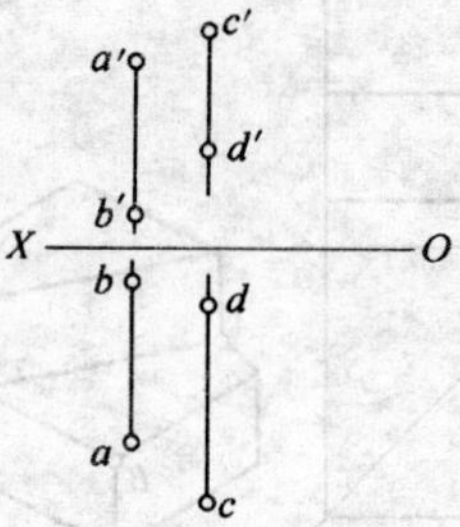

AB与CD ________

习图 2-10

(2)

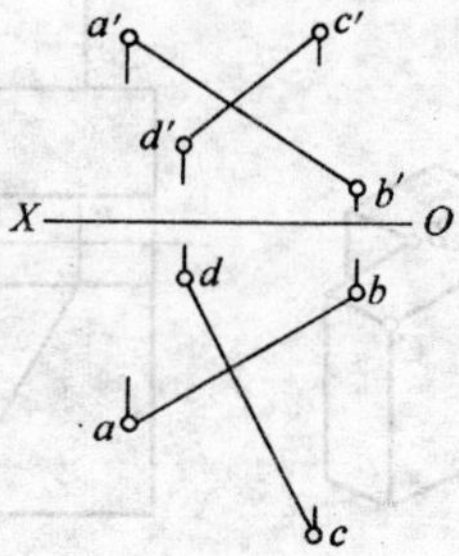

AB与CD ________

习图 2-11

(3)

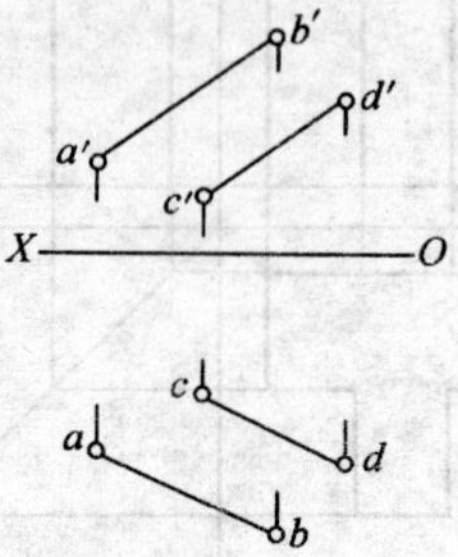

AB与CD ________

习图 2-12

(4)

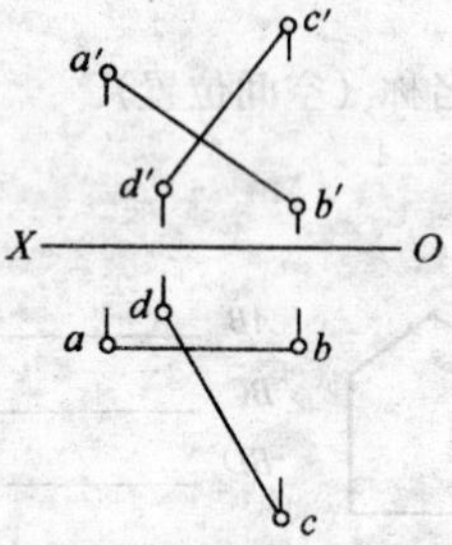

AB与CD ________

习图 2-13

(5)

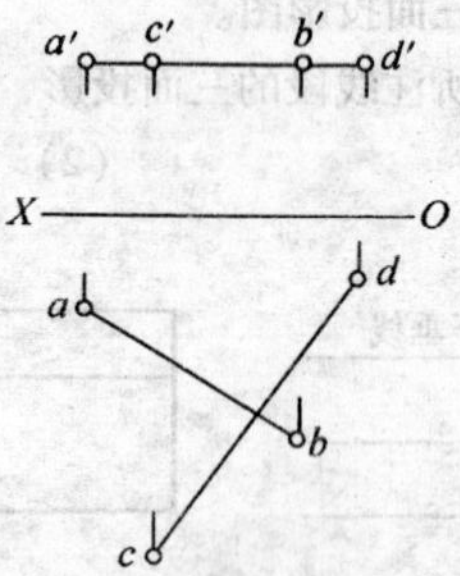

AB与CD ________

习图 2-14

(6)

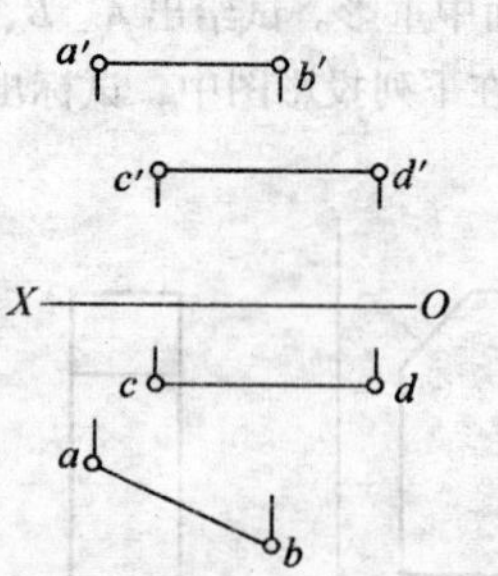

AB与CD ________

习图 2-15

6. 补画投影图中漏画的直线条。

(1)

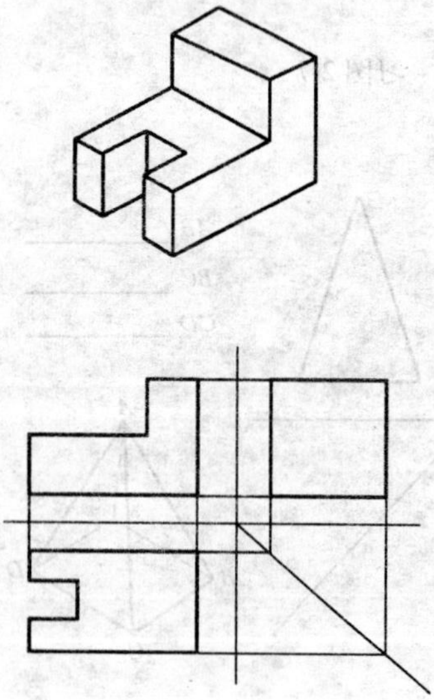

习图 2-16

(2)

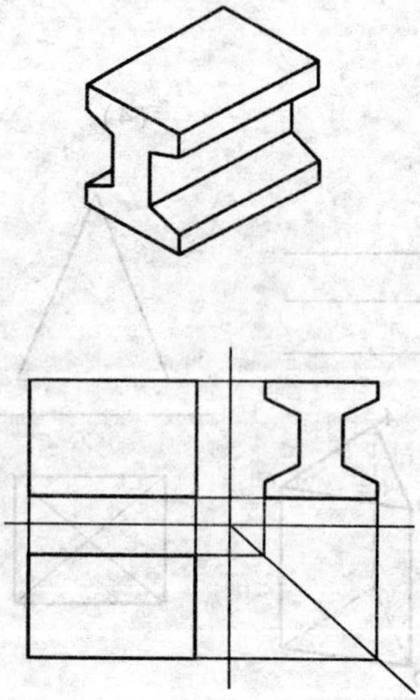

习图 2-17

(3)

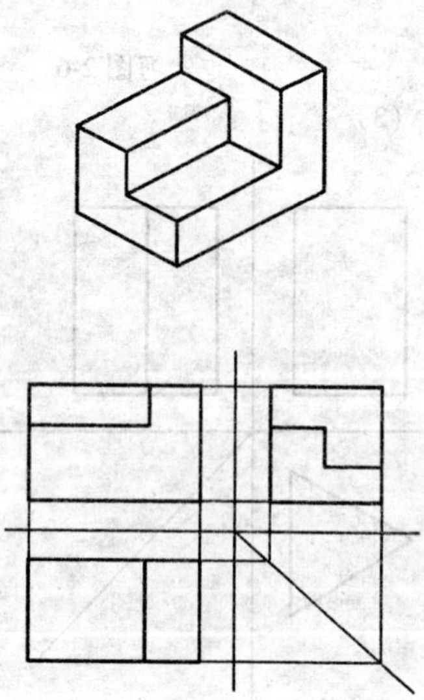

习图 2-18

7. 根据立体图和两面投影图，补画第三投影图。

（1）

习图 2-19

（2） （3）

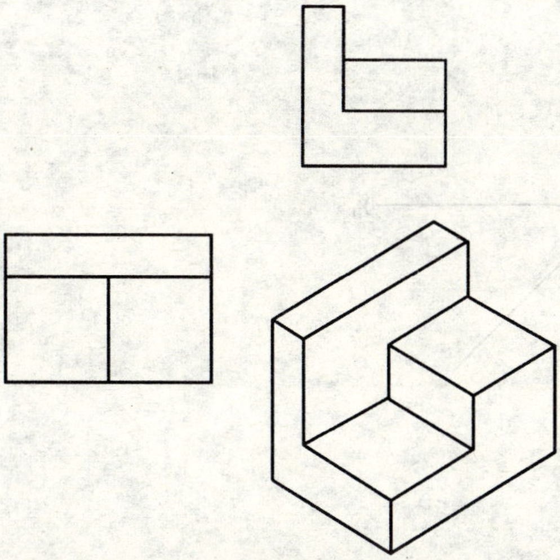

习图 2-20

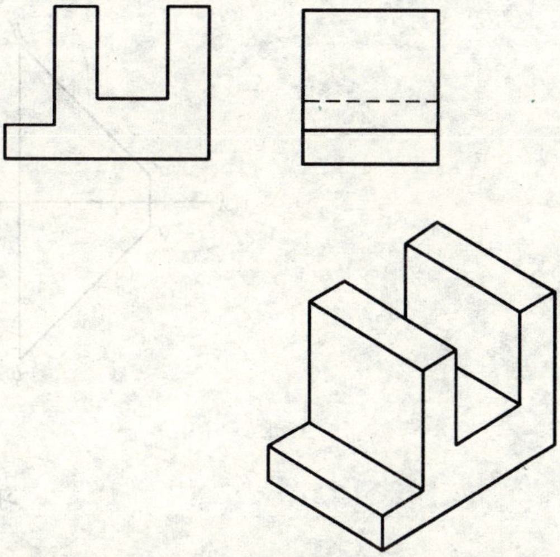

习图 2-21

8. 已知 V 面和 H 面投影图，请选择正确的 W 面投影图。

（1）

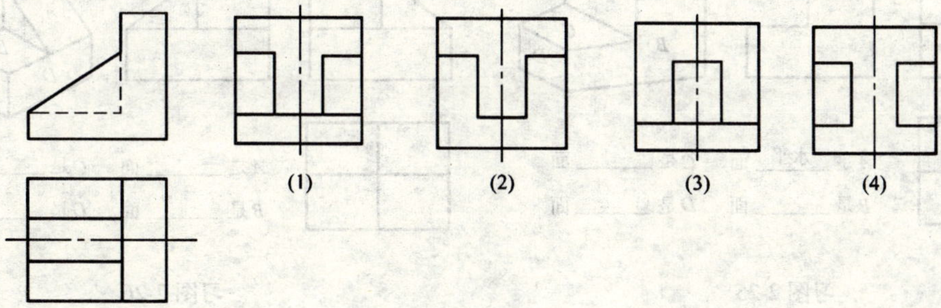

习图 2-22

（2）

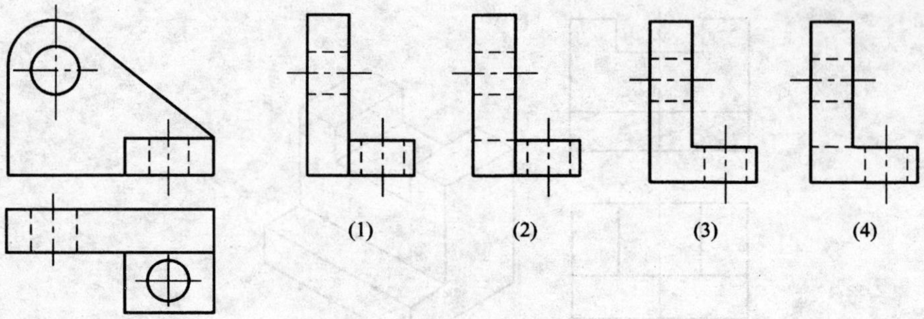

习图 2-23

9. 已知直线 *AB* 的两面投影，试完成其第三投影。

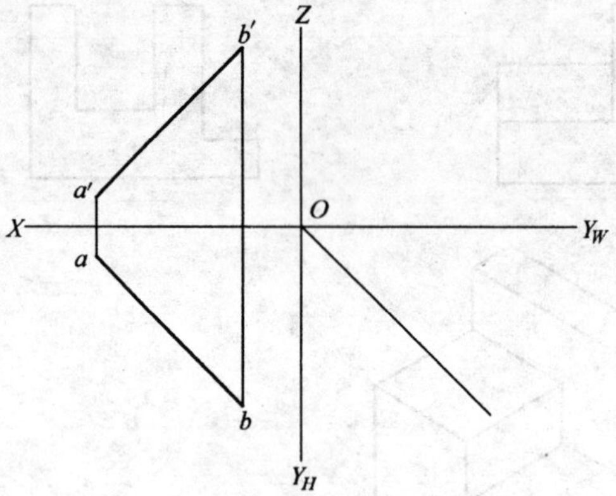

习图 2-24

10. 在下列投影图中，试标出立体图上所注平面的三面投影，并给出它们的名称（空间位置）。

（1）

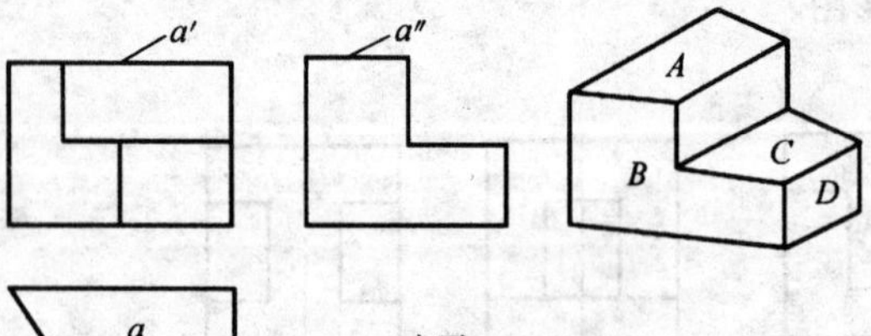

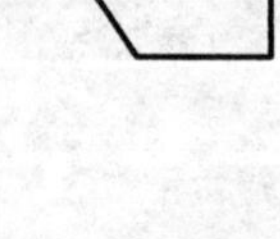

A 是 <u>水平</u> 面　*C* 是 ______ 面

B 是 ______ 面　*D* 是 ______ 面

习图 2-25

（2）

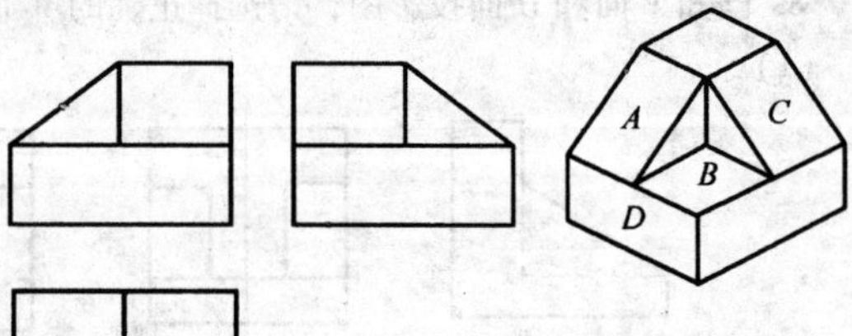

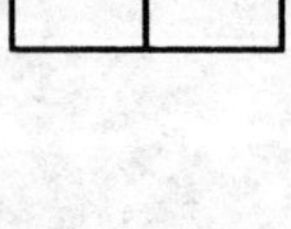

A 是 ______ 面　*C* 是 ______ 面

B 是 ______ 面　*D* 是 ______ 面

习图 2-26

(3)

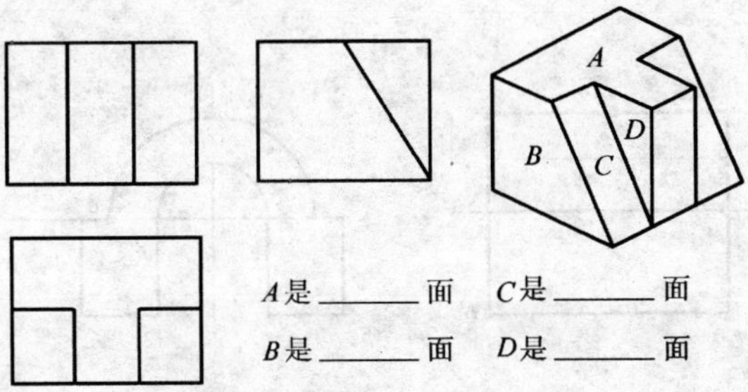

A是 ______ 面　C是 ______ 面

B是 ______ 面　D是 ______ 面

习图 2-27

(4)

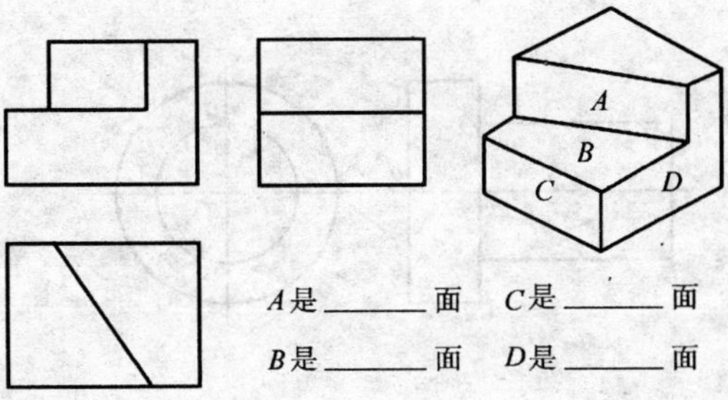

A是 ______ 面　C是 ______ 面

B是 ______ 面　D是 ______ 面

习图 2-28

11. 判断下列平面的位置。

(1)

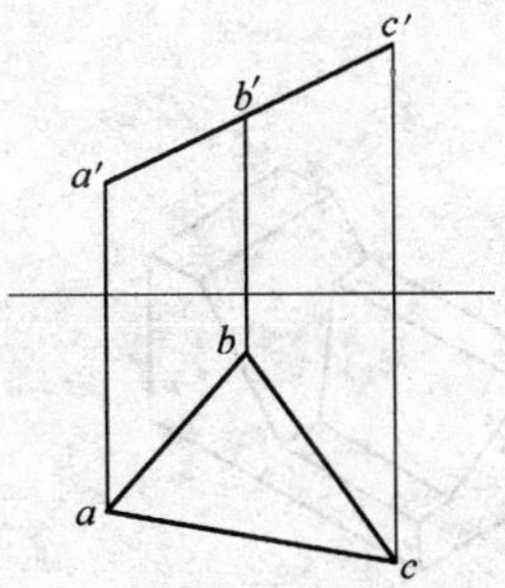

ΔABC是 ______ 面

习图 2-29

(2)

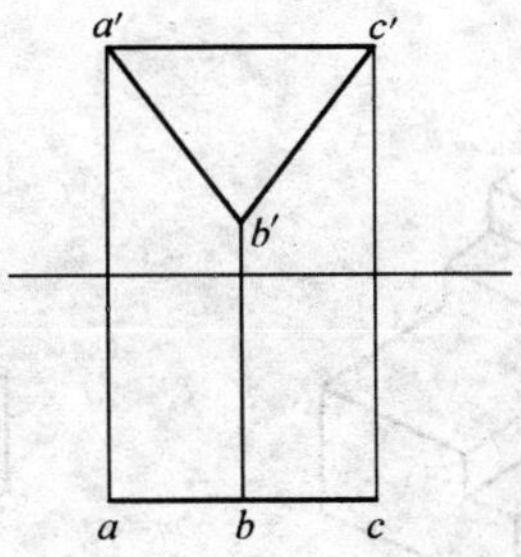

ΔABC是 ______ 面

习图 2-30

(3)

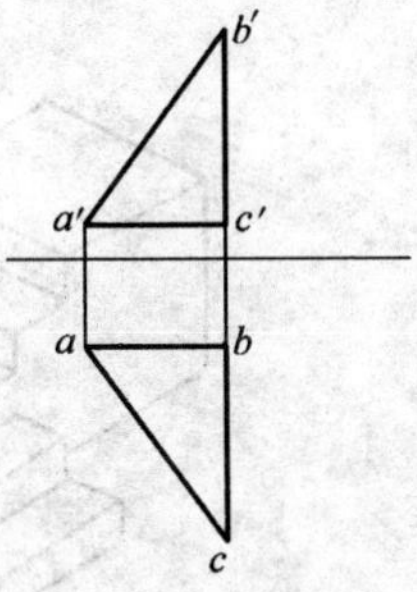

ΔABC是 ______ 面

习图 2-31

(4)

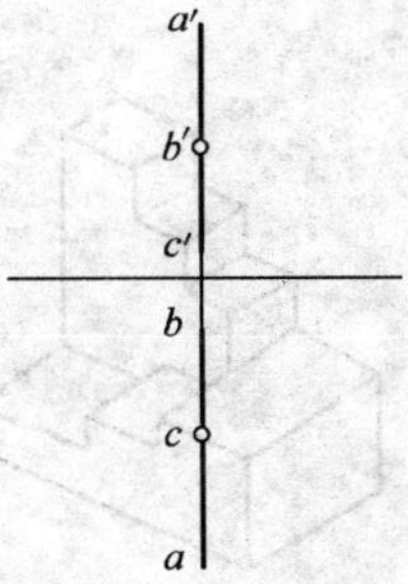

ΔABC是 ______ 面

习图 2-32

12. 根据两面投影图画出第三面投影图，并补全在立体表面各点的投影。

(1)

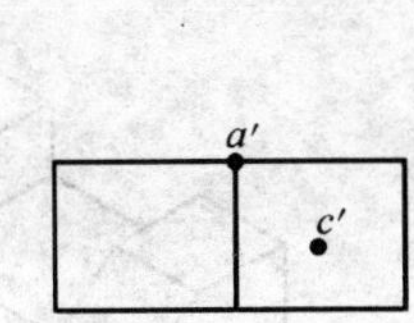

习图 2-33

(2)

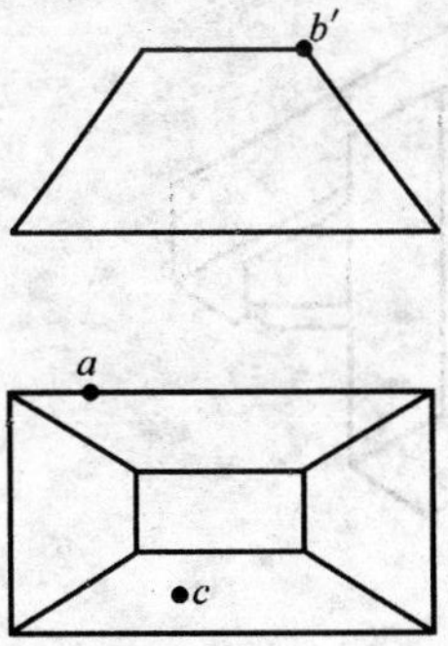

习图 2-34

（3）

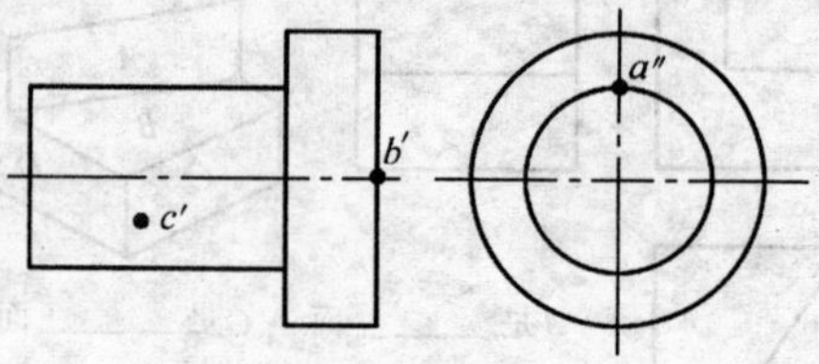

习图 2-35

（4）

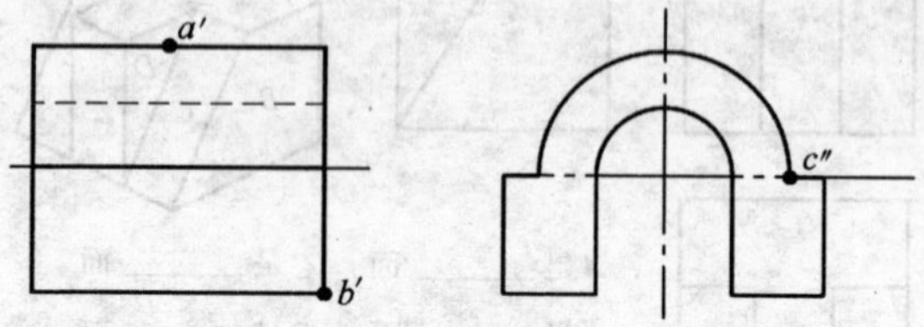

习图 2-36

13. 根据轴测图画出组合体的三视图。

（1）

习图 2-37

（2）

习图 2-38

（3）

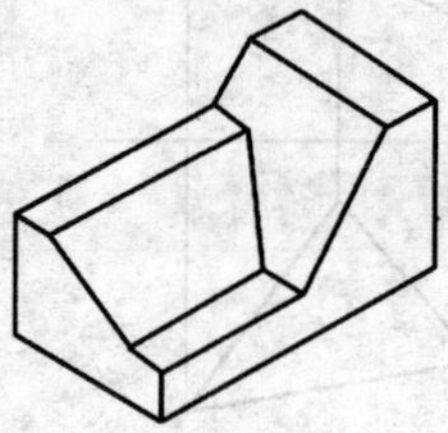

习图 2-39

（4）

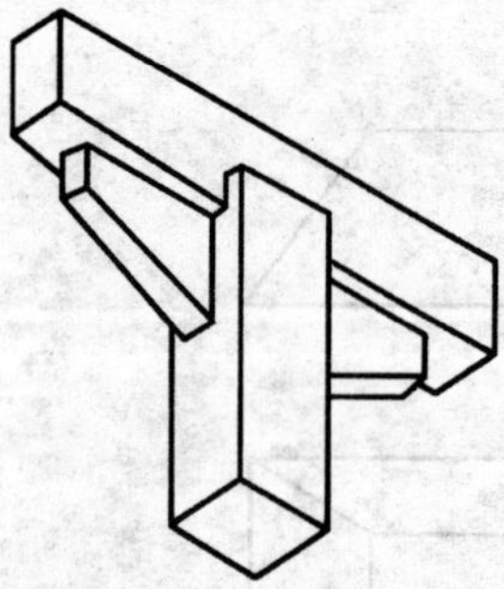

习图 2-40

（5）

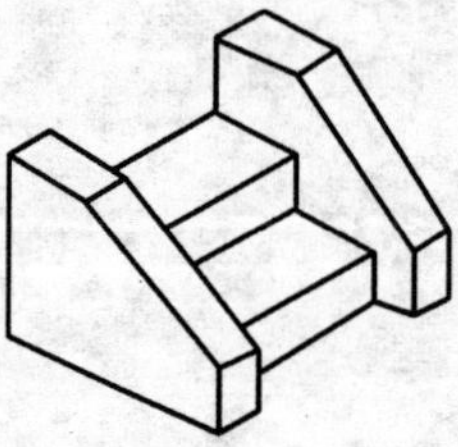

习图 2-41

（6）

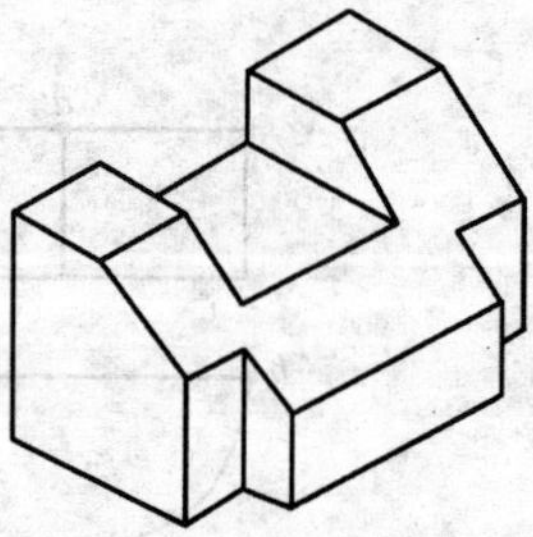

习图 2-42

（7）

习图 2-43

（8）

习图 2-44

14. 画出被平面截取后平面立体的三面投影图。

（1）

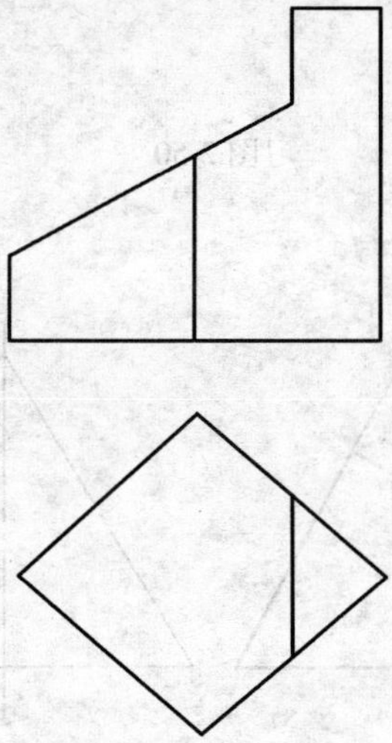

习图 2-45

（2）

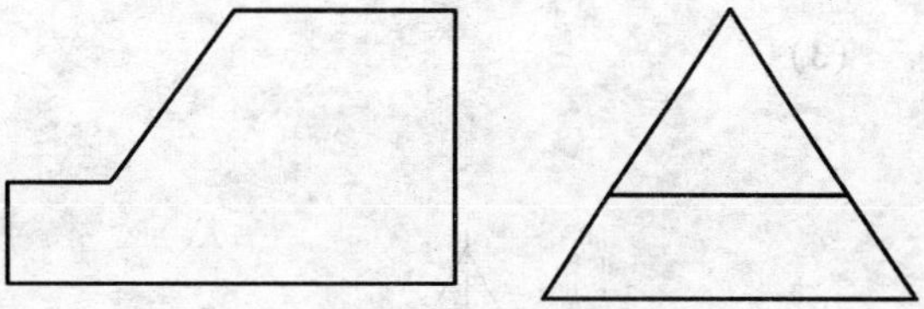

习图 2-46

（3）

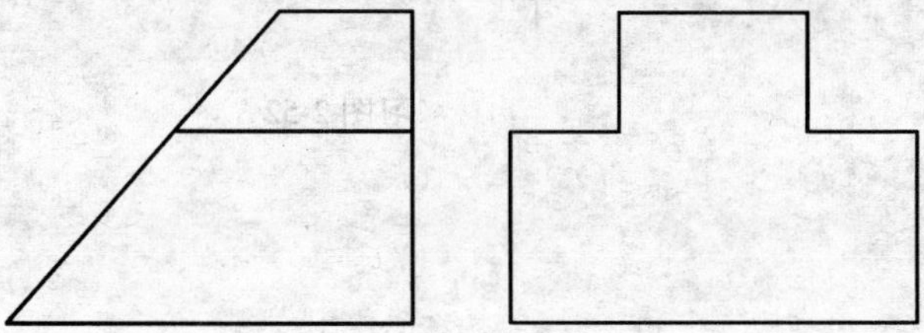

习图 2-47

（4）

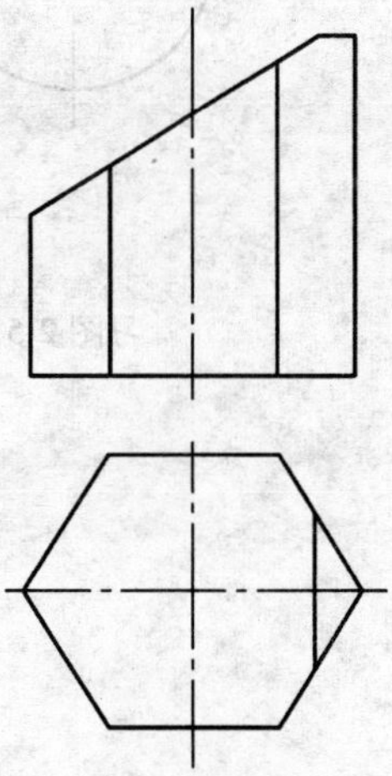

习图 2-48

15. 画出被平面截取后曲面立体的三面投影图。

（1）

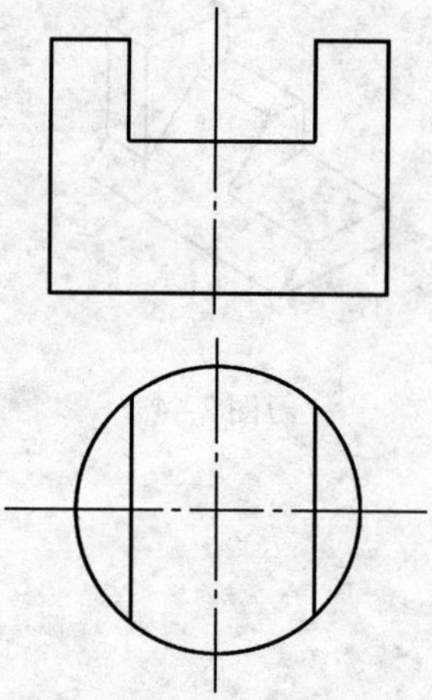

习图 2-49

（2）

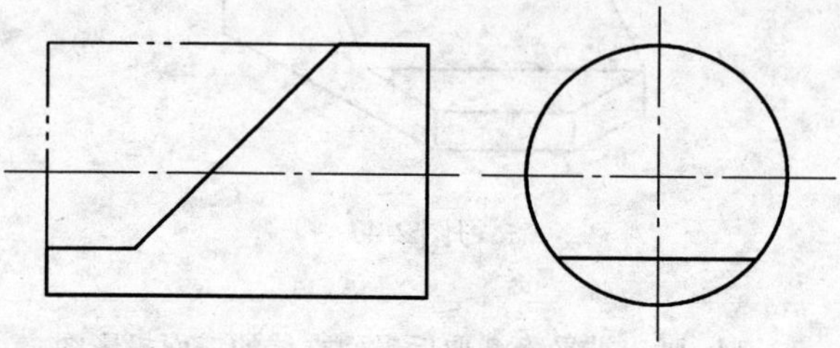

习图 2-50

（3）

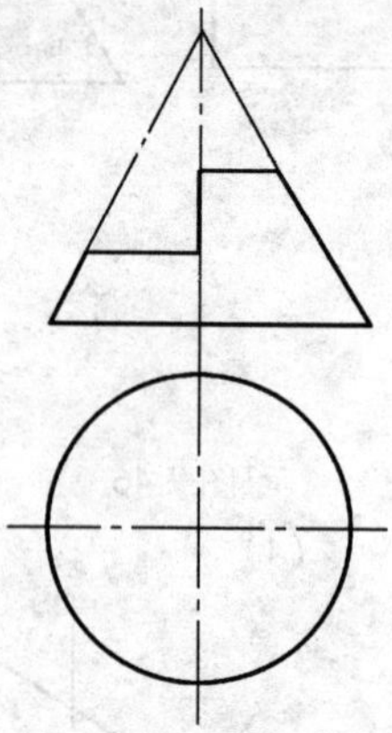

习图 2-51

（4）

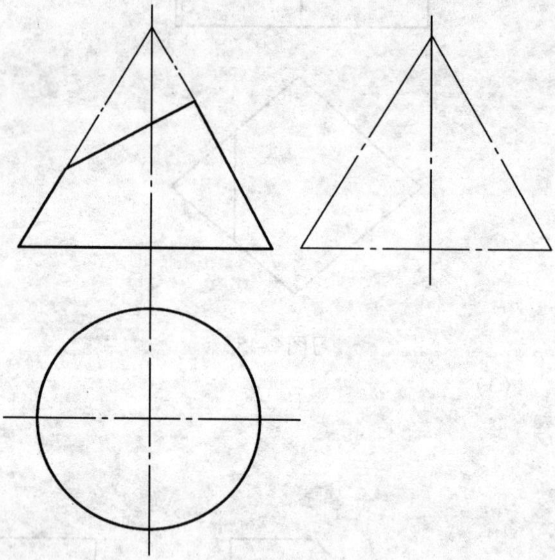

习图 2-52

第3章　轴测投影

3.1　轴测投影的基本概念

3.1.1　轴测投影的形成

根据平行投影的原理，把形体连同确定其空间位置的三条坐标轴 OX、OY、OZ 一起沿着不平行于这三条坐标轴的方向，投影到新投影面 P 上，所得到的投影称为轴测投影，如图3-1所示。

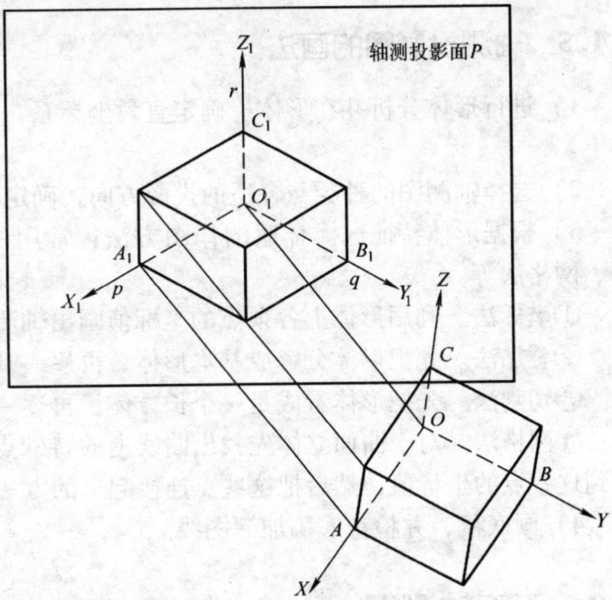

图3-1　轴测投影的形成

3.1.2　轴测投影的有关术语

1. 轴测投影面

在轴测投影中，投影面 P 称为轴测投影面。

2. 轴测轴

三条坐标轴 OX、OY、OZ 的轴测投影 O_1X_1、O_1Y_1、O_1Z_1，称为轴测轴，画图时，规定把 O_1Z_1，轴画成竖直方向，如图3-1所示。

3. 轴间角

轴测轴之间的夹角，即 $\angle X_1O_1Z_1$、$\angle X_1O_1Y_1$、$\angle Y_1O_1Z_1$，称为轴间角。

4. 轴向变形系数

轴测轴上某段与它在空间直角坐标轴上的实长之比，称为轴向变形系数。即 $p = O_1A_1/OA$，称 OX 轴向变形数；$q = O_1B_1/OB$，称 OY 轴向变形数；$r = O_1C_1/OC$，称 OZ 轴向变形系数。轴间角和轴向变形系数决定轴测图的形状和大小，是画轴测投影图的基本参数。

3.1.3　轴测投影的分类

根据投影方向与轴测投影面的相对位置可分为两大类：

1. 正轴测投影

当轴测投射方向垂直于轴测投影面 P 时，得到的轴测投影称为正轴测投影。

2. 斜轴测投影

当轴测投射方向倾斜于轴测投影面 P 时，得到的轴测投影称为斜轴测投影。

根据轴向变形系数是否相等，两类轴测图又分为三种：

1）正（或斜）等轴测图（$p=q=r$）。

2）正（或斜）二轴测图（$p=q\neq r$ 或 $p=r\neq q$ 或 $p\neq q=r$）。

3）正（或斜）三轴测图（$p\neq q\neq r$）。

上述类型中，由于三轴测投影作图比较繁琐，所以很少采用，这里只介绍常用的正等轴测图、正面斜二轴测图的画法。

3.1.4 轴测投影的特性

1）直线的轴测投影一般仍为直线；互相平行的直线其轴测投影仍互相平行；直线的分段比例在轴测投影中仍不变。

2）与坐标轴平行的直线，轴测投影后其长度可沿轴量取；与坐标轴不平行的直线，轴测投影后就不可沿轴量取，只能先确定两端点，然后再画出该直线。

3.1.5 轴测投影图的画法

1）进行形体分析并在形体上确定直角坐标系，坐标原点一般设在形体的角点或对称中心上。

2）选择轴测图的种类与合适的投影方向，确定轴测轴及轴向变形系数。

3）根据形体特征选择合适的作图方法，常用的作图方法有：坐标法、叠加法、切割法、网格法等。

①坐标法。利用形体上各顶点的坐标值画出轴测图的方法。

②叠加法。先把形体分解成基本形体，再逐一画出每一基本形体的方法。

③切割法。先把形体看成是一个长方体，再逐一画出截面的方法。

④网格法。对于曲面立体先找出曲线上的特殊点，过这些点作平行于坐标轴的网格线，得到这些点的坐标值，然后把这些点连接起来的方法。

4）画底稿，并检查底稿加深图线。

3.2 正等轴测图

投射方向垂直于轴测投影面，而且参考坐标系的三根坐标轴对投影面的倾斜角都相等，在这种情况下画出的轴测图称为正等轴测图，简称正等测。

3.2.1 正等轴测图的画图参数

可以证明，正等轴测图的轴间角都相等，即$\angle X_1O_1Z_1=\angle X_1O_1Y_1=\angle Y_1O_1Z_1=120°$，各轴向变形系数$p=q=r\approx0.82$。为了作图简便，习惯上简化为1，即$p=q=r=1$，作图时可以直接按形体的实际尺寸量取。这种简化了轴向变形系数的轴测投影比实际的轴测投影放大了1.22倍，如图3-2所示为正四棱柱的正等轴测图。

3.2.2 基本立体正等轴测图画法

1. 正六棱柱

（1）分析　如图3-3所示，正六棱柱的前后、左右对称，将坐标原点定在上底面六边形的中心，以六边形的中心线为 X_0 轴和 Y_0 轴。这样便于直接作出上底面六边形各顶点的坐标，从上底面开始作图。

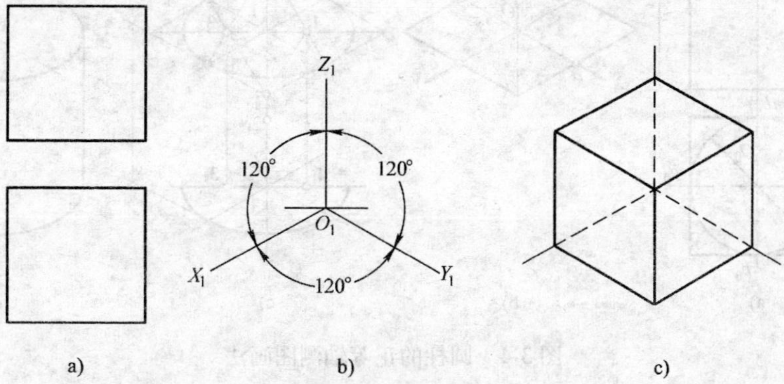

图 3-2 正等轴测投影图

a）正四棱柱投影图 b）画轴测轴 c）$p=q=r\approx0.82$

（2）作图

1）定出坐标原点及坐标轴，如图 3-3a 所示。

2）画出轴测轴 OX、OY，由于 a_0、d_0 在 X_0 轴上，可直接量取并在轴测轴上作出 a、d。根据顶点 b_0 的坐标值 X_b 和 Y_b，定出其轴测投影 b，如图 3-3b 所示。

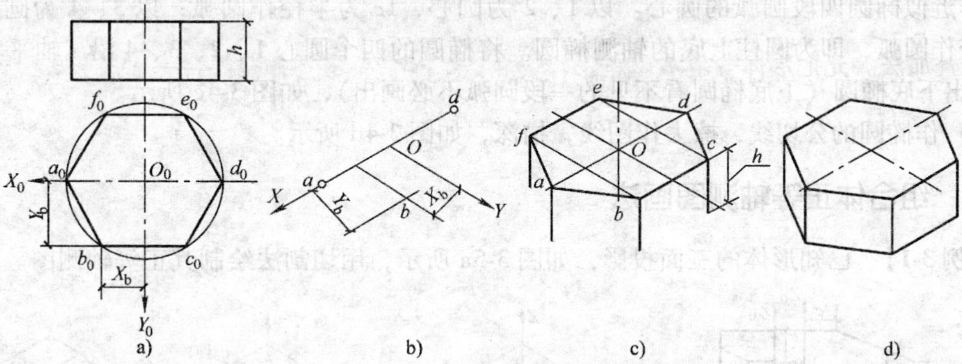

图 3-3 正六棱柱的正等轴测图画法

3）作出 b 点与 X、Y 轴对应的对称点 f、c，连接 a、b、c、d、e、f 即为六棱柱上底面六边形的轴测图。由顶点 a、b、c、d、e、f 向下画出高度为 h 的可见轮廓线，得下底面各点，如图 3-3c 所示。

4）连接下底面各点，擦去作图线，描深，完成六棱柱正等轴测图，如图 3-3d 所示。

由作图可知，因轴测图只要求画可见轮廓线，不可见轮廓线一般不要求画出，故常将原标注的原点取在顶面上，直接画出可见轮廓，使作图简化。

2. 圆柱

（1）分析 如图 3-4 所示，直立圆柱的轴线垂直于水平面，上、下底为两个与水平面平行且大小相同的圆，在轴测图中均为椭圆。可根据圆的直径和柱高作出两个形状、大小相同，中心距为 h 的椭圆，然后作两椭圆的公切线即成。

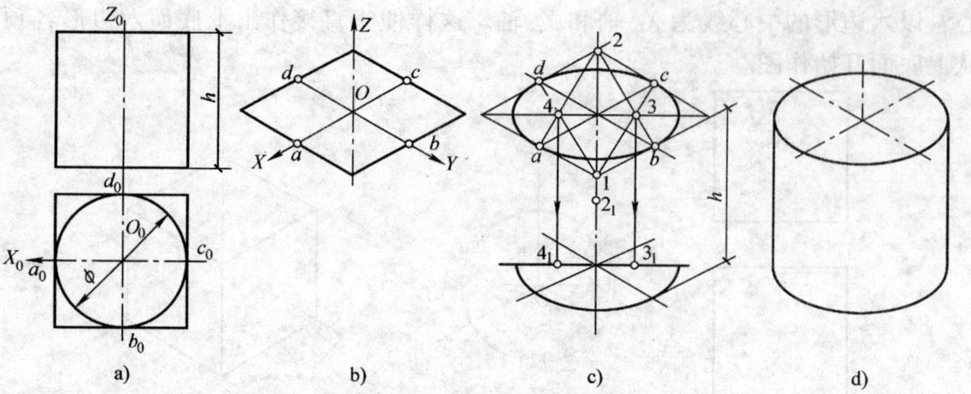

图 3-4　圆柱的正等轴测图画法

（2）作图

1）作圆柱上底圆的外切正方形，得切点 a_0、b_0、c_0、d_0，定坐标原点和坐标轴，如图 3-4a 所示。

2）作轴测轴和四个切点 a、b、c、d，过四点分别作 X、Y 轴的平行线，得外切正方形的轴测菱形，如图 3-4b 所示。

3）过菱形顶点 1、2，连接 $1c$ 和 $2b$ 得交点 3，连接 $2a$ 和 $1d$ 得交点 4。1、2、3、4 各点即为作近似椭圆四段圆弧的圆心。以 1、2 为圆心，$1c$ 为半径作圆弧；以 3、4 为圆心，$3b$ 为半径作圆弧，即为圆柱上底的轴测椭圆。将椭圆的四个圆心 1、2、3、4 沿 z 轴平移高度 h，作出下底椭圆（下底椭圆看不见的一段圆弧不必画出），如图 3-4c 所示。

4）作椭圆的公切线，擦去作图线，描深，如图 3-4d 所示。

3.2.3　组合体正等轴测图画法

【例 3-1】　已知形体的三面投影，如图 3-5a 所示，用切割法绘制其正等轴测图。

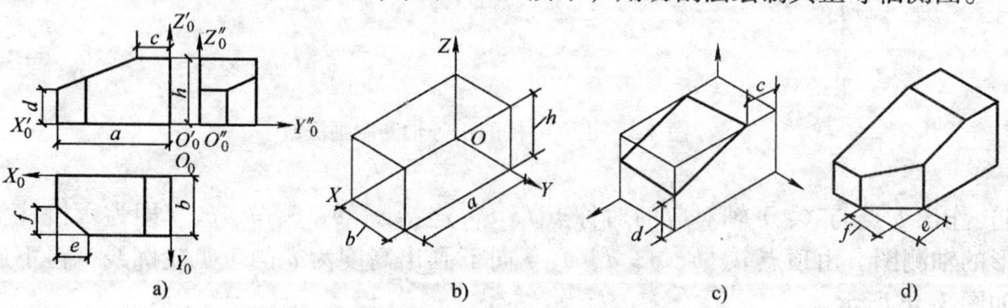

图 3-5　切割体的正等轴测图画法

（1）分析　对于图 3-5a 所示的形体，可采用切割法作图。把形体看成是一个由长方体被正垂面切去一块，再由铅垂面切去一角而形成。对于截切后的斜面上与三根坐标轴都不平行的线段，在轴测图上不能直接从正投影图中量取，必须按坐标作出其端点，然后再连线。

（2）作图

1）定坐标原点及坐标轴，如图 3-5a 所示。

2）根据给出的尺寸 a、b、h 作出长方体的轴测图，如图 3-5b 所示。

3）倾斜线上不能直接量取尺寸，只能沿与轴测轴相平行的对应棱线量取 c、d，定出斜面上线段端点的位置，并连成平行四边形，如图 3-5c 所示。

4）根据给出的尺寸 e、f 定出左下角斜面上线段端点的位置，并连成四边形。擦去作图线，描深，如图 3-5d 所示。

【例 3-2】 已知墙上圆形门洞的三面投影，如图 3-6a 所示，用叠加法绘制其正等轴测图。

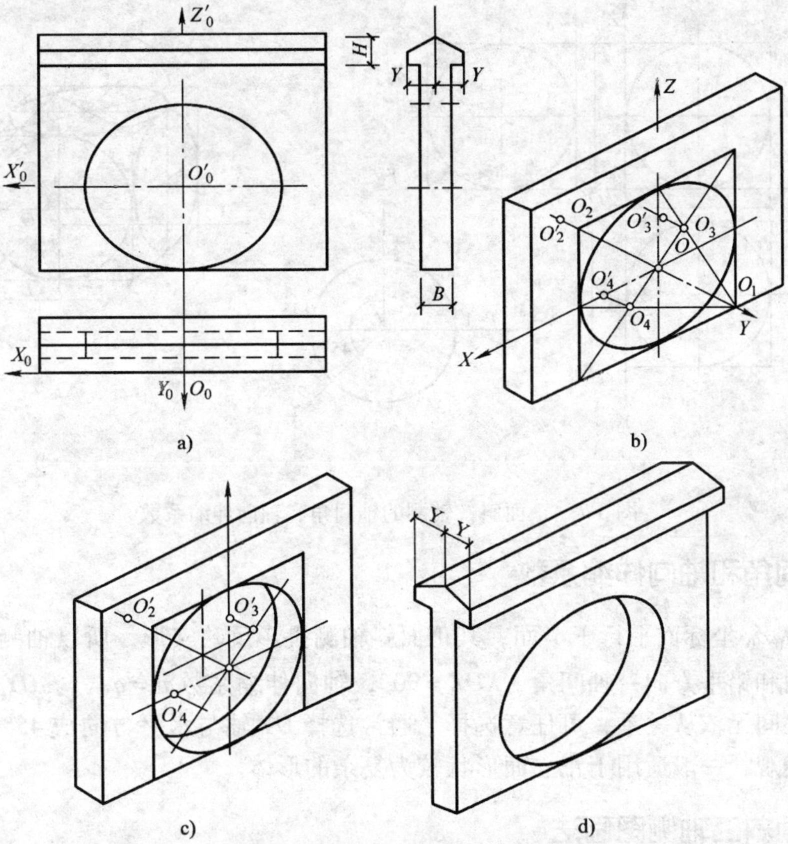

图 3-6 圆形门洞正等轴测图画法

（1）分析 圆形门洞的中心轴线垂直于 $X_0O_0Z_0$ 坐标面。画轴测图时，应包含 OX、OZ 两根轴在外墙面上作出轴测椭圆，再按墙厚作出内墙面上椭圆的可见部分。最后画出墙上三角形檐口。

（2）作图

1）在外墙面上画出轴测轴 OX、OZ，按圆门洞直径画出菱形，参照图 3-4 的方法定出四个圆心，分别作四段圆弧即为外墙面上圆的轴测图，如图 3-6b 所示。

2）将圆心 O_2、O_3、O_4 沿 OY 轴方向移动墙厚 B 的距离得点 O'_2、O'_3、O'_4。以这些点为圆心，相应长度为半径，画出内墙上圆的可见部分，如图 3-6c 所示。

3）按墙上檐口的高度 H 和宽度 y，画出檐口的轴测图，如图 3-6d 所示。

3.3 正面斜二轴测图

正面斜二轴测图是斜二轴测图的一种。它较适合于正平面形状较复杂或具有圆和曲线时的形体。

正面斜二轴测图的轴测投影面 P（用 V 面代替）平行于一个坐标面，投射方向倾斜于轴测投影面，如图 3-7 所示。

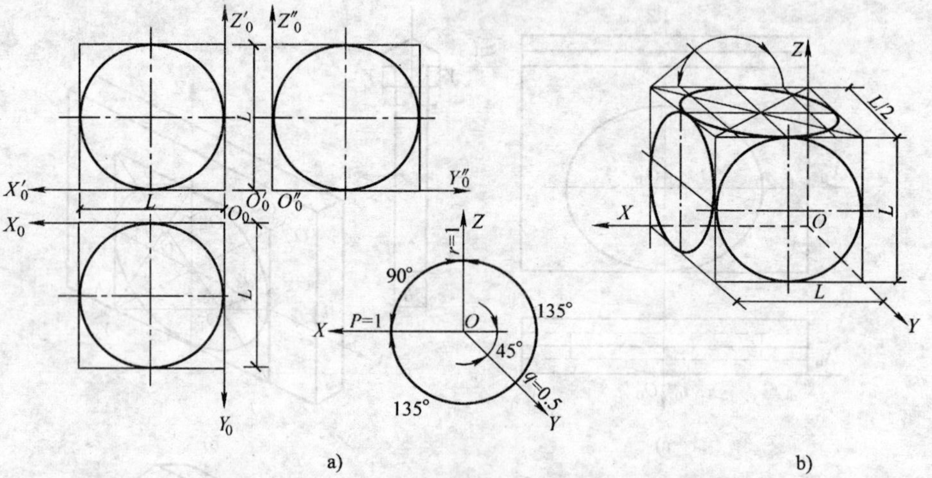

图 3-7 正面斜二轴测的轴间角和轴向伸缩系数

3.3.1 轴间角和轴向伸缩系数

由于 $X_0O_0Z_0$ 坐标面平行于 V 面，其正面斜轴测投影反映实形，所以轴测轴 OX、OZ 分别为水平方向和铅垂方向，轴间角 $\angle XOZ=90°$，轴向伸缩系数 $p=q=1$。OY 轴的轴变形系数与轴间角之间无依从关系，可任意选择。通常选择 OY 轴与水平方向成 $45°$，$q=0.5$ 作图较为方便、美观，一般适用于正立面形状较为复杂的形体。

3.3.2 正面斜二轴测图画法

【例 3-3】 下面以图 3-8 所示立体说明正面斜二轴测图画法。

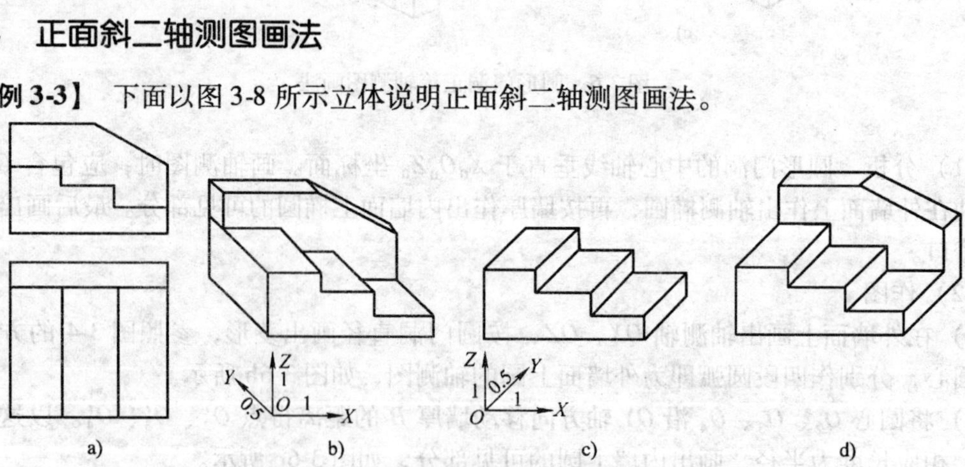

图 3-8 台阶的正面斜二轴测图画法

（1）分析　在正面斜二轴测图中，轴测轴 OX、OZ 分别为水平线和铅垂线，OY 轴根据投射方向确定。如果选择由右向左投射，如图 3-8b 所示，台阶的有些表面被遮或显示不清楚，而选择由左向右投射，台阶的每个表面都能表示清楚，如图 3-8c 所示。

（2）作图　步骤如图 3-8c、d 所示，画轴测轴 OX、OZ、OY，然后画出台阶的正面投影实形，过各顶点作 OY 轴平行线，并量取实长的一半（$q=0.5$）画台阶的轴测图，再画出矮墙的轴测图。

【例 3-4】 作拱门的正面斜二轴测图，如图 3-9 所示。

（1）分析　轴测投影面 XOZ 反映拱门正面投影的实形，作图时应注意 OY 轴方向各部分的相对位置以及可见性。

（2）作图

1）画轴测轴，OX、OZ 分别为水平线和铅垂线，OY 轴由左向右或由右向左投射绘制的轴测图效果相同。先画底板轴测图，并在底板上量取 $Y_1/2$，定出拱门前墙面位置图，画出外形轮廓立方体，如图 3-9b 所示。

2）按实形画出拱门前墙面及 OY 轴方向线，并由拱门圆心向后量取 1/2 墙厚，定出拱门在后墙面的圆心位置，如图 3-9c 所示。

3）完成拱门正面斜二轴测图，注意只要画出拱门后墙面可见部分图线，如图 3-9d 所示。

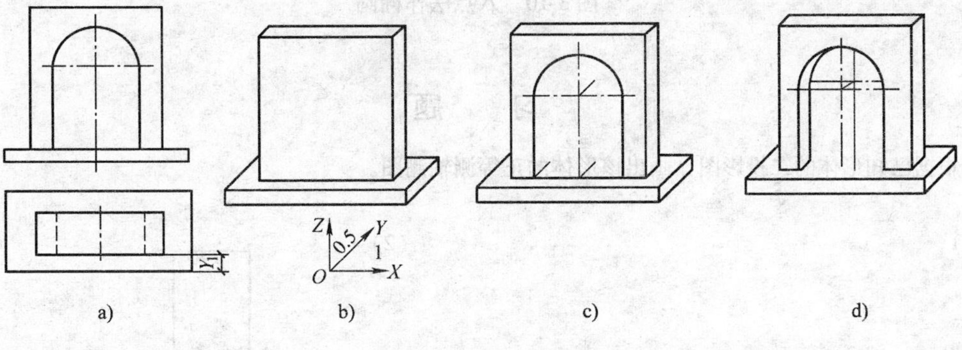

图 3-9　正面斜二轴测图

3.3.3　圆的斜二测投影（八点法）

正面斜二轴测投影是和正立面（XOZ 坐标面）平行的，所以正平圆的轴测投影仍然是圆，而水平圆和侧平圆的轴测投影则是椭圆。作椭圆时，可借助于圆的外接正方形的轴测投影，定出属于椭圆上的八个点。

如图 3-10b 所示，先作平行四边形 $ABCD$ 的对角线，得交点 O。过 O 点作两直线分别平行 AB、BC，得交点 1、2、3、4，即图 3-10a 中，圆与外切正方形的四个切点。过 B、2 两点作 45°线交于 M，以 2 为圆心，$2M$ 为半径画圆弧，并与 AB 相交得两个交点 F、G，过此两交点作线平行于 BC，与对角线相交于 5、6、7、8。将此八点用平滑曲线连接起来，即为所求椭圆。

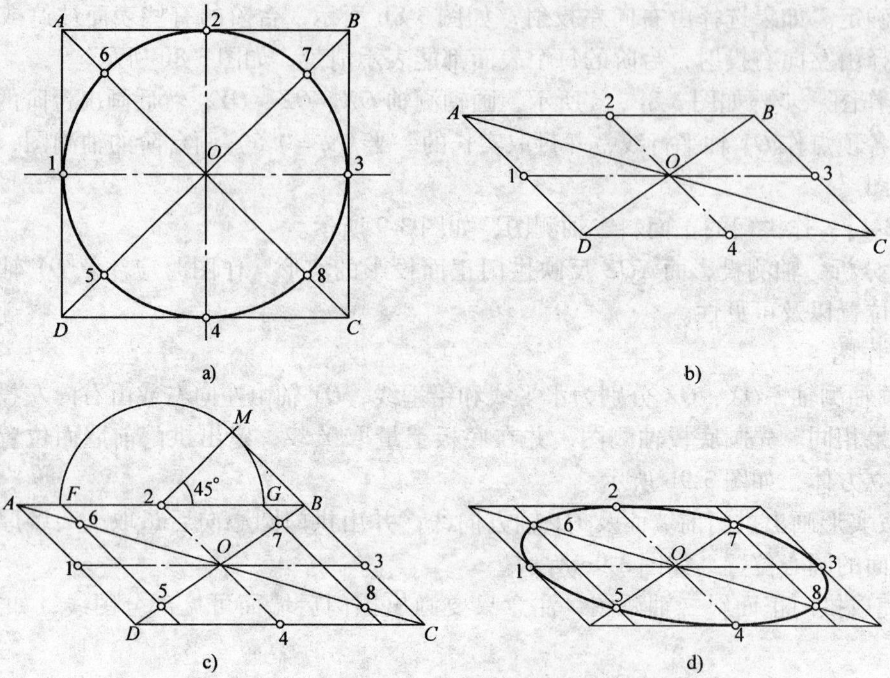

图 3-10　八点法作椭圆

习　题

1. 根据已知形体的二投影图，画出该形体的正等测轴测图。

（1）

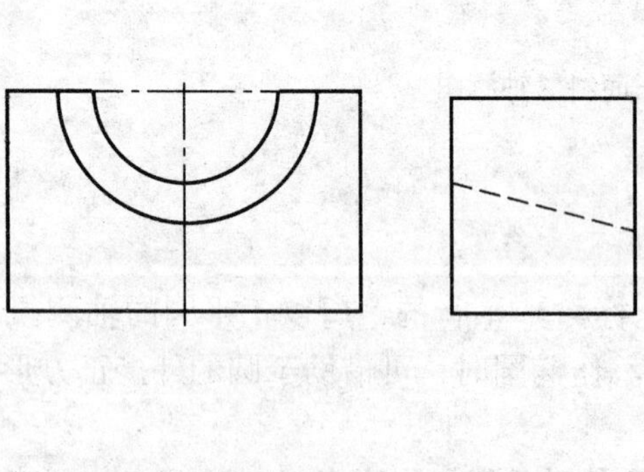

习图 3-1

（2）

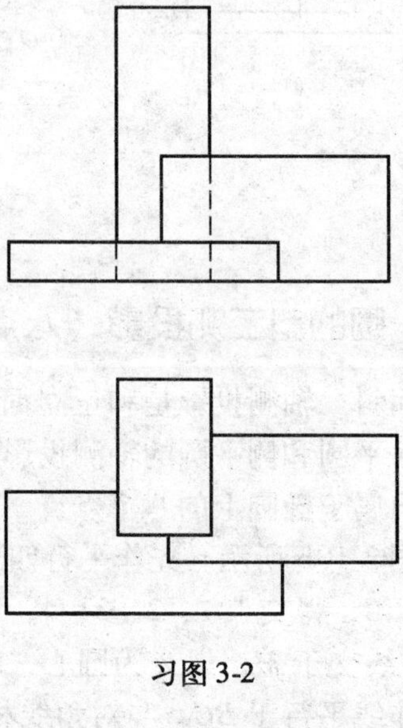

习图 3-2

2. 根据已知形体的二投影图，画出该形体的斜二测轴测图。

(1)

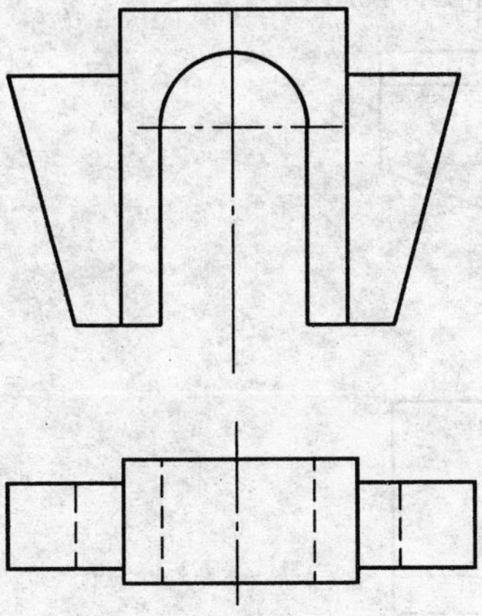

习图 3-3

(2)

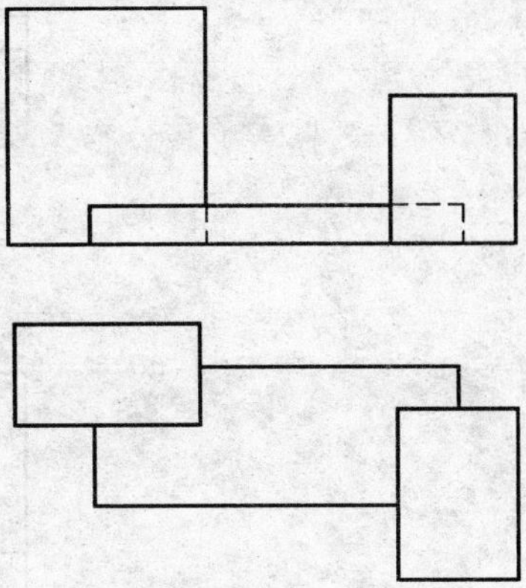

习图 3-4

3. 根据缺线的三视图，用正等测轴测图画出其正确的形体图，并在视图上补线（注意不能对形体的同一局部在三个视图上都补线）。

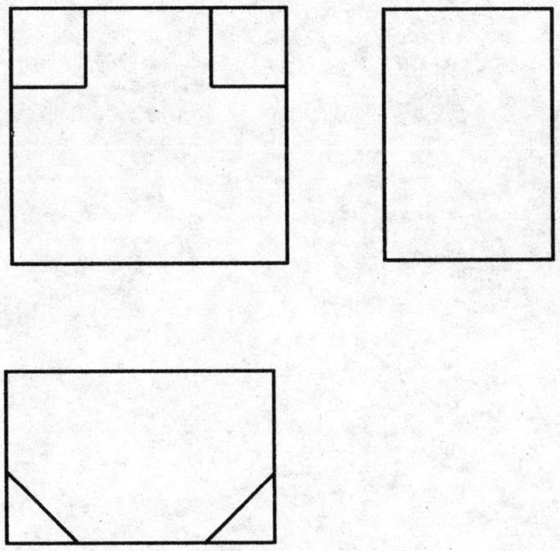

习图 3-5

习图 3-6

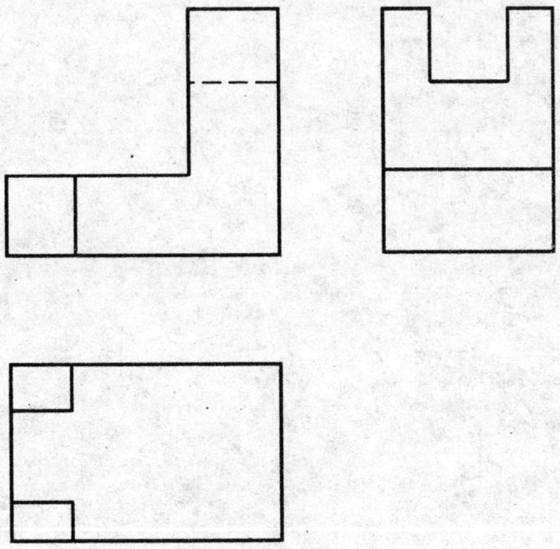

习图 3-7

4. 用正等测轴测图或斜二测轴测图给出下列三视图形体的仰视图。

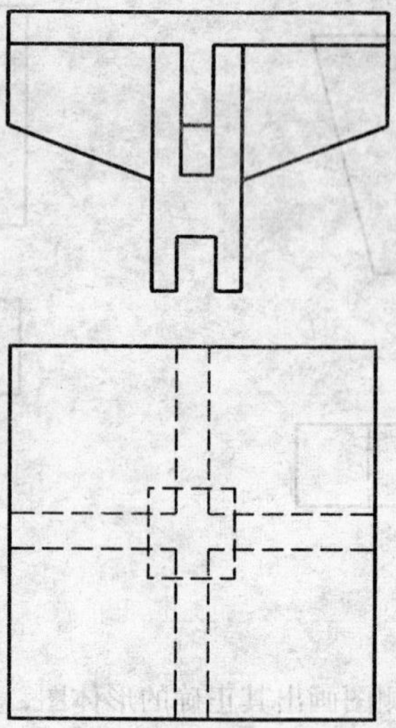

习图 3-8

第 4 章　透 视 投 影

4.1　透视图基本知识

4.1.1　透视的概念及原理

透视投影，是把人的眼睛作为投影中心，或叫视点，人看被画物体的投射线叫视线，在人与物体之间的投影面（假想为透明的铅垂面）叫画面，用透视投影法在画面上所作出的立体图就叫做透视图，如图 4-1 所示。

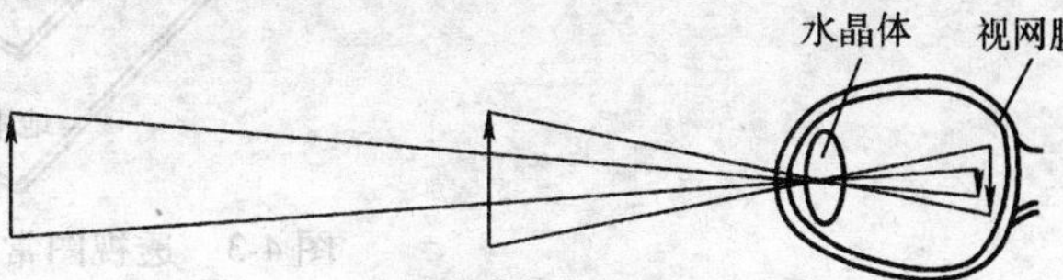

图 4-1　透视的概念

透视原理：

1）近大远小。如图 4-1 所示，同样大小的物体处在远近两地，在人眼的视网膜上的印象是有大小的。

2）在人的视野范围内，一切平行线组都会在无限远处“聚合”。

在建筑设计和装饰室内设计中，透视图常常用来作为表现图。图 4-2 是一幅室内透视图。

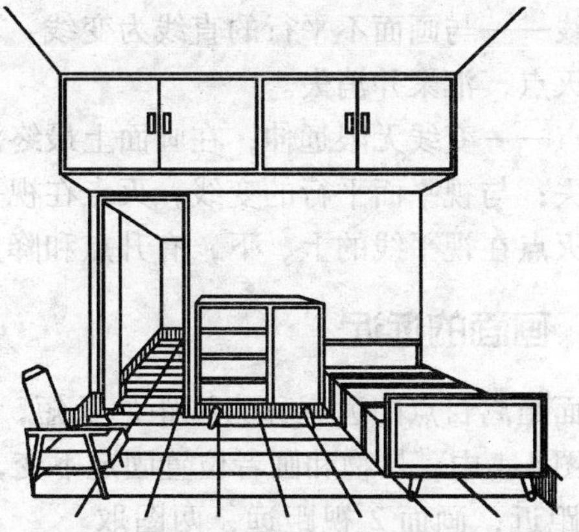

图 4-2　室内透视图

4.1.2　术语及其解释

透视作图中有些专用的术语，在此先仅对常用的作一介绍，如图 4-3 所示。

基面——水平面 H，即地面。室内装饰设计中的基础平面。

画面——投影图面 K，即铅垂面。

地平线（或基线）——画面与地面的交线，用 x—x 表示。

视点 P、站点、心点、主视线——观察者眼睛为视点 P；表示观者站的地方叫站点；从视点 P 向画面 K 所作垂线的垂足 p' 叫心点（或主点），视线 Pp' 叫主视线（或视中线）。

视平线、视高、视距——在画面上，通过心点 p' 的水平线 h-h，叫视平线，它实际是从视点 P 引出的水平面与画面交点的轨迹。视平线 h-h 到地平线 x-x 的距离，即为视点的高度，叫视高。主视线与画面始终要处于垂直的位置，它的长度，即为观者到画面的距离叫视距。站点到基线的距离也等于视距。

距点——距点是一种转位目点，它们分别位于心点左右视平线上，离心点与视距相等；

是与画面成45°角的水平变线的灭点。

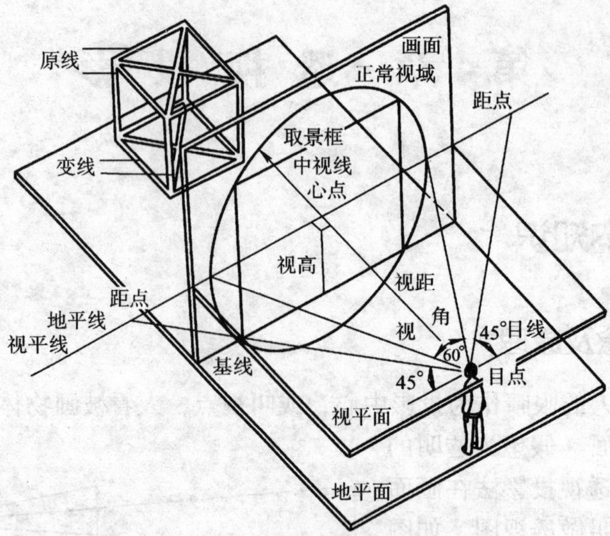

图4-3　透视图常用术语

原线——与画面平行的直线为原线。映现在画面上的透视方向保持原来状态（垂直、水平或倾斜）；相互平行的原线在画面范围内的那部分仍保持平行，没有灭点。

变线——与画面不平行的直线为变线，相互平行的变线，则会在无限远处“聚合”在同一个灭点，汇聚并消失。

灭点——变线无限远伸，在画面上最终消失的位置；相互平行的变线，向同一个灭点汇聚并消失；与视平面平行的变线，灭点在视平线上，有心点、距点、余点；倾斜于视平面的变线，灭点在视平线的上、下，有升点和降点。

4.1.3　画面的远近

画面距离目点的远近称为视距的长短，在透视图中，物体的透视大小与画面的远近有关。在图4-4中，景物和画者位置固定不变，由画面前进后退，形成两图视距远近不同。画面1视距近，画面2视距远，两图取景范围相同，但两图的景物透视图像则有所不同。

如果画面与景物位置固定不变，将画者位置移动，形成两图视距远近不同。画面1视距近，画面2视距远。两图取景范围明显不同，但景物图像完全相同。若将画面1的远景放大，则与画面2的图像完全一样。

画面一般置于画者和景物之间。建筑和环境设计的透视制图中，画面可以设在主体物的前面、后面，或者插在中间，视制图方便与否而定。每

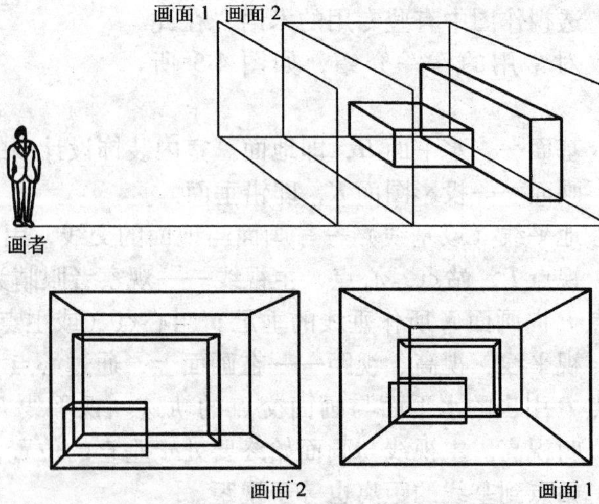

图4-4　物体的透视大小与画面的远近有关

幅画只能设一个视距。

近视距的视角大，如同用广角镜头拍摄场景，深度感强，远近物体大小悬殊，有动感；远视距的视角小，如用长焦距镜头拍摄场景，进深浅，远近物体大小相仿，感觉平稳。画者应根据构图需要自行设定画面的远近。

4.1.4 正常视域和取景框

两眼前视所能见到的空间范围为可见视域，其水平视角达180°，垂直视角约为140°（中视线上65°角，下75°角）；整个视域"屏幕"近似椭圆形，如图4-5所示。在可见视域中央，图形显示正常的为正常视域。正常视域为一圆锥空间，约为60°。把所要画的物体和空间置于正常的视域内，被画物体就能保持正常的视觉现象，否则就要发生扭曲变形。

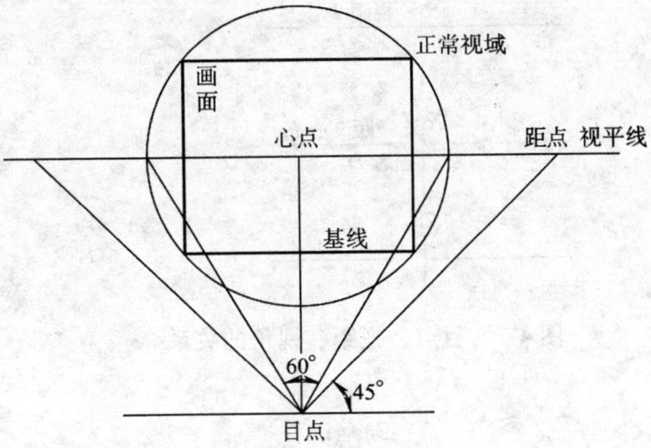

图4-5 正常视域

图4-6介绍了几种视矩和视角的对应关系，可为作图参照用。图中诸画者离开取景框的视距不等，视角大小也都不等。以视圈半径心 F（心点至 F 点）为基准，画者 A 视距为1心 F，视角为90°；画者 B 视距为1.5心 F，视角为67°；画者 C 视距为2心 F，视角为53°；画者 D 视距为3心 F，视角为37°；画者 E 视距为4心 F，视角为28°。图4-7表示了目点、视距、视角、取景框和视圈的平面作图关系。构图时，心点不一定设在取景框的正中，应取心点至画框最远角的长度作为视圈半径。以心点为圆心，心点至画框最远角 F 点的长度心 F 为半径作弧，弧与心点垂线（即中视线）相交的一点，即90°视角的目点。

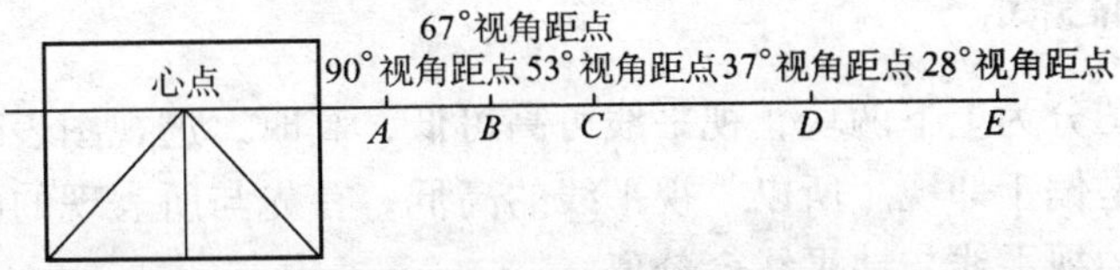

图4-6 视矩和视角的对应关系

4.1.5 原线和变线

在各类透视图中，变线的方向共有5种，它们是45°变线，90°变线，上斜变线和下斜变线，以及45°与90°以外的其他角度变线。

如图4-8所示，图中立方体由12根棱线构成六个面，其中 $ABCD$ 平行于画面，任何线段均为平行画面的原线。与之相对应的另一平行面为 $A'B'C'D'$，同样也都是原线，在 A 与 A'，B 与 B'，C 与 C'，D 与 D' 之间的连线则是平行于基面，而垂直于画面，所以是变线。

在成角透视中，只有垂直地面的线是原线，没有灭点，其他的线都是变线，透视图中将消失到余灭点，图4-9说明成角透视变线的透视方向。

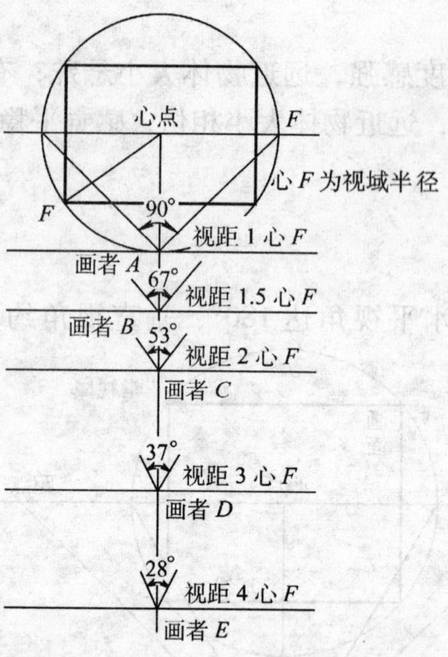

图 4-7 目点、视距、视角的关系

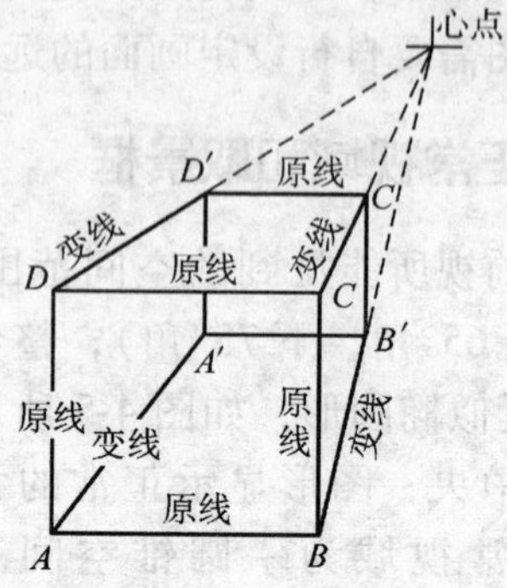

图 4-8 平行透视的原线与变线

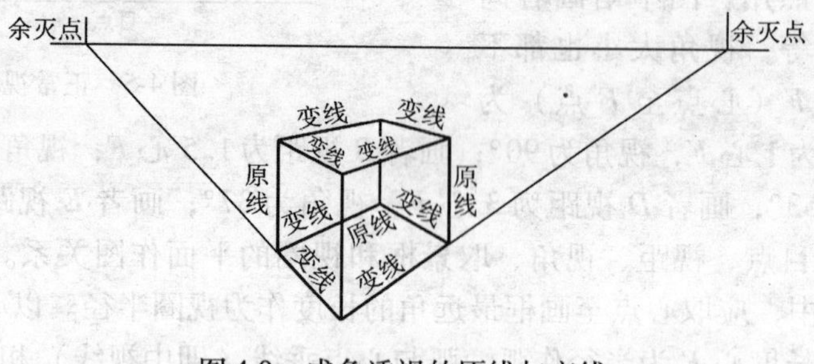

图 4-9 成角透视的原线与变线

4.1.6 视平线的高低

视平线将透视图分为上下两块，视平线可高可低，高时，透视图表现的是偏于俯视；低时，透视图表现的是偏于仰视。所以，视平线的高低，首先与所表现的画面有关。在各类透视图中，倾斜透视的视平线与地平线会分离。

4.2 透视作图

4.2.1 平行透视的原理与作图方法

平行透视是指正六面体中有两个面平行于画面，构成立方体的 12 根棱线有 8 根是原线，另外 4 根是变线，4 根变线只有一个灭点（心点），属一点透视。这种透视纵深感强，能反映室内五个面的图景。平行透视有几种作透视的方法，有视线法、距点法和量线法等。这里只介绍量线法。

量线法作图可以任意选择确定的要素，包括作图的比例、室内墙面的大小和位置、视点 *CV*（亦称心点）的位置与高度、距点 *VP* 的位置（即视距的大小）。

1. 作图步骤

1）确定内墙主立面。按比例（一般为 1∶50 或 1∶40）画出内墙主立面 *abcd*，此立面的高 *ab* 与宽 *ad* 为真高、真宽。在主立面中确定视点 *CV* 的位置及高度，*CV* 点至 *ad* 直线的距离称为视高，一般为 1.5～2.0m。过 *CV* 点作平行于 *ad* 的水平线，此水平线即为视平线。由视点 *CV* 过 *a*，*b*，*c*，*d* 点作延长线，此延长线就是墙面与地面、顶面的交界透视线，如图 4-10 所示。

2）视平线与 *cd* 交于 *d′*点，在视平线上确定 *VP* 点，*d′*点到 *VP* 点的距离表示眼睛离开内墙主立面的距离，简称视距。视距的大小由水平视角决定，水平视角一般不应大于 60°。在 *ad* 的延长线上按主立面的比例作点 1、2、3、4（室内进深尺寸的量点，可以是每间隔 1m 一点，也可以是每 700mm 或 800mm 一点，尺寸与点数自定），如图 4-11 所示。

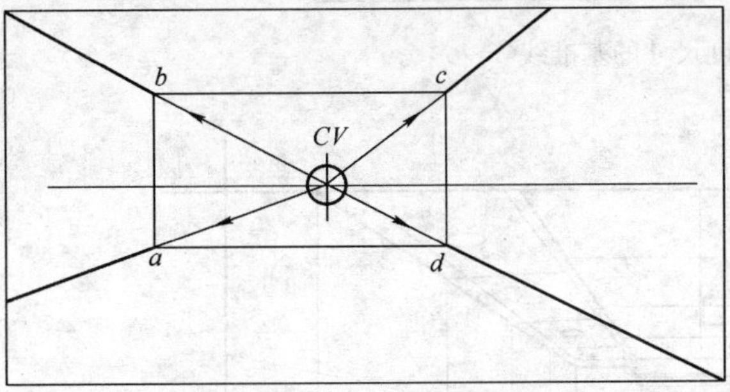

图 4-10　确定正立面视点

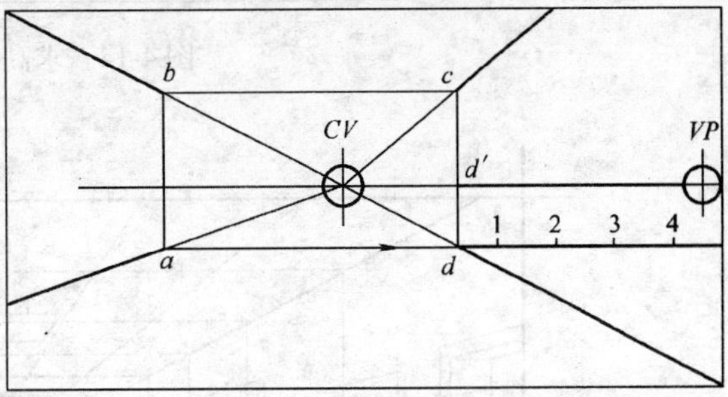

图 4-11　确定视距及量点

3）求进深尺寸。把点 *VP* 与点 1、2、3、4 连接并延长，分别交 *CV*-*d* 的延长线于 d_1、d_2、d_3、d_4。分别过 d_1、d_2、d_3、d_4 点作水平线和垂直线，即成为透视图进深尺寸的基准线，如图 4-12 所示。

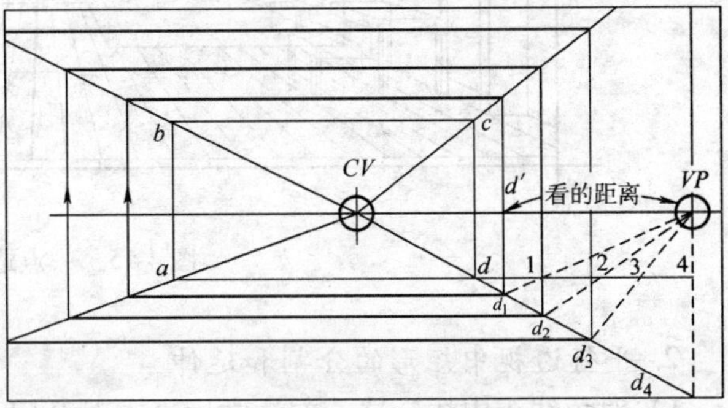

图 4-12　求进深尺寸的基准线

4）求开间尺寸。如图 4-13 所示，在 *ad* 真宽线上作点 a_1，a_2，a_3，a_4（室内开间尺寸的量点，尺寸与点数自定）。连接 *CV*—a_1、*CV*—a_2、*CV*—a_3、*CV*—a_4，并延长。顶棚也按同样步骤作图。这样即可得到透视图的开间基准线。

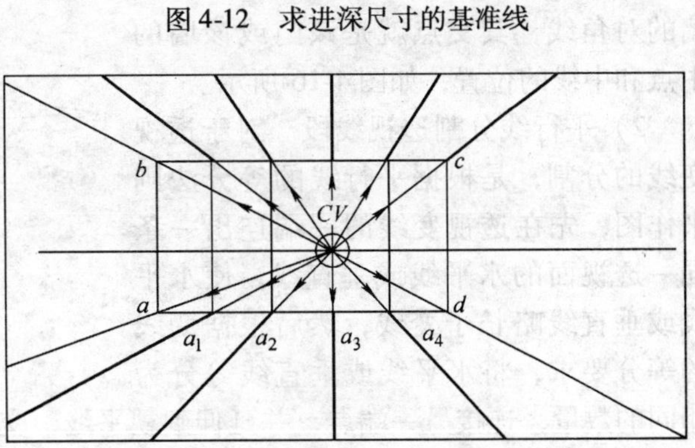

图 4-13　求开间尺寸的基准线

5）求高度尺寸。在等高线段 *ab* 上按所画的比例作点 b_1、b_2、b_3（尺寸与点数自定）。把点 *CV* 分别与 b_1、b_2、b_3 连接，并延长，即得到求高度尺寸的基准线。右侧真高线段 *cd* 上用同样方法可以得到透视高度的基准线，如图 4-14 所示。

6）将平面布置图上的各种家具按

比例画上，画时，应先画它们的水平投影，然后再引入高度，再画各立面和顶面，如图4-15所示。

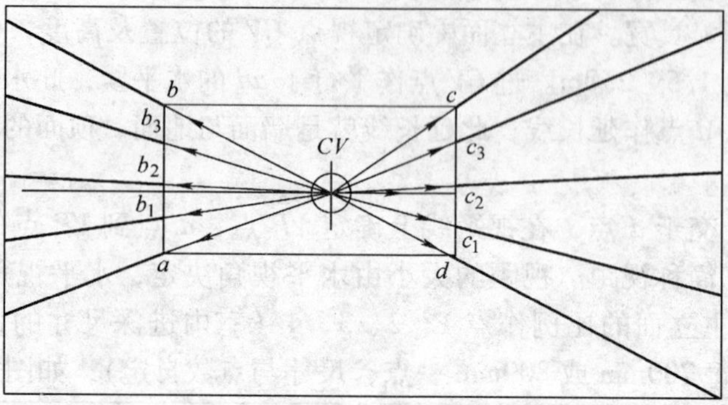

图4-14　求高度尺寸的基准线

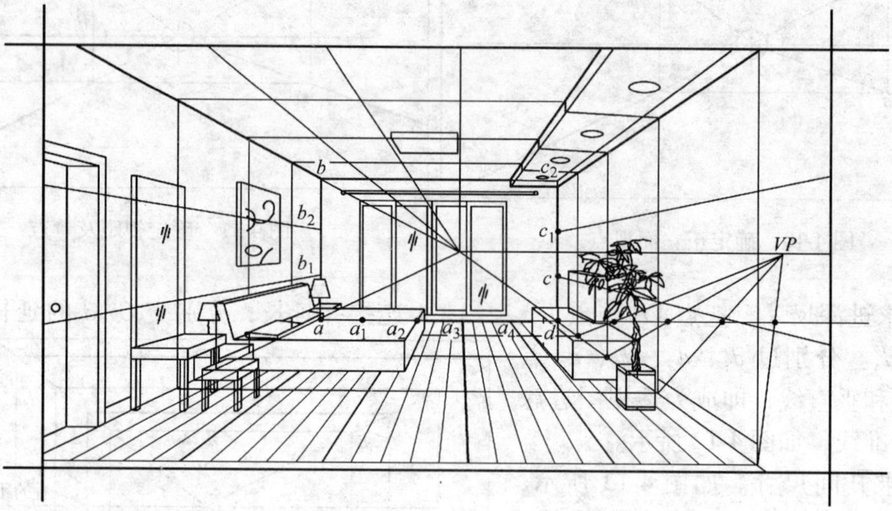

图4-15　一点透视图

2. 平行透视中矩形的分割和延伸

1）对角线求中法。这一方法常用来求对开门、对开窗、顶棚上吊灯的位置等，作门或墙的对角线，其交点就是该门或该墙的中点和中线的位置，如图4-16所示。

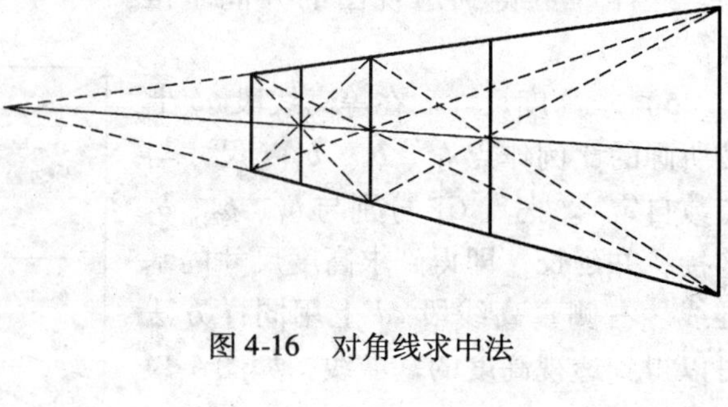

图4-16　对角线求中法

2）平行线分割透视线段。对于透视变线的分割，是根据平行线的等分法则来作图，先在透视变线的一端连出一条同一透视面的水平线或垂直线，使水平线或垂直线略长于变线，然后根据变线的等分要求，将水平线或垂直线等分为相同的数量，连接另一端点，并延伸到视平线，交点就成为平行等分线的灭点，再连接该灭点到水平线或垂直线，就能将变线分成透视的等分线段。

4.2.2 成角透视（余角透视）的原理与二灭点透视图的作图方法

1. 成角透视的规律

如图 4-17 所示，当立方形物体的三组面都没有与画面平行时，这样的透视为成角透视。在成角透视中，三组（十二条）线段其中只有垂直线仍为原线，没有灭点，保持垂直，另外的两组为变线，向左或向右将消失在左右灭点上。

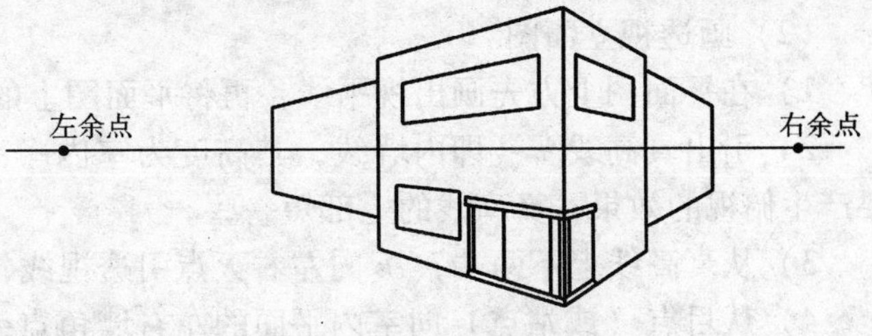

图 4-17 成角透视的规律

2. 灭点的确定

根据透视原理，变线组会向无限远处“聚合”，当画者沿着某一变线组的走向看去时，眼睛引向“聚合点”的视线，会在画面上的视平线上交得一点，这一点就是“灭点”。在成角透视中，一般有向左、右两边聚合的两组变线组，所以，图面的视平线上会有左、右两个灭点。在作图中，从目点（或站点）作矩形景物两组主轮廓线的平行线，与画面的投影线相交的交点，就是左右灭点。

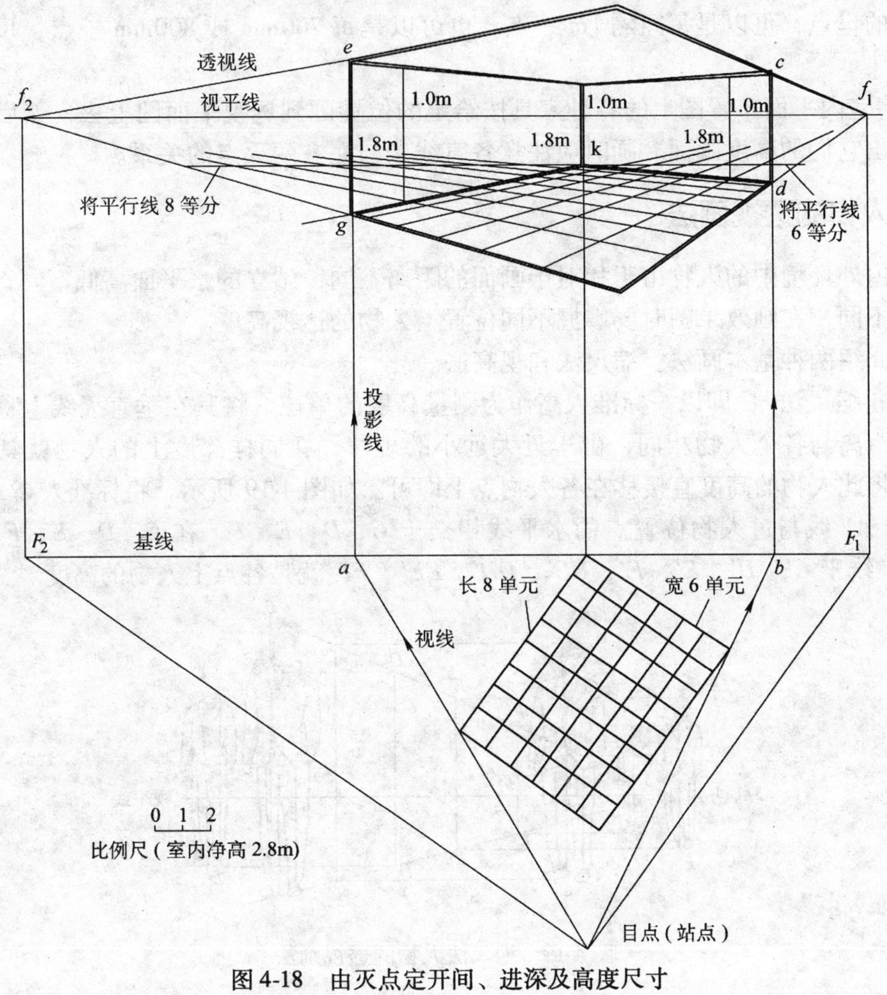

图 4-18 由灭点定开间、进深及高度尺寸

3. 二灭点透视图作图步骤

即灭点定开间、进深及高度尺寸（以图 4-18 所示某室内为例）。

（1）画室内平面图、基线及灭点，并确定比例　将室内平面按需要的视角、比例及基线如图 4-18 画好，并确定站点和视距，然后给出灭点。

（2）画透视立面图

1）在平面图上方先画出视平线，再将平面图上的灭点向上引至视平线上，得 f_1、f_2。

2）引出真高线 jk（即内墙线，其高度为室内净高），其被视平线分为上下两部分，若要产生俯视的效果，真高线的上部短一些。

3）从真高线上下两端 j、k 向左右灭点引透视线，并反向延长。

4）从目点（或站点）向室内平面的左右墙角点引视线，交基线于 a、b 两点，再从 a、b 向上引投影线，与透视线相交，即为左右墙边线，并得 c、d、e、g 四点。

5）从左右灭点 f_1、f_2 向 c、d、e、g 四点引线，即得地面与顶面。

6）f_1k、f_1d 之间与 f_2k、f_2g 之间分别各作一视平线平行线，并分别以室内开间和进深的尺寸数将它们等分（若开间长为 6m，则六等分，也可按 0.6m 为单位，十等分），然后从灭点向各等分点引线，即把室内地面尺寸标定，因此可再标定高度基准线。室内开间、进深及高度尺寸的量点，可以是每间隔 1m 一点，也可以是每 700mm 或 800mm 一点，尺寸与点数自定。

7）将室内平面布置图上的各种家具按给定的位置画到透视平面图上去，然后逐一由近到远地给出它们的高度画面。画时应注意各直线条与左右两灭点的关系。

4.2.3　人物的透视画法

在室内外环境中的人物由于相对于画面的距离不同，站立的水平面高低不同，人物的透视高度也不同，在画效果图时要掌握不同位置上人物的透视高度。

这里介绍两种基本画法：缩尺法和视高法。

所谓“缩尺法”，即以一标准人高作为测量高度的单位，将其在垂直灭线上移动，使其到画面的距离与各个人物相同，由于近大远小的规律，在同样深度上的人物就具有相同高度，所以将此人物的高度直接移在各人物点上即可。如图 4-19 所示，将标准人高 AB 两端连接心点 V，AV 线与过人物位置点的水平线相交于 C、D、E、F，在 C、D、E、F 点处作垂线，交 BV 线于 C'、D'、E'、F'，CC'、DD'、EE'、FF'就是各点上人物的高度。

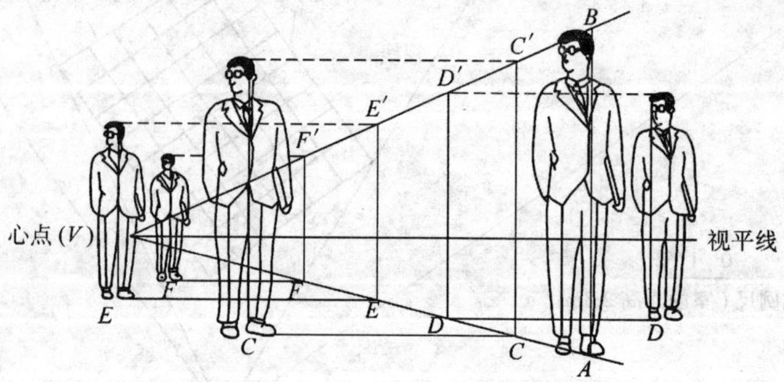

图 4-19　缩尺法人物的透视画法

所谓“视高法”，就是将视平线的高度定为一个标准人高，这样，在一个空间中同一水平面上的标准人高就都处在视平线上。要画出各个点上的人物，便只要在各个人物点上作向上的垂线，与视平线相交，就画出人物应有的高度。如图 4-20 所示，将视平线定为标准人高，则 A、B、C、D、E 5 点，为人物所在的位置，从 A、B、C、D、E 5 点向上作垂线，交视平线于 A'、B'、C'、D'、E' 5 点，AA'、BB'、CC'、DD'、EE'就是 5 个位置上的人高。

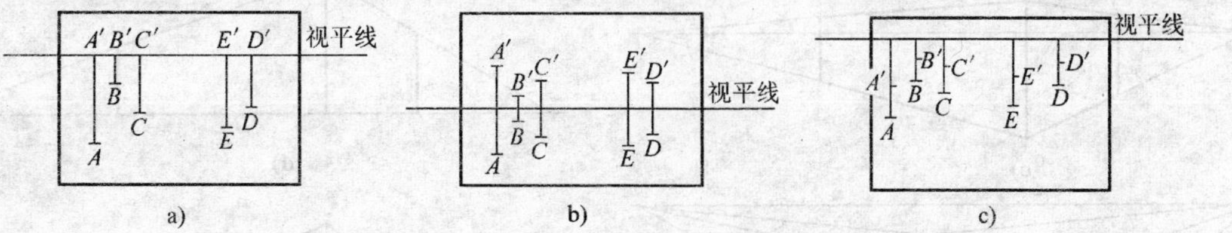

图 4-20　视高法人物的透视画法

用这两种方法，可以按透视规律将各个位置上的人物画出。如图 4-21 所示，将视平线定为 1 人高的位置，用视高法画人物高度，从 A、B、C 三点向上作垂线，交视平线于 A'、B'、C'，AA'、BB'、CC'就是所求人物的高度。

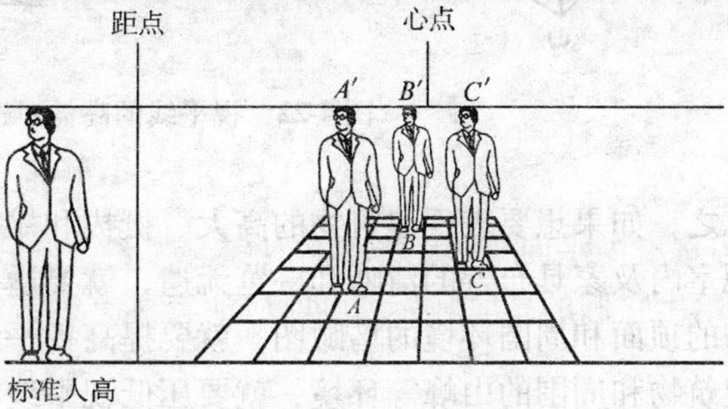

图 4-21　位置上的人物透视

如果人物不处在同一水平面，则先要求出人物离地面的高度，然后求出地面上人物的高度，在加上水平面的高度。

4.2.4　视平线的高低对透视效果的影响

视高不同所产生的图面效果也不一样。一般取人的平均高度 1.5 ~ 1.7m，但这并不是不变的，应根据建筑物的类型及表现的要求而定。图 4-22 所示为一个长方形建筑物，在不同视高下，透视图的变化情况。

1）视平线取在接近建筑物的地面线，则两边地面线向灭点消失较缓，而屋檐线的消失则较陡，如图 4-22a 所示。

2）视平线取在建筑物的 1/2 处，地面线和屋檐线的消失程度近似，使得透视图较呆板，不宜采用，如图 4-22b 所示。

3）视平线取在接近建筑物的屋檐线，消失的情况与图 4-22a 正好相反，如图 4-22c 所示。

4）视平线取在与地面线重合，地面线无变形，而屋檐线的消失则更陡，如图 4-22d 所示。

5）视平线取在高出建筑物之上，透视图可看到建筑物的顶面，它可用于表现建筑群体的布置，如同在空中向下看，故这种透视图也叫鸟瞰图，如图 4-22e 所示。

6）视平线取在低于建筑物之下，它可用于表现高山上的建筑物或高层建筑檐口的局部透视，故这种透视图也叫仰观透视图，如图 4-22f 所示。

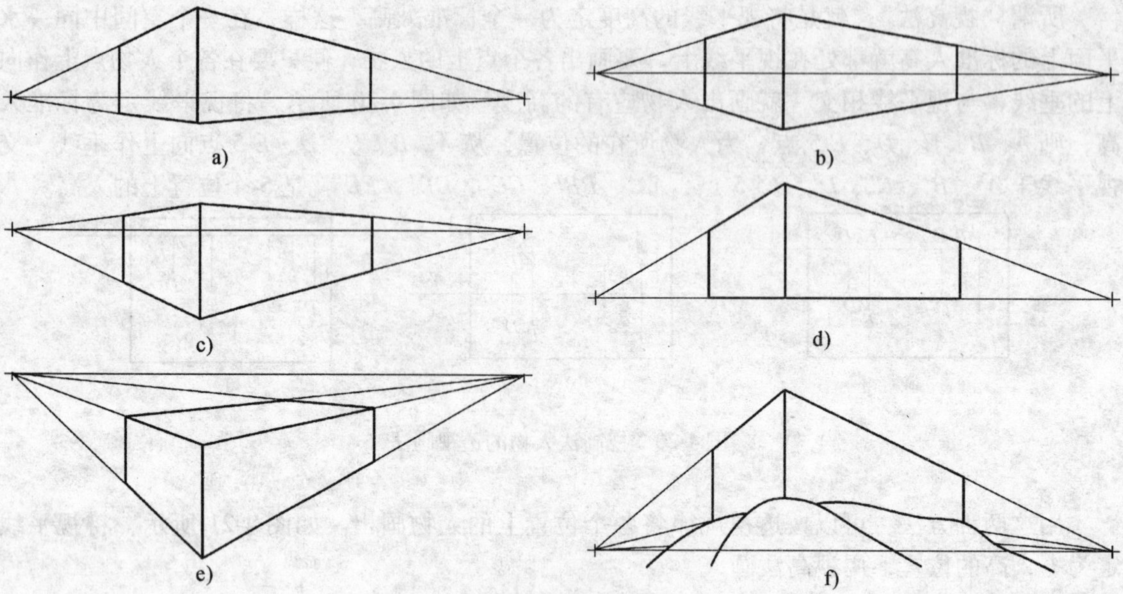

图 4-22 视平线的高低对透视效果的影响

总之，如果想要表现建筑物的高大、挺拔和雄伟，就要压低视平线（图 4-23）。如果想要表现室内及家具布置的清晰和一览无遗，就要适当提高视平线（图 4-24）。如果想要表现建筑物的顶面和周围环境的鸟瞰图，就要提高视平线到天空（图 4-25）。如果想要表现高山上的建筑物和周围的山峰等环境，就要压低视平线在建筑物之下（图 4-26）。

图 4-23 压低视平线画住宅透视图

图 4-24　提高视平线画室内透视图

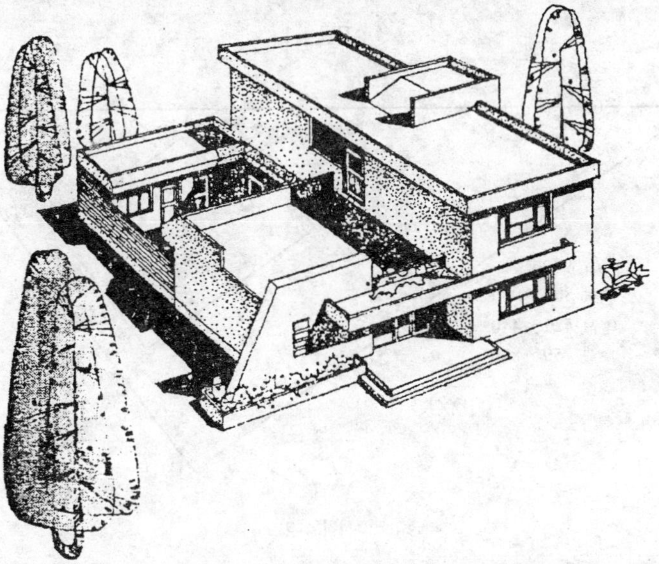

图 4-25　提高视平线到天空画住宅鸟瞰图透视图

图 4-26　压低视平线到山腰画建筑物仰视透视图

习　题

1. 对已知平面布置图用平行透视法给出一灭点透视图。
2. 对已知平面布置图用成角透视法给出二灭点透视图。

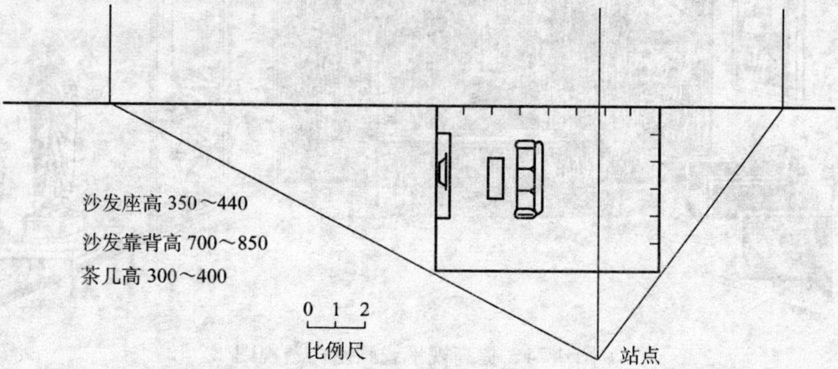

习图 4-1

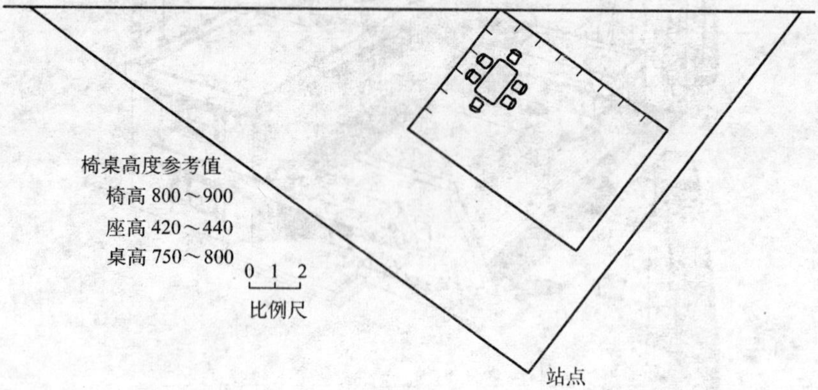

习图 4-2

第 5 章　家具设计图的识读及绘制

5.1　家具的结构形式

要看懂家具结构图，就要了解家具的结构形式。家具结构形式是指家具各种部件的内在结构与家具的装配结构。一般的结构形式有：框架件结构、箱框件结构、实木拼板部件结构、覆面空心板与覆面实心板结构、弯曲件结构、脚架结构、现代板式可拆卸家具结构等。

5.1.1　框架件结构

1. 框架的概念与基本构件

家具中所谓的框架，对于木结构系指由若干根木材零件通过榫接合而成的三角形、正方形、长方形或其他多边形结构，其他材料或焊接或连接件连接而成。一般框式家具是由一系

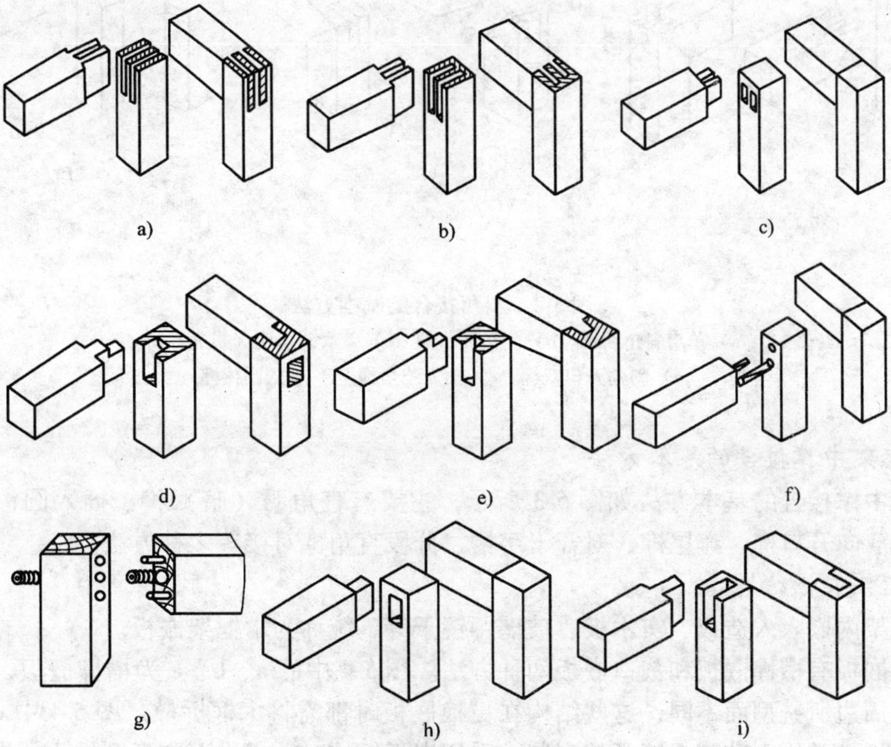

图 5-1　直角接合的基本方法

a）直角开口贯通双榫　b）直角开口不贯通双榫　c）直角闭口不贯通双榫

d）直角半开口贯通单榫　e）直角半开口不贯通单榫　f）插入圆棒榫

g）连接件接合　h）直角闭口不贯通单榫　i）开口燕尾榫

列的框架部件构成。有的框架中间设有嵌板，或嵌玻璃，或是中空的。最简单的框架就是仅由两根立边与两根帽头，用榫接合而成。常见的实木桌、椅、凳的脚架则是较复杂的框架结构。

2. 框架角接合的方式

根据框架接合后其立边与帽头的端面是否外露，可分为直角接合、斜角接合两种。如图5-1所示，为直角接合的基本方法。如图5-2所示，为斜角接合的基本方法。

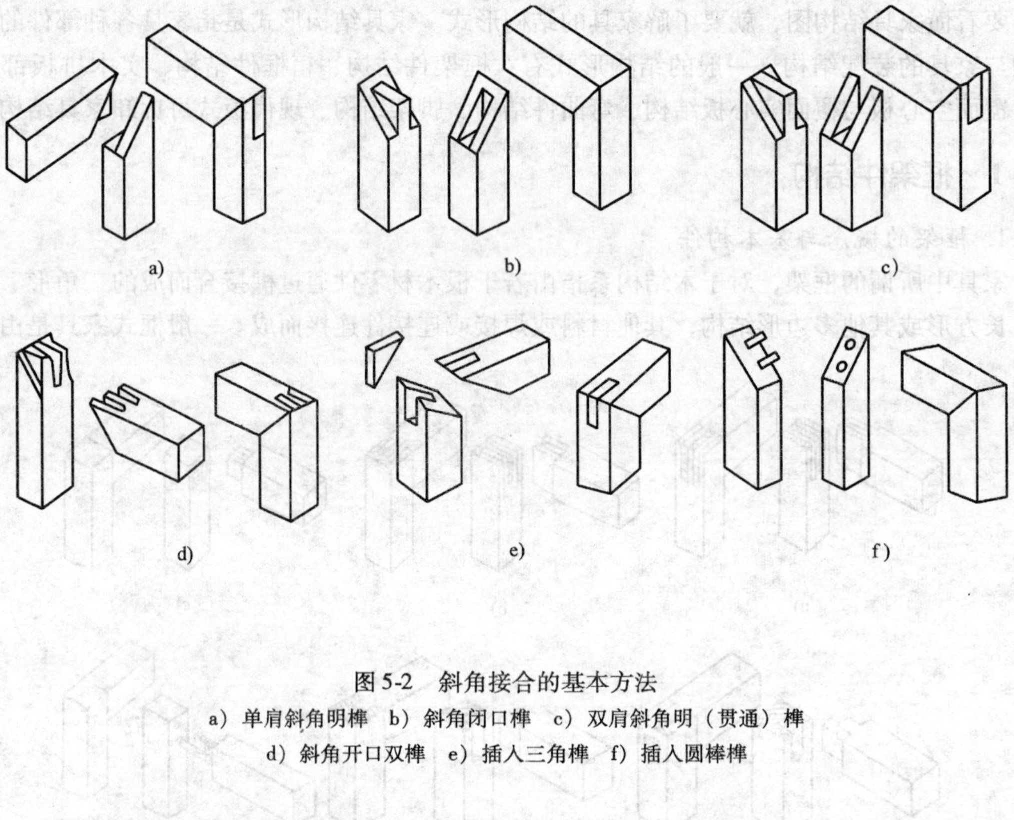

图5-2　斜角接合的基本方法

a）单肩斜角明榫　b）斜角闭口榫　c）双肩斜角明（贯通）榫
d）斜角开口双榫　e）插入三角榫　f）插入圆棒榫

3. 框架中撑接合的基本方法

框架中撑接合的基本方法如图5-3所示，主要有直角明（暗）榫、插入圆榫、直角槽榫、直角双向开口榫、燕尾榫、对开十字槽、分段直角榫对接等多种方法。

4. 框架嵌板结构

在框架内嵌入人造板、实木板、玻璃、镜子等，统称为木框架嵌板。

木框嵌板有槽榫嵌板和裁口嵌板两种方法。图5-4中的a、b、c为槽榫嵌板，在木框内侧及嵌板周边所铣型面不同，这些结构在更换嵌板时都需将木框拆散。图5-4中d、e、f为裁口法嵌板，常用于玻璃、镜子的安装。采用嵌板结构时，槽沟不应开到帽头的榫头上，以免破坏接合强度。

木框内嵌装玻璃或镜子时，需利用断面呈各种形状的压条，压在玻璃或镜子的周边，然后用螺钉使它与木框紧固，如图5-4g所示。

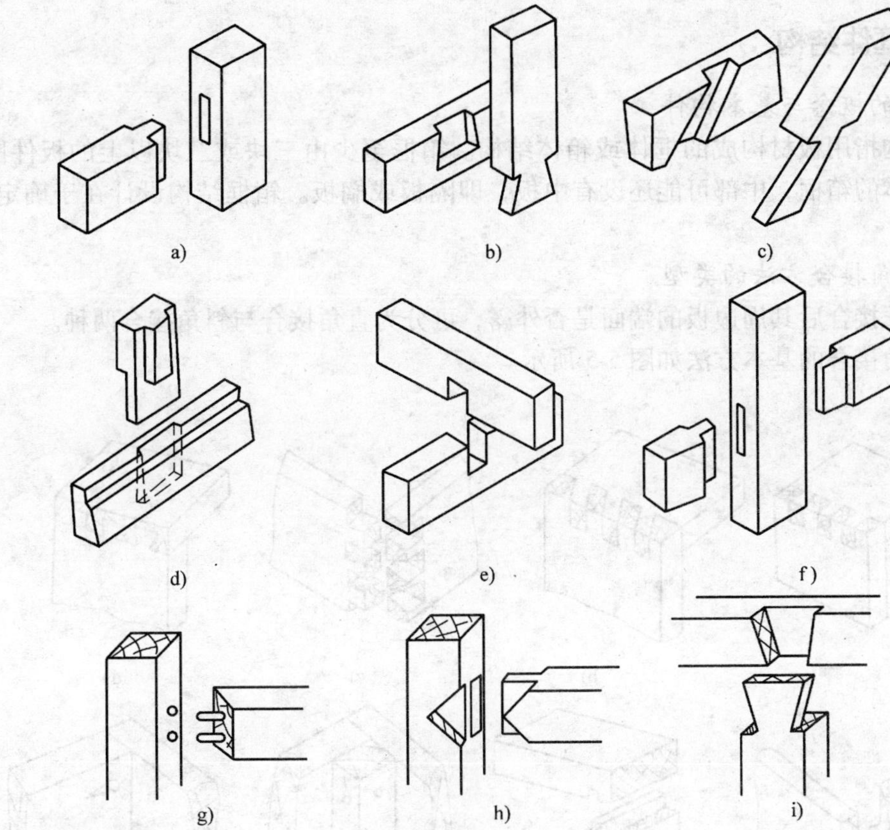

图 5-3　框架中撑接合的基本方法

a）直角不贯通单榫　b）闭口燕尾榫　c）斜口燕尾榫　d）带企口直角明榫接合　e）对开十字槽接合
f）直角暗榫十字对接　g）插入圆棒榫接合　h）格肩榫接合　i）燕尾榫接合

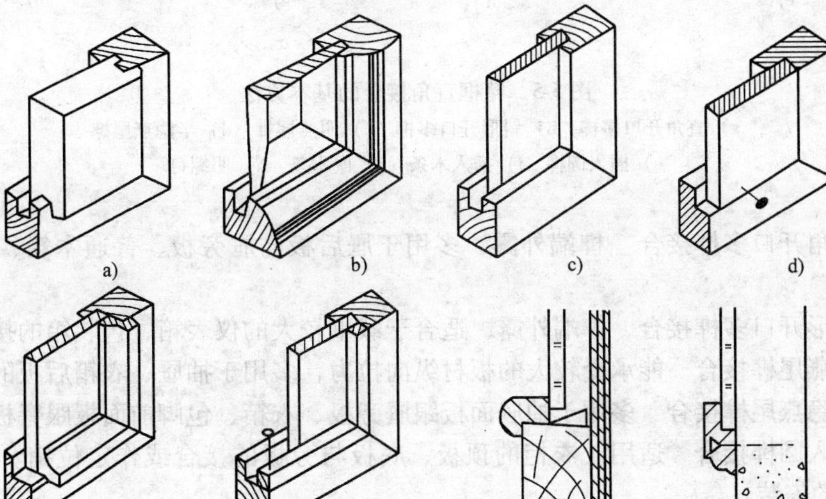

图 5-4　框架嵌板结构

a）槽榫法嵌板　b）槽榫法嵌板　c）槽榫法嵌板　d）裁口法嵌板
e）裁口法嵌板　f）裁口法嵌板　g）嵌装镜子　h）在板面上装镜子

5.1.2 箱框件结构

1. 箱框的概念与基本构件

箱框结构指用板材构成的框体或箱体结构。箱框至少由三块或三块以上的板件围合而成。构成柜体的箱框，中部可能还设有中板，即隔板或搁板。箱框结构设计在于确定角部、中板的接合。

2. 箱框角接合方法的类型

根据箱框接合后其周边板的端面是否外露，可分为直角接合与斜角接合两种。

箱框直角接合的基本方法如图 5-5 所示。

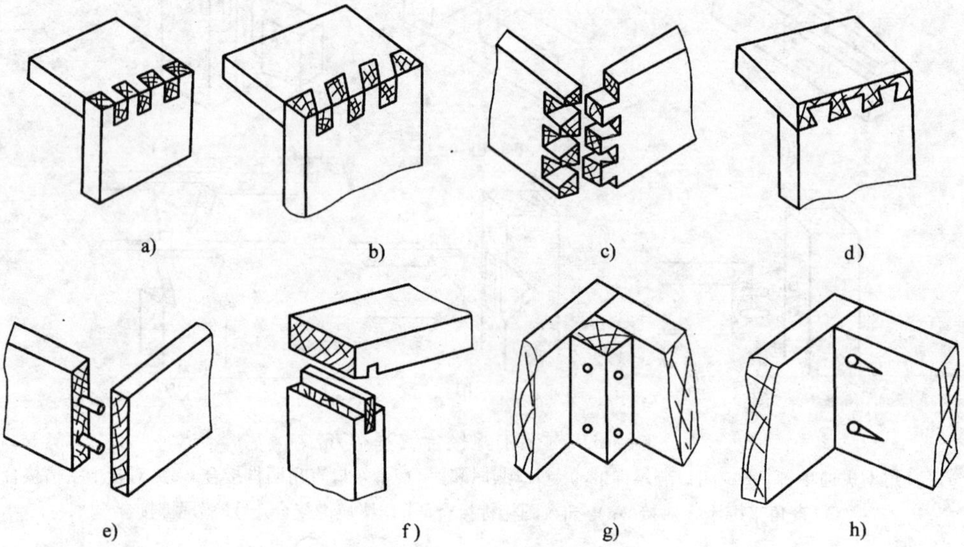

图 5-5 箱框直角接合的基本方法

a）直角开口多榫 b）斜形开口多榫 c）明燕尾榫 d）半隐燕尾榫

e）插入圆榫 f）插入木条 g）嵌木条 h）明螺钉

（1）直角开口多榫接合　榫端外露，多用于屉后板与屉旁板、普通木箱、包装箱、仪器箱的接合。

（2）斜形开口多榫接合　榫端外露，适合于载重较大的仪表箱、包装箱的接合。

（3）明燕尾榫接合　能承受较大的板材纵向拉力，多用于抽屉、衣箱后板的角接合。

（4）半隐燕尾榫接合　多用于抽屉面板跟屉旁板、衣箱、包脚前面板跟旁板的接合。

（5）插入圆榫接合　适用于衣柜的顶板、底板与旁板的接合或作定位销。也用于柜的搁板与隔板的安装。

（6）插入木条接合　接合强度较小，只能用于较小的仪表箱、装饰品盒的接合。

（7）嵌木条接合　适用于刨花板的角部接合，强度较低，可用塞角加固。

（8）明螺钉接合　用于屉后板与屉旁板的接合及包装箱的角部接合。

斜角接合的基本方法如图 5-6 所示。

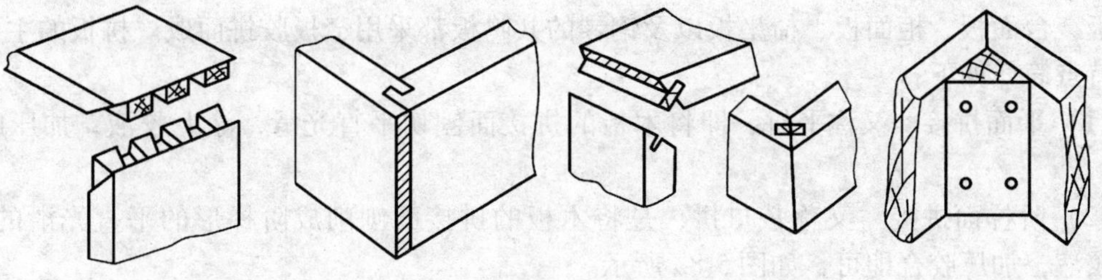

a) b) c) d)

图 5-6 斜角接合的基本方法

a）全隐燕尾榫 b）槽榫 c）穿条 d）塞角

（1）全隐燕尾榫接合 多用于箱子、包脚的前角接合。

（2）槽榫接合 适用于硬阔叶材箱框接合，可做抽屉的角接合及包脚的后角接合。

（3）穿条接合 强度较低，适用于小仪表盒的接合。

（4）塞角接合 多用圆榫定位，塞角与木螺钉进行接合，可用于柜类家具包脚的角接合。

3. 隔板与搁板接合的基本方法

隔板与搁板接合的基本方法，如图 5-7 所示，有直角槽榫、燕尾槽榫、半燕尾槽榫、插入木条、圆榫等方法。

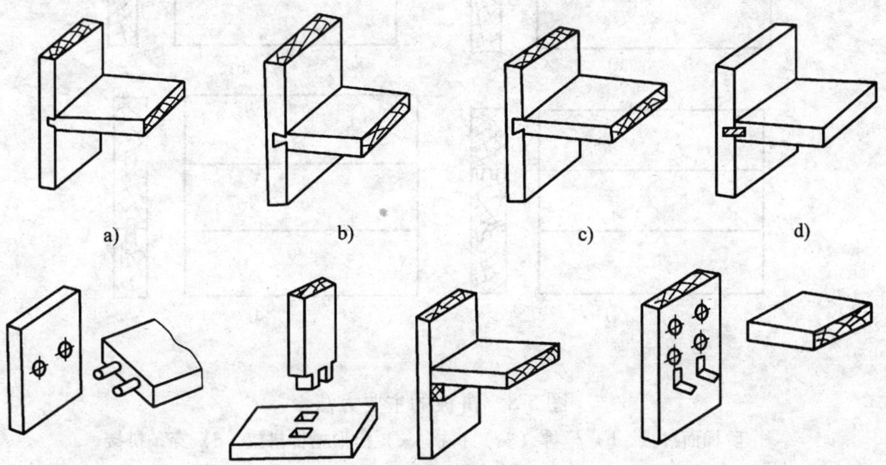

a) b) c) d)

e) f) g) h)

图 5-7 箱框中板接合的基本方法

a）直角槽榫接合 b）燕尾槽榫接合 c）半燕尾槽榫接合 d）插入木条接合

e）插入圆榫接合 f）直角多榫接合 g）木条和螺钉接合 h）搁扦（托）接合

5.1.3 实木拼板部件的结构

采用特定的结构形式将窄的实木板拼合成所需宽度的板件称为拼板。传统的框式家具的桌面板、台面板、柜面板、椅坐板以及钢琴的共鸣板都采用窄板胶拼而成。拼板的主要方法及其特点简介如下：

（1）平面拼接　又称平拼，即将木板的拼接面刨切平直光滑，涂上胶液，加压胶合即可。

（2）阶梯面拼接　又称裁口拼，是将木板的拼接面刨削成阶梯形的平直光滑的表面，涂上胶液，加压胶合即可，如图 5-8a 所示。

（3）槽榫（簧）拼接　亦称为企口拼接，将木材的拼接面刨削成直角形的槽榫（簧）或榫槽，借助胶加压接合。此法拼板常用于柜的面板、门板、旁板以及桌、台、几的面板等的拼接，如图 5-8b 所示。

（4）齿形槽榫拼接　又称指形接合法，将木材拼接面刨削成齿形槽与榫，涂上胶液，加压胶合即可。这种拼板法常用于高级面板、门板、搁板、望板、屉面板等的拼接，如图 5-8c 所示。

（5）穿条拼接　将木材的接合面刨削成平直光滑的直角榫槽，借助木条或人造板边条，涂上胶液，加压胶合而成，如图 5-8d 所示。

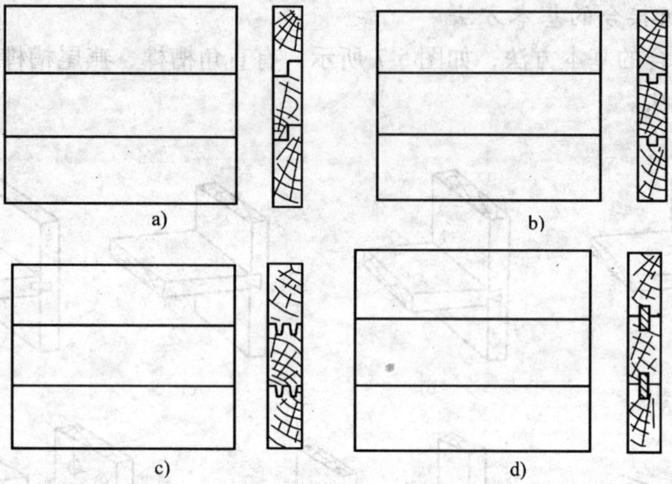

图 5-8　拼板的主要方法

a）阶梯面拼接　b）槽榫（簧）拼接　c）齿形槽榫拼接　d）穿条拼接

（6）插入榫拼接　将木材的接合面刨削光滑平直，并打上圆孔，涂上胶液，插入圆榫（或方榫、竹钉），加压接合即可，如图 5-9 所示。

（7）螺钉拼接　有明螺钉与暗螺钉两种。前者是从一拼板的背面钻出拼板的螺杆孔，在另一拼板的拼接面钻有螺钉孔，在两拼板侧面涂胶后，用木螺钉加固胶拼接，但它的整体结构有损，如图 5-10 所示。

后一种方法较复杂，在拼接板的侧面开有一个钥匙形的槽孔，另一面上的相对应处拧上木螺钉，装配时将螺钉从圆

图 5-9　插入榫拼接

孔处垂直插入钥匙形槽孔，再向钥匙形窄槽方向打移，以使螺钉头卡于窄槽底部，实现紧密连接，如图 5-11 所示。

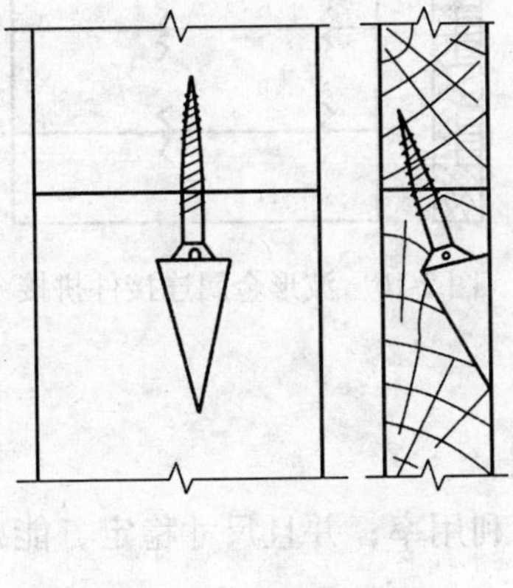

图 5-10　明螺钉拼接

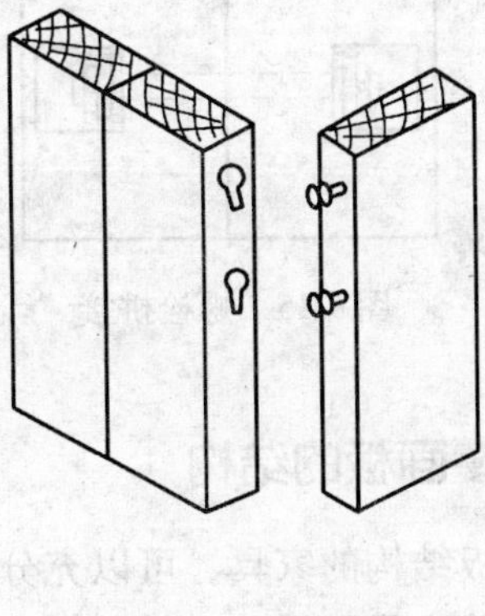

图 5-11　暗螺钉拼接

（8）木销拼接　首先在拼板的拼接面相对应处刨削出燕尾槽，然后在拼接面涂上胶液，并对齐，将制好的双燕尾形木插销嵌入拼板的燕尾槽中即可。主要用于厚板的拼接，如制造水箱盖板，如图 5-12 所示。

（9）穿带拼接　如图 5-13 所示，首先在拼板的一面至少刨削两条燕尾形横向长槽，然后用加工成燕尾形的木条插入燕尾形横槽中即可。

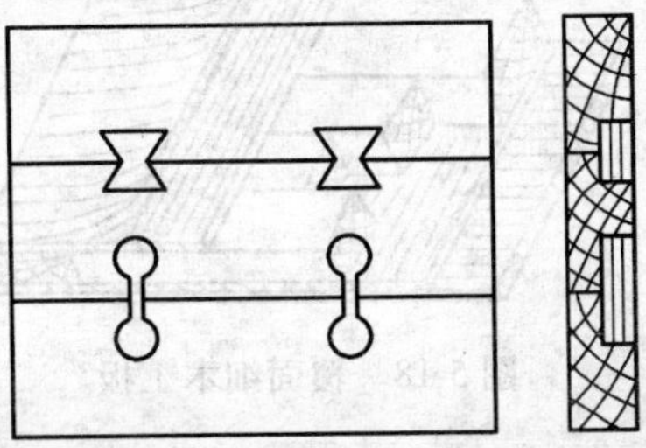

图 5-12　木销拼接

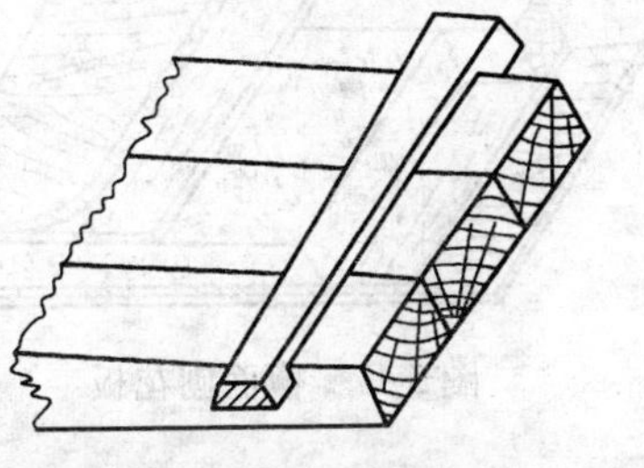

图 5-13　穿带拼接

（10）吊带拼接　如图 5-14 所示，在已胶拼好的拼板的背面，将木板条摆放好，用木螺钉固定在拼板上即可。这种结构常用于大型餐桌、会议桌、工作台等的台面拼板结构中。

（11）螺栓拼接　如图 5-15 所示，将拼板的拼接面刨平滑后，在其背面的相对应处钻上螺栓孔，再在拼接表面上涂上胶液，接着将螺栓插入拧紧即可。这种拼板常用于大型面板。

（12）波形金属连接件拼接　如图 5-16 所示，将波纹金属片垂直打入拼板背面的接缝处，以加固拼板的胶

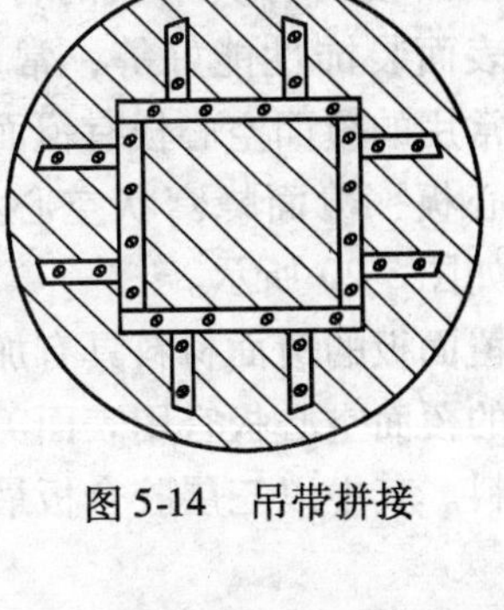

图 5-14　吊带拼接

接强度。此种方法多用于普通件的拼板上或者是覆面的芯板结构中。

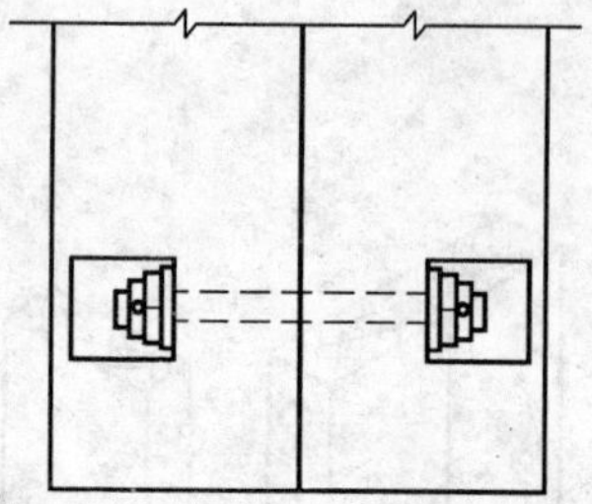
图 5-15　螺栓拼接

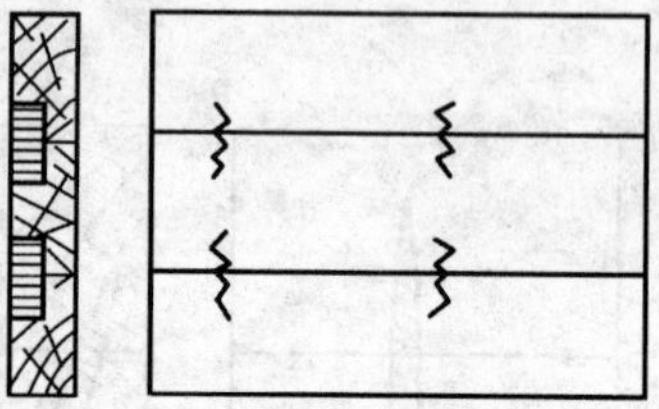
图 5-16　波形金属连接件拼接

5.1.4　覆面板的结构

覆面板结构的家具，可以充分利用小料，提高木材利用率；并且尺寸稳定，能减少翘曲变形，改善产品质量。

覆面板部件种类较多，按其结构特征，可分为覆面空心板和覆面实心板两大类。覆面实心板，即芯料为实心的覆面板，是在实心芯料表面上胶贴覆面材料制作而成。

覆面实心板的芯料有带木框的和不带木框的两种，其芯板一般由刨花板、纤维板、细木工板等人造板制作而成。分别称为覆面刨花板、覆面纤维板、覆面细木工板，如图 5-17 ~ 图 5-19 所示。其中以覆面细木工板质量最好，常用作缝纫机台板、中高级家具的板式部件。

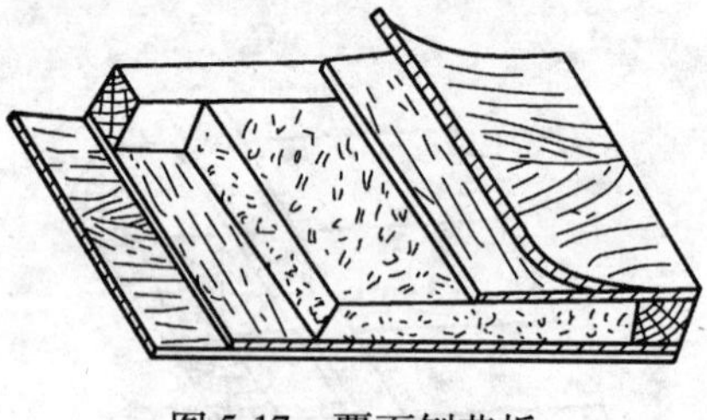
图 5-17　覆面刨花板

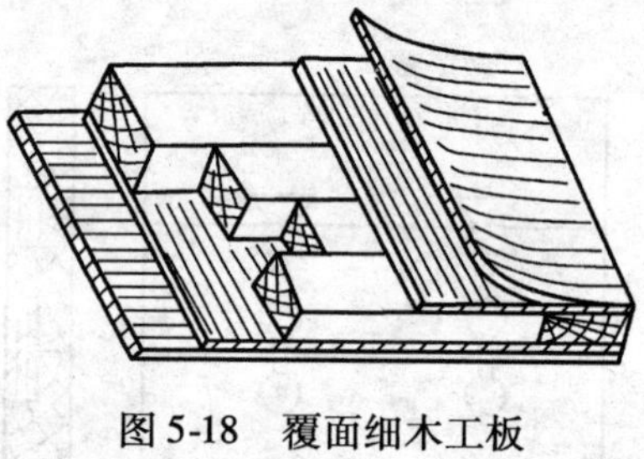
图 5-18　覆面细木工板

覆面空心板是芯料具有空隙的覆面板。通常芯层材料都带有木框，木框中的芯层材料有实木条、人造板条、波状单板条、格状单板条、蜂窝状纸等多种。覆面材料多为薄胶合板，常在薄胶合板表面上再贴薄木，以提高其美观性。这种覆面板具有实木板的特性，又比实木板质量轻、表面装饰性能好等，常用于中高级家具的制造。常用的覆面空心板有覆面栅状空心板、覆面格状空心板、覆面蜂窝状空心板和覆面波纹空心板等，如图 5-20 所示。

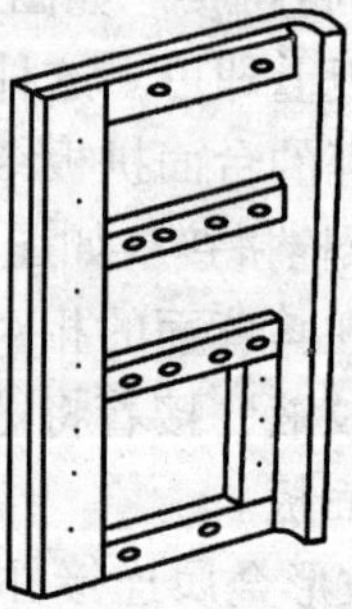
图 5-19　覆面胶合板

覆面板的覆面材料具有加固与装饰的作用。家具用的覆面空心板宜用表面美观的薄型人造板作覆面材料。其中以三层胶合板最适宜。对于覆面蜂窝状空心板，也可在芯材两面各直接胶合一层单板和一层薄木作为覆面材料，以降低制造成本低。覆面实芯板的覆面材料种类很多，主要有薄木、单板、塑料贴面板、PVC 薄膜、浸渍纸、印刷装饰木纹纸等。其中薄木与单板为实木覆面材料，较为珍贵。

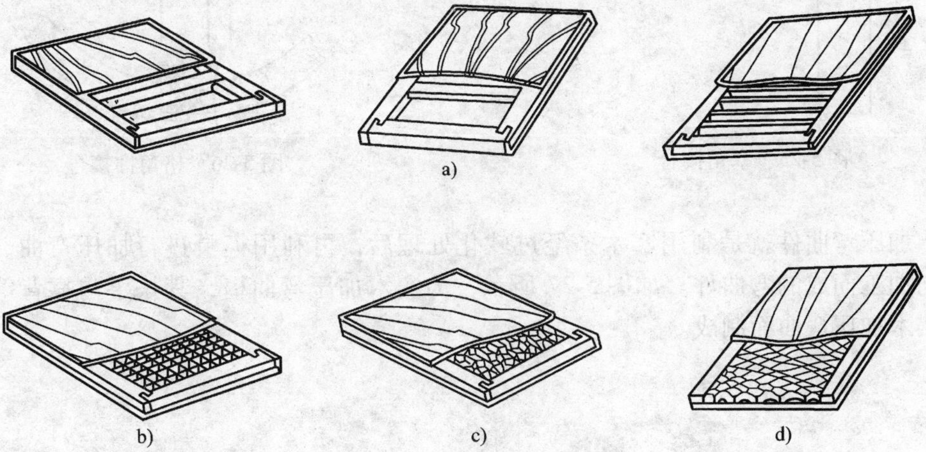

图 5-20　覆面空心板

a）覆面栅状空心板　b）覆面格状空心板　c）覆面蜂窝状空心板　d）覆面波纹空心板

5.1.5　弯曲件结构

弯曲件结构按加工方法一般可分为锯制弯曲件、实木加压弯曲件和薄木胶合弯曲件。锯制弯曲件是利用实木或木质人造板锯制而成的弯曲件，其接合方法有：直角榫接合、圆榫接合、交叉搭接、穿条接合、塞角接合和格角榫接合等，如图 5-21 ~ 图 5-26 所示。

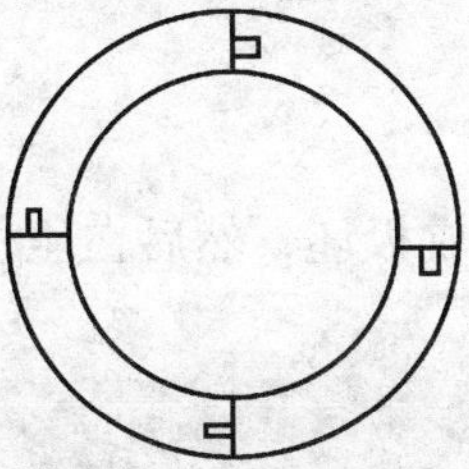

图 5-21　直角榫接合

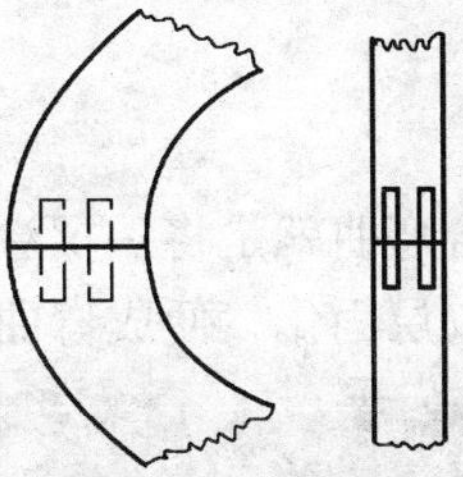

图 5-22　圆榫接合

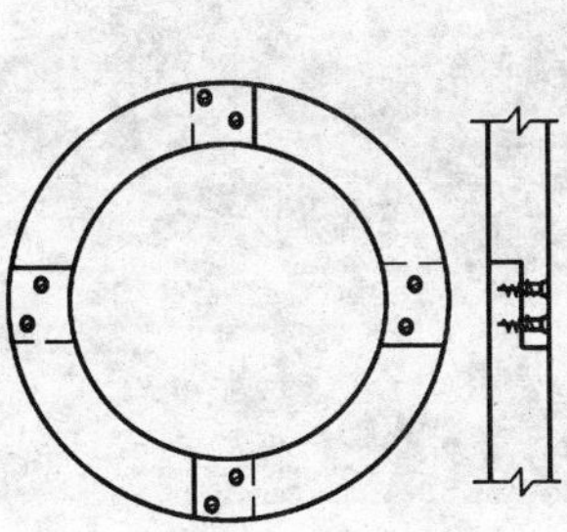

图 5-23　交叉接合

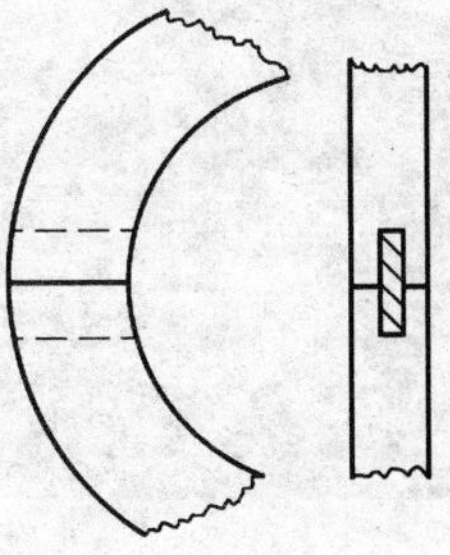

图 5-24　穿条接合

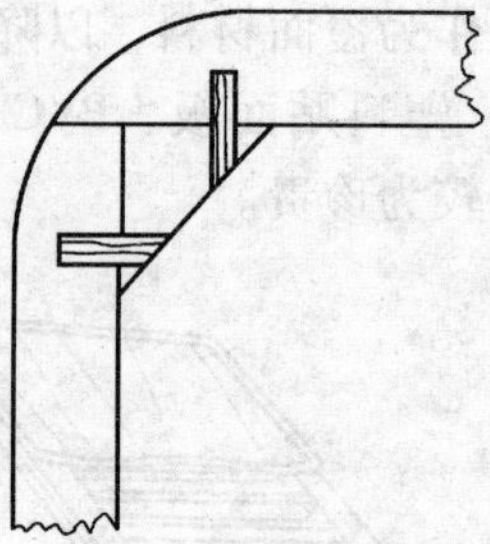

图 5-25　塞角接合

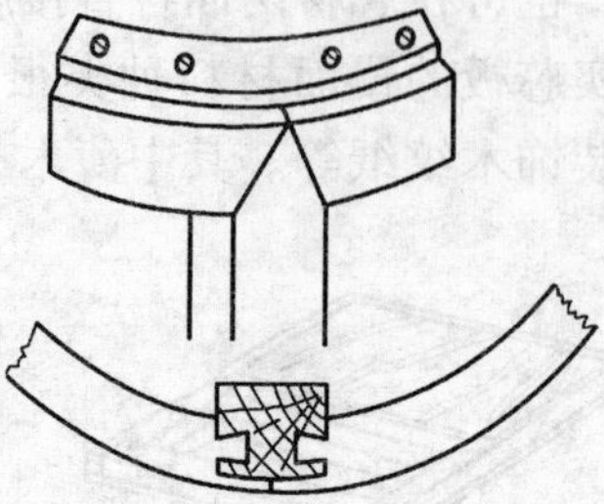

图 5-26　格角榫接合

实木加压弯曲件就是利用实木条经过软化处理后，再利用模具进行加压弯曲、干燥定型、切削加工而成的弯曲件。如图 5-27 所示，为实木加压弯曲椅，其扶手与靠背等零部件均可用实木加压弯曲而制成。

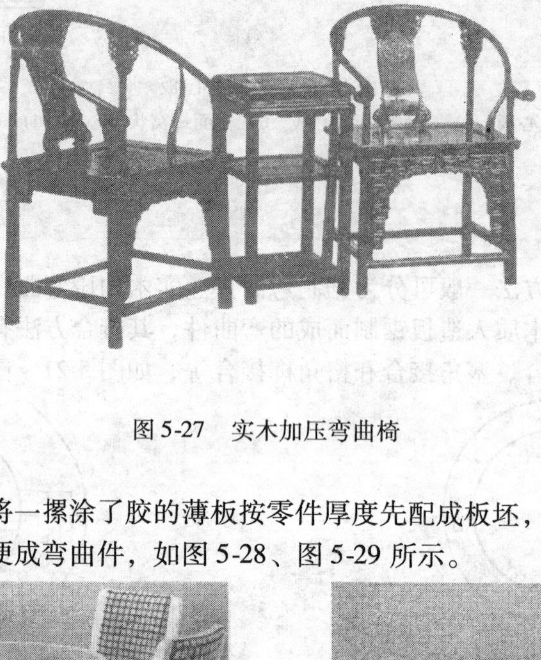

图 5-27　实木加压弯曲椅

薄木胶合弯曲就是将一摞涂了胶的薄板按零件厚度先配成板坯，然后在压模中进行加压弯曲，直到胶层固化，便成弯曲件，如图 5-28、图 5-29 所示。

图 5-28　“椅腿-椅座-椅背”联合为一体的餐椅

图 5-29　派米奥（Paimio）椅

5.1.6 脚架结构

脚架在家具中是承载最大的部件。其式样还要与家具整体造型相适应。家具的脚架可归纳为亮脚型结构、包脚型结构、塞角型结构和装脚型结构等基本类型。

1. 亮脚型脚架结构

亮脚架即是由三只或三只以上独立的脚，与若干根牵脚档连接成一体的框架部件，一般由四只脚接合成方框形结构，属于框架结构，又称框架型脚架。

根据亮脚的脚形是否弯曲，可分为直脚和弯脚两大类型。弯脚大多装于柜底板或椅、凳、台、几的面板的四边角，以使家具有较好的稳定感。直脚往往稍收藏于柜底板或椅、凳、台、几的面板内。直脚常带有一定锥度，一般是上大下小，并向外微张。直脚有方尖脚和各种圆锥脚；弯脚变化较大，多为仿动物的脚或头冠形状。

脚架的基本接合结构有下列形式。

（1）脚与牵脚档采用直角双肩开口（半开口）单（双）榫接合　适用于会议桌、茶几、柜等脚架的接合，如图5-30所示。其结构较为复杂，稳定可靠。

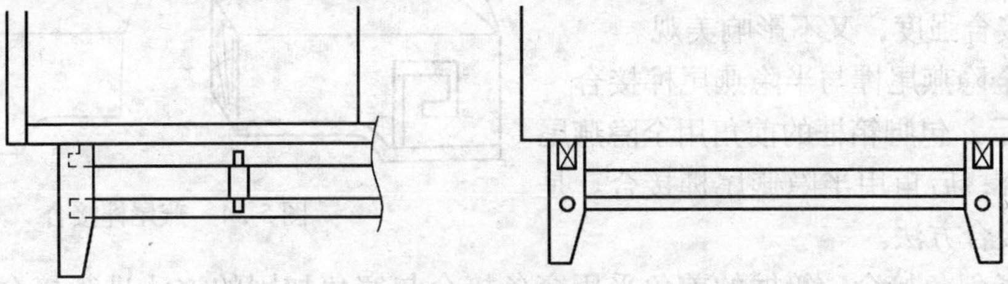

图5-30　直角双肩开口（半开口）单（双）榫

（2）直角双肩单（双）榫接合　在脚的上端开有直角双肩单（双）榫或直角槽榫，直接与底板下面的直角榫眼接合，如图5-31所示，其接合结构简单而牢固。

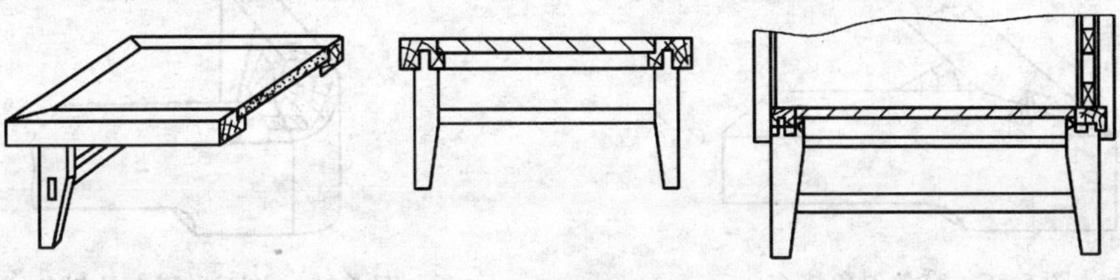

图5-31　直角双肩单（双）榫

（3）脚与牵脚档采用直角三肩闭口单（双）榫接合　如图5-32所示，其结构简单可靠。

（4）采用格角榫接合　接合强度高，使用寿命长，外表美观，主要用于中、高档家具的接合，如图5-33所示。

2. 脚型脚架结构

包脚型属于箱框结构，又称箱框型脚，一般是由三块或三块以上的木板接合而成，通常由四块木板接合成方形箱框。包脚型的底座能承受巨大的载荷，通常用于存放衣物、书籍和其他较重物品的大型家具。

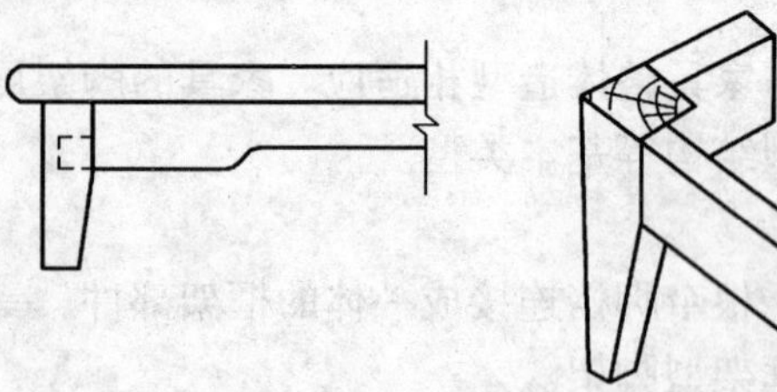

图 5-32　直角三肩闭口单（双）榫接合

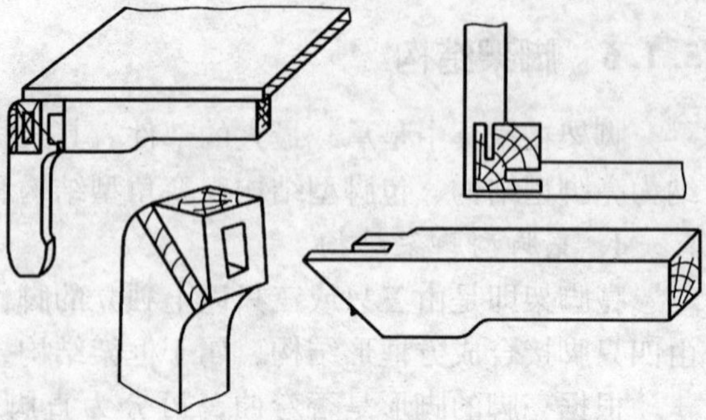

图 5-33　格角榫接合

包脚箱框的角接合，通常其前角为斜角接合，以使相接合板的端面都不外露，较为美观，但接合强度较低，常采用塞角来加固；而后角采用直角接合，相接合的板中有一块板的端面外露，常使其端面靠墙面摆放，这样既提高了接合强度，又不影响美观。

（1）用全隐燕尾榫与半隐燕尾榫接合　如图 5-34 所示，包脚箱框的前角用全隐燕尾榫与塞角接合；后角用半隐燕尾榫接合。是常用的一种接合方法。

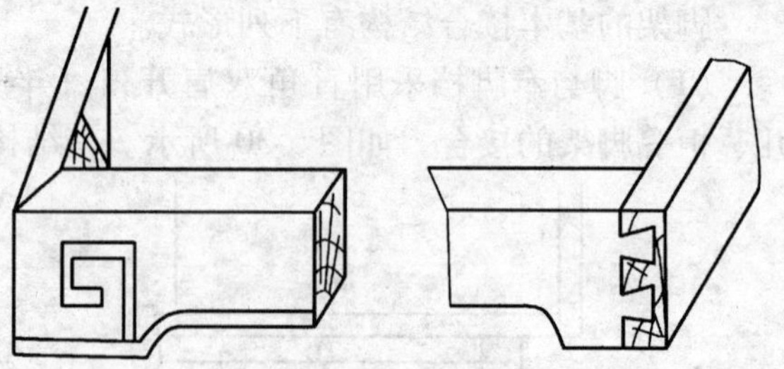

图 5-34　燕尾榫接合

（2）穿条斜角接合　箱框的前角采用穿条接合与塞角加固的方法进行接合，如图 5-35 所示，其后角可采用圆榫或连接件接合。若前角为圆角，同样可用此法接合，如图 5-36 所示。

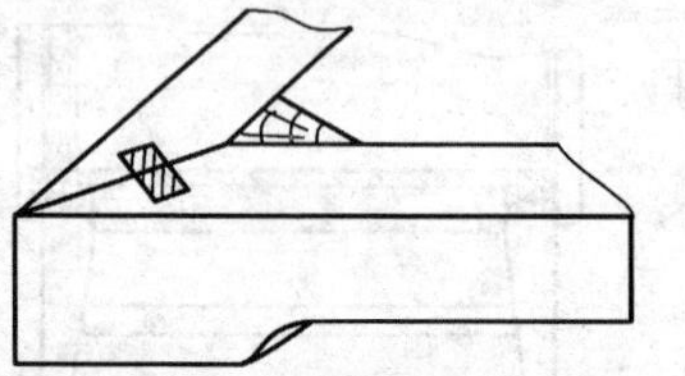

图 5-35　穿条斜角接合

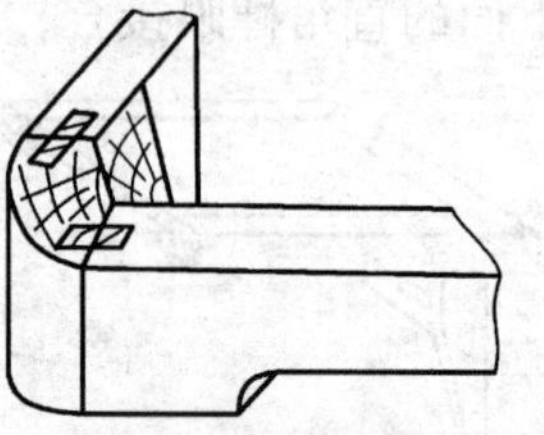

图 5-36　前面为圆面的斜角接合

（3）借助旁板与望板组合为包脚　现代很多柜类家具的包脚，通常由自身的旁板与望板借助圆榫接合而成，如图 5-37 所示。

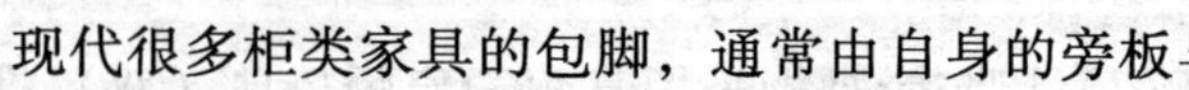

图 5-37　旁板与望板组合的包脚结构

3. 塞脚结构

仅由两块短板借助全隐燕尾榫（图 5-38）、半隐燕尾榫（图 5-39）、圆榫、穿条接合与塞角接合而成的独立的脚。也分为斜角接合与直角接合两种。使用时，分别安装在柜子底板的四个角上，与柜子的底板连成一体。

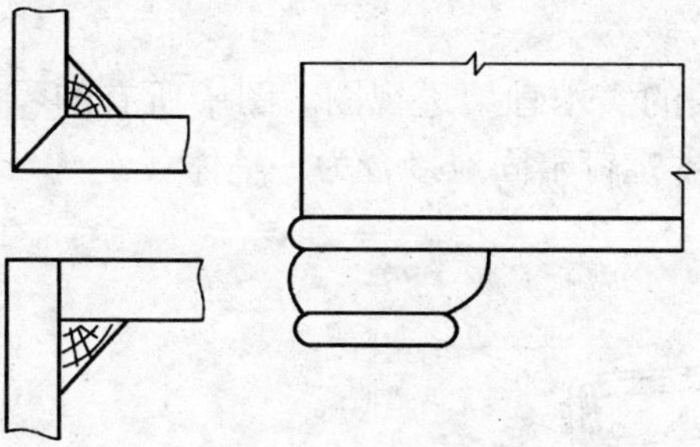

图 5-38　全隐燕尾榫和塞角接合结构

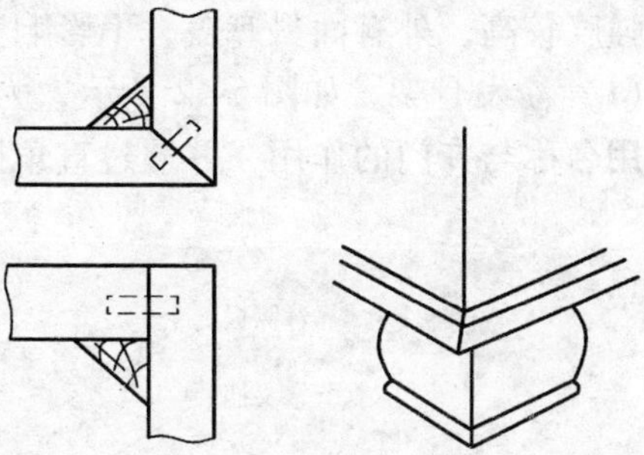

图 5-39　半隐燕尾榫与塞角接合结构

4. 装脚的接合结构

装脚是一个独立的亮脚，彼此不需要用牵脚档连成脚架，而是直接安装在柜子的底板下或桌、几的面板下。当装脚比较高时，通常将装脚做成锥形，这样可使家具整体显得轻巧美观。当脚的高度在 700mm 以上时，为便于运输和保存，宜做成拆装式装脚。

装脚可用木材、金属或塑料制作，用木螺钉安装在底板上。

装脚与底、面板的接合方法有：用榫接合（图 5-40）、用金属连接件接合（图 5-41）、用镀铬钢管或塑料等制作的可调高度的装脚结构和各种类型的橡胶装脚。

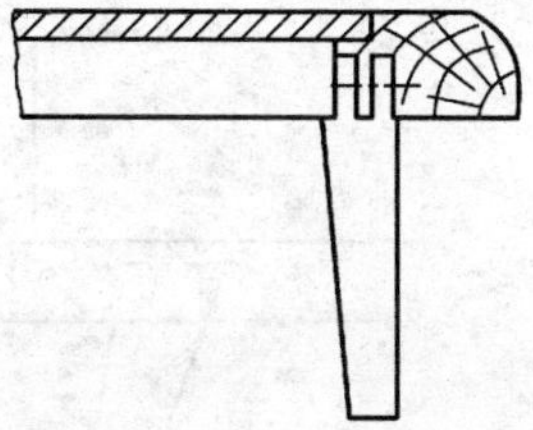

图 5-40　榫接合结构装脚的活动脚

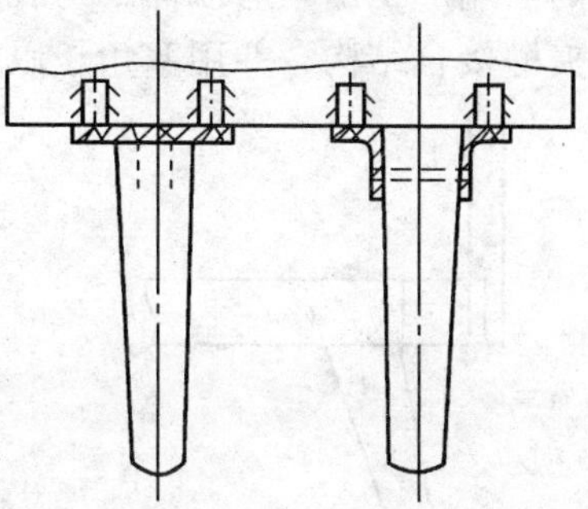

图 5-41　金属连接件接合的装脚结构

5.1.7 软体家具结构

凡主要部件由软体材料构成，或用软体材料进行表面装饰的家具，称为软体家具。软体家具是用木材、钢材、塑料等硬质材料为支架，以弹簧或软体材料为芯，以布料、皮革为面料而制成带有一定弹性的家具。也有不用支架而全部用软体材料制作的软体家具。尚有用具有一定压力的气体与水作为弹性材料的软体家具，即充气、充水软体家具。

现以常见的沙发和床垫为例介绍软体家具的基本结构。

1. 沙发的骨架结构

沙发骨架是由若干个零部件按照不同的接合方式组合而成。通常的接合方式有榫接合、木螺钉或圆钉接合以及连接件接合等多种。若用榫接合，多用明榫接合，因明榫的制作简单，强度较高，外有面料遮盖，不影响美观。

（1）沙发骨架　如图 5-42 所示，为一弹簧沙发的实木骨架透视图。图中所有的零件都有专用名称与专门的作用，并通过直角榫或钢钉、木螺钉牢固地接合为一整体。

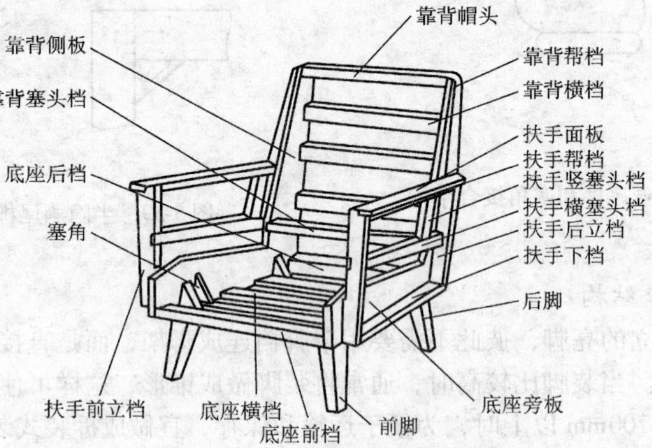

图 5-42　沙发木框骨架结构

（2）沙发的底座骨架与脚的接合结构　如图 5-43 所示，为采用单肩双榫的接合结构，在其脚的上端加工出单肩双榫，与底座骨架接合后，其中一榫头在底座骨架前挺的内侧，形成明榫夹槽接合结构，并用塞角予以加固。如图 5-44 所示，为暗榫接合结构。

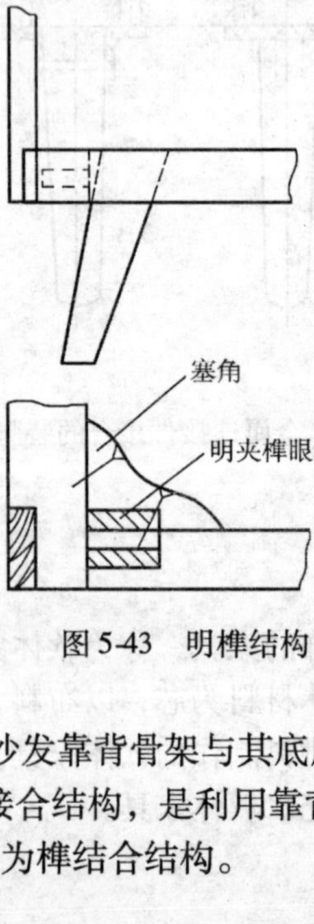

图 5-43　明榫结构

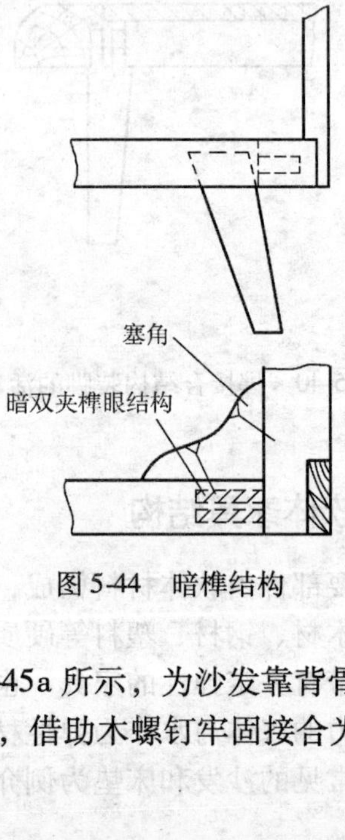

图 5-44　暗榫结构

（3）沙发靠背骨架与其底座骨架的接合结构　如图 5-45a 所示，为沙发靠背骨架与其底座骨架的接合结构，是利用靠背与底座的侧面板进行搭接，借助木螺钉牢固接合为一体。图 5-45b 所示为榫结合结构。

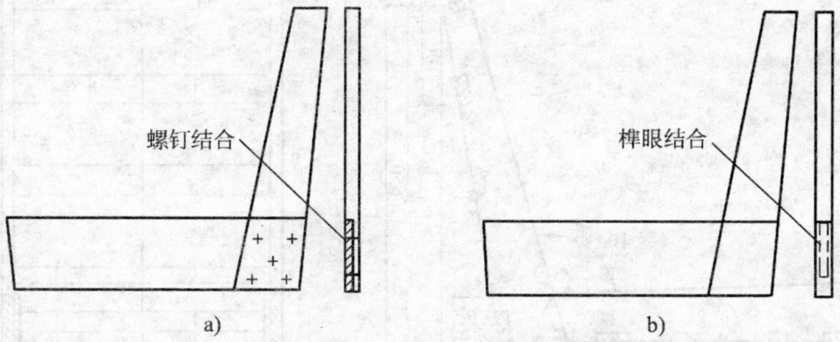

图 5-45　沙发背旁侧板与底旁侧板的接合

（4）底座骨架旁板与靠背骨架旁板的接合结构　如图 5-46 所示，为沙发底座骨架旁板与靠背骨架旁板的接合结构，即在底座骨架旁板的后端加工出斜形缺口，将靠背骨架旁板的下端加工成与斜形缺口相吻合的斜面。装配时，将靠背骨架旁板下端斜面放入底座骨架旁板后面的斜形缺口上，并对整齐，然后在其内侧接口处放一块小木板，用木螺钉使之牢固地接合成一整体。

（5）沙发的前脚与前柱头采用木螺钉接合结构　如图 5-47 所示，为沙发的前脚与前柱头采用木螺钉接合；而扶手骨架的面板却用直角槽榫接合。

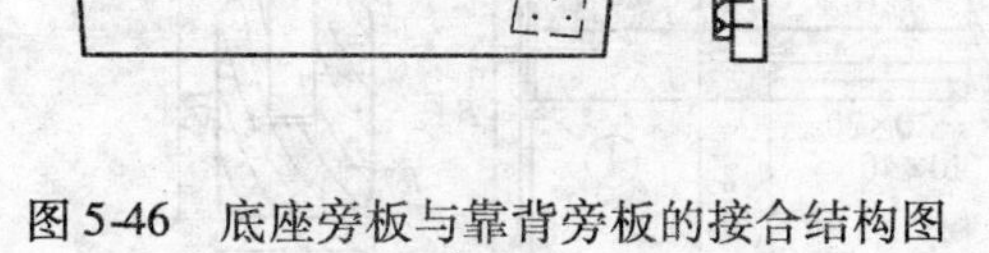

图 5-46　底座旁板与靠背旁板的接合结构图

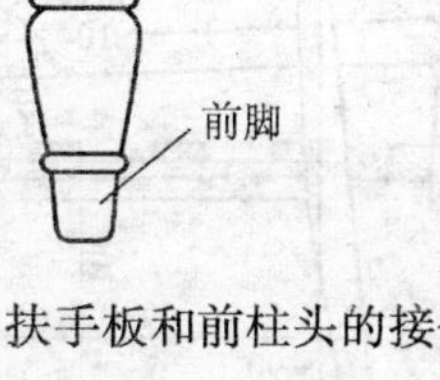

图 5-47　扶手板和前柱头的接合结构图

（6）沙发椅座与靠背的装配结构　图 5-48 所示，为沙发椅座与靠背的装配结构图。

（7）扶手沙发装配结构图　图 5-49 所示，为扶手沙发装配结构图。

2. 弹簧沙发的基本结构

弹簧沙发主要以盘形弹簧、蛇形弹簧或拉簧等为主要的软性材料。如图 5-50 所示，为弹簧沙发局部剖析内部结构的透视图。如图所示，一般弹簧沙发常用在底座骨架与靠背骨架的横档上面，钉上盘形弹簧，再用绷绳分别将底座骨架与靠背骨架上弹簧结扎为一整体，并借助鞋钉绷紧在骨架上；然后在弹簧上面包钉头层麻布，接着在头层麻布上面铺一层均匀的棕丝层，在棕丝上面再包钉第二层麻布。为了使沙发表面更为平整，在第二层麻布上面需用少量的棕丝铺平，再垫上较薄的泡沫塑料或棉花层，最后在沙发表层包钉上面料即成。

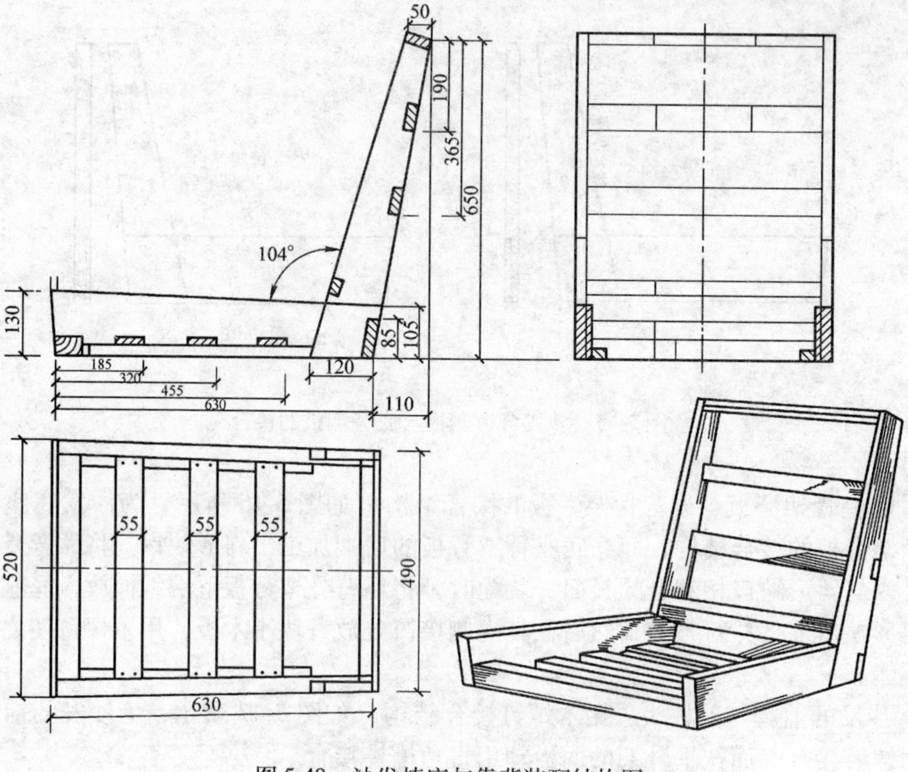

图 5-48　沙发椅座与靠背装配结构图

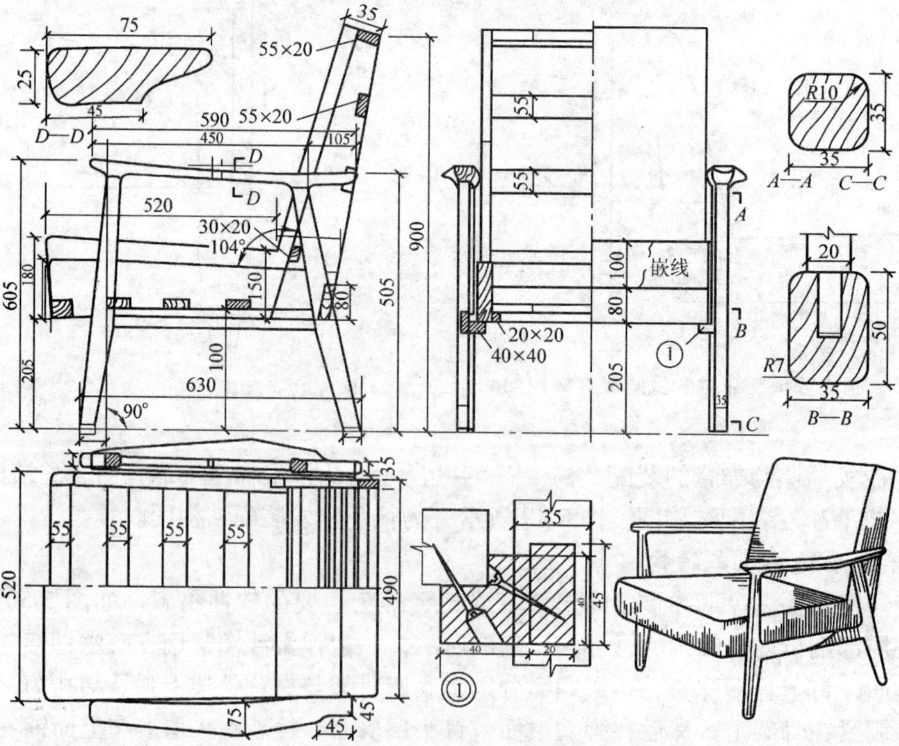

图 5-49　扶手沙发装配结构图

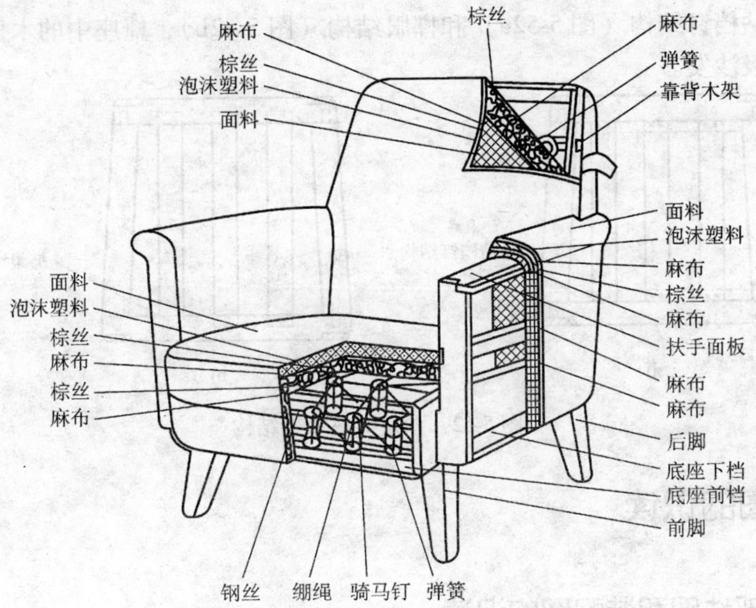

图 5-50　弹簧沙发局部剖析内部结构图

3. 沙发椅的骨架结构

沙发椅的骨架跟实木椅的骨架基本相同，只是椅座与靠背的中间是空的或为若干根木方条，以用于包钉软体材料。如图 5-51 所示，为沙发椅的装配结构图。

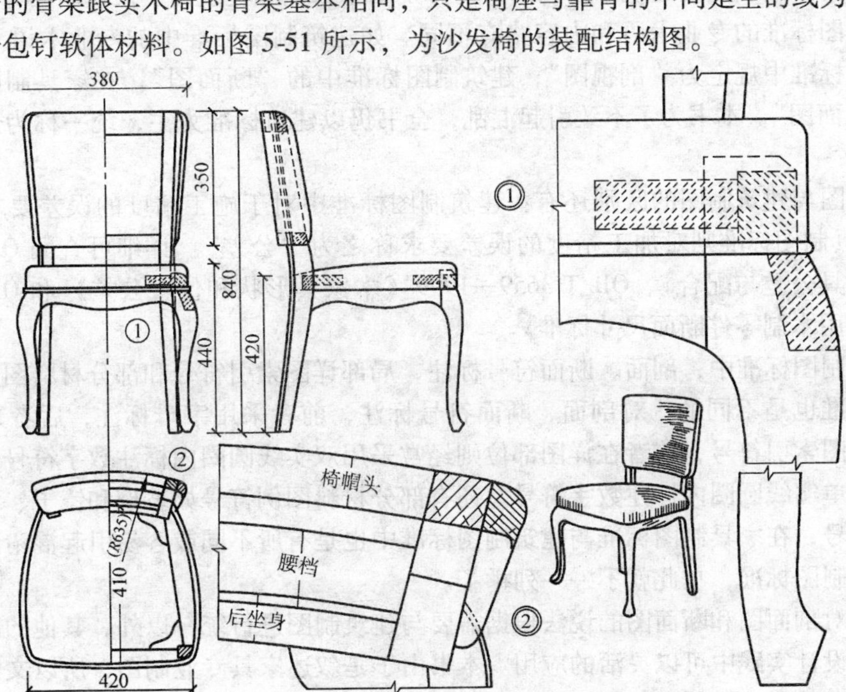

图 5-51　沙发椅的装配结构图

图 5-52 是沙发椅座的骨架结构图，即在椅座框架上包钉棚带、蛇形弹簧或增加木条，以支承弹簧或其他软垫物。因为沙发椅座受力较大，一般需在椅座框架中增设木档，木档结

合方式一般有贴档钉结构（图5-52a）和榫眼结构（图5-52b），椅座中的木档采用直角暗榫接合常用于高级沙发。

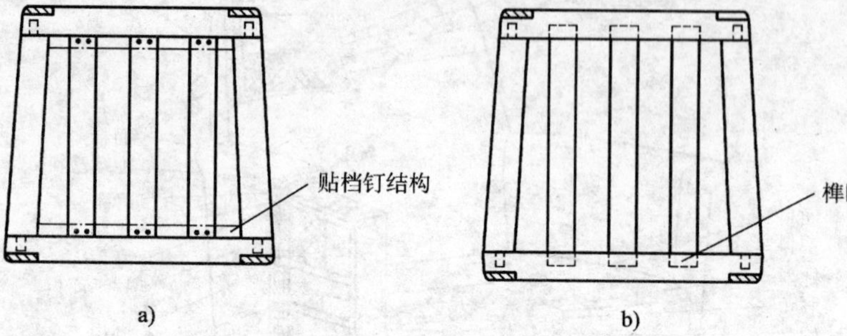

图5-52　沙发椅座骨架结构

5.2　家具图的识读

5.2.1　家具部件图和装配图的识读

1. 家具制图标准与建筑制图标准的区别

在住宅家居的装饰装修工程设计中，由于建筑室内装饰装修行业目前没有统一的设计制图标准，室内家具和室内建筑木结构的设计分别属于家具和建筑两个设计制图标准范围，这两个设计制图标准的专业术语和内容略有不同。如建筑制图标准中的专业术语“剖面图”，在家具制图标准中规定为“剖视图”；建筑制图标准中的“断面图”，在家具制图标准中则规定为“剖面图”。本书为了不致引起混乱，全书仍以建筑标准为主，统一称为剖面图和断面图。

家具制图与建筑制图的区别还有：建筑制图标准中对于施工精度的误差要求称为“偏差”，而家具制图标准则对加工精度的误差要求称之为“公差”。详细可查阅QB/T 3658—1999《木家具公差与配合》、QB/T 3659—1999《木家具形状和位置公差》和QB/T 3913—1999《家具用木制零件断面尺寸标准》。

在家具制图标准中，剖面、断面符号标注，局部详图索引符号和部分材料图例符号等与建筑制图标准也是不同的。对剖面、断面符号标注，前者采用字母标注，后者采用数字标注；局部详图索引符号，前者在详图部位则经常采用双实线圆圈内标注数字符号的方法，后者采用的是单实线圆圈内标注数字符号。还有部分材料图例符号如玻璃和镜子、纤维板和沙土等其他符号，在家具制图标准与建筑制图标准中也是有所不同或容易引起混淆的，绘图时应参阅相关制图标准，在此就不一一列举了。

本书除对剖面图和断面图的说法根据需要与建筑制图进行统一以外，其他的问题，设计师在今后的设计实践中可以灵活的应用。本书由于是叙述家具专业制图，所以文中对于前面所述问题仍以采用家具制图（QB/T 1338—1991）标准为主。

2. 家具常用图样的主要类型

家具图样的种类较多，目前使用的家具施工图样主要有家具的零件图、部件图、大样图、剖面图、断面图、家具局部详图、家具装配图等多种。

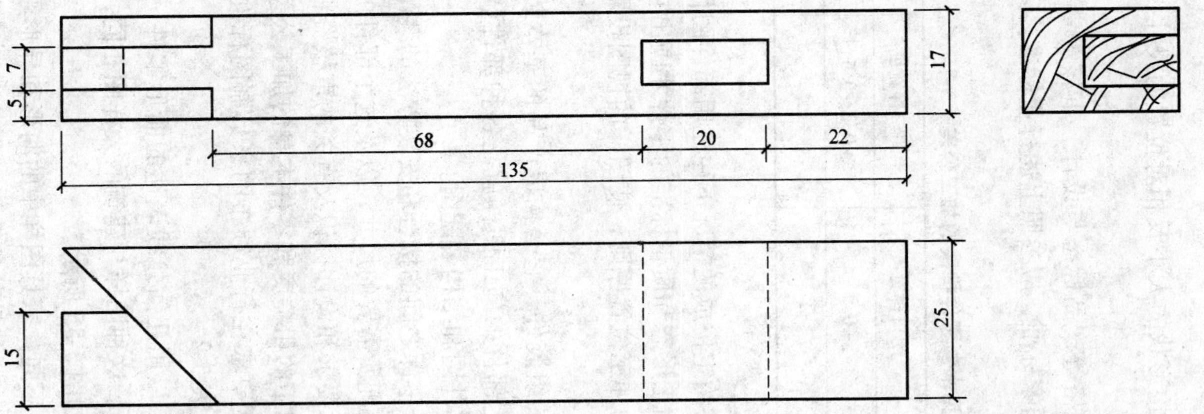

技术要求

1.材质含水率要求采用12%干燥木材。
2.零件表面均为可视面，要求达到精光标准，侧边要倒棱。
3.整体尺寸加工精度要求 ±0.5mm，榫头宽度精度+0.5～0.8mm，榫头厚度精度0.0～0.2mm、榫长度 −3～2mm。

品　名	柜架底座立腿
材　料	水曲柳
规　格	135×25×17
（生产、设计单位）	

图 5-53　柜架底座立腿零件图

（1）零件图　零件是构成产品的最基本的加工单体，其最主要的特点是由单一材质加工而成的。而家具的结构是由许多零件组成的，图 5-53 是一件家具的零件图，从图中我们可以看出一张完整的零件图应包括下述内容：

1）能够按照相关的投影原理，以各种必要的投影视图（平面、立面、剖面、断面图等）完整表达家具零件的形态和材质状况。较复杂的零件还可以用各种立体投影图配合识读图样。

2）图样中应正确表明零件各部分结构形状的大小及相对位置的尺寸，以及零件相关的尺寸公差、验收条件等技术要求。

3）能够体现产品的品名、材料、规格等产品标态与设计、审核等责任人的相关资料。对于零件加工的尺寸公差，因目前暂无国家标准，应参照上述行业标准。家具常见木制零件榫头的加工公差见表 5-1。

表 5-1　家具常见木制零件榫头的加工公差　　（单位：mm）

公差性质	插入圆榫厚度	整体平榫厚度	闭口榫宽度	半闭口榫宽度	榫头长度
过盈公差	+0.1～0.2	—	+0.5～1	+0.2～0.5	—
空隙公差	—	0～-0.3	—	—	-3～2

现在，在实际生产中许多家具企业在约定俗成的情况下往往用部件图代替零件图，只对个别形状较复杂、加工中不容易掌握其加工形态和质量标准的零件才画出它的零件图，如曲形零件等。在绘制零件图时应注意零件的加工位置原则，使图样的视图投影方向与零件的加工方向一致，以方便识图。

（2）部件图　部件就是由几个零件的组装件，它是构成产品的基本装配结构。在家具制作和室内装饰装修的施工图样中，表达部件的施工图样就是各种部件装配图，如图 5-54 所示。部件图在工厂化生产中常常代替零件图和结构装配图。

部件图主要用来表达部件之间的各个零件之间的接合和安装方法的装配关系；每一个零件的主要尺寸和该零件与其他零件之间装配所需要的尺寸，以及这个部件的整体装配尺寸关系；最后还应当在图样上附有安装的技术要求和设计标识及有关的审核资料。

部件图上的技术要求除了包括表面加工的粗糙度和零件本身的加工公差以外，更主要的是各零件之间配合精度的标注。配合精度要求在行业颁布的家具制图标准中也有相应的规定。木制家具常用部件的安装配合公差见表 5-2。

（3）大样图　家具中较复杂的、又难以用几何弧线表达的曲形零件，采用各种等比正方形网格线的方法画出的图样就是大样图。这种图样与建筑的大样图相同，但家具的大样图多数采用较大的比例，如 1:1、1:2 等，如图 5-55 所示。

家具图样与装饰装修施工的图样有些不同，家具图样中的曲形和异形零件图样较多，有许多曲形零件和异形零件的形状比较复杂，尤其是各种雕刻和花式繁多的脚型和线型，往往都必须绘制大样图，否则很难识读和加工生产。

大样图在家具的制作和生产中，对于一些曲线形家具，也必须把家具的整体结构和整体装配图绘制成大样图。因这种家具的造型用其他投影视图很难表达和绘制出来，使制作人员很难进行加工和制作，如图 5-56 所示。

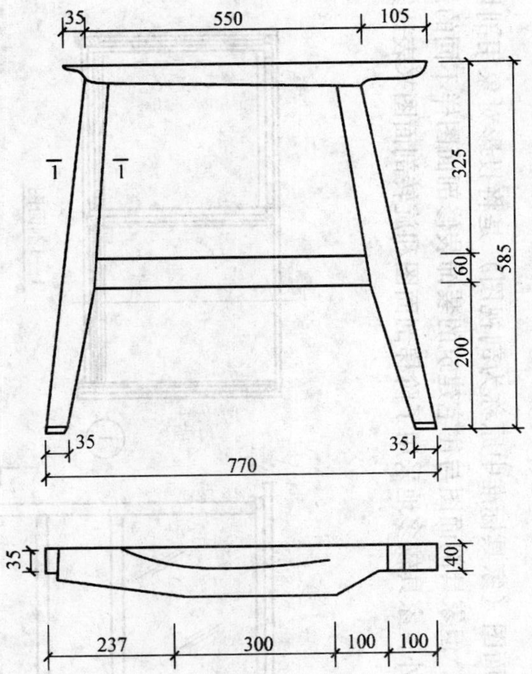

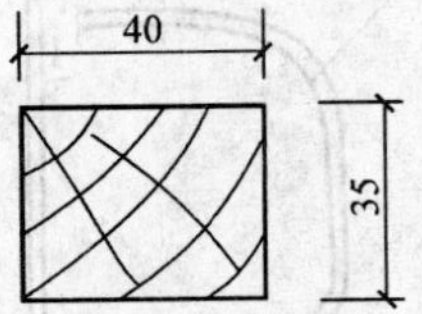

1:1

1—1断面图

1:150

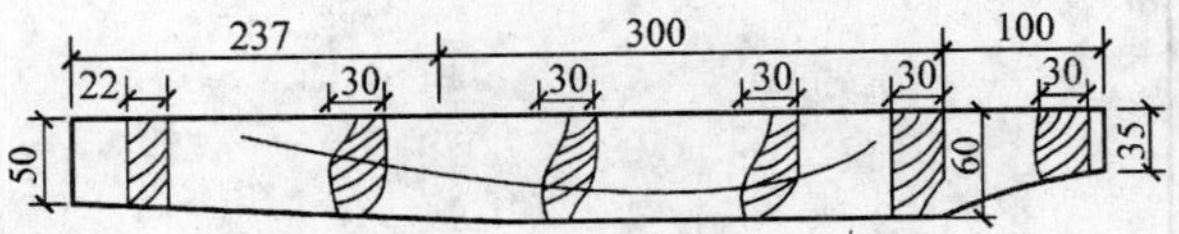

技术要求

1.沙发框架安装精度要求对角线长度±1mm。
2.沙发扶手采用胎夹具仿形加工，表面达到精光要求。
3.腿框榫孔安装采用脲醛树脂胶。

设计	签名	日期	沙发（部件图）	代号	
制图			腿框安装图	规格	770×585
描图				比例	1:100
校对				共张	第张
审核				材料	水曲柳

图 5-54　家具部件装配图

表 5-2　木制家具常用部件的安装配合公差　　　　（单位：mm）

部　　位	左右公差	上下公差
各种柜门	-0.5 ~ -1	-1.5 ~ -2
各种抽屉≤150	-1 ~ -1.5	-1 ~ -2
各种抽屉＞150	-1 ~ -1.5	-1 ~ -3

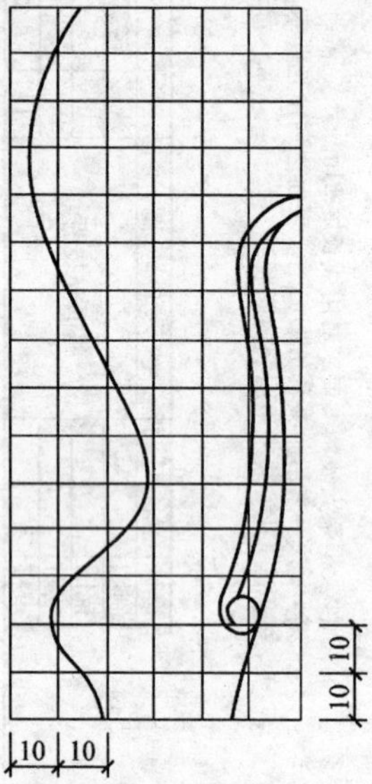

图 5-55　家具脚形大样图

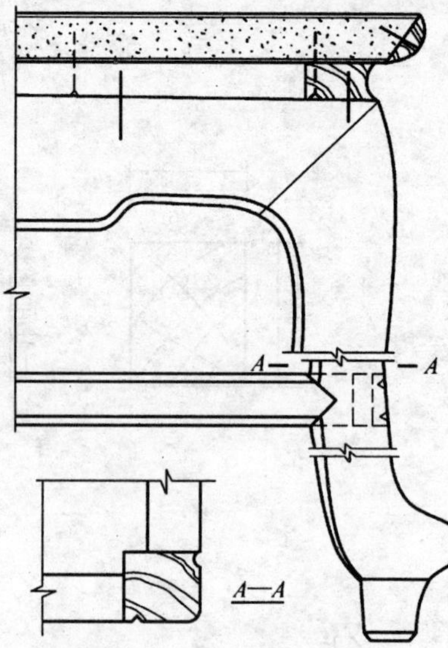

图 5-56　曲形家具大样图

（4）剖面图　家具的剖面图（家具标准中原称为剖视图）是将投影对象用剖切平面剖开以便观察结构的内部构造。但家具剖面图与住宅建筑的装饰装修剖面图样不同的是，除了采用全剖面图和半剖面图之外，家具较多地采用了阶梯剖面图和旋转剖面图来表达家具较复杂的结构和外形。

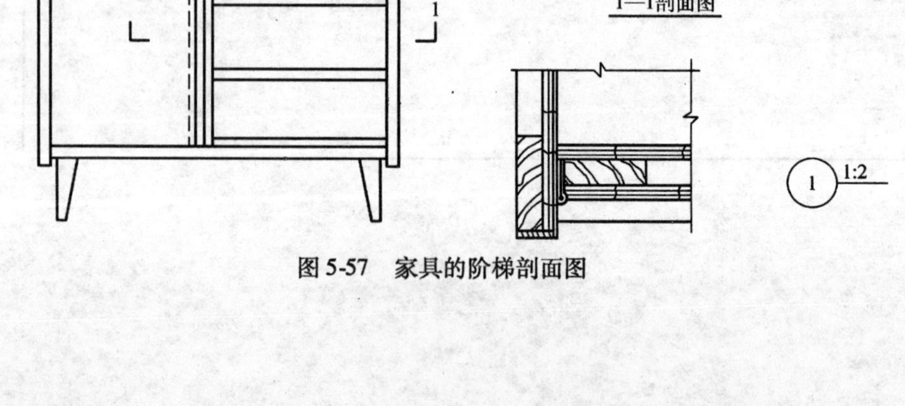

图 5-57　家具的阶梯剖面图

家具的阶梯剖面图主要用在非对称造型家具的图样中，如图 5-57 所示；家具的旋转剖面图主要用在呈放射状造型家具的图样中，如图 5-58 所示。

（5）断面图　家具的断面图（家具标准中原称为剖面图）是反映家具材料的特性的主要视图，经常用在家具的各种剖面投影图和局部详图中。在绘制各种断面图时，家具制图经常采用移出断面图和重合断面图这两种比较特殊的断面图画法，如图 5-59、图 5-60 所示。

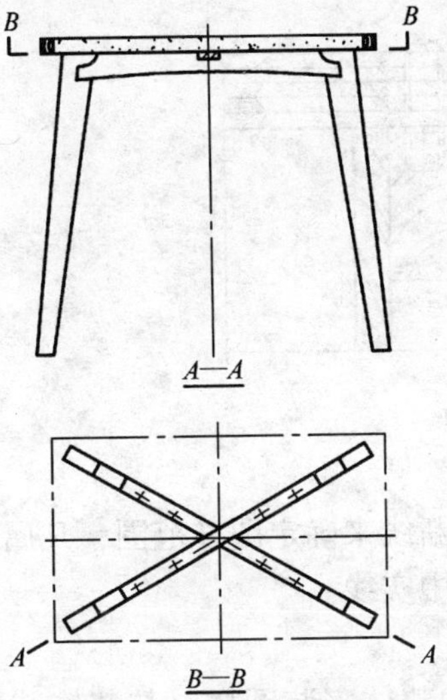

图 5-58　家具旋转剖面图

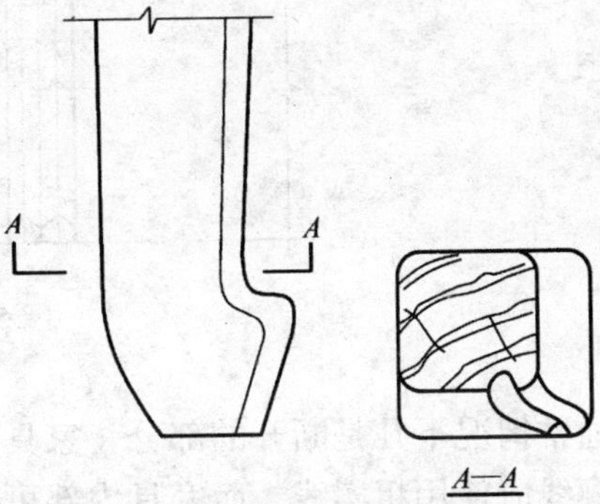

图 5-59　家具零件移出断面图

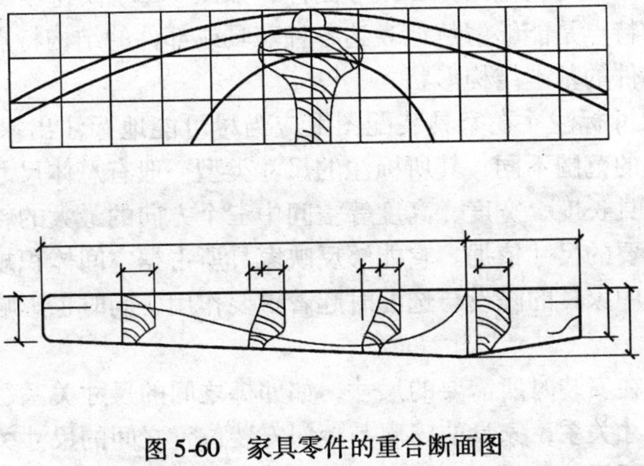

图 5-60　家具零件的重合断面图

但是在住宅建筑或建筑室内装饰装修施工图样中，则很少采用这两种画法。

（6）家具局部详图　当有些家具的结构比较复杂，各部分结构的节点比较多时，图样的比例不一定满足设计绘图或施工的需要。要想清楚地表达这些部分的局部结构和接合方式，最好的办法就是画出这些部位的节点局部详图。这种节点局部详图主要是表达家具局部结构的材料、尺寸，通常在家具图样上都采用 1∶1 或 1∶2 的比例绘制完成，如图 5-61 所示。

家具局部详图应详尽地表达家具局部结构形态和接合方式，以保证家具主体视图的完善。家具局部详图的索引标注方法与建筑的详图索引标注略有不同，家具的局部详图索引标注方法为：先在该视图的基本视图（即主体视图）附近准备绘制局部详图的相应位置，画一直径为 8mm 的实线圆为索引标志母体的母圆，而在局部详图所在的详图绘制位置附近则应画一直径 12mm 的实线圆圈为局部详图的索引标志的子圆。圆中的阿拉伯数字为家具的局部详图的序号，圆后右侧过中心方向画一细的水平直线，直线上书写该详图的绘制比例。

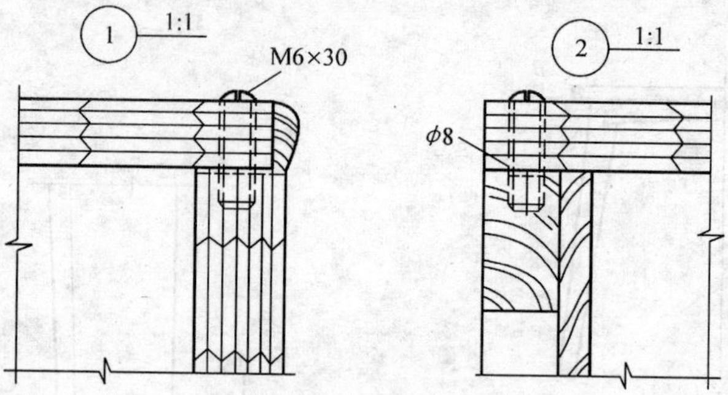

图 5-61　家具局部详图

通常情况下凡是断开的部分，家具局部详图应画折断线来确定图样范围，凡属于家具的外轮廓线应使用粗实线，而家具内部可见的部位应采用中实线。

3. 家具装配图

（1）结构装配图的特点　家具结构装配图是家具的整体安装图样，与装饰装修工程中的施工图样相近，因此又称为家具施工图或安装图，它是家具制作图样中最重要的一种。它既能够全面地表达家具的整体造型和结构，是家具的主体图样，也是绘制其他各种剖面图、断面图、局部详图等图样的基础图样和指导图样，如图 5-62 所示。

家具装配图样的特点是能够清楚地表达各种家具或部件的结构特点，零、部件之间的装配关系，以及零、部件的基本结构形状。

（2）装配图的尺寸标注　在家具装配图上应当尽可能地标注出家具所需的全部加工尺寸。根据装配图使用的范围不同，其所标注的尺寸类型一般有总体尺寸和装配尺寸。

总体尺寸表示家具长度、宽度、高度等空间中三个方向的最大的轮廓尺寸关系，这是家具制作与选择时最主要的尺寸依据。它能够反映家具所占据空间体积规模的大小。这种尺寸关系在家居室内设计中家具的陈设与选配时起着重要作用，同时也影响到家具使用功能的发挥。

装配尺寸是家具在安装时所需要的尺寸，如卯榫之间的尺寸关系、家具部件抽屉与安装空间的洞口之间的尺寸关系，家具的门扇与柜门安装位置之间的尺寸关系等，这些尺寸关系实际上都是家具的装配尺寸关系，也是家具卯榫加工、构件安装的重要依据之一。

虽然要求家具的所有尺寸都应当标注在装配图上，但是如果该家具有其他的相关视图配合生产或施工的话，为了保证装配图图面的清晰明确，也可以在不影响装配图识图的情况下将一些次要的尺寸放在其他的视图上标注。如图 5-63 中家具腿间的长度尺寸可以在装配图上标注，但标注后尺寸标注部位稍显得拥挤、混乱一些，因此也可以将这个尺寸转移到其他的水平面投影视图，或者是干脆就放在零、部件图上标注也可以。

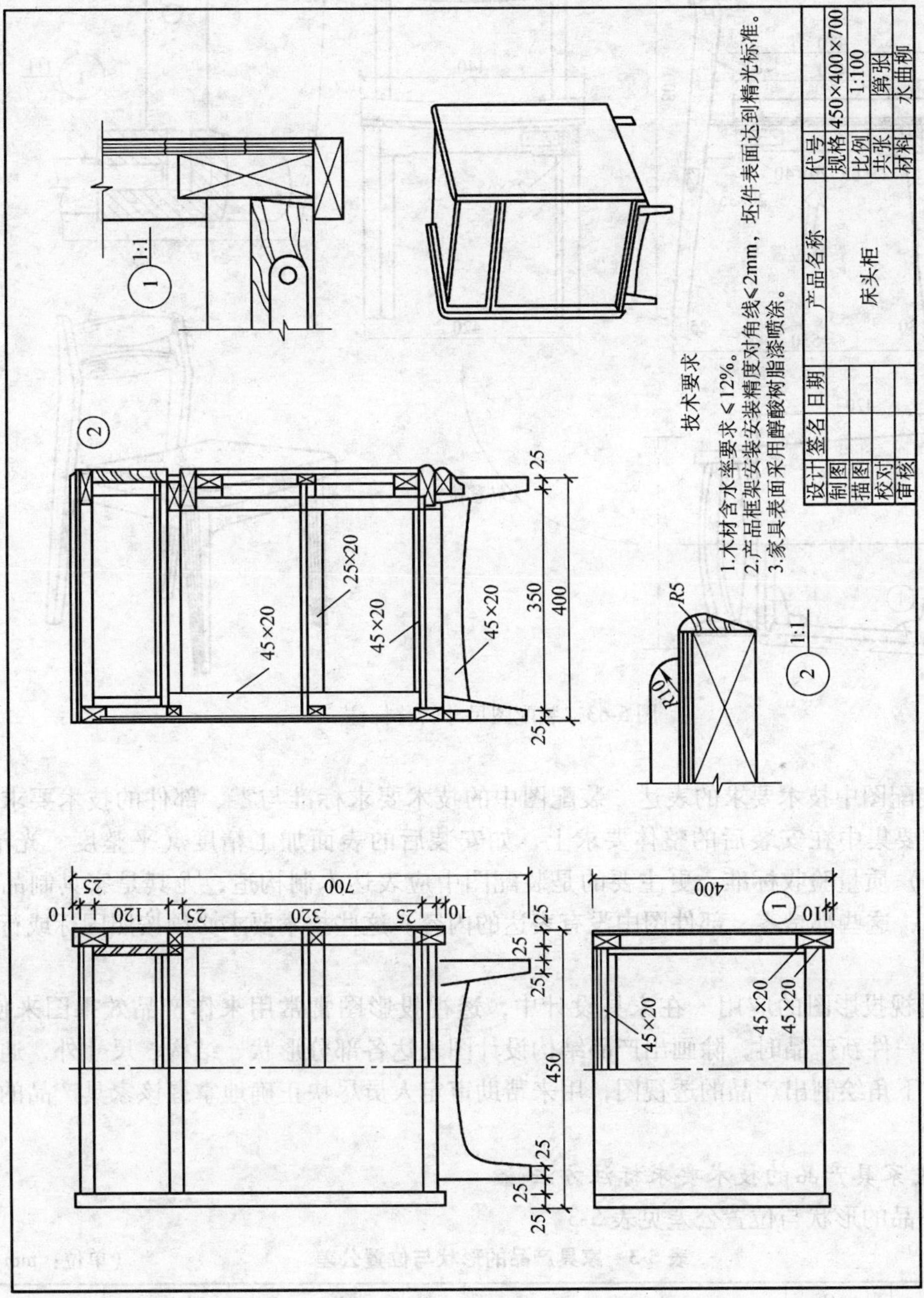
技术要求
1.木材含水率要求≤12%。
2.产品框架安装精度对角线≤2mm，坯件表面达到精光标准。
3.家具表面采用醇酸树脂漆喷涂。
设计 签名 日期
制图
描图
校对
审核
产品名称
床头柜
代号
规格 450×400×700
比例 1:100
共张 第张
材料 水曲柳

图 5-62 家具装配图

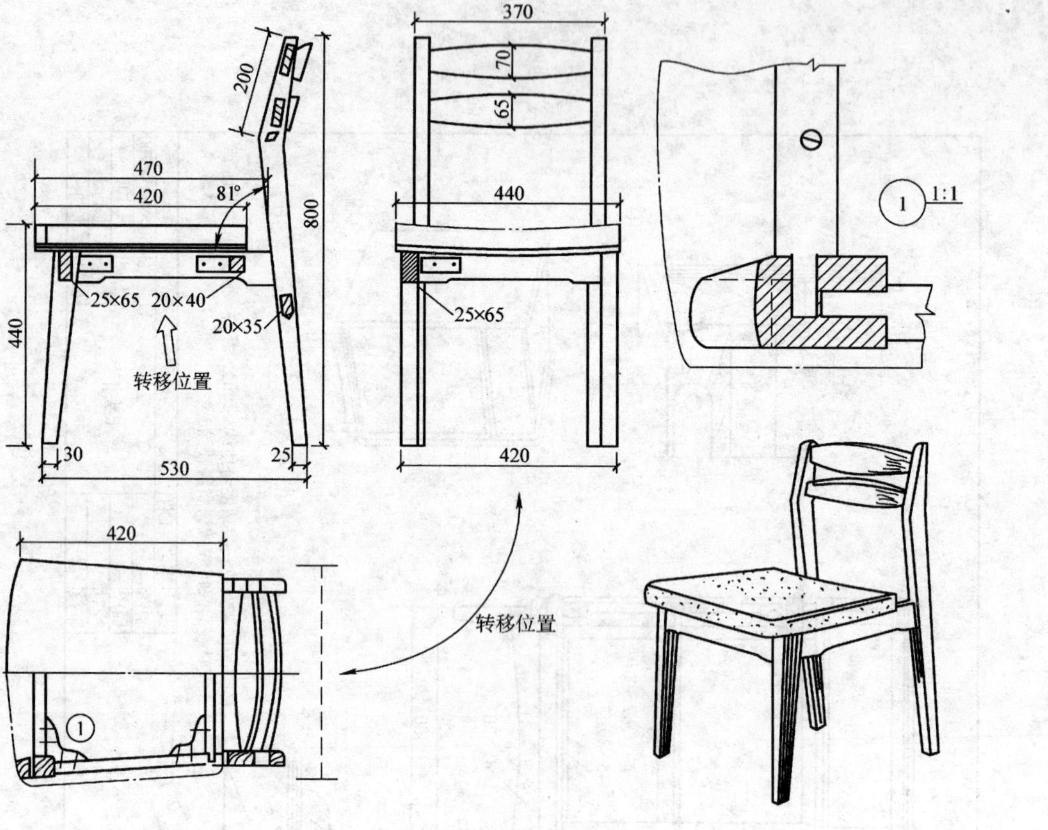

图 5-63　装配图尺寸转移标注

(3) 装配图中技术要求的表达　装配图中的技术要求标准与零、部件的技术要求有所不同，它主要集中在安装后的整体要求上，如安装后的表面加工精度（平整度、光洁度、安装误差等）质量验收标准，更主要的是装配图中应表达木制构造，尤其是家具制品的表面涂饰要求，这些都是零、部件图中没有表达的内容。这些技术要求必须按照国标或行标执行。

(4) 透视投影图的应用　在家具设计中，透视投影图常常用来作产品效果图来使用。因此在设计一件新产品时，除画出产品结构设计图表达各部分形状、结构、尺寸外，通常在装配图的右下角绘制出产品的透视图，用来帮助审定人员尽快正确地掌握该家具产品的造型结构特点。

4. *有关家具产品的技术要求标注方法*

(1) 产品的形状与位置公差见表 5-3

表 5-3　家具产品的形状与位置公差　（单位：mm）

项　目	试件	规　格	普级	中级	高级
翘曲度	板件	对角线长度≥1400	4	3	3
	板件	对角线长度＜1400、≥700	3	2	2
	板件	对角线长度＜700	2	1	1

（续）

项　　目	试件	规　　格	普级	中级	高级
平整度		包镶板件	0.3	0.2	0.1
邻边垂直度	框架	对角线长度≥1000	3	3	2
	框架	对角线长度＜1000	3	2	1
	板件	对角线长度≥700	3	2	1.5
	板件	对角线长度＜700	2	1.5	1
	板件	面板	3	2.5	2
平行度		门与框架（前表面）	3	2	2
		抽屉与框架对角线长度	2	1	1

（2）家具产品涂饰前各部位粗糙度技术要求见表5-4。

表5-4　家具产品涂饰前各部位粗糙度技术要求

家具部位	普　　级	中、高级	家具部位	普　　级	中、高级
家具外部表面	细光	精光	家具内部	粗光	细光
家具内部表面	细光	细光	家具隐蔽处	粗光	粗光

（3）家具制图标准中的标注　家具制图标准中有许多画法与其他行业的制图标准有所不同，是制图中应注意的。

家具的制作与图样的绘制都是采用基孔制，家具制图中孔的尺寸标注见表5-5。

表5-5　孔的尺寸标注法

孔的类型	引线标注线		直线标注法
圆孔	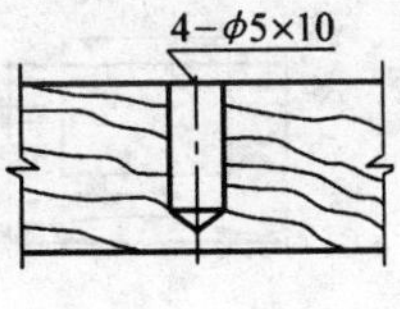	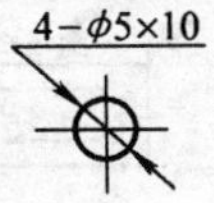	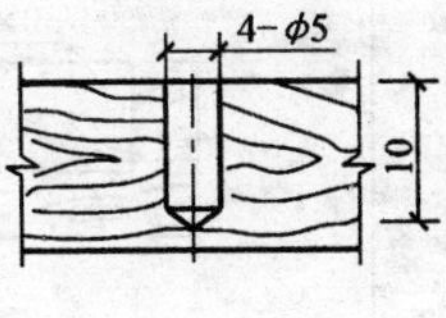
	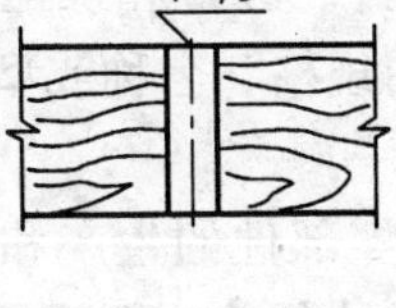		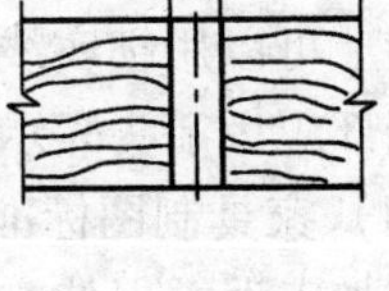

（续）

孔的类型	引线标注线		直线标注法
	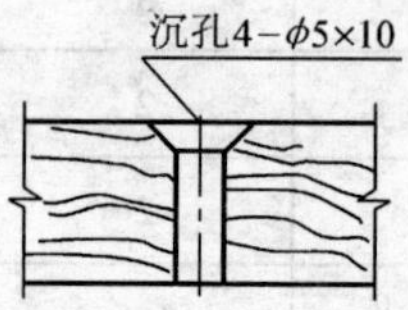		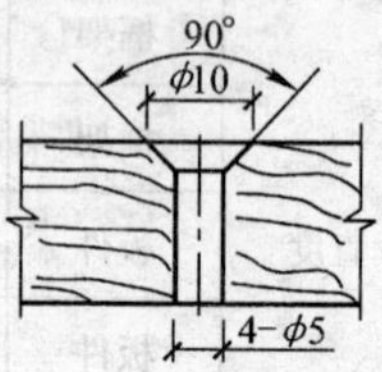
沉孔	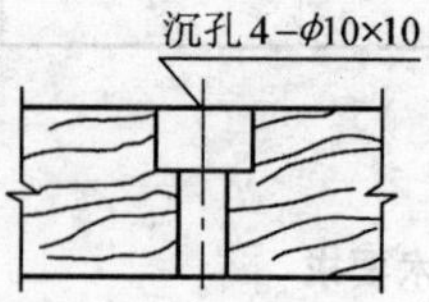		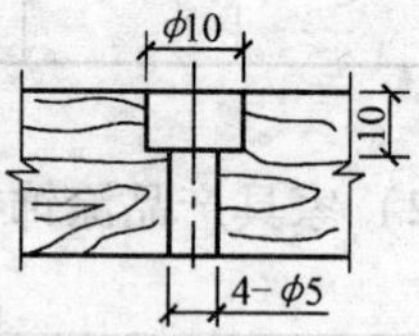
		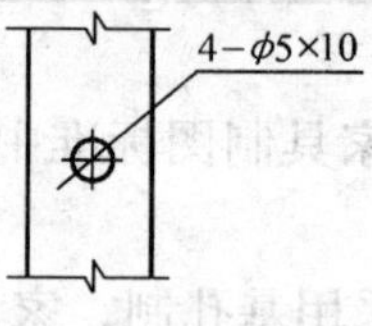	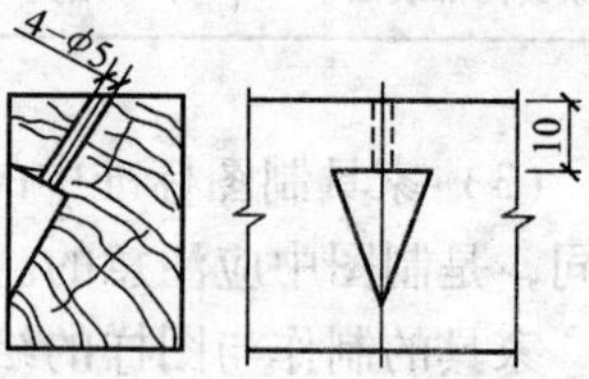
方孔	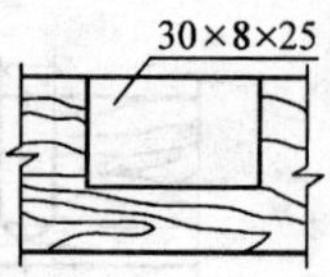	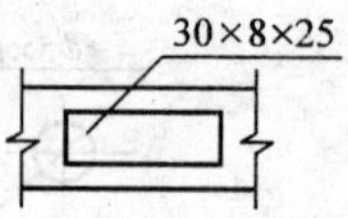	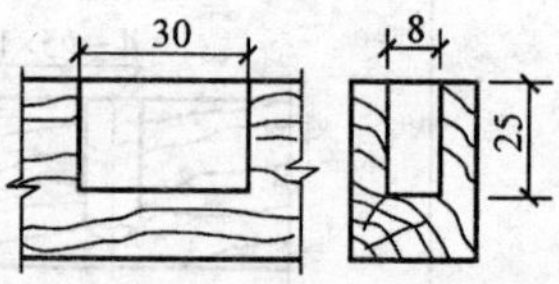

（4）家具连接件的画法　在家具施工制作图样中，木螺钉、圆钉和螺栓等连接件在基本视图上可以用细实线表示它的位置，再用引出线在上方注明规格、名称或型号，引出线的引出端部应用箭头表示确切的引出位置，如图 5-64 所示。

（5）家具制图标准中的公差与配合标注　为保证家具中零部件的生产和安装精度，就应该使加工误差保持在零部件加工所允许的误差范围内，即尺寸公差。而要保证两个零件相互间安装紧密或有一定的松动、活动程度，就要考虑二者之间的接合性质，这就是家具安装的配合关系，两者之间的配合范围就是配合公差。

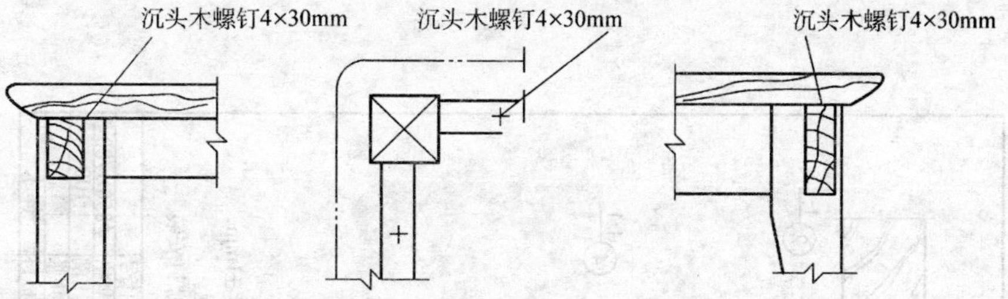

图 5-64　木螺钉在基本视图上的画法

由于家具和装修中的主体材料——木材的材质本身的不稳定性，如木材结构不均匀，有干缩湿胀、恢复弹性等特性，因此木材加工中的公差与配合精度要考虑它的特殊性。由于在木制品的生产中采用基孔制的公差与配合方式，所以要达到不同的安装配合目的，主要要解决各种榫头的加工精度问题。

5.2.2　家具装配图实例的识读

通过看家具装配图可了解将要选择或制作家具的使用功能、内部结构特点，而制作或施工人员则通过识读装配图了解该家具的制作要求，掌握制作或施工时的下料、零配件加工及最后安装的要点，包括各零、部件之间的相对位置和装配关系。

家具装配图与室内装饰装修图样略有不同，因此要在基本看懂零配件视图的基础上来识读家具装配图。对于装配图的识读要把握以下规律和步骤：

1. 了解家具的名称与用途，掌握家具的立体造型特点

通过图 5-65 家具图样中的标题栏我们可以了解到，这件家具是一圆形餐桌，了解到它的图样绘制比例以及相关责任者资料，看到这件家具的立体图形，知道餐桌有四条向下倾斜的方形桌腿和下部略呈圆弧形的挡板。

2. 明确视图关系的表达特点

看装配图应着重观察立体图后半部的不可见部位与施工投影视图之间是否存在差别。图例家具（圆形餐桌）中的桌腿与框架的布局是均匀分布，属于对称造型，只要画出正立面图和水平投影视图就可以知道家具的外部形态。

接着看表达家具内部结构的图样，如各种剖面图、断面图。尤其是看其结构的具体接合方法。如在图例圆桌的水平投影视图上看到的是一个圆桌桌面的半剖面图，显示经过剖切后的桌面下桌体框架结构。

圆桌的侧立投影视图是一个全剖面图，表达了圆桌内部的整体结构。

通过查看主体视图上的详图索引标注，再在图样上查找相应的子圆详图索引标注符号。这件圆桌的局部详图反映了挡板与挡板、挡板与腿框、腿框与桌面之间是用卯榫和螺钉接合的，而断面图则表达了桌腿、桌面的断面形状和材料的特点，即桌腿的方形断面和桌面都有略呈弧状圆角。

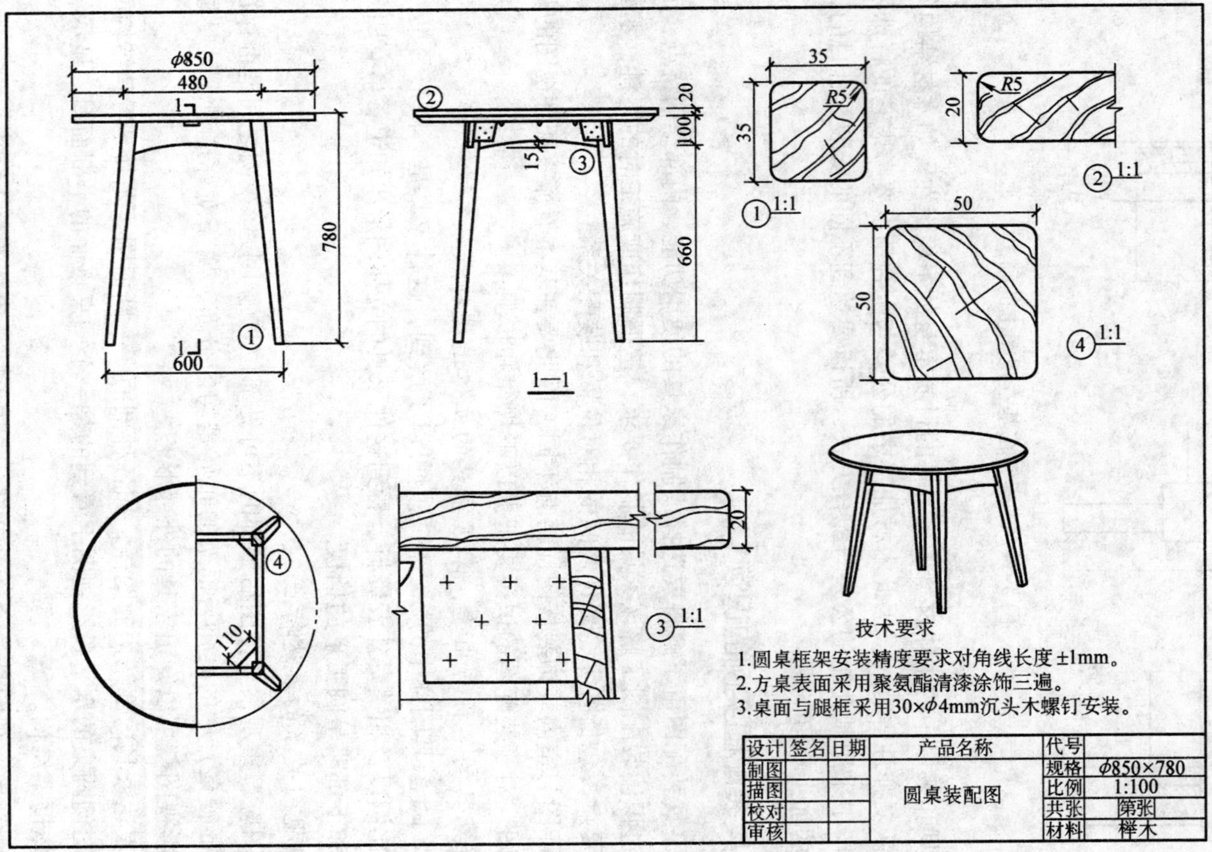

图 5-65　圆形餐桌装配图

3. 根据装配关系看结构尺寸

由于住宅室内装饰装修所接触的家具装配图比较复杂，有与室内天棚、地面、墙面有安装结合关系的墙体家具，如入墙衣柜、壁橱、各种吊柜和厨房的操作台等；也有需要现场加工制作的各种单体家具。在清楚这些家具结构特点之后，施工人员可以根据该家具制作的特点，先看家具的总体尺寸，接着看家具各个部件的安装尺寸，最后再看关键的零件尺寸。如果是选择家具，则应先看整体尺寸，考虑家具在室内陈设中所占的空间位置及对室内陈设环境的影响；随后观察家具的局部尺寸，看各种局部空间尺寸对家具的使用功能的影响，例如家具门扇、抽屉、柜格的具体位置、大小是否符合使用要求等。

图 5-65 所示圆桌的尺寸标注不易注意到的是表示挡板下部弧线造型的尺寸标注，它的标注实际上是表示在高度 100mm 的挡板上，画一条与挡板水平底线的两个端点相交的圆弧，其顶点距挡板水平底线 15mm，此弧线为切削加工线。

4. 整体分析来想象家具的空间造型

先确定家具的主体空间形态，在心中掌握它的尺寸大小；接着再根据部件的装配尺寸，明确它在主体结构上的具体位置；最后再根据零件的尺寸，尤其是具有特殊造型零件的尺寸、造型特点，明确其接合方法和位置。

5. 根据图样的技术要求来掌握施工要点

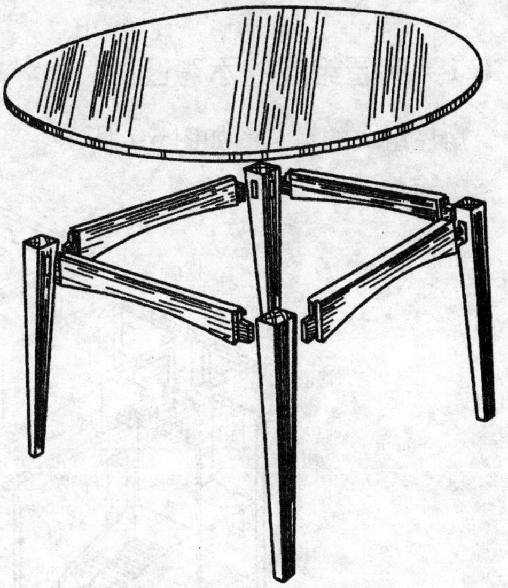

图 5-66　圆形餐桌的安装图

无论是在装饰装修施工图，还是在家具的制作图样上都注有一些技术要求，但是由于施工的种类不同，其技术要求的内容也有一定的差别。从施工工艺的角度来看，家具的技术要求相对详细一些，尤其是加工精度、材质和表面装饰要求。例如家具制作和建筑木结构安装施工的木制品加工精度就有较大的差距。尤其是在木制品的表面涂饰要求上，二者之间的差距更大，因此在识图的过程中要仔细研读技术要求，如图 5-66 所示。

习　题

1. 什么是框式家具？
2. 根据本章所述，木制家具中的榫头共有多少种类？并说说各种燕尾榫的异同。
3. 适合于载重较大的包装箱的箱框角应采用哪种接合方式？为什么？
4. 常用的十二种拼板法中，哪种常用于大型面板？哪种常用于高级面板？哪种常用于大型餐桌？哪种常用于柜的门板？
5. 通过对本章的学习，总结一下木器家具中常用的接合方法有哪些？

第 6 章　房屋建筑施工图识读

6.1　房屋建筑工程图的基础知识

6.1.1　房屋组成的示意图

房屋组成的示意图如图 6-1 所示。

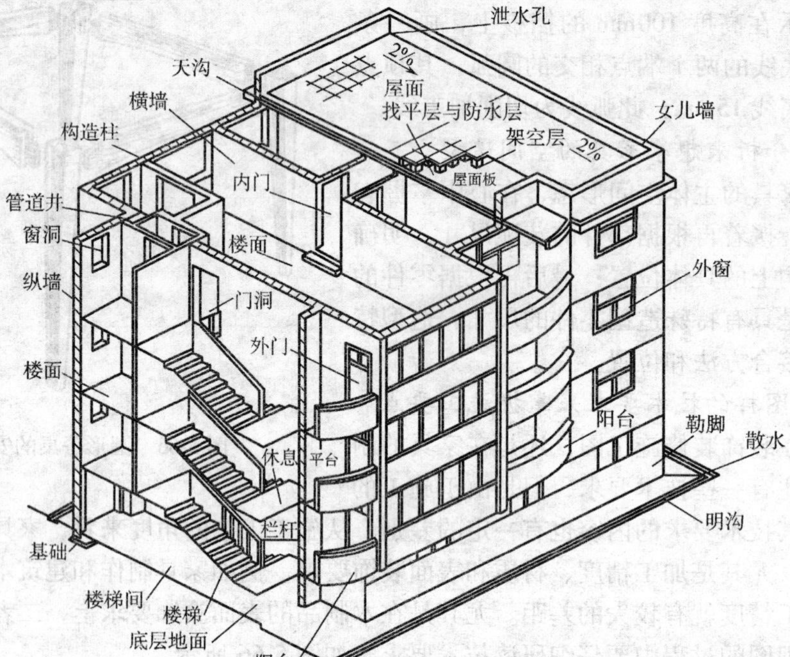

图 6-1　房屋组成的示意图

6.1.2　房屋建筑施工图的产生及其分类

1. 房屋建筑设计程序

房屋建筑设计一般有二阶段设计和三阶段设计两种。后者的三个阶段是：初步设计、技术设计和施工图设计，它适合于技术较复杂的工程项目；前者的二个阶段是：初步设计和施工图设计，它适合于一般的工程项目。

（1）初步设计　建筑设计人员根据建设单位提出的设计任务和要求，进行调查研究，收集必要的设计资料，提出方案，确定平面、立面、剖面等图样，表达出设计意图。

（2）技术设计　初步设计经建设单位同意和主管部门批准后，进一步去解决构件的选型、布置以及建筑、结构、设备等各工种之间的配合等技术问题，从而对方案做进一步地修改。

(3) 施工图设计　是在技术设计的基础上，将施工中所需要的具体要求，按建筑、结构、设备（水、暖、电）各专业把房屋施工图分别详细地绘制出来。

2. 房屋建筑施工图的分类

房屋建筑施工图一般有：建筑施工图（简称建施）、结构施工图（简称结施）、给水排水施工图（简称水施）、采暖通风施工图（简称暖施）、供配电施工图（简称电施）、电气照明施工图（简称照施）、装饰工程施工图（简称装施）等。

施工图由于专业分工的不同，一套简单的房屋施工图有几十张图样，一套大型复杂的建筑物甚至有几百张图样。为了便于看图，根据专业内容或作用的不同，一般将这些图样进行排序。

(1) 图样目录

(2) 设计总说明　主要介绍工程概况、设计依据、设计范围及分工、施工及建造时应注意的事项。

(3) 建筑施工图　主要表示建筑物的总体布局、外部造型、内部布置、细部构造、内外装饰（或单独出图）、固定设施和施工要求的图样。

(4) 结构施工图　主要表示房屋的结构设计内容，如房屋承重构件的布置，构件的形状、大小、材料等。一般包括结构平面布置图和各构件详图等。

(5) 设备施工图　包括给水排水、采暖通风、电气照明等设备的布置平面图、系统图和详图。表示上水、下水及暖气管道管线布置，卫生设备及通风设备等的布置，电气线路的走向和安装要求等。

3. 识读房屋建筑施工图的步骤

读图的一般步骤为：建施→结施→水施→暖施→电施→装施；对建施应先总图→设计说明→平面图→立面图→剖面图→详图；因为装施与建施、水施、暖施和电施紧密相关，所以这些图要联系起来读。

房屋建筑施工图的阅读注意点：

1）熟悉有关的国家标准，熟识施工图中常用的比例、线型、尺寸和图例的意义。

2）掌握正投影的原理和特性，以及常用的图样表达方法。

3）观察和了解房屋的组成及其基本构造，建立基本的感性认识。

4）阅读时，先按目录顺序通读一遍，对工程对象有基本的认识，后根据不同工种要求，重点查看不同类别的图样。

5）具体到每一张图应先整体后局部，先文字说明后图样，先图形后尺寸。阅读时注意各类图样的联系，互相对照，避免发生矛盾而造成质量事故或经济损失。

6.2 建筑工程总平面图

6.2.1 总平面图的内容

1）建筑物附近的地形地物，如等高线、道路、水沟、河流、池塘、土坡等，还应标明道路红线和建筑物红线的范围。

2）新建建筑物的平面轮廓形状和层数、与原有建筑物的相对位置、周围环境、地貌地形、道路和绿化及定位尺寸（用测量坐标表示）、室内外标高。

3）相邻原有建筑物、拆除建筑物及拟建建筑物的位置或范围。

4）建筑用地范围内的绿化、公园等以及管道布置。

5）指北针或风向频率玫瑰图（图 6-2 左上角）。

6）图名、比例和图例。

6.2.2 总平面图的图示特点

（1）比例　由于表示的建筑场地范围较大，总平面图通常采用较小的比例画出，如 1:500、1:1000、1:2000 等。

（2）图线　新建建筑物外形用粗实线表示，原有建筑物外形用细实线表示；拆除建筑物外形用带叉号的细实线表示，拟建建筑物外形用虚线表示。

（3）图例　建筑总平面图通常用较小的比例绘出，因此图中有较多的图例，见表 6-1。

表 6-1　常用的建筑总平面图图例

名　称	图　例	附　注
新建建筑物		1. 需要时，可用▲表示入口，在图形内右上角用点数或数字表示层数 2. 建筑物外形（一般以 ±0.00 高度处的外墙定位轴线或外墙面线为准）用粗实线表示。需要时，地面以上建筑物用粗实线表示，地面以下建筑物用细实线表示
原有建筑物	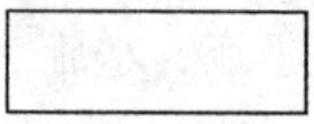	用细实线表示
计划扩建的预留地或建筑物		用中粗虚线表示
拆除的建筑物		用带叉号的细实线表示
围墙及大门	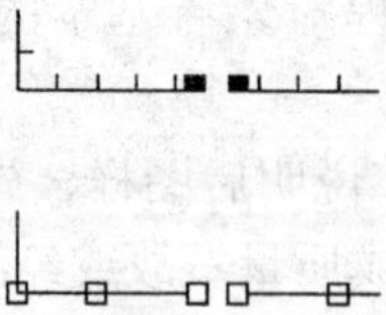	上图为实体性质的围墙，下图为通透性质的围墙，若只表示围墙时不画大门
挡土墙		被挡土在“突出”的一侧
填挖边坡	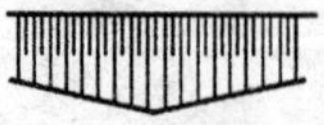	边坡较长时，可在一端或两端局部表示
室内标高	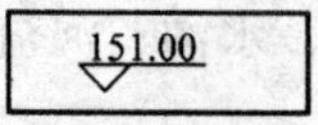	

（续）

名　　称	图　　例	附　　注
室外标高	143.00	室外标高也可以采用等高线表示
计划扩建的道路		
拆除的道路		
人行道		
桥梁		左图为公路桥，右图为铁路桥

（4）尺寸　在总图中的尺寸标注宜以米（m）为单位。新建房屋的室内外应标注绝对标高。绝对标高的零点是我国青岛附近黄海海平面的平均高度，其他各地标高都是以它为基准测量而得的。总平面图中所标注标高为绝对标高。标高用标高符号加数字表示。标高符号用细实线绘制。

6.2.3　阅读总平面图实例

图6-2是某学校的总平面图，图样是按1∶500的比例绘制的。它表明在学校的北面围墙内，要新建1幢5层教师公寓。

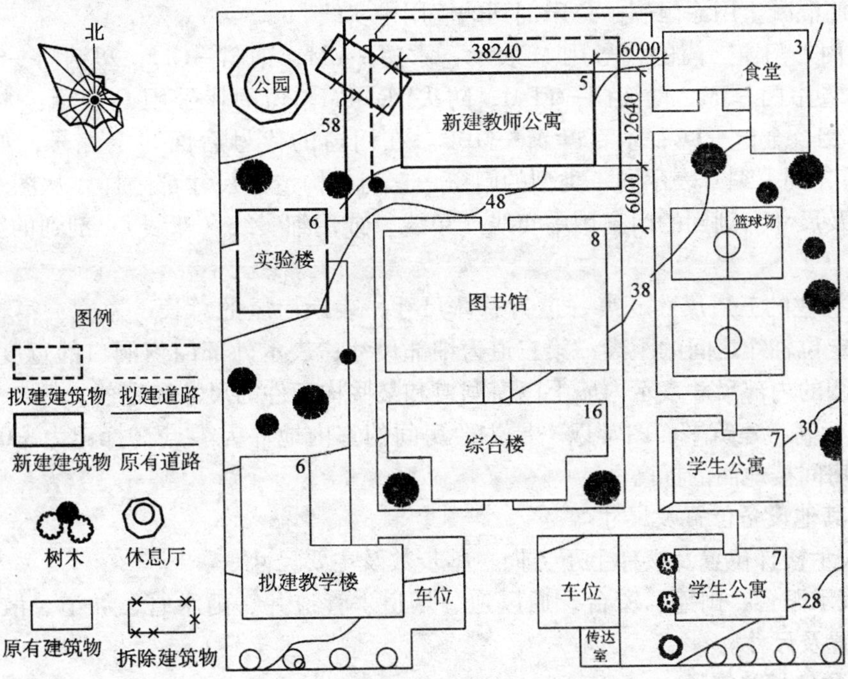

图6-2　总平面图

（1）新建教师公寓周围的环境情况　从图中可看出，该学校的地势是自西北向东南倾斜，西北角山坡上有一处休息厅。学校的东南角有2栋7层的学生宿舍，学生宿舍后面有2个篮球场，学校的东北角是3层的食堂，学校的西南角是1栋6层的教学楼，后面是计划修建的6层的实验室，虚线部分表示扩建用地，学校的中心是8层的图书馆，南面是16层的办公综合楼，学校的最南面是大门，车库在两侧，新建教师公寓在北面，西北角有一即将拆除的建筑物。

（2）新建教师公寓的位置、范围和朝向　新建教师公寓呈矩形，南北朝向，左右对称，东西向总长38.24m，南北向总宽12.54m。新建教师公寓的南面距图书馆6.00m，东面距食堂6.00m。

6.3 建筑平面图

6.3.1 建筑平面图的形成、内容和作用

假想用一水平的剖切面沿门窗洞口的位置将房屋剖切后，对剖切面以下部分房屋所作出的水平剖面图，称为建筑平面图，简称平面图。它反映出房屋的平面形状、大小和房间的布置，墙（或柱）的位置、厚度和材料，门窗的类型和位置等情况。

其主要内容有：

（1）定位轴线　横向和纵向定位轴线的位置及编号，轴线之间的间距（表示出房间的开间和进深）。定位轴线用细单点画线表示。

（2）墙体、柱　表示出各承重构件的位置。剖到的墙、柱断面轮廓用粗实线，并画图例，如钢筋混凝土用涂黑表示；未剖到的墙用中实线。

（3）内外门窗　门的代号用M表示：木门—MM；钢门—GM；塑钢门—SGM；铝合金门—LM；卷帘门—JM；防盗门—FDM；防火门—FM。窗的代号用C表示：木窗—MC；钢窗—GC；铝合金窗—LC；木百叶窗—MBC。在门窗的代号后面写上编号，如M1、M2和C1、C2等，同一编号表示同一类型的门窗，它们的构造与尺寸都一样，从图中可表示门窗洞的位置及尺寸。剖到的门扇用中实线（单线）或用细实线（双线）；剖到的窗扇用细实线（双线）。

（4）标注的三道尺寸　第一道为总体尺寸，表示房屋的总长、总宽；第二道为轴线尺寸，表示定位轴线之间的距离；第三道为细部尺寸，表示外部门窗洞口的宽度和定位尺寸。建筑平面图的内部尺寸表示内墙上门窗洞口和某些构配件的尺寸和定位。

（5）标高　建筑平面图常以一层主要房间的室内地坪为零点（标记为±0.000），分别标注出各房间楼地面的标高。

（6）其他设备位置及尺寸

1）表示楼梯位置及楼梯上下方向、踏步数及主要尺寸。

2）表示阳台、雨篷、窗台、通风道、烟道、管道井、雨水管、坡道、散水、排水沟、花池等位置及尺寸。

（7）画出相关符号

1）剖面图的剖切符号位置及指北针。

2）标注详图的索引符号。

（8）注写图名和比例

6.3.2 常用建筑材料及构配件图例

1）常用建筑材料图例见表6-2。

表6-2 常用建筑材料图例

序号	名 称	图 例	备 注
1	自然土壤		包括各种自然土壤
2	夯实土壤		
3	砂、灰土		近四周轮廓线处绘较密的点
4	砂砾石、碎砖三合土	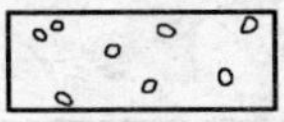	
5	石材		
6	毛石		
7	普通砖		包括多孔砖、砌块等砌体
8	耐火砖	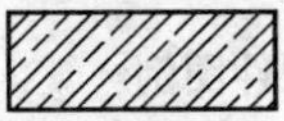	包括耐酸砖等砌体
9	空心砖	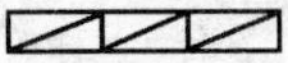	指非承重砖砌体
10	饰面砖		包括铺地砖、马赛克、陶瓷锦砖和人造大理石等
11	焦渣、矿渣	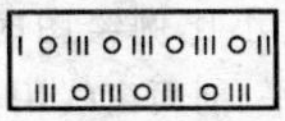	包括与水泥、石灰等混合而成的材料
12	混凝土		1. 包括各种强度等级的承重混凝土 2. 当不易画出图例线时，可在线框内涂黑
13	钢筋混凝土		
14	多孔材料		包括水泥珍珠岩、沥青珍珠岩、泡沫混凝土、软木、蛭石等
15	纤维材料	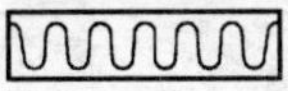	包括矿棉、岩棉、玻璃棉、麻丝、木丝板、纤维板等
16	泡沫塑料材料	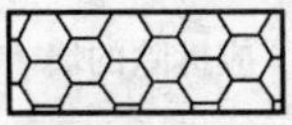	包括聚苯乙烯、聚乙烯、聚氨酯等多孔聚合物类材料
17	木材		上图为横断面，下图为纵断面
18	胶合板	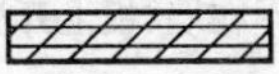	应注明为×层胶合板
19	石膏板	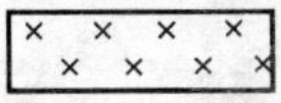	包括圆孔、方孔石膏板、防水石膏板等

（续）

序号	名　称	图　例	备　注
20	金属		
21	网状材料		包括金属、塑料网状材料，并应注明材料名称
22	液体	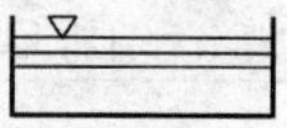	应注明具体液体名称
23	玻璃		包括平板玻璃、磨砂玻璃、夹丝玻璃、钢化玻璃、中空玻璃、加层玻璃、镀膜玻璃等
24	橡胶		
25	塑料		包括各种软、硬塑料及有机玻璃等
26	防水材料		构造层次多或比例大时，采用上面的图例
27	粉刷		本图例采用较稀的点

注：序号1、2、5、7、8、13、14、16、17、18、23、24等图例中的斜线，一律为45°

2）常用构配件图例见表6-3。

表6-3　常用构配件图例

序号	名　称	图　例	序号	名　称	图　例
1	平面高差（适用于高差小于100的两个楼地面相接处）	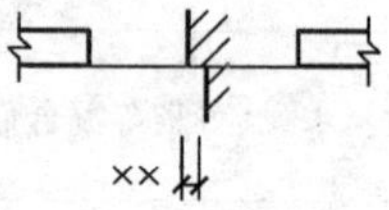	7	新建的墙和窗（小比例绘图时，平、剖面窗线用单粗实线表示）	
2	检查孔（左为可见检查孔）		8	改建时保留的原有墙和窗	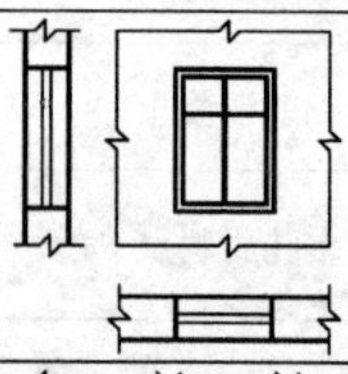
3	孔洞				
4	坑槽		9	应拆除的墙	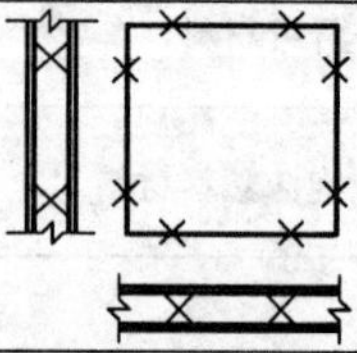
5	墙上预留洞（以洞中心或洞边定位）	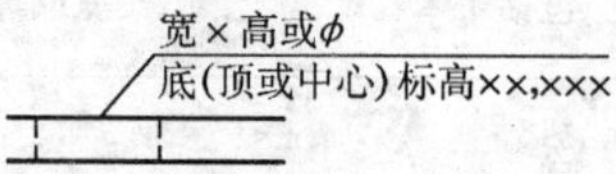			
6	墙上预留槽（以洞中心或洞边定位）	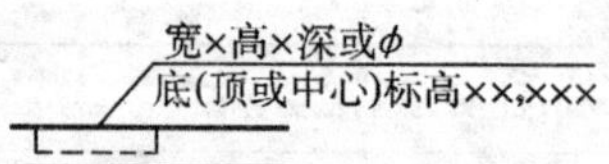	10	在墙、板上开洞	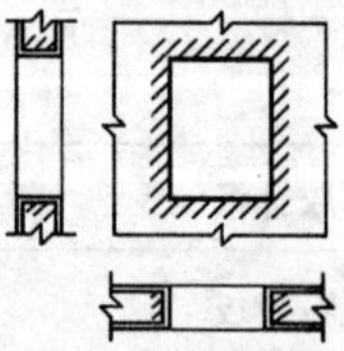

（续）

序号	名称	图例	序号	名称	图例
11	在原有洞旁扩大洞口	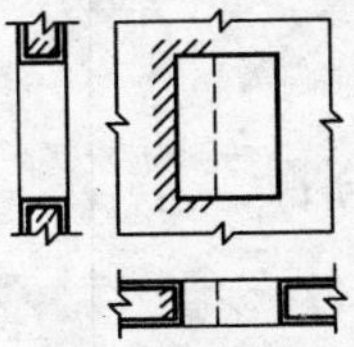	18	推拉门	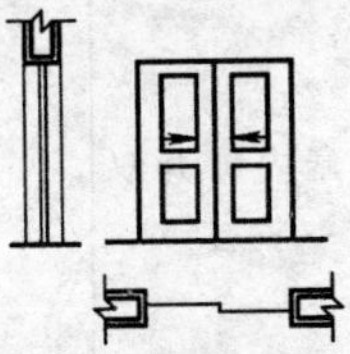
12	在墙、板上填满的洞	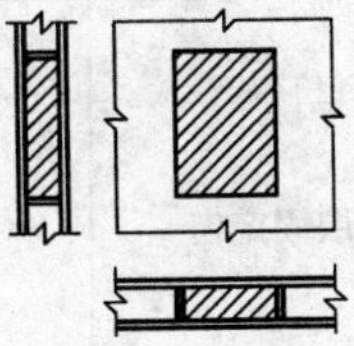	19	墙外单扇推拉门	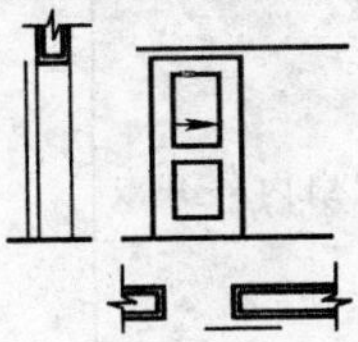
13	在墙、板上局部填塞的洞	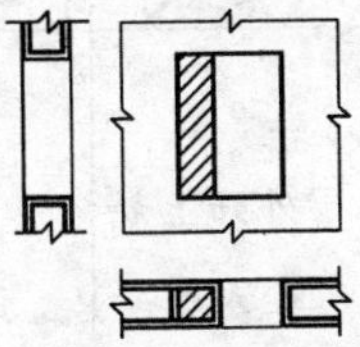	20	墙外双扇推拉门	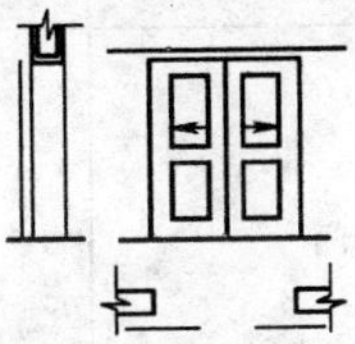
14	空门洞	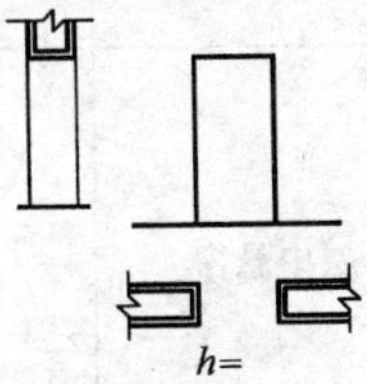	21	墙中单扇推拉门	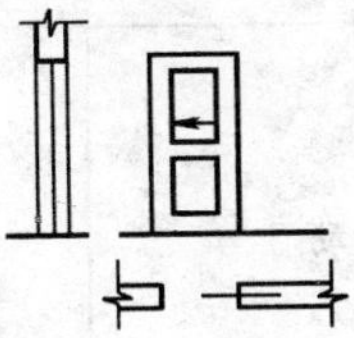
15	单扇门（平面图下为外，以下同此）	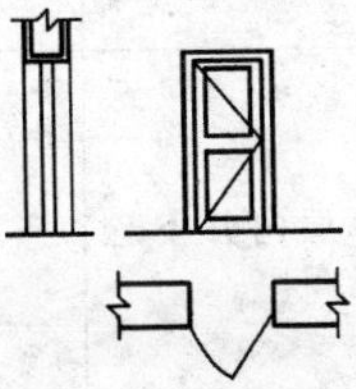	22	墙中双扇推拉门	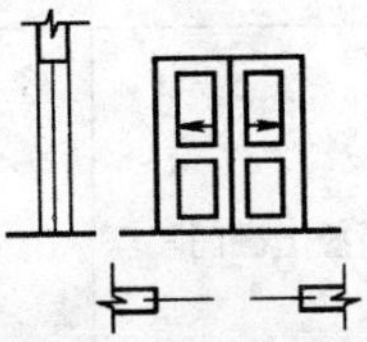
16	双扇门	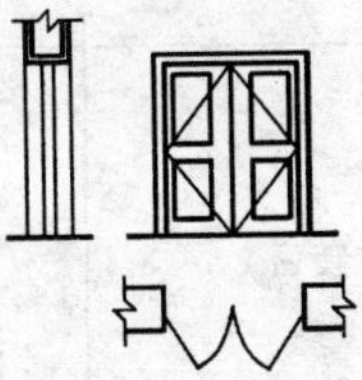	23	单扇双面弹簧门	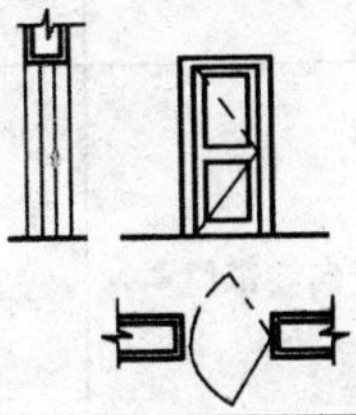
17	对开折叠门	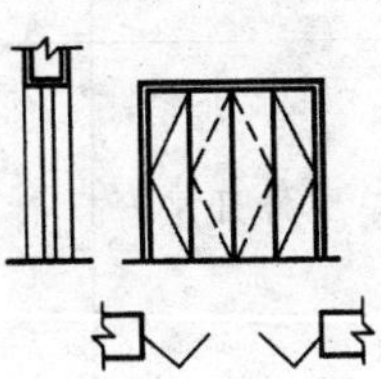	24	双扇双面弹簧门	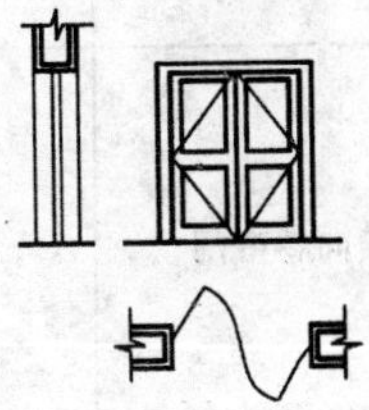

（续）

序号	名称	图例	序号	名称	图例
25	单扇内外开双层门	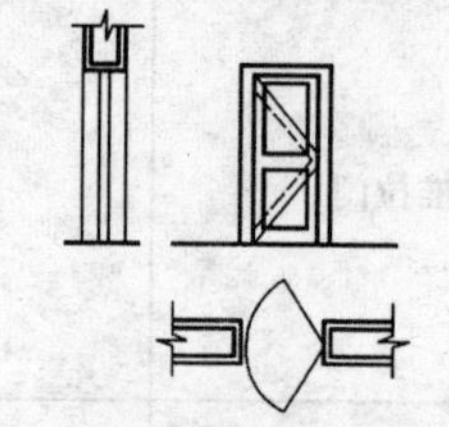	32	提升门	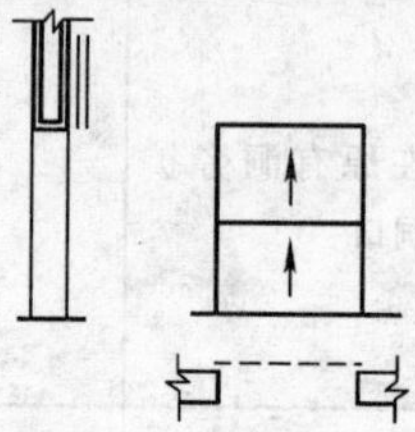
26	双扇内外开双层门	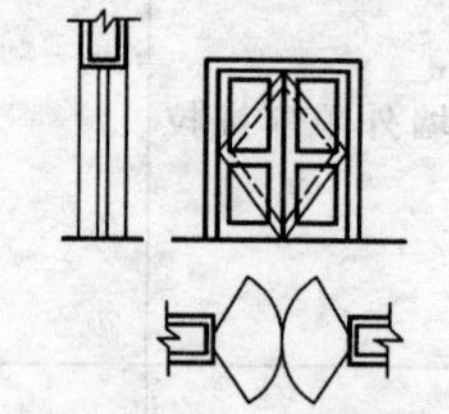	33	单层固定窗	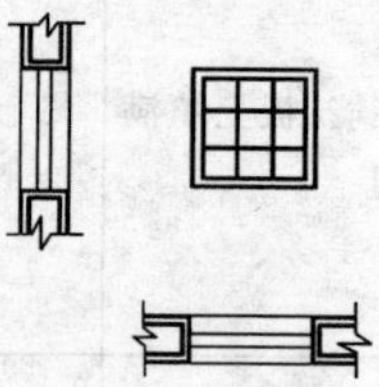
27	转门		34	单层外开上悬窗	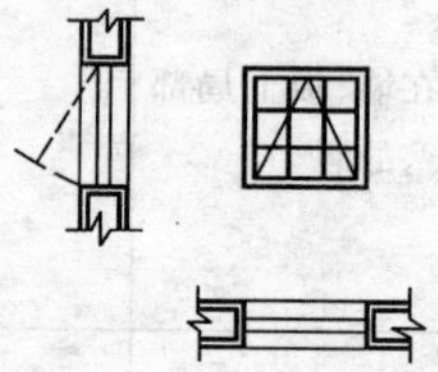
28	自动门	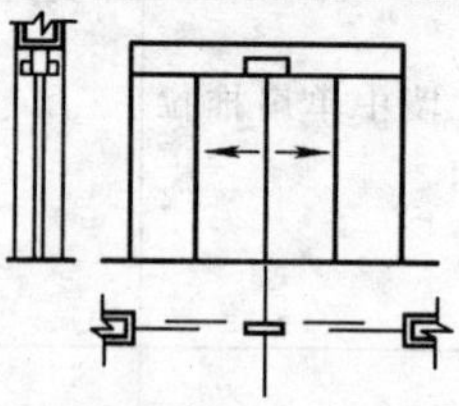	35	单层中悬窗	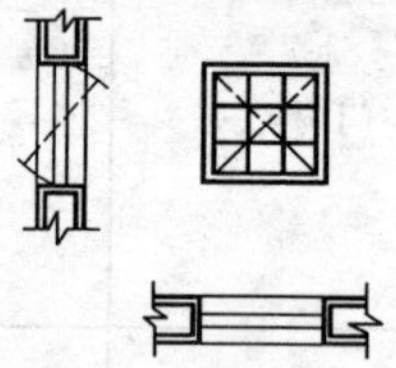
29	折叠上翻门	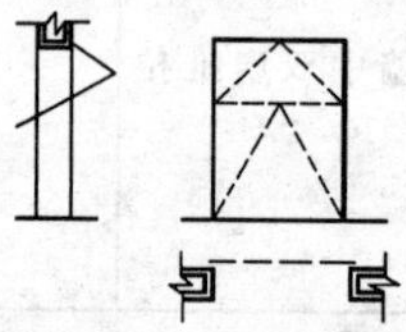	36	单层内开下悬窗	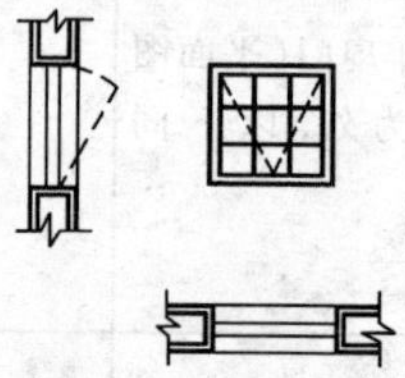
30	竖向卷帘门	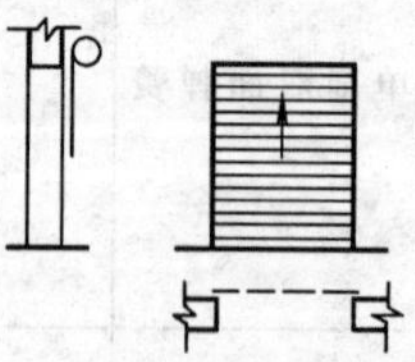	37	立转窗	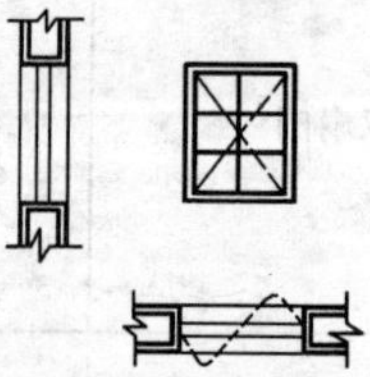
31	横向卷帘门	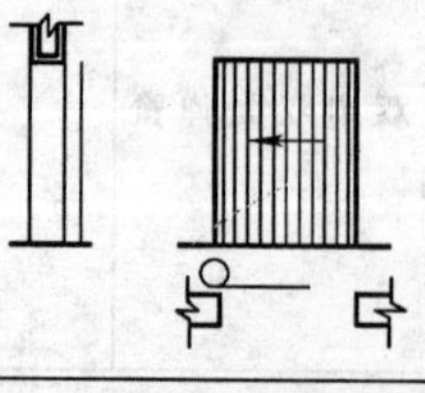	38	单层外开平开窗	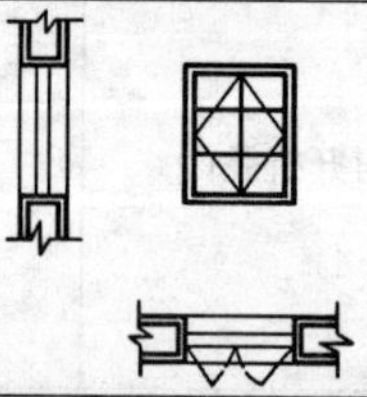

（续）

序号	名　称	图　例	序号	名　称	图　例
39	单层内开平开窗	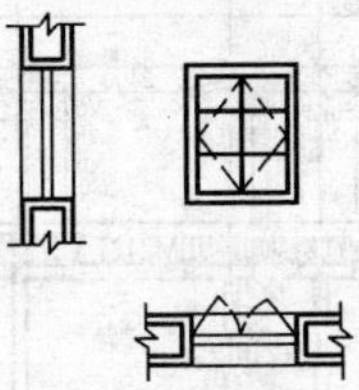	42	上推窗	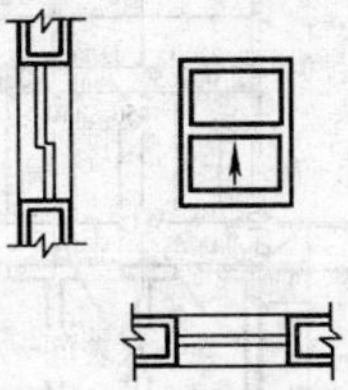
40	双层内外开平开窗	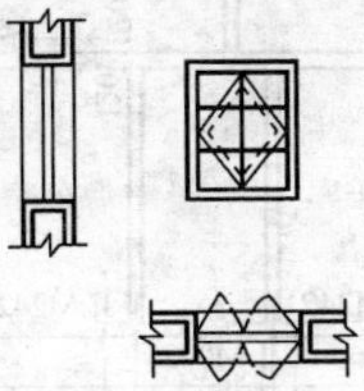	43	百叶窗	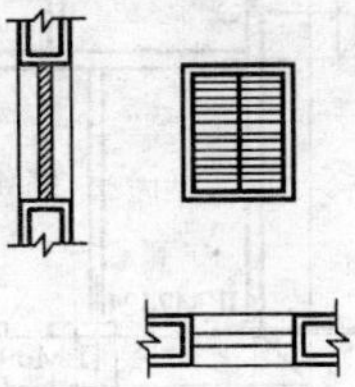
41	推拉窗	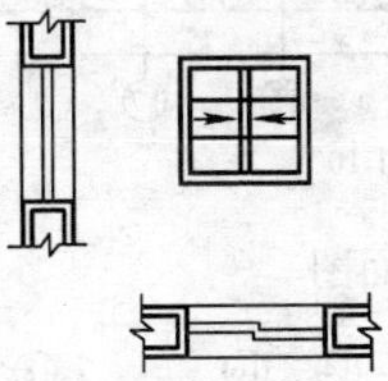	44	高窗	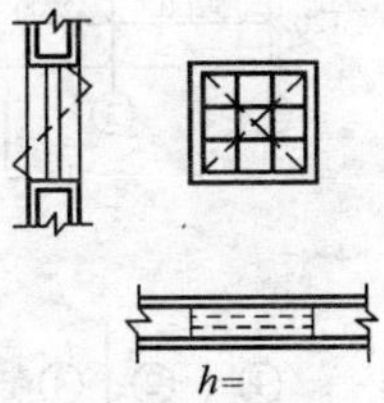

6.3.3 建筑平面图读图实例

现以某教师公寓为例，说明平面图的内容及其阅读方法，如图6-3～图6-9所示。

1. 储藏室平面图

图6-3是该住宅的储藏室平面图。从图中可以看出，住宅楼有两个单元，横向定位轴线共有25条，纵向定位轴线共有7条，住宅的四周外侧有宽度为900mm的散水。

该层共有12间车库，车库门是卷帘门，出口处的散水兼作坡道，有8间储藏室，储藏室门是内开的，还有4间水表间，住宅的给水排水管道及水表在此通过，在两楼梯间各有一处暖井，暖气管道在此通过，每一处暖井在楼梯间设两扇外开防火门。

储藏室地面标高为0.000，室外地面标高为-0.100，说明储藏室地面相比室外地面高出100mm。

2. 楼层平面图

1）图6-4是该住宅的一层平面图。从图中可以看出，该层共有4户，每梯两户，每户的房间组成及大小都是一样的，3间卧室为南向，具有良好的朝向，厨房与卫生间置于北向，每户设一处空调隔板及空调冷凝水管。南向面B轴线设有四处混凝土保护块，还画出储藏室屋顶，一层平面图可以看到储藏室屋顶的排水方向。

该层室内主要房间的地面标高为2.400，外部有三道尺寸，表示了住宅的总宽、总长、轴线间距离以及窗的宽度，关于各种门窗的具体情况，可通过“设计总说明”中的门窗表进行查阅。

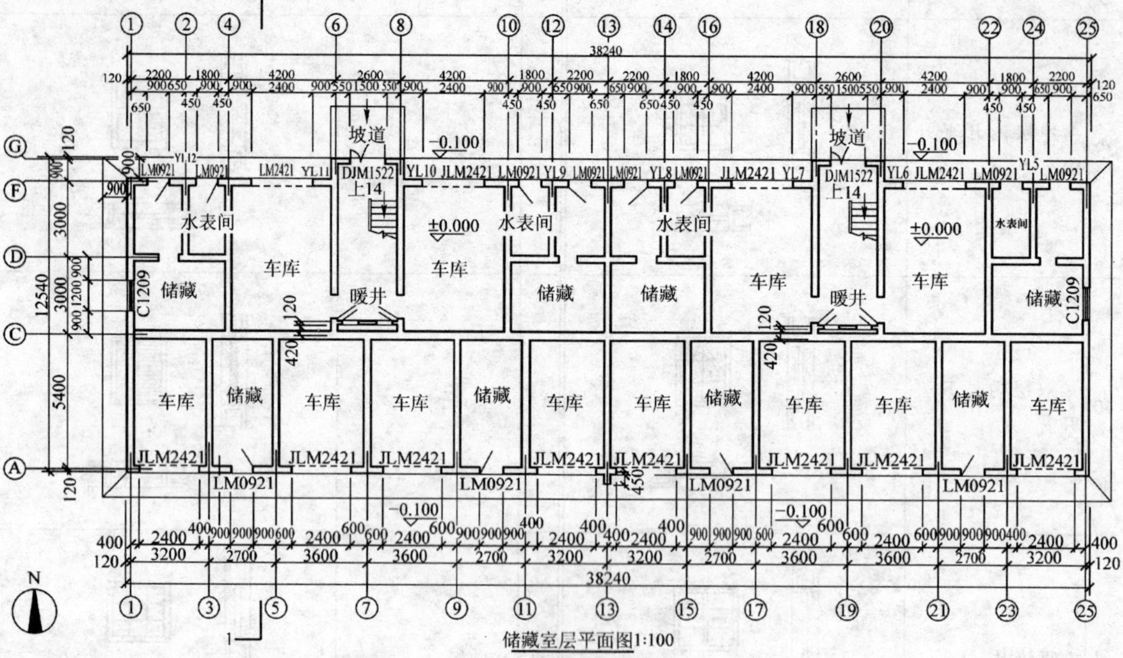

图 6-3　储藏室平面图

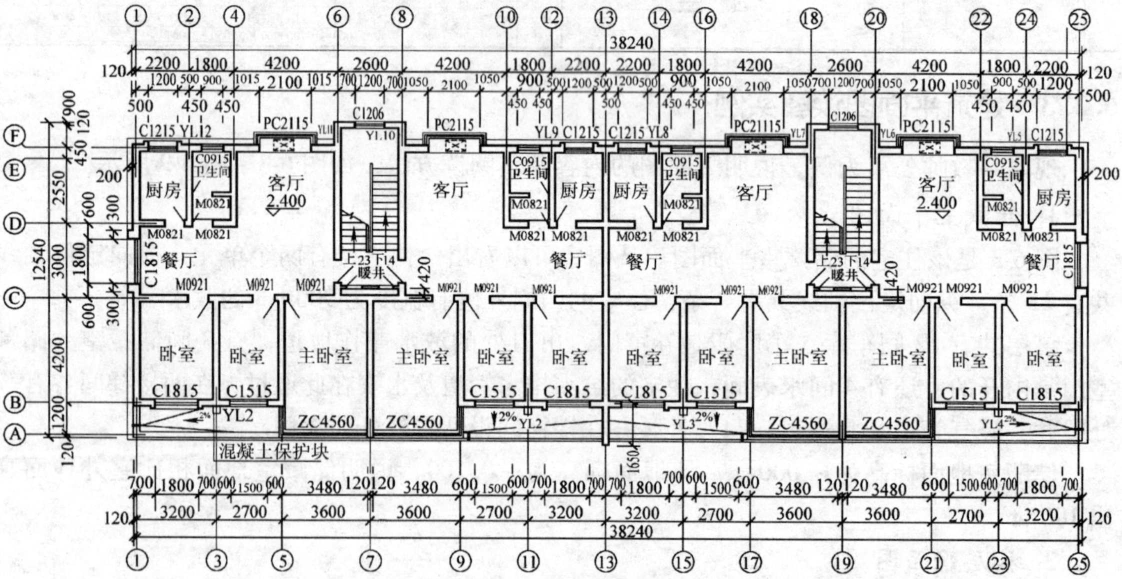

图 6-4　一层平面图

2）图 6-5 是该住宅的二层平面图，它与一层平面图相比，画出了楼道出入口雨篷板，还画出了装饰梁的位置，而且每户设两处空调隔板和空调冷凝水管，其余同一层。

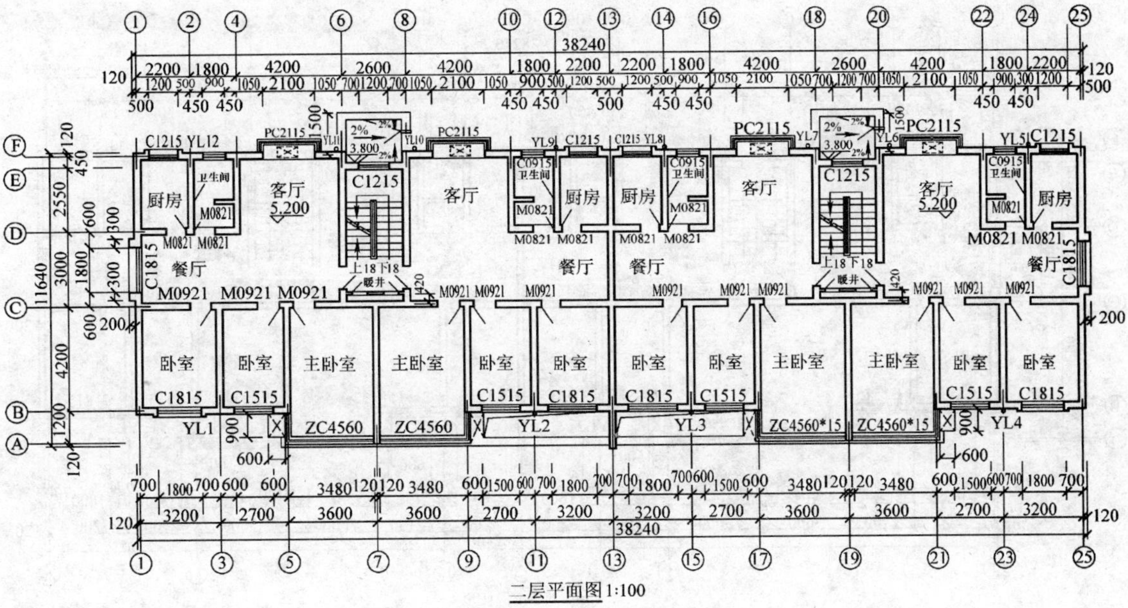

图6-5　二层平面图

3）图6-6是该住宅的三、四层平面图，它与一层平面图相比，没有画出装饰梁，因为在二层平面图已表示清楚，而且每户设两处空调隔板和空调冷凝水管，其余同一层。

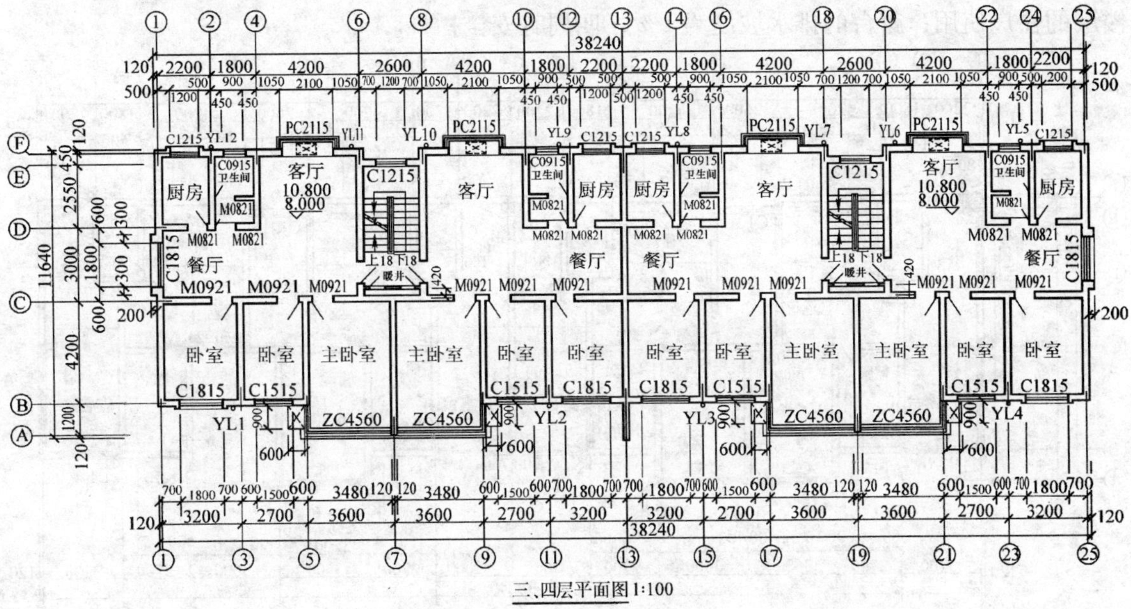

图6-6　三、四层平面图

4）图6-7是该住宅的五层平面图，它与标准层平面图相比是复式结构，客厅和卧室有三级踏步，而且楼梯间的踏步只有向上的，没有向下的踏步，而且每户设两处空调隔板和空调冷凝水管，其余同二层。

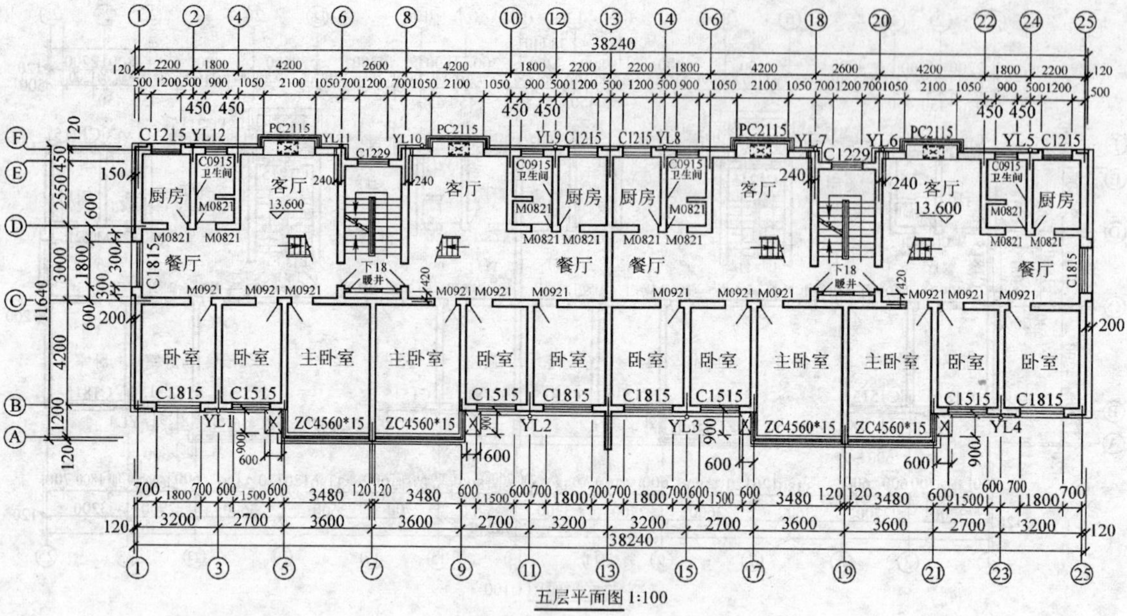

图 6-7 五层平面图

5）图 6-8 是该住宅的阁楼层平面图，可以看出：每户设有一处五楼通往阁楼的楼梯口，每户阁楼有一间卫生间和 3 间储藏室，储藏室和卫生间设计有窗，每户都有一个露台，为阁楼层的住户使用；露台的排水坡度为 1%，四周有安全栏杆。

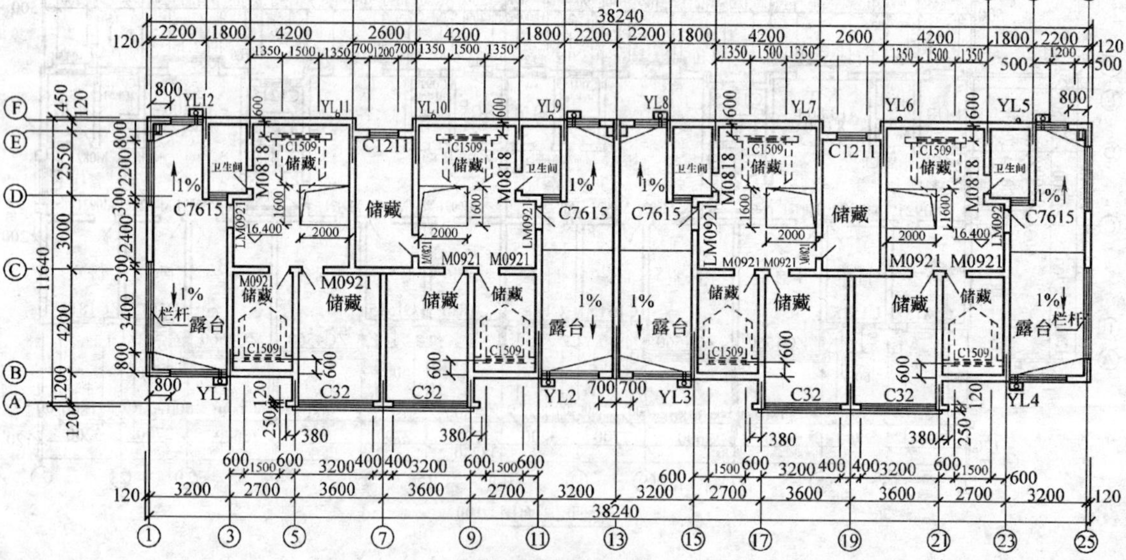

图 6-8 阁楼层平面图

3. 屋顶平面图

图 6-9 是画出的屋顶平面图，可以看出：该屋顶为双坡屋面，屋面坡度为 1%，沿纵墙

方向设有天沟，天沟的排水坡度为1%；在南北向天沟内各设置了四根和八根落水管；楼梯间屋面坡度为1%并有排水管道。

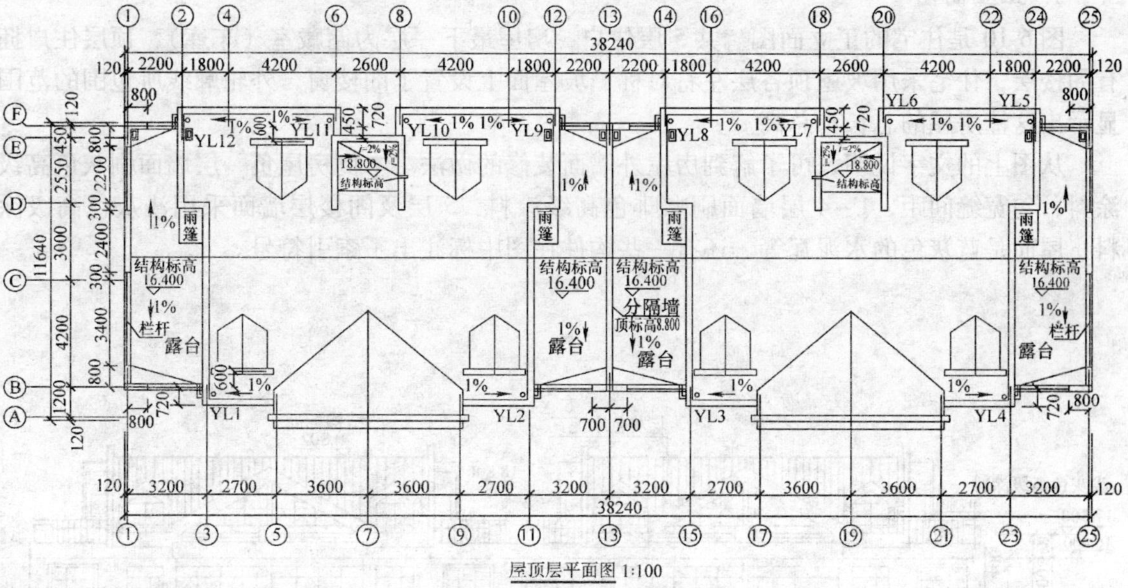

图 6-9　屋顶层平面图

6.4　建筑立面图

6.4.1　建筑立面图的形成、内容和作用

建筑立面图是房屋外表面的正投影图，简称立面图。立面图主要是用来表达建筑物的外形艺术效果，在施工图中，它主要反映房屋的外貌和立面装修的做法。立面图应包括建筑的外轮廓线和室外地坪线、勒脚、构配件、外墙面做法及必要的尺寸与标高等。

建筑立面图主要内容有：

1）地坪线。建筑物与地面的接触面，室外地坪线用特粗实线绘制。

2）定位轴线。建筑物两端或分段的定位轴线及编号。

3）最外轮廓线。表示建筑物立面最高和最宽的轮廓线，房屋立面的最外轮廓线用粗实线绘制。

4）其他轮廓线。在外轮廓线之内的凹进或凸出墙面的轮廓线，用中实线绘制；如窗台、门窗洞、檐口、阳台、雨篷、柱、台阶等构配件的轮廓线和门窗扇、栏杆、雨水管和墙面分格线等均用细实线绘制；构配件可简化只画出轮廓线，用图例表示。

5）尺寸。外墙的门窗洞应标注尺寸与标高（宽×高×深及关系尺寸）。

6）外墙面装修以及一些构配件与设施等的装修做法，在立面图中常用引出线作文字说明。

7）各部分构造、装饰节点详图的索引符号。

8）图名、比例。

6.4.2 建筑立面图实例

1. 正立面图

图 6-10 是住宅的正立面图。共 5 层住户，房屋最下一层为储藏室（车库），顶层住户拥有阁楼层，住宅采用坡屋顶各层左右对称，坡屋面上设置了阁楼窗，外轮廓线所包围的范围显示出这幢房屋的总长和总高。

从图上的文字说明，可了解到房屋外墙面装修的做法。本例房屋负一层墙面刷灰色高级涂料，勾宽缝间距，1 ~4 层墙面刷咖啡色高级涂料，5 层及阁楼层墙面采用浅灰色高级涂料，屋面是蓝灰色的水泥瓦等。还有一些构件在图中标注出了索引符号。

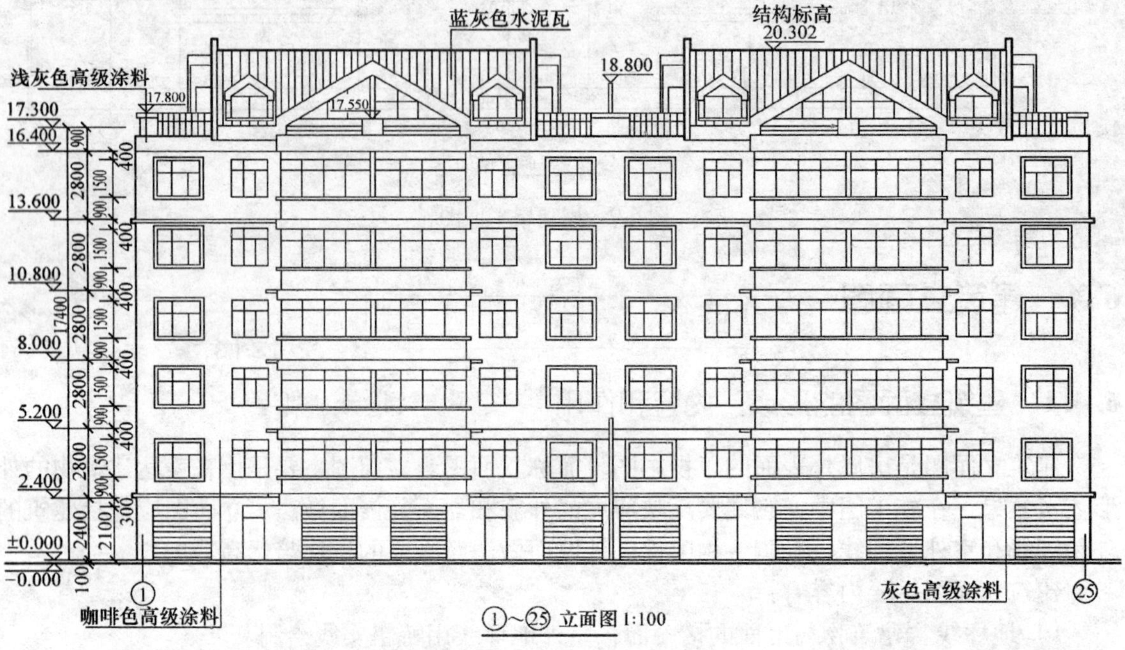

图 6-10　正立面图

2. 背立面图

图 6-11 是住宅的背立面图。与正立面图表示的内容相似，不同的是还表示了楼梯间窗的位置和尺寸、标高以及在单元出入口安装的电子对讲门。还有一些构件在图中标注出了索引符号。

3. 侧立面图

图 6-12 是住宅的侧立面图。左侧立面图和侧立面图投影及做法相同时，可共用一个图样。从图中可知：房屋左右外墙面装修的做法与正立面图相同，一些构造及做法由详图说明，图中标注出了索引符号。

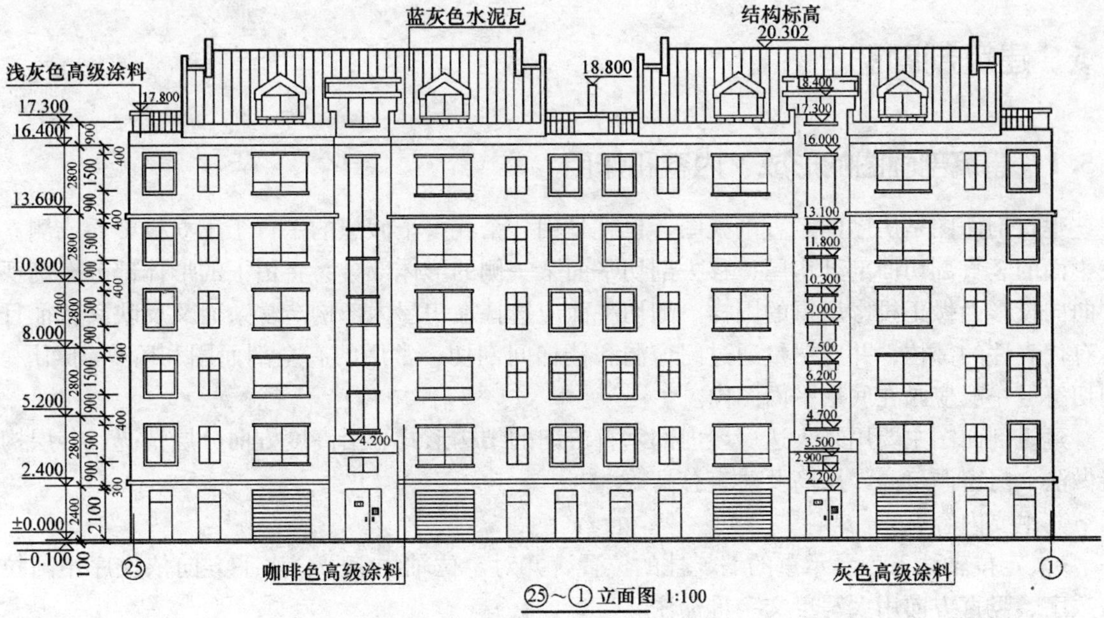

图 6-11　背立面图

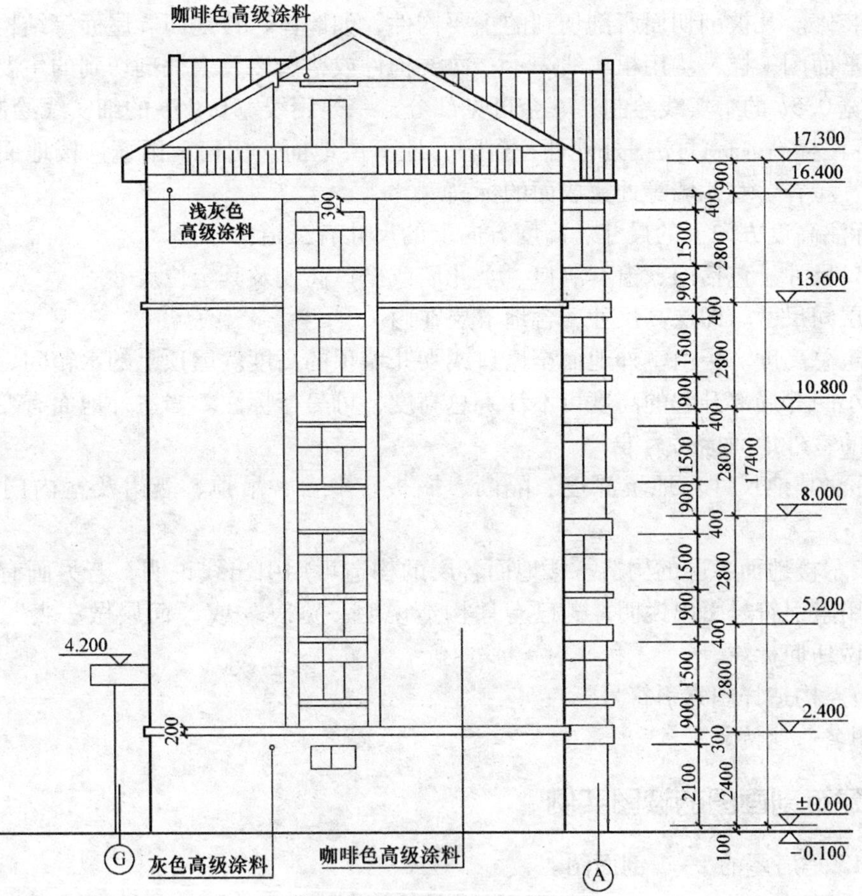

图 6-12　左侧立面图

6.5 建筑剖面图

6.5.1 建筑剖面图的形成、内容和作用

建筑剖面图是房屋的竖直剖视图，也就是用一个或多个假想的平行于正立投影面或侧立投影面的竖直剖切面剖开房屋，移去剖切平面某一侧的形体部分，将留下的形体部分按剖视方向向投影面做正投影所得的图样。剖切平面应选择在房屋内部构造复杂而又反映其特征且具有代表性的部位，并应尽量通过门窗洞和楼梯间剖切，常用的有全剖面图和阶梯剖面图。剖切符号一般应画在底层平面图内。

建筑剖面图主要用来表达房屋内部垂直方向的结构形式、沿高度方向分层情况、各层构造做法、门窗洞口高、层高及建筑总高等。

其主要内容有：

1）定位轴线。表示承重的墙、柱的位置，并对定位轴线编号，水平方向依次序用阿拉伯数字、竖直方向用大写英文字母标注。

2）表示各构件。表示墙体、室内外地面、各层楼板、屋顶、门窗、梁、楼梯、台阶等内容及其装修。凡被剖切面所剖切到的主要构件，如墙体、楼地面、屋面等结构部分，与平面图及立平面图一样，均用粗实线表示；次要构件或构造以及未被剖切到的主要构造的轮廓线等用线宽 0.5*b* 的中实线绘制；其余可见部分，一律用线宽 0.25*b* 的细实线绘制。

3）标注标高。标注室内外地坪、台阶、地下层地面、门窗、雨篷、楼地面、阳台、平台、檐口、屋脊、女儿墙等处完成面的标高。

4）标注高度方向上的尺寸。高度方向上的尺寸有三道：

①洞口尺寸。包括门、窗、洞口、女儿墙或檐口高度及其定位尺寸。

②楼层间尺寸。即层高尺寸，含地下层在内。

③建筑总高度。指由室外地面至檐口或女儿墙顶的高度。屋顶上的水箱间、电梯机房和楼梯出口小间等局部升起的高度可不计入总高度，可另行标注。当室外地面有变化时，应以剖面所在的室外地面标高为准。

5）标注其他尺寸。地坑深度、隔断、搁板、平台、吊顶、墙裙及室内门、窗等的高度。

6）表示楼地面各层的构造。楼地面各层的构造可用引出线说明，若另画有详图，在剖面图中可用索引符号引出说明，若已有“构造说明一览表”或“面层做法表”时，在剖面图上不再做任何标注。

7）节点构造详图索引符号。

8）图名、比例。

6.5.2 建筑剖面图的读图实例

图 6-13 是房屋的 1—1 剖面图。

对照一层平面图可知，1—1 剖面图的剖切平面位置通过④～⑤轴线间的门和窗，剖切后向左进行投影而得到的横向剖面图，图中表达了房屋竖直方向的分隔和构造，即屋顶的结

构形式和房屋室内外地坪以上各部位被剖切到的建筑构配件，如室内外地面、楼地面、内外墙及门窗、梁等。

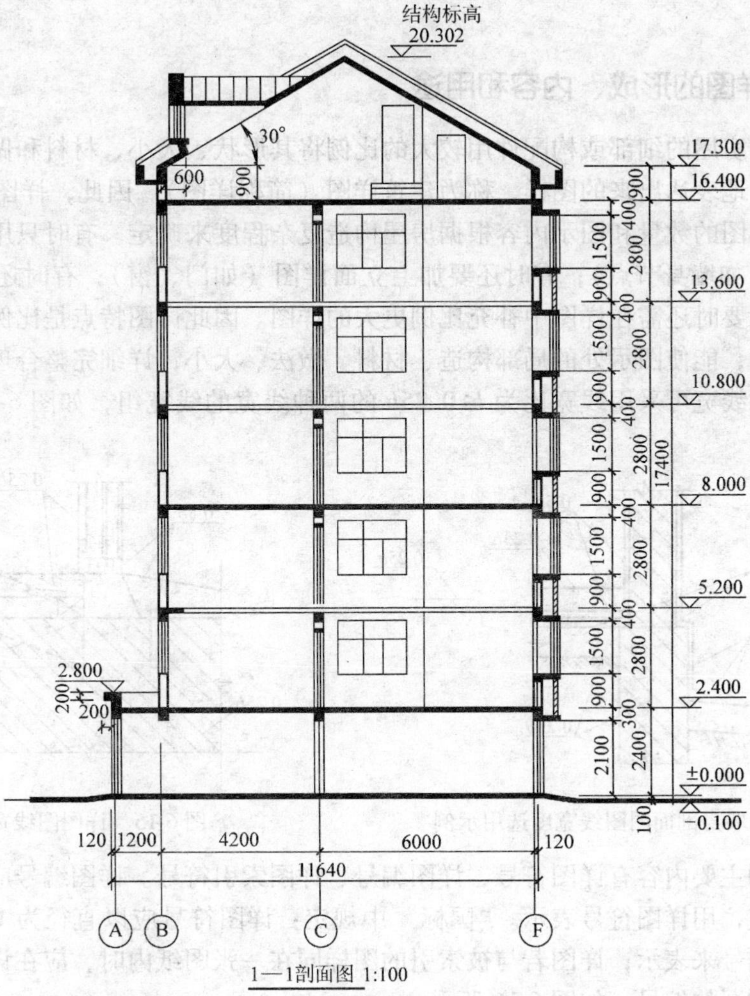

图 6-13　1—1 剖面图

(1) 垂直方向　从图中可看出此建筑物共六层，底层是车库（层高 2. 400m），一～五层是住户层（层高都为 2. 800m），阁楼层高不一，最低处 9. 00m。建筑总高 17. 300m，室内外高差 1. 00m。

从左边的外部尺寸还可以看出，各层窗台至楼地面高度为 0. 900m，窗洞口高 1. 500m，楼梯口高 2. 800m。图中还表达了坡屋顶以及天沟的形式。由于本剖面图比例为 1∶100，故构件断面除钢筋混凝土梁、板涂黑表示外，墙及其他构件不再加画材料图例。

(2) 水平方向　在图中常标注剖到的墙、柱及剖面图两端的轴线编号及轴线间距，并在图的下方注写图名和比例。

(3) 其他标注　由于剖面图比例较小，某些部位如勒脚、窗台、窗顶、过梁、檐口等节点，不能详细表达，可在剖面图上的该部位处，画上详图索引标志，另用详图来表示其细部构造尺寸。此外，楼地面及墙体的内外装修，可用文字说明。

6.6 建筑详图

6.6.1 建筑详图的形成、内容和用途

建筑图中对房屋的细部或构配件用较大的比例将其形状、大小、材料和做法，按正投影图的画法，详细地表达出来的图样，称为建筑详图（简称详图）。因此，详图实质上是一种局部放大图，详图的数量和图示内容根据房屋构造复杂程度来确定。有时只用一个剖面详图就能表达清楚（如墙身节点）；有时还要加上立面详图（如门、窗）；有时还需加上轴测图来补充说明，必要时还需在详图中补充比例更大的详图。因此详图特点是比例大，表达详尽清楚，尺寸齐全，能使图示处的局部构造、材料、做法、大小，详细完整合理地表达出来。

详图图线的线宽可采用线宽比为 b: 0.25b 的两种线宽的线宽组，如图 6-14、图 6-15 所示。

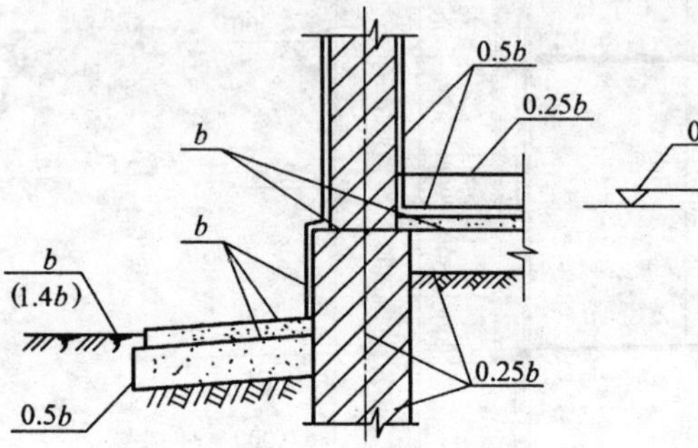

图 6-14　墙身剖面图图线宽度选用示例

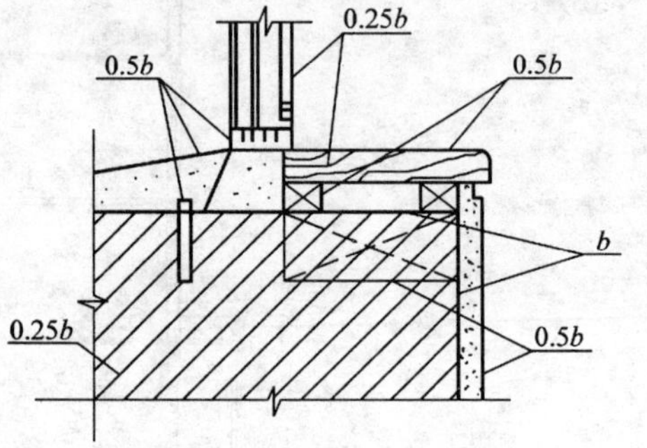

图 6-15　详图图线宽度示例

建筑详图的主要内容有详图符号、详图编号、详图索引符号。详图编号应与详图索引符号的编号相对应，用详图符号表示。“国标”中规定：详图符号应以直径为 14mm 粗实线的圆及其圆内的编号来表示；详图若与被索引的图样同在一张图纸内时，应在详图符号内用阿拉伯数字注明详图的编号，如图 6-16 所示。

详图若与被索引的图样不在同一张图纸内，应用细实线在详图符号内画一水平直径，在上半圆中注明详图编号，在下半圆中注明被索引的图纸的编号，如图 6-17 所示。但当下半圆中用“—”时，表明详图与被索引的图样同在一张图纸内。绘制建筑详图时应注明详图的详图符号，应与被索引的图样的索引符号相对应。

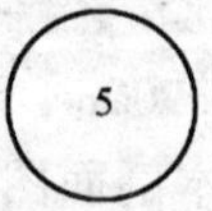

图 6-16　与被索引图样同在一张图纸内的详图符号

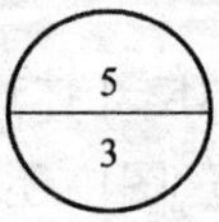

图 6-17　与被索引图样不在同一张图纸内的详图符号

6.6.2 墙身详图

1. 形成和特点

墙身详图实际是在建筑剖面图上从上至下连续放大的节点详图。一般多取建筑物的外墙

部位，以便完整、清楚地表达房屋的屋面、楼层、地面和檐口构造，楼板与墙面的连接、门窗顶、窗台和勒脚、散水等处构造的情况，因此，墙身详图实际上是建筑剖面图的局部放大图。

多层房屋中，若各层的构造情况一样时，可只画底层、顶层、中间层来表示。往往在窗洞中间处用折断线断开，由剖面图直接索引出。有时也可不画整个墙身的详图，而是把各个节点详图分别单独绘制，这时的各个节点详图应按顺序依次排在同一张图上，以便读图。

2. 读图实例

下面以图 6-18 所示的某房屋外墙详图为例，进行简要的介绍。墙身详图包括外墙面上的各个节点详图，有檐口节点剖面详图及窗洞节点剖面详图两部分。其构造及详细做法写在建筑总说明中。

（1）檐口节点剖面详图。檐口节点剖面详图主要表达顶层窗过梁、遮阳或雨篷、屋顶（根据实际情况画出它的构造与构配件，如屋面梁、屋面板、室内顶棚、天沟、雨水管、架空隔热层、女儿墙及其压顶）等的构造和做法。该屋面的承重层是钢筋混凝土板，按 30°角度来砌坡，上面有防水卷材层和保温层，以用来防水和隔热，具体做法见详图。女儿墙高 500mm，是钢筋混凝土材料。

（2）窗洞节点剖面详图。窗台节点剖面详图主要表达窗台的构造，以及内外墙面的做法。该房屋窗台的材料为钢筋混凝土，外表面出挑 250 - 120 = 130mm，厚 150mm。

窗顶节点剖面详图主要表达窗顶过梁处的构造，内、外墙面的做法，以及楼板层的构造情况。该房屋窗顶过梁为矩形，出挑 250 - 120 = 130mm，厚度为 400mm，楼板是钢筋混凝土材料现浇板。

墙体厚度为 240mm，各层窗洞口均为 1500mm 高。

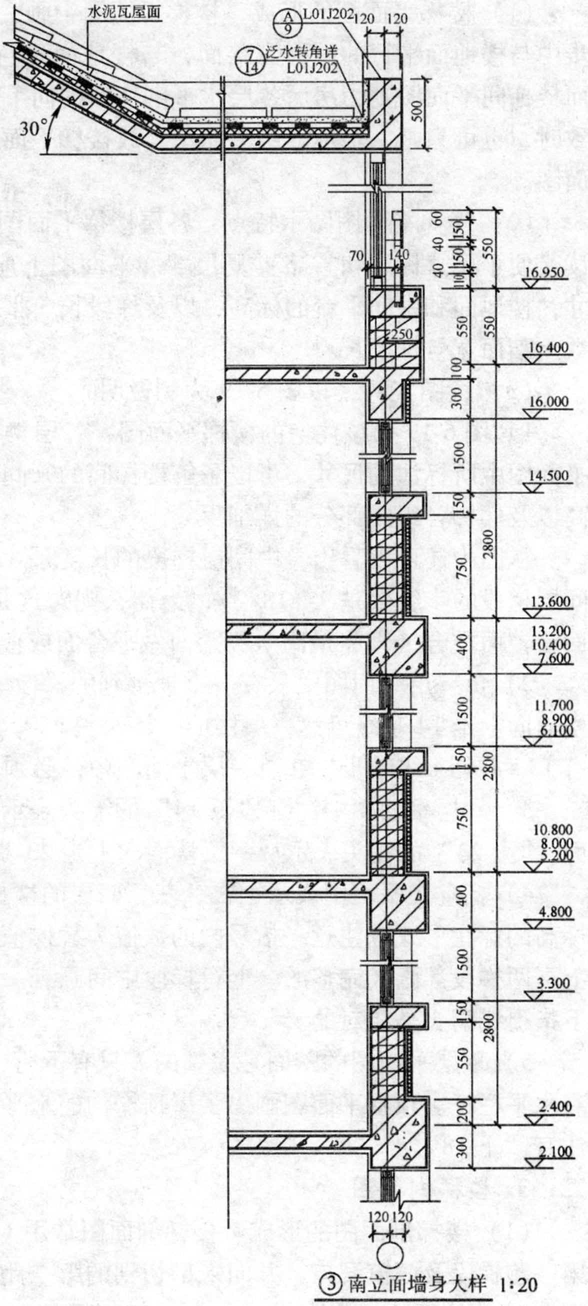

图 6-18　外墙详图

6.6.3　楼梯详图

1. 楼梯的组成及形式

楼梯是楼层垂直交通的必要设施。楼梯由梯段、平台和栏杆（或栏板）扶手组成。常见的楼梯平面形式有：单跑楼梯（上下两层之间只有一个梯段）、双跑楼梯（上下两层之间有两个梯段、一个中间平台）、三跑楼梯（上下两层之间有三个梯段、两个中间平台）等。

楼梯间详图包括楼梯间平面图、剖面图、踏步栏杆等详图。主要表示楼梯的类型、结构形式、构造和装修等。楼梯间详图应尽量安排在同一张图纸上，以便阅读。

2. 楼梯平面图

（1）楼梯平面图的形成　楼梯平面图中画一条与踢面线成30°的折断线（构成梯段的踏步中与楼地面平行的面称为踏面，与楼地面垂直的面称为踢面）。各层下行梯段不予剖切。而楼梯间平面图则为房屋各层水平剖切后的向下正投影，如同建筑平面图，中间几层构造一致时，也可只画一个标准层平面图。故楼梯平面详图常常只画出底层、中间层和顶层三个平面图。

（2）楼梯平面图图示特点　各层楼梯平面图宜上下对齐（或左右对齐），这样既便于阅读又便于尺寸标注和省略重复尺寸。平面图上应标注该楼梯间的轴线编号、开间和进深尺寸，楼地面和中间平台的标高，以及梯段长、平台宽等细部尺寸。梯段长度尺寸标为：踏面数 × 踏面宽 = 梯段长。

（3）读图实例（以图6-19为例说明）

1）图6-19为该住宅的楼梯平面图，各层楼梯平面图都应标出该楼梯间的轴线。从楼梯平面图中所标注的尺寸，可以了解楼梯间的开间和进深尺寸，还可了解楼地面和平台面的标高以及楼梯各组成部分的详细尺寸。

从图中还可以看出，中间层梯段的长度是8个踏步的宽度之和（270 × 8 = 2160），而中间层梯段的步级数是9（18/2），为什么呢？这是因为每一梯段最高一级的踏面与休息平台面或楼面重合（即将最高一级踏面做平台面或楼面）。

2）负一层平面图中只有一个被剖到的梯段。图中注有“上14”的箭头表示从储藏室层楼面向上走14步级可达一层楼面，梯段长260 × 13 = 3380mm，表明每一踏步宽260mm，共有13 + 1 = 14级踏步。在负一层平面图中，必须注明楼梯剖面图的剖切符号等。

3）一层平面图中注有“下14”的箭头表示从一层楼面向下走14步级可达储藏室层楼面，“上23”的箭头表示从一层楼面向上走23步级可达二层楼面。

4）标准层平面图表示了二、三、四层的楼梯平面，该图中没有再画出雨篷的投影，其标高的标注形式应注意，括号内的数值为替换值，是上一层的标高标准层平面图中的踏面，上下两梯段都画成完整的。上行梯段中间画有一与踢面线成30°的折断线。折断线两侧的上下指引线箭头是相对的。

5）顶层平面图的踏面是完整的。只有下行，故梯段上没有折断线。楼面临空的一侧装有水平栏杆。顶层平面图画出了屋顶檐沟的水平投影，楼梯的两个梯段均为完整的梯段，只注有“下18”。

3. 楼梯剖面图

（1）楼梯剖面图的形成　楼梯剖面图常用1∶50的比例画出。其剖切位置应选择在通过第一跑梯段及门窗洞口，并向未剖切到的第二跑梯段方向投影（如图6-20中的剖切位置）。图6-20为按图6-19剖切位置绘制的剖面图。

剖到梯段的步级数可直接看到，未剖到梯段的步级数因被栏板遮挡或因梯段为暗步梁板式等原因而不可见时，可用虚线表示，也可直接从其高度尺寸上看出该梯段的步级数。

多层或高层建筑的楼梯间剖面图，如中间若干层构造一样，可用一层表示这些相同的若干层剖面，此层的楼面和平台面的标高可看出所代表的若干层情况。

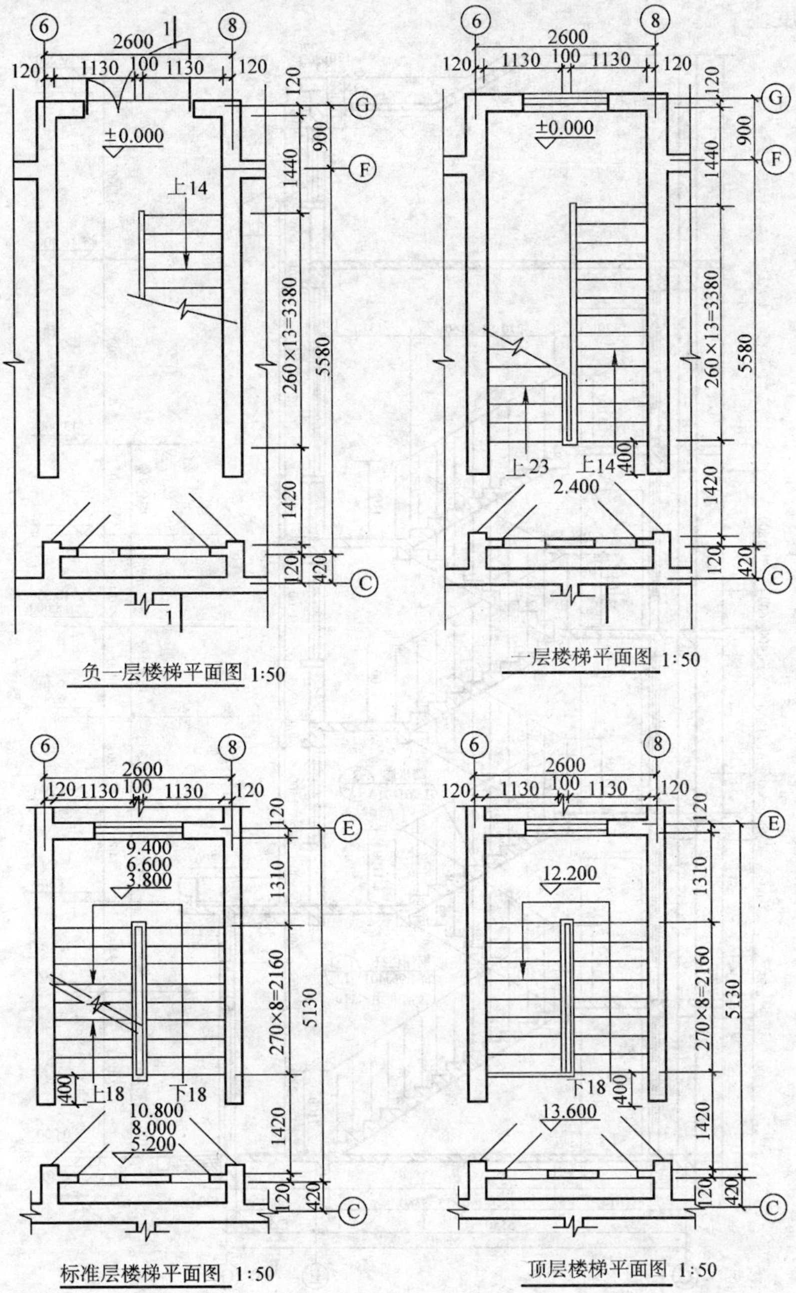

图 6-19　楼梯平面图

（2）楼梯剖面图示内容

1）水平方向应标注被剖切墙的轴线编号、轴线尺寸及中间平台宽、梯段长等细部尺寸。

2）竖直方向应标注剖到墙的墙段、门窗洞口尺寸及梯段高度、层高尺寸。梯段高度应标成：步级数×踢面高=梯段高。

3）标高及详图索引：楼梯间剖图上面应标出各层楼面、地面、平台面及平台梁下口的标高。如需要画出踏步、扶手等的详图，则应标出其详图索引符号和其他尺寸，如栏杆（或栏板）高度。

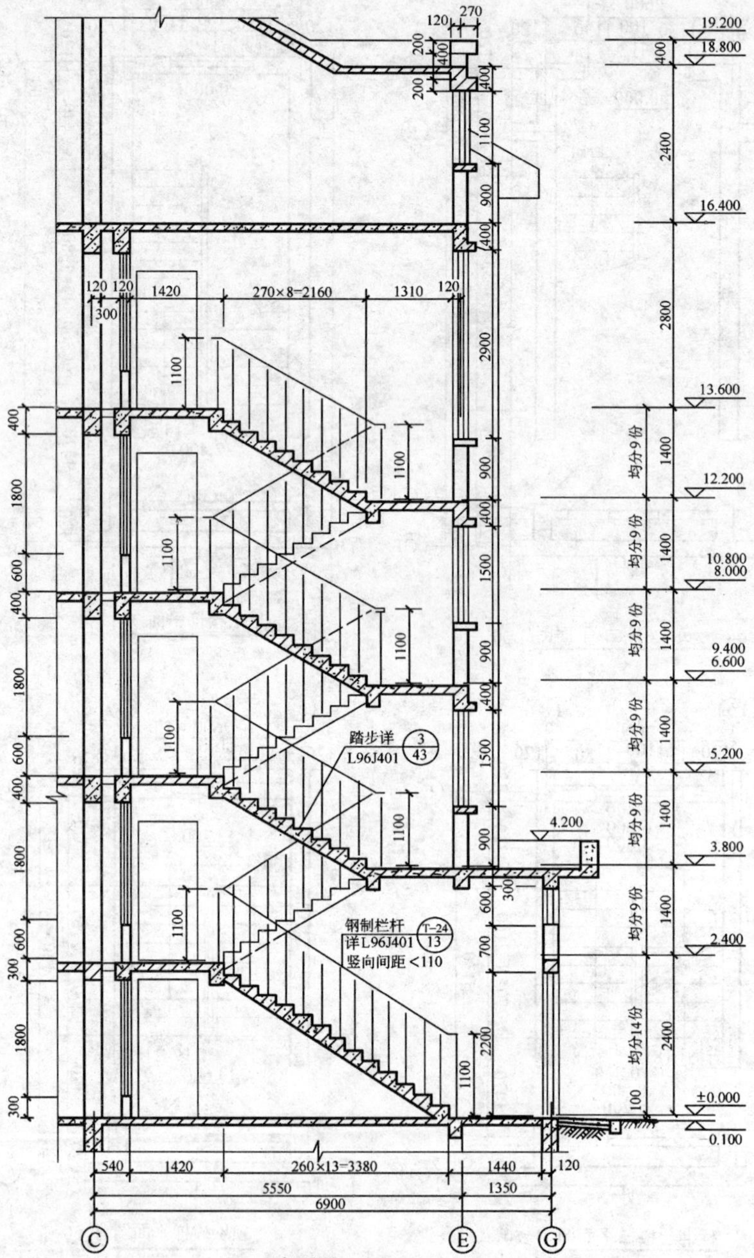

1—1立面图 1:150

图6-20 楼梯剖面图

（3）读图实例（以图6-20为例说明） 楼梯剖面图中应注出楼梯间的进深尺寸和轴线编号，地面、平台面、楼面等的标高，梯段、栏杆（或栏板）的高度尺寸（建筑设计规范规定：楼梯扶手高度应自踏步前缘量至扶手顶面的垂直距离，其高度不得小于900mm），其中梯段的高度尺寸与踢面高和踏步数合并书写，如1400均分9份，表示有9个踢面，每个踢面高度为1400mm/9 = 155.6mm，梯段高度为1400mm。此外，还应注出楼梯间外墙上门、窗洞口和雨篷的尺寸与标高。

习　题

1. 看图6-2回答：

1）从风频玫瑰图中知，该学校所在地常年主要刮的是哪个方向的风？

2）图中若干条蜿蜒的曲线是什么线？其间一些数据（如28、30）表示什么意思？

2. 看图6-3回答：

1）该楼主墙体厚度为多少？

2）墙外的四周封闭细实线表示什么（四个角上有小对角线）？

3）车库外缘处的虚线表示什么？

3. 看图6-4回答：

1）非主卧室窗外是块什么板？板上的2%是什么意思？

2）计算厨房的使用面积。

3）对照图6-5和图6-18，判定每层楼的层高和净高。

4. 对照图6-14，按图线宽度要求临摹一幅，并回答，散水与勒脚两种建筑构件一般哪个应先做？为什么？

第 7 章　建筑室内结构设施与设备安装图识读

7.1　概述

7.1.1　住宅室内装修中设备安装工程内容与特点

1. 住宅室内设备安装工程施工内容与图样

在建筑室内装饰装修的施工中，住宅室内设备安装工程施工内容与图样种类非常多，如各种金属结构和室内配套设备安装工程，大到建筑的金属桁架、电梯工程等特殊的专业安装，小到各种住宅防盗门、卫生间洁具的给水排水工程安装。

住宅建筑是满足人们生活居住的环境空间，为了提供舒适卫生的生活环境，除了建筑本身应功能合理、结构安全、造型美观外，在住宅室内必须设置相应的生活保障附属设施和设备。如设置各种给水排水、供暖与空调、环境绿化、电气照明和消防报警、电话通信、有线电视等设备系统工程。而这些工程的施工必须依据各种相关的专业施工图，如金属结构施工图、给水排水施工图、采暖施工图、空调施工图、环境绿化图、电气及综合布线系统施工图等图样来完成，如图 7-1 所示。

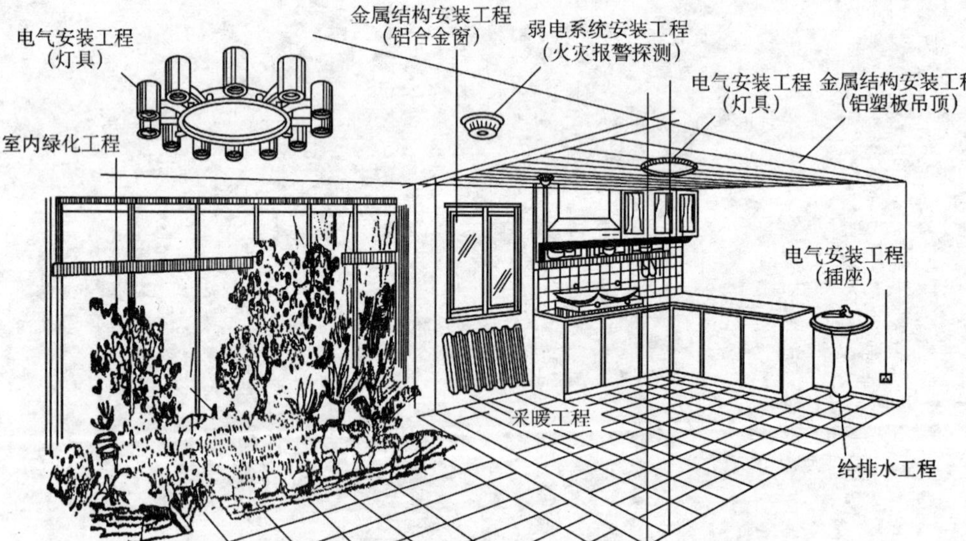

图 7-1　室内安装工程示意图

设备施工图是设计师根据建筑物功能的要求，按照建筑结构和设备安装工程的基本设计原则及相关专业制图标准规范进行设计，并采用正投影或轴测投影等投影方法，以各种相应的专业图例、符号绘制成施工图样，以表达各种金属结构和设备系统布置形式、材料选用、连接方式、局部构造及其他技术参数，并指导各种设备系统安装施工的图样。

设备安装施工图的种类很多，所有的构造设施、设备系统安装工程都相应的有一种设备施工图。常见的有金属结构安装工程施工图、给水排水工程施工图、暖通工程施工图、环境绿化施工图、电气工程施工图等。构造设施、设备系统安装虽然有多种类型，其施工图表达也有所不同，但是无论哪一种构造设施、设备系统的安装施工图都包括设备设计施工说明、设备平面布置图、设备系统图（反映各种设备、管线系统走向的轴测图和原理图等）及设备安装详图等内容和图样。

（1）设计说明　是在安装施工图中，用文字表达图中不需要或无法用图样、图例符号表达的设计内容。如设计依据、引用的标准图集、使用的材料品种、元器件型号列表、施工技术要求及其相关技术参数等。

（2）设备平面图　设备平面图一般是在建筑平面图的基础上绘制的，是表示各种设备系统的平面布置形式的一种图样，反映了各种设备与建筑结构的平面安装关系。如建筑平面上各种设备系统的连接形式等。设备平面图与设备系统图相互联系，从不同角度表达同样的设备系统。

（3）设备系统图　是表示设备系统的工作原理、空间关系或者元器件的连接关系，能够反映设备系统全部状态的一种图样。系统图与平面图相结合能准确地反映系统的全貌和工作原理。

（4）设备安装详图　是表现构造设施、设备系统中某一构造局部安装细节要求的详细图样，一般都直接采用通用标准图集上的内容来表达某些常见的构造和做法。通过采用通用标准图集，可以提高安装施工的标准化程度。

2. 住宅室内设备安装工程施工的特点

1）设备安装施工图与建筑施工图、结构施工图一起组成一套完整的建筑施工图体系。由于设备安装施工平面图是在简化的建筑室内平面图的基础上绘制的，所以建筑室内的构造设施、设备功能布局，一般都会符合建筑各项功能尺度的要求。但同时也要注意设备施工图和建筑施工图、结构施工图之间，不同的构造设施、设备系统之间的协调关系，避免发生安装、使用和维护的矛盾。

2）设备施工图一般采用相关专业制图标准、规范所规定的图例符号和文字表示各种构造、设备、元器件、阀门、管线等。

图例符号仅仅示意性地表示构造、设备、元器件、管线、阀门等的相对位置和连接方式，并不完全根据投影原理按比例绘制。文字符号则用来说明设备的安装位置、元器件的连接方式、管线的敷设方法等。

7.1.2　室内装修常用安装图样的特点

1. 安装施工常用的图样

主要有各种室内结构、设备安装使用的零件图、装配图和各种轴测图等。室内结构、设备安装所用零件图、装配图与住宅建筑构造、室内装修施工所用的同类图样略有不同，在此对零件图稍作叙述。

零件图除在木制品、家具加工作业中使用以外，还在室内外的金属结构和设备安装工程中大量地使用，如金属门窗、金属吊顶等金属结构的安装附件图、各种电器设备安装图配套的零件图等，也有很多其他自行设计的结构安装零件图。这些图样在投影原理上与其他行业的零件图相同，不同的主要是尺寸与公差等级的标注、技术要求的内容和标题栏的形式，在绘制上有所不同。

（1）尺寸公差与表面粗糙度的标注　与建筑室内装饰装修的其他图样相比，安装施工图对于零件图样的尺寸标注比较严格。在室内装饰的其他图样中，对零件加工与结构安装所标注的尺寸公差一般要求保持在 1～3mm 之间，而金属结构零件的安装尺寸公差应控制在 0.5mm 以内。而在金属零件机械加工中，加工精度按照技术等级不同，公差在 IT01～IT18 之间。

在金属零件表面加工的光洁程度上，机械产品也有非常高的要求。但是在建筑室内装饰装修的其他结构设施和家具零件图中，对零件的表面加工精度最严格的也只是“精光”、“细光”或“粗光”等这些宏观上的要求，这些都与施工作业的安装特点有关。

（2）技术要求的内容　金属结构和设备安装施工所用的零件图，对于技术要求的表达主要集中在零件加工的材质指标的选择和工艺要求上，如零件的材质要求、金属结构表面的氧化处理、涂饰处理等图样上难以表达的内容。而公差等级的加工要求，一般都直接在图样上相关的部位用相应的符号直接标注，如图 7-2 所示。

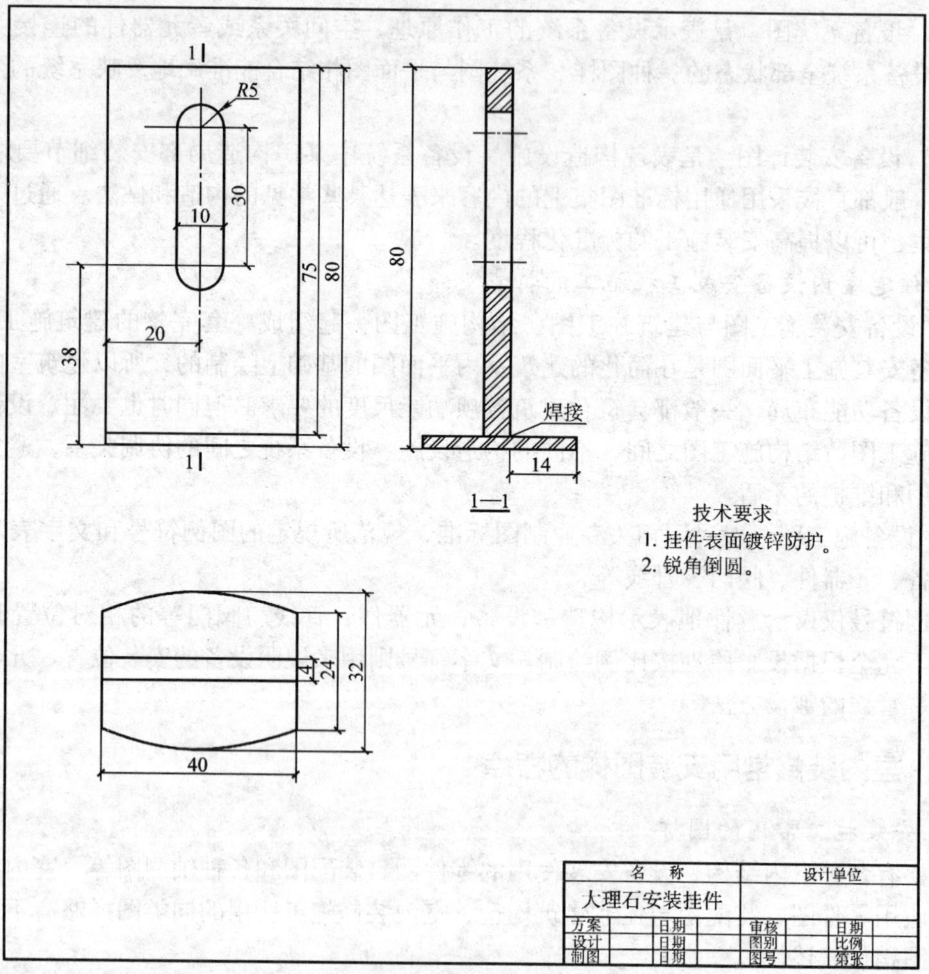

图 7-2　室内干挂大理石钢架挂件零件图

2. 结构设施与设备安装图

结构设施与设备安装图是表达各种结构设施整体构成状态、设备产品的工作原理、零部件之间的安装关系和相互位置的图样，是住宅建筑装修施工与生活保障系统相关专业施工中的主要安装图样，如金属结构安装图、给水排水施工图等，如图 7-3 所示。

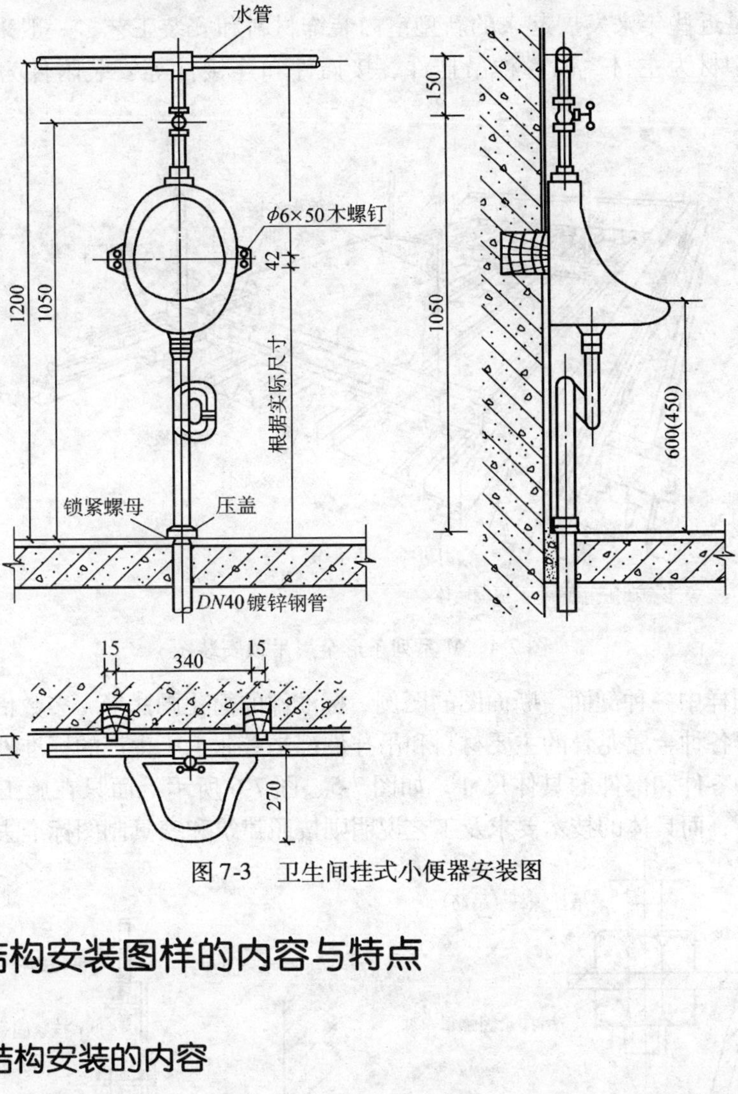

图 7-3　卫生间挂式小便器安装图

7.2　金属结构安装图样的内容与特点

7.2.1　金属结构安装的内容

现在无论在公共建筑，还是在民用住宅的装修施工中，已广泛地应用各种金属结构安装技术。室内金属结构安装工程主要包括建筑室内各种金属吊顶、金属门窗、金属幕墙、楼梯扶手、铁艺装饰及其他金属结构的安装施工。金属材料在建筑室内的装饰装修中所占的比重越来越大，如钢材、铝合金、铝塑板、不锈钢、铜材及各种五金附件、连接件等。

建筑室内金属结构安装图样一般以结构设施安装图和局部详图为主，并往往与室内装修施工图的其他图样融合在一起。但无论是从制图标准、画法的要求和加工精度上都与金属机械装配图有一定的差别。室内装修所用的金属结构安装图标注的安装精度要求误差相对较大，从施工的角度来看它更趋向于建筑施工图。

因此随着建筑装饰装修行业的发展，提高设计人员的素质，明确金属结构安装图与住宅建筑施工图的关系和作用是非常必要的。

7.2.2 室内装修中金属结构安装的特点

1. 金属吊顶

金属吊顶是近些年来发展起来的新型室内装饰材料和安装工艺，一般采用轻钢龙骨和铝合金龙骨两类型材为主材，以各种吊挂件、接插件和连接件等安装附件为辅助材料，如图7-4所示。

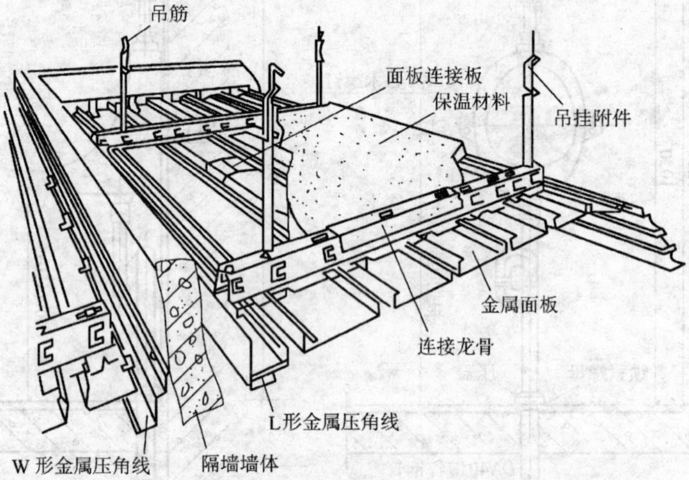

图7-4 M系列条形金属吊顶安装图

金属吊顶图样中各种剖面、断面图的图例、标准件的简化画法等，多数借鉴机械制图标准中的图例。由于各种金属龙骨的主要材料和吊挂件都是专业工厂生产的标准件，因此在图样上一般不标注各种零件和部件的具体尺寸，如图7-5、图7-6所示，而只在施工图样上标注结构的安装尺寸即可，而具体的技术要求及工艺说明则按照建筑和家具制图标准去表达。

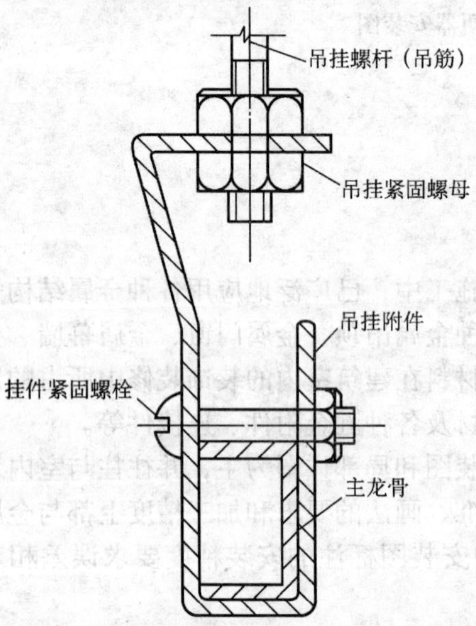

图7-5 金属吊顶主龙骨吊挂件安装图

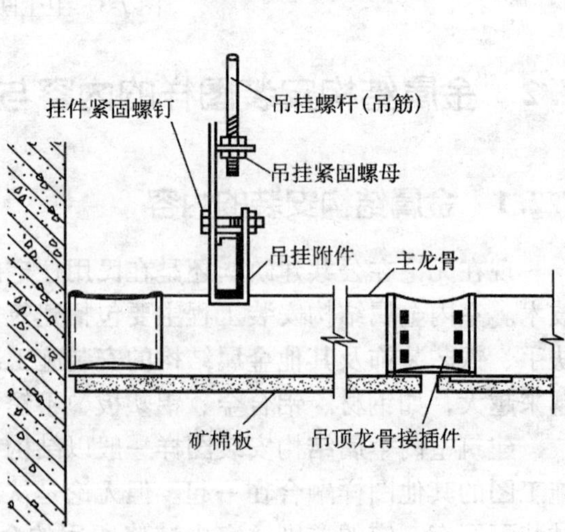

图7-6 轻钢龙骨吊顶局部详图

2. 铝合金窗

铝合金窗的种类较多，比较常见的有固定窗、推拉窗等类型，绘制图样时其表达的图例与建筑装饰装修的普通门窗表达图例有所不同，建筑的普通门窗图例是属于细实线绘制的近似于门窗实际形状的框架符号，而铝合金窗则采用与金属符号相同的粗实线绘制相关图例符号，这是需要绘图时予以注意的，如图 7-7 所示。

图 7-7　常见铝合金窗类型

虽然铝合金窗的种类很多，但是窗户用材都是由专业工厂按照国家标准生产出来的，有固定型号的铝合金型材，因此一般不绘制窗户整体结构图，而多数采用绘制窗户外形视图和窗户的局部详图的方法来代替安装施工图样，如图 7-8 所示。

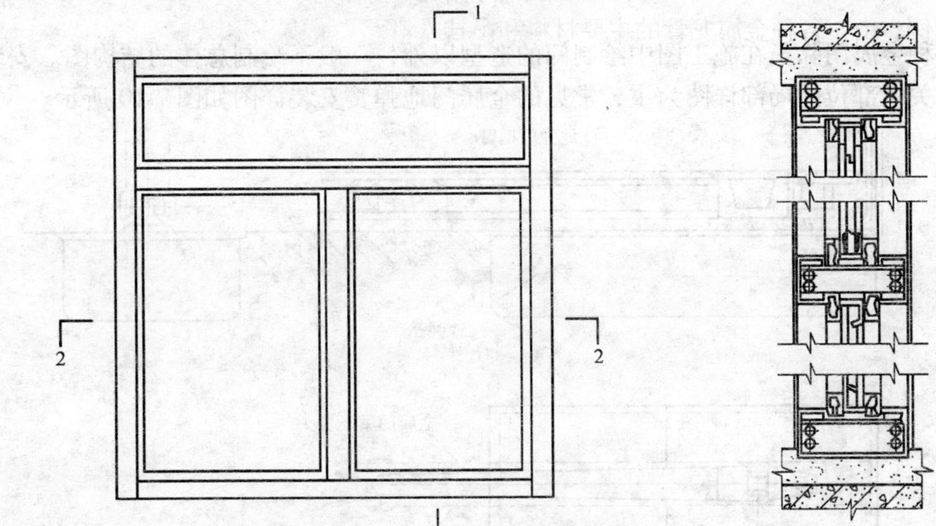

图 7-8　铝合金 90 系列固定窗安装详图

3. 金属门

金属门所使用的材料主要是铝合金，其次是不锈钢、铜材和普通钢材等。金属门的种类和造型也很多，如普通平开门、地弹平开门、推拉门、自动门、旋转门等，如图 7-9 所示。但是，在住宅中一般使用各种防盗平开门、拉闸门和推拉门等。

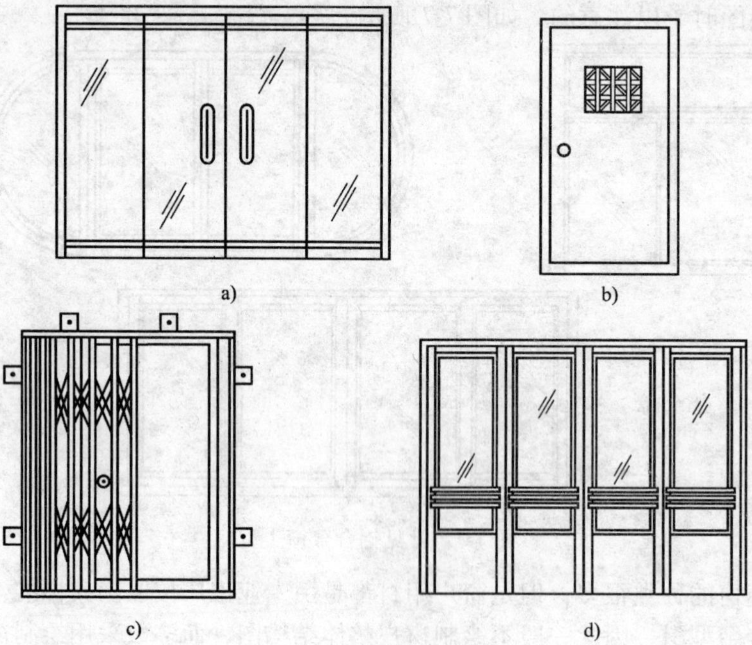

图 7-9　常见金属门的种类

各种金属门除了在施工图中绘制门的造型以外，一般不绘制总体的结构图。安装时主要以门的关键部位的局部详图为主，常见的金属门地弹簧安装详图如图 7-10 所示。

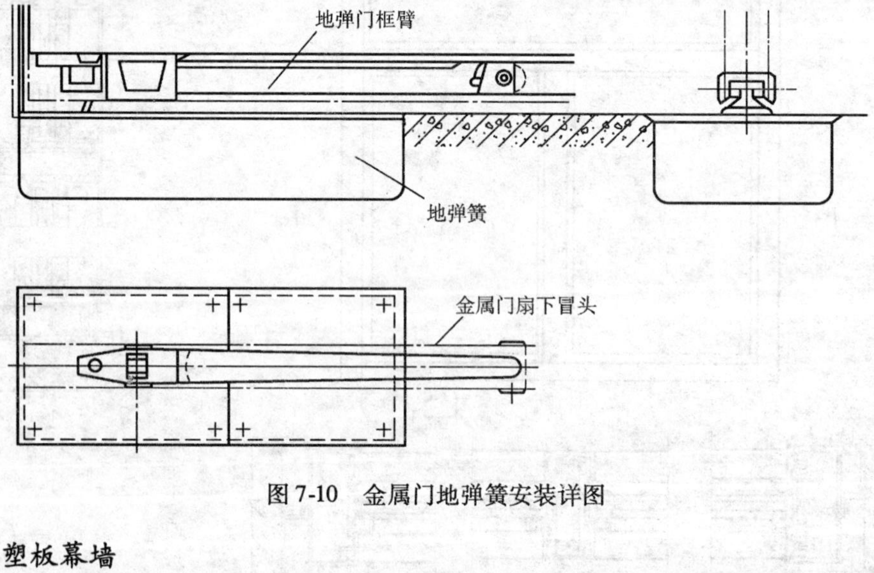

图 7-10　金属门地弹簧安装详图

4. 铝塑板幕墙

通常所说的铝塑板幕墙是指铝塑板在建筑外墙上的应用，但是近些年来这种铝塑板已逐渐在室内装修设计中应用起来，如家庭住宅中的卫生间、厨房的墙体等，也有将这种铝塑板作为卫生间、厨房的棚面使用的。这种铝塑板既可以安装在各种材料的龙骨上，也可以直接安装在墙体上。因此，在绘图时一般都直接与建筑结构画在一起，具体的结构安装主要是依据各种局部详图，如图 7-11、图 7-12 所示。

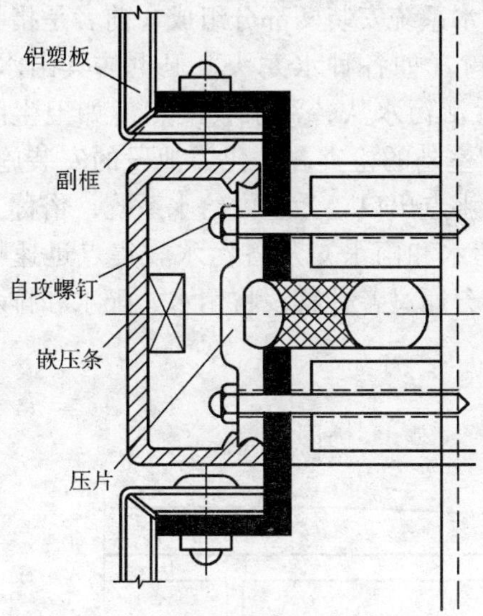

图 7-11　一般墙体铝塑板安装详图

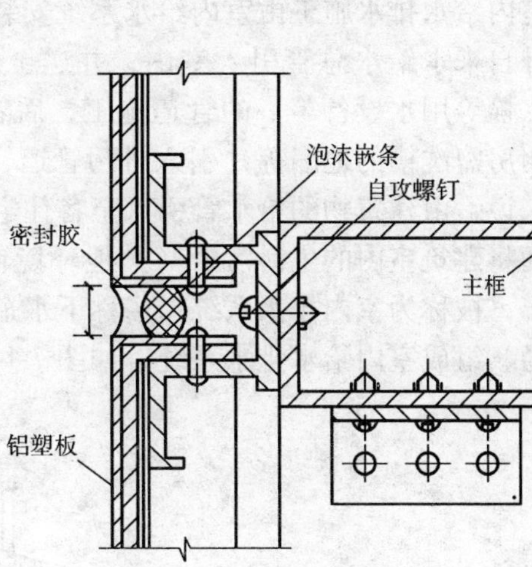

图 7-12　铝塑板幕墙安装局部详图

5. 铁艺部件安装

铁艺主要指用各种扁钢、金属管材、铸铁等材料，按一定的图案设计制成门窗、栏杆等。一般铁艺有图案设计图和施工安装图，如图 7-13 所示。

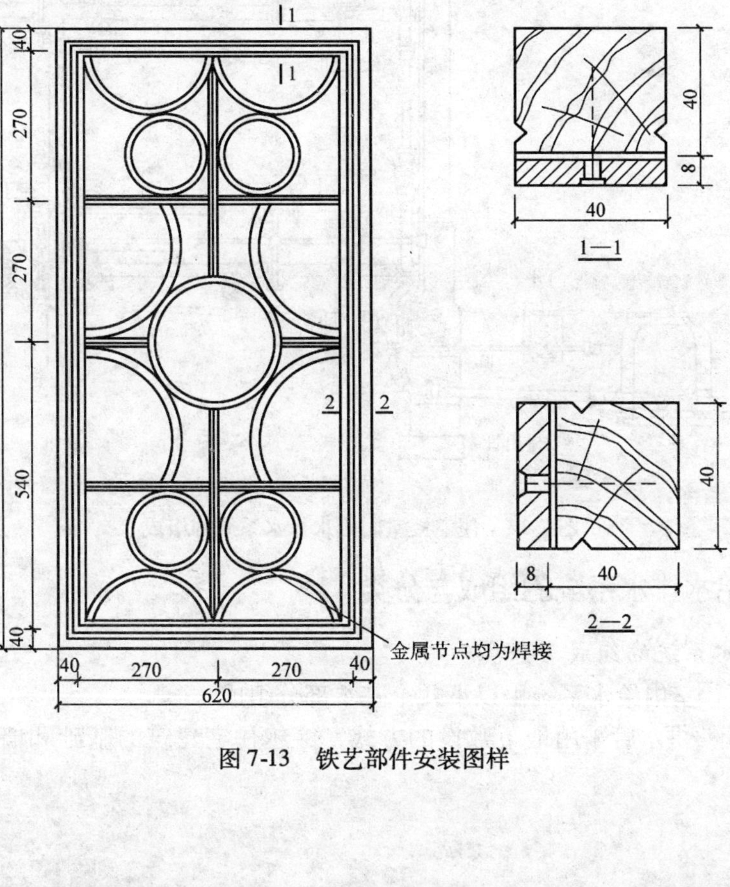

图 7-13　铁艺部件安装图样

7.3 给水排水施工图样的内容和特点

室内给水排水施工由室内给水系统安装和室内排水系统安装两部分组成，前者是指将水从室外自来水给水总管引入室内，并送至各个出水口（如各种水龙头、卫生洁具出水口、消防水栓等用水设备等）的管道施工，后者是指将生活污水从各污水收集点（如卫生间洁具、厨房盥洗槽的地漏等）引入排污管道，再排出到室外的检查井、化粪池段的安装施工。一般来说，由建筑物的给水管引入至各住宅室内的给水点出口，为室内给水系统，俗称上水管。而将建筑室内的生活污κ（其他环境包括生产污水和雨水）从各污水收集点迅速畅通地排出，被称为室内排水系统，俗称下水道。这两部分通过各种管线将用水、配水和排水设备连通，组成室内给水排水系统，如图 7-14 所示。

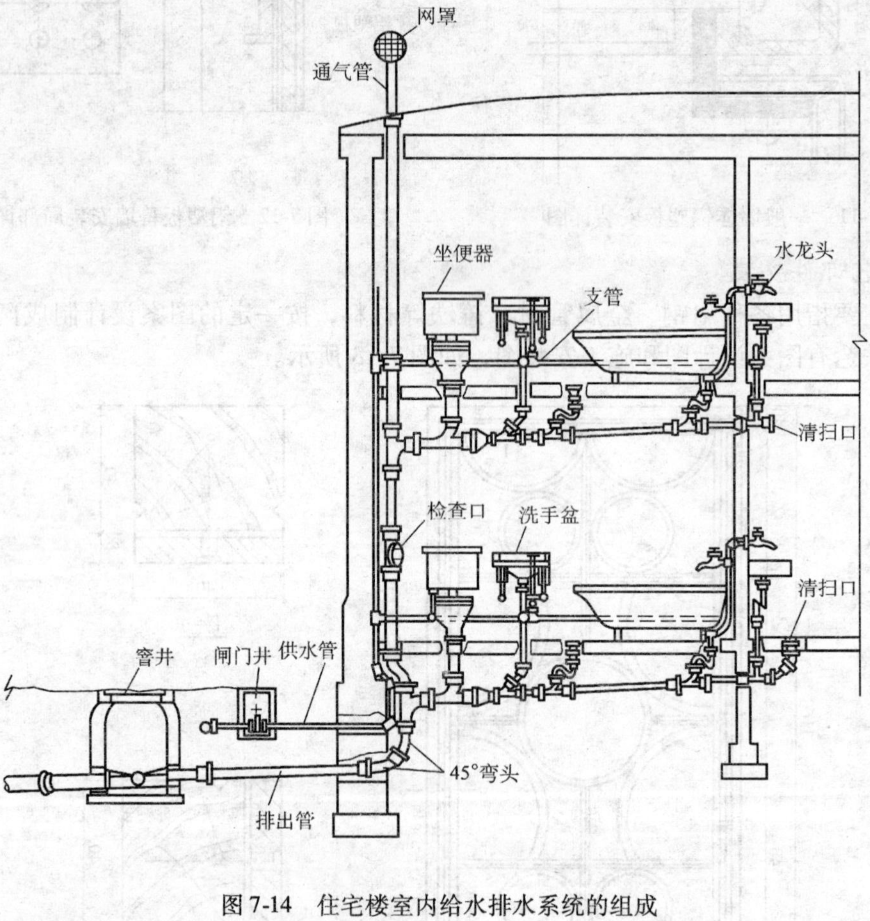

图 7-14　住宅楼室内给水排水系统的组成

7.3.1　室内给水排水系统的组成与分类

1. 室内给水系统的组成与分类

一般情况下，室内给水系统由以下几个基本部分组成：

（1）供水管　供水管采用地下敷设的方式，穿越住宅建筑的基础和墙体，由室外给水管将水引入室内给水管网的管段。

（2）水表节点　在供水管上安装水表、阀门、出水口等计量及控制附件，构成水表节点，其作用是对管道的用水进行计量或控制。

（3）给水管网　由水平干管（俗称横杠）、立管（俗称立杠）和供水支线管等组成的管道系统。

（4）用水和配水设备　即建筑物中的各种供水出口点（如各种水龙头、洁具出水口和淋浴喷头等）。水通过给水系统送到这些用水和配水设备后，才能供人们使用，从而完成供水过程。

（5）给水附件　给水管线上安装与连接的各种闸门、止回阀、储用水设备（包括水泵、水箱）等。

根据室内给水引入管和干管的布置方式的不同，给水管网的布置形式可以分为环形布置和枝形布置两种。环形布置是指给水干管首尾相连形成环状，有两根引入管。枝形布置是指给水干管首尾不相连，只有一个引入管，支管布置形状像树枝。

根据给水干管敷设位置的不同，常见的给水管网的布置形式可以分为下行上给式、上行下给式和分区供给式等。

下行上给式是当给水管网水压、水量能满足使用一定层高的建筑用水要求，或者在底层设有增压设备时，可将给水干管穿越建筑底层地面、墙体，经给水立管、支管直接送至各室内用水设备和用水点，如图 7-15a 所示。

而上行下给式则是给水管网的水压及水量在用水高峰时间不能满足使用要求时，可用水泵将水输送至建筑顶部设置的水箱储水，给水干管敷设在建筑顶层上面，在管网直接供水不足时，再将水从由水箱向下输送至各用水设备、出水点，又称二次给水，如图 7-15b 所示。现在多数城镇住宅采用这种管网布置形式，能够较好地保证高层居民住宅的用水，但水质容易被二次污染。

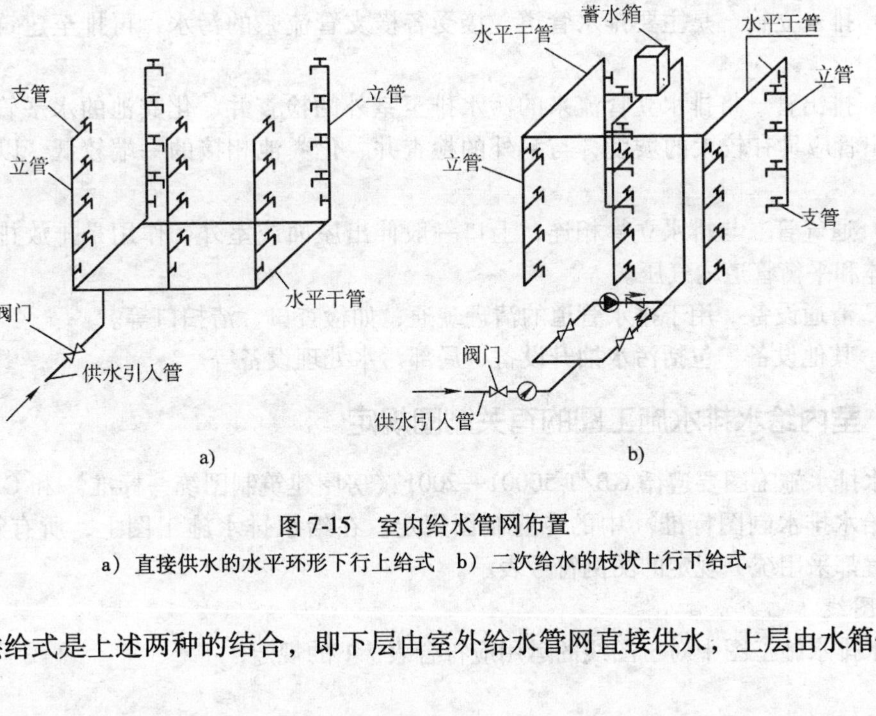

图 7-15　室内给水管网布置

a）直接供水的水平环形下行上给式　b）二次给水的枝状上行下给式

分区供给式是上述两种的结合，即下层由室外给水管网直接供水，上层由水箱供给。

2. 消防给水系统

消防给水系统可以分为普通消防给水系统、自动喷洒消防给水系统、水幕消防给水系统三类。其中水幕消防给水系统是用于防止火灾蔓延的特殊消防给水系统，主要用于较大型的公共空间。普通的居民住宅或高级公寓采用普通消防给水系统或自动喷洒消防给水系统即可。

（1）普通消防给水系统　又称消火栓系统，一般用于扑灭建筑物内部的初期火灾。它是常用的一种室内消防给水形式，经常用于普通的住宅建筑。

室内普通消防给水系统由水枪、水龙带、消火栓、供水管组成，管网与室外给水系统相连。消火栓位置一般都设在道路通畅的住宅建筑单元的门洞入口显要部位。当室外给水系统不能满足消防给水需要时，应当设置消防水箱和消防给水泵。

（2）自动喷洒消防给水系统　是一种能够自动探测火灾、自动实施喷水灭火，同时发出报警信号的特殊消防给水设施。它具有自动化程度高的特点，适用于火灾危险性较大或较高档的公寓型、别墅型的住宅建筑。自动喷洒消防给水系统由洒水喷头、供水管网、自动火灾探测和报警系统、消防水泵和消防水箱组成。

3. 室内排水系统的组成与分类

根据建筑的性质，排水系统分为生产污水管道、雨水管道和生活污水管道系统三类，住宅室内排水系统一般为生活污水管道系统。通常住宅室内排水系统有以下几个部分组成：

（1）污水收集设备　是室内排水系统的起点，如各种盥洗池、浴盆、大便池、小便池等。卫生器具带有的排水管一般设有水封（P 形或 S 形存水弯）或地漏等，这些污水收集器具接纳各种污水后排入管网系统。

（2）横支管　连接污水收集器具排水管和排水立管之间水平方向的管段，能够将从各污水收集器具流来的污水送至排水立管。横支管应具有一定的坡度，与排水立管相接的一端应较低，以利于排水。

（3）排水立管　是主要排水管道，接受各横支管流来的污水，再排至建筑物底部的排出管。

（4）排出管　将排水立管流来的污水排至室外的检查井、化粪池的水平管段。埋地敷设的排出管应具有较大的坡度，与室外的检查井、化粪池相接的一端较低，以利于排除污水。

（5）通气管　与排水立管相连，上口一般伸出屋面或室外，作用是排放排水管网中的有害气体和平衡管道内气压。

（6）清通设备　用于排水管道的清理疏通，如检查口、清扫口等。

（7）其他设备　包括污水抽升设备、局部污水处理设备等。

7.3.2　室内给水排水施工图的有关制图规定

给水排水施工图要遵循 GB/T 50001—2001《房屋建筑制图统一标准》和 GB/T 50106—2001《给水排水制图标准》中的专业制图规定。在给水排水施工图上，所有管道、配件、设备装置都采用统一规定的图例符号表示。

1. 图线

给水排水施工图中对于图线的运用应符合表 7-1 的规定。

表 7-1　给水排水施工图中常用的线型

名　称	线　型	线　宽	用　途
粗实线		b	新设计的各种排水和其他重力流管线
粗虚线		b	新设计的各种排水和其他重力流管线的不可见轮廓线
中粗实线		$0.75b$	新设计的各种给水和其他压力流管线；原有的各种排水和其他重力流管线
中粗虚线		$0.75b$	新设计的各种给水和其他压力流管线及原有的各种排水和其他重力流管线的不可见轮廓线
细实线		$0.25b$	建筑的可见轮廓线；总图中原有的建筑物和构筑物的可见轮廓线；制图中的各种标注线
细虚线		$0.25b$	建筑的不可见轮廓线；总图中原有的建筑物和构筑物的不可见轮廓线
单点长画线		$0.25b$	中心线、定位轴线

2. 比例

住宅给水排水施工图中常用的比例比较多，泵房平面图、剖面图、给水排水系统图等多采用1:50、1:30的比例绘制，管道纵断面图采用1:500或1:100的比例绘制，而部件、零件详图多采用1:2、1:1或2:1的比例绘制。

3. 标高

给水排水施工图中的标高以米（m）为单位，一般注写到小数点后第3位。住宅室内管道应标注相对标高；室外管道没有绝对标高资料时，可标注相对标高，但应与总图一致。给水排水施工图中一般标注管道中心标高，必要时也可以标注管道底部标高，并用文字说明。常见的标高标注方法如图7-16所示。

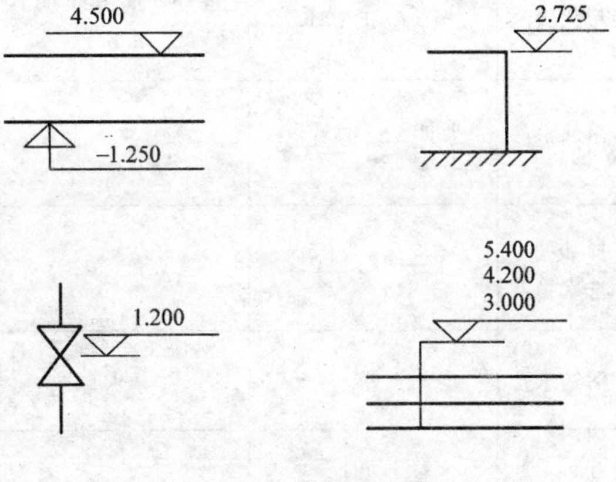

图 7-16　给水排水施工图标高标注方法

4. 管径

给水排水施工图中的管径尺寸应以mm为单位。

镀锌钢管、铸铁管、PVC管等应以公称直径“*DN*”表示，如*DN*28表示公称直径为28mm；无缝钢管应以外径*D*和壁厚表示，如$D114\times5$表示外径为114mm、壁厚为5mm；而陶瓷管、混凝土管等则采用内径“*d*”表示，如*d*230表示内径为230mm。同一种管径的管道较多时，可在附注中统一说明管径尺寸，而不用在图上标注。

5. 系统编号

给水排水施工图中某种设备或管道较多时，可用汉语拼音字头的类别代号+阿拉伯数字编号标注。如 JL—1 表示编号为 1 的给水立管，PL—3 表示编号为 3 的排水立管。其他附属设施如阀门井、检查井、水表井、化粪池等也应按照顺序编号，供水设施可以按照从水源到用水设备、先干管后支管，排水设施则应按从上游到下游，先干管后支管的顺序编号。

6. 图例

室内给水排水安装图中用规定的图例符号表示各种设备、管道的类型及安装位置。这些图例符号只是示意性地表示相应的器具和设备，其大小可以适当地按比例放大和缩小。绘制给水排水施工图应按照 GB/T 50106—2001 中规定的图例符号执行。给水排水施工图中常用的图例见表 7-2。

表 7-2　给水排水施工图中常用的图例

名　称	图例符号	说　明
截止阀		
浮球阀	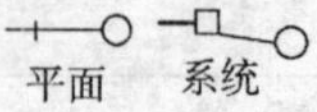	
淋浴喷头	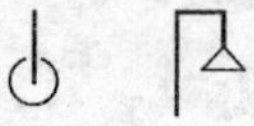	
通气帽		
立式小便器		
矩形化粪池	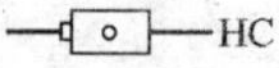	（HC 为化粪池代号）
室内消火栓		
自动冲洗箱		
生活给水管	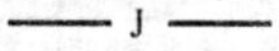	
管道立管	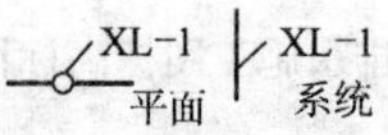	
存水弯	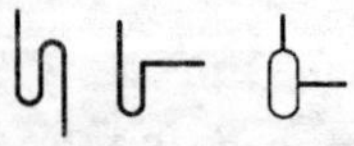	

名　称	图例符号	说　明
清扫口		
法兰连接		
法兰堵盖		
正三通	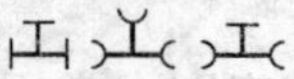	
立式洗脸盆		
浴盆	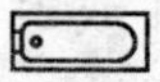	
带沥水板洗涤槽		
洗涤盆		
减压阀	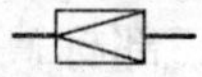	（左侧为高压端）
放水龙头		（左侧为平面，右侧为系统）
圆形地漏	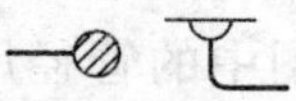	（通用，如为无水封堵，地漏应加存水弯）
污水池		
壁挂式小便器		
预作用警报器		
室外消火栓		
水表井		

（续）

名　称	图例符号	说　明	名　称	图例符号	说　明
废水管	—— F ——		短管		
立管检查口	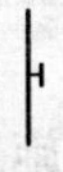		台式洗脸盆		
排水漏斗			坐式大便器		
承插连接	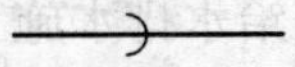		妇女卫生盆		
活接头	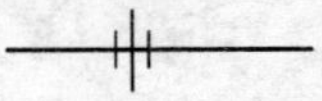		小便槽		
管堵					

7. 双线图和单线图

在给水排水管道施工图中往往用两根线表示一根管道的形状而不表示其壁厚，用这种方法绘制管道图样就是双线图。但有时为了使绘图更加简化，也可以用一条粗实线表示管道形状、管道位置和走向，而不标注其壁厚和管径数值，这种图则是单线图。在工程施工中单线图运用较多，而管线的其他技术细节可以通过详图或文字说明等表达。

8. 管道图示方法

给水排水施工图中，管道的积聚、重叠、交错是比较常见的现象，但是在投影表示方法上双线图和单线图有所不同。管道图示方法如图 7-17 所示。

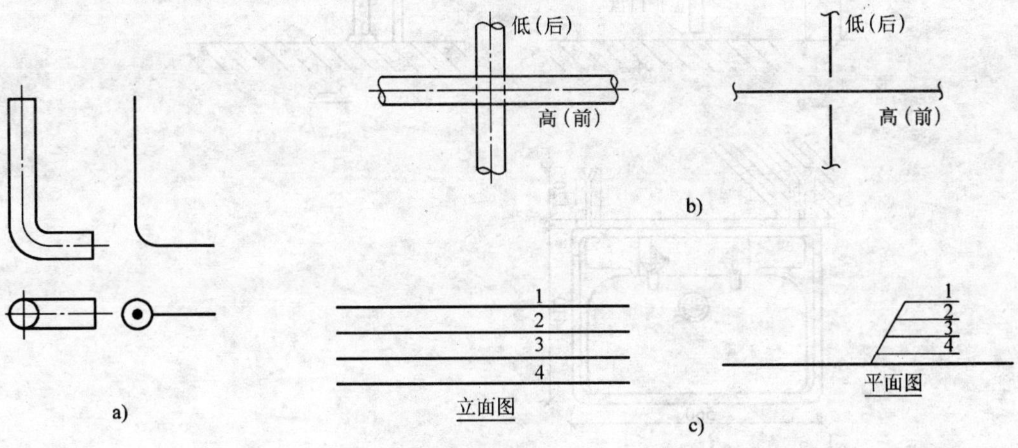

图 7-17　管道图示方法

a）管道积聚　b）管道交错　c）管道重叠

7.3.3 室内给水排水工程施工图及识读

室内给水排水施工图主要反映室内给水排水方式、相关设备和材料的规格型号、安装要求及与相关建筑构造的结构关系等内容。其属于建筑室内生活设施的配套安装工程，因此要对建筑或装饰施工图中各种房间的功能用途、有关要求、相关尺寸和位置关系等有足够了解，以便相互配合做好预埋件和预留孔洞等工作。

阅读给水排水施工图前，对相关的建筑施工图、结构施工图、装饰施工图应有一定的认识。给水排水的施工图主要包括施工说明、给水排水平面图、给水排水工程系统图、室内给水排水工程剖面图、给水排水设备安装图和给水排水安装详图等多种，但是涉及到住宅建筑中的家庭居室装修改造，上述多数图样都很少接触，常用的主要是给水排水施工平面图、室内给水排水工程系统轴测图和给水排水安装详图等几种，其中最主要的是给水排水安装详图。图 7-18 是家庭装修中比较常见的给水排水工程施工图样。

1. 室内给水排水平面图

室内给水排水平面图是在建筑平面图的基础上，根据给水排水工程制图标准的规定绘制的，是反映给水排水设备、管网平面布置情况的图样，也是室内给水排水安装图中最基本和最重要的组成部分。

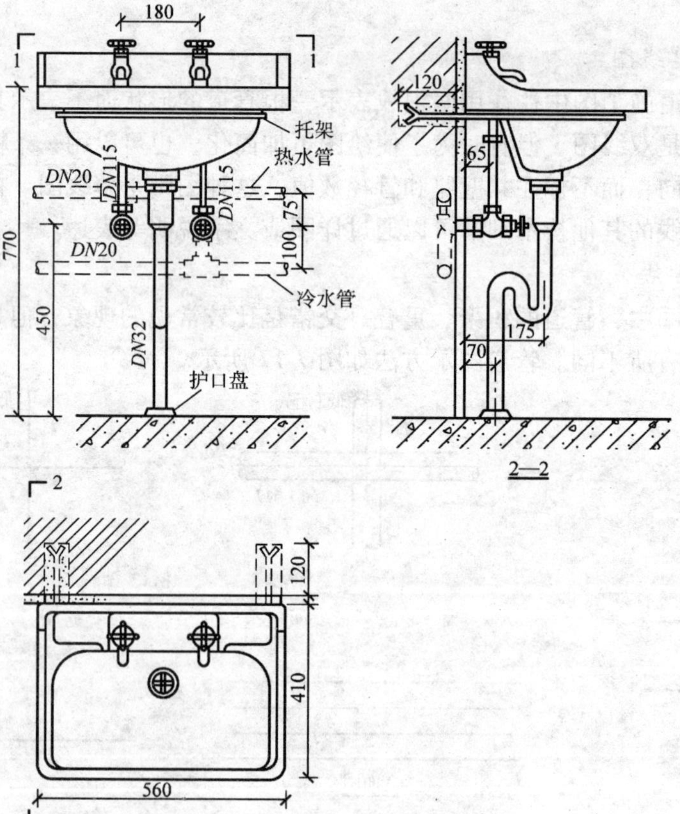

图 7-18 洗手盆施工详图

（1）给水排水平面图的绘制特点　对于高层住宅建筑和较复杂的工程，应将给水平面图与排水平面图分开绘制。对于一般的中、小型住宅工程，可以将给水和排水平面图绘制在同一张图样中。平面图上应有必要的文字标注和技术说明，如房间名称、地面标高、设备定位尺寸、详图索引及相关的工艺要求等。

室内给水排水平面图是采用与建筑平面图相同的投影方法形成的。这种图样不仅反映卫生设备、管道的布置、建筑的墙体、门窗孔洞等内容，还表达了给水排水设备、管线的平面位置关系。与建筑平面图不同的是有关给水排水的主体设备、管线等用较粗的线型绘制，以便突出安装图样的重点，而建筑的平面轮廓则用细实线绘制。

（2）室内给水排水平面图的识读　阅读平面图时，可按照用水设备→支管→竖向立管→水平干管→室外管线的顺序，沿给水排水管线迅速了解管路的走向、管径大小、坡度及管路上各种配件、阀门、仪表等情况。

单户住宅室内的给水排水施工比较简单，识图相对比较容易一些。如图7-19所示为典型的住宅建筑套房局部室内平面图，其中厨房和卫生间部分表达了给水排水系统的布置情况。

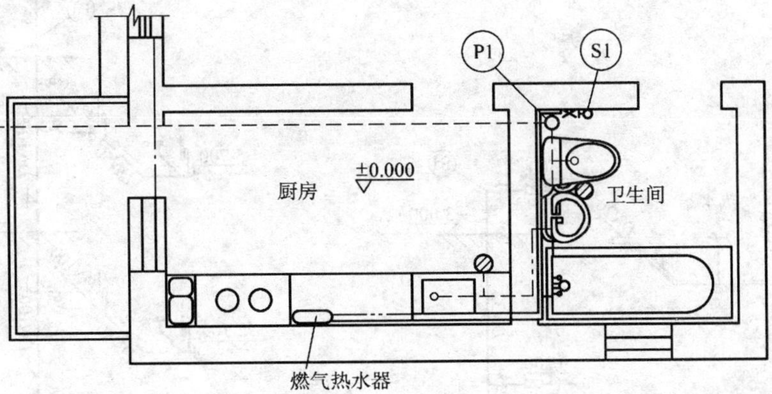

图7-19　某住宅室内厨房和卫生间给水排水平面图

图7-19中套房住宅的厨房内有燃气热水器和洗涤池两件设备和一个地漏，卫生间有浴盆、洗手盆、坐便器三件卫生设备和一个地漏。燃气热水器、洗涤池、浴盆、洗手盆、坐便器共用一根水平给水干管，水平干管通过水表和阀门与竖立干管S1相接（图中用粗实线圆圈画出，洗涤池、浴盆、洗手盆共用一根给水热水干管，如图中双点画线所示），热水干管接至燃气热水器引出管。排水水平干管最前端为洗涤池，然后依次是厨房地漏、浴盆、洗手盆、卫生间地漏、坐便器，最后接至排水竖立管P1，管线暂用粗虚线表示。给水排水竖向立管一般都是贯通住宅楼的各层，最后由一层埋入地下后引至室外，与室外给水排水管网相接。

对于住宅室内的给水排水系统安装，应全面地考虑该套住宅的给水排水系统与整个系统的设计与施工关系。通常情况下，住宅楼底层给水排水平面图除反映室内给水排水系统相关内容外，还能够反映与室内给水排水相关的室外部分系统图样。

2. 室内给水排水系统图

各种公共与民用建筑的给水排水管道都是纵横交错敷设的，为了清楚地表达整个管网的连接方式和走向，通常采用斜等轴测图分别绘制给水系统、排水系统的工程系统图。一般采用单线线型和图例表示管线及各种配件。各楼层间如果布置格局、设备相同则可只画一层，其余的楼层标注明确即可。给水排水系统图主要包括：

1）管网相互关系，整个管网各楼层之间的关系，管网的相互连接及走向关系。

2）管线上各种配件关系，如检查口、阀门、水表、存水弯的位置和形式等。

3）管段及尺寸标准管路编号、各段管径、坡度及标高等。

识读系统图时，应将给水排水系统图与给水排水平面图进行对比，通过各立管编号找出它们与平面图的联系，从而形成对整个管线系统的整体认识。图 7-20 的左图是一简单的二层小楼的给水系统图，从给水水平干管标注的符号为 *DN*32，可以看出其管径即为 32mm，在标高 1500mm（均指管心标高）处转折后引至竖向立管，由竖向立管向上引至顶层水平干管，再经支管引至各用水设备。

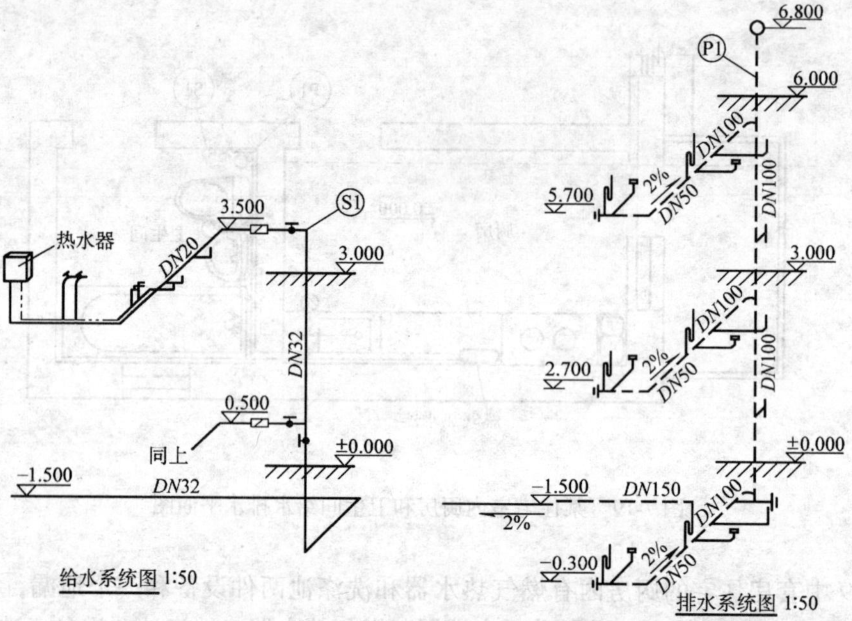

图 7-20　住宅楼室内给水排水系统图

从供水竖管标注的符号上看，其管径为 *DN*320 通过对楼层和水平支管标高数据的计算得知楼层水平支管中心距各楼层地面高差为 500mm，管径则变为 *DN*20。供水管线在一层设总阀门，在每层楼的水平支管上均设置用户给水阀门，阀门后部安装一个计量用的水表。洗涤槽、浴缸、洗手盆均设冷热两个出水口，热水管由燃气热水器引至各用水设备出水口（双点画线为热水管）。

图 7-20 的排水系统图中，竖向排水干管贯通楼层，并设置检查口。每个楼层均有一条水平排水干管，其端部设清扫口，以方便检修。竖向排水干管、水平排水干管及末端管径为

*DN*50 的坐便器至竖向立管这一段的管径均采用 *DN*100 的排水管。水平排水干管需向下做成 2% 的坡度与排水立管连接，以方便排水。楼顶的通气管伸出屋面的高度为 0.8m，管上部设通风帽。

3. 消防给水平面图和系统图

消防给水系统在较大型建筑中一般都是独立的给水系统，管径一般都比较粗。住宅建筑所采用的普通消防给水系统的管径比较粗，自动喷洒消防给水系统的给水管线随着输水距离和节点的变化，其管径由输水始点至出水口逐渐变细。有的住宅建筑生活给水和消防给水共用一个引水管。

图 7-21 为一个普通住宅套房室内消防给水平面图和系统图，FPL-1 是 1 号消防喷头给水立管，是从楼的底层升上来的。在该层由给水立管引出水平干管，先后安装截止阀和消防警报阀两个阀门，然后到达各水平支管，终端为距离不同的消防喷淋头。消防喷淋头符号在系统图中的画法为倒三角形，平面图中则是小圆圈。

从消防给水系统图中可以看出，给水干管从给水阀门端开始直至各喷淋头的出水位置，管径由粗渐细，依次为 *DN*100、*DN*70、*DN*50、*DN*40。而输水支管接近干管段为 *DN*32，远端段则为 *DN*250 而住宅平面图中所标注的尺寸均为输水管线和消防喷淋头的定位尺寸。

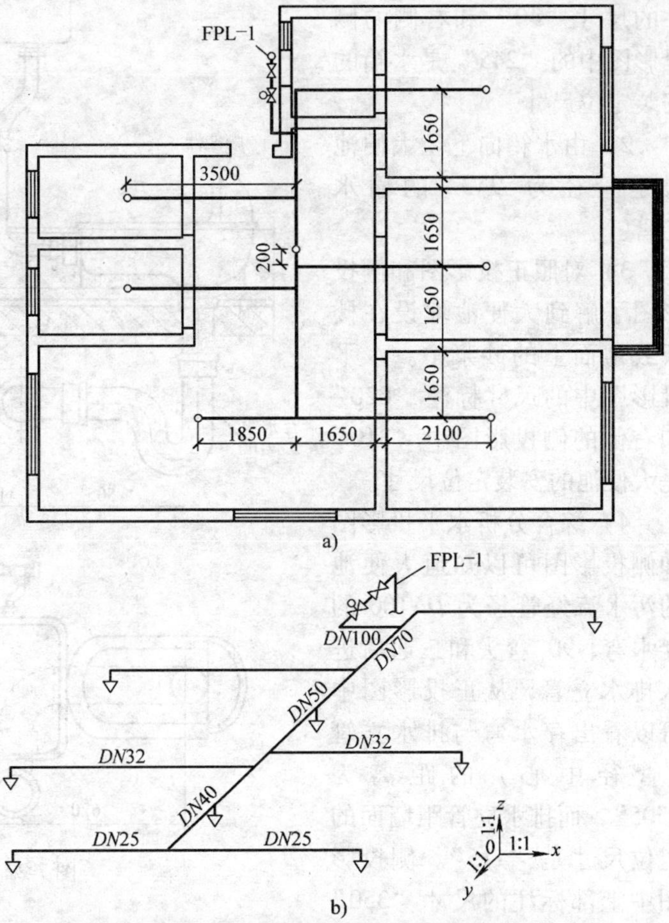

图 7-21　某住宅套房室内消防喷淋系统
a）给水平面图　b）给水系统图

4. 室内给水排水详图

又称大样图，能够详细表达该结构或位置的安装方法。给水排水工程的安装施工国家已有标准图集和通用图集可供选用，除有特定要求外，一般不必绘制详图，只要标注规定的索引符号表达标准详图的来源即可。因此有时要查阅相关的给水排水标准图集。

（1）蹲便器安装详图识读　识读设备安装详图时，应首先根据设计说明所述图集号及索引号找出对应详图，了解详图所述节点处的安装做法。蹲便器的安装是住宅中常见的施工安装工程，也是标准图集中规范的安装详图，如图 7-22 所示。

该安装详图由蹲便器的正向、侧向和水平等三个方向的投影图组成，很清楚地表达了这种蹲便器的安装位置、管件连接方式、固定方法等。

1）首先在右侧的侧投影图上部可以看到管径为 *DN*15 的给水管是明管，由上面进入水箱侧面。水箱用埋入墙中的两个螺栓固定在墙上。左侧的正投影图中水箱部位所标注的尺寸“40”和右侧的侧投影图中的“245”是水箱的安装定位尺寸。

2）由水箱向下至大便池段是管径为 *DN*32 的输水立管。

3）对照正投影图和侧投影图了解到大便池埋设在楼板或地面上的砂浆中。水平投影图中的尺寸标注“620”和右侧的侧投影图中“310”是大便池的安装定位尺寸。

4）综合分析水平投影图和侧投影图可以知道大便池的污水流经管径为 *DN*100 的存水弯、90°弯头和三通后进入排水立管，从正投影图中可以看出存水弯与排水立管（管径中心）的距离为“505”，而排水立管距墙面的定位尺寸是“115”。侧投影图中上部标注的尺寸“350”是阀门的安装尺寸；下部标注的尺寸“250”为存水弯的高度安装尺寸，排水立管旁标注的尺寸“900”为扫除口的定位尺寸。

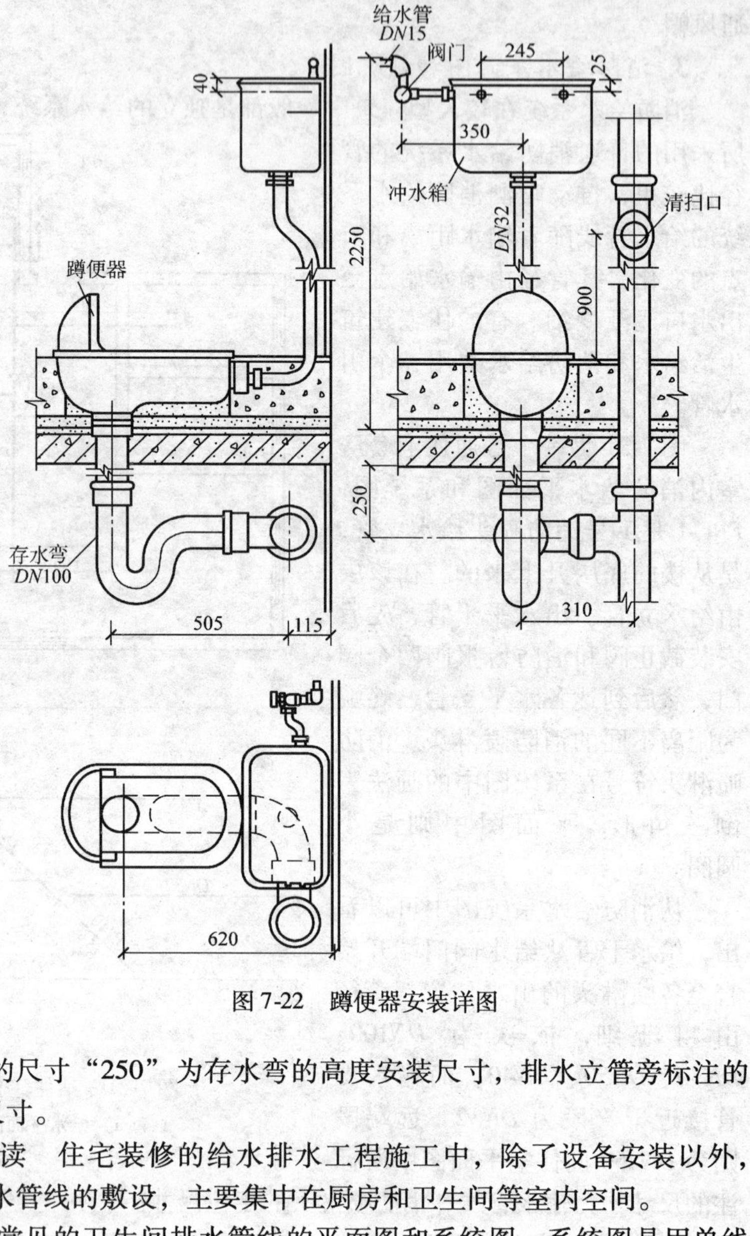

图 7-22 蹲便器安装详图

（2）给水排水管线详图识读　住宅装修的给水排水工程施工中，除了设备安装以外，工程量较大的就是各种给水排水管线的敷设，主要集中在厨房和卫生间等室内空间。

图 7-23 是普通住宅装修中常见的卫生间排水管线的平面图和系统图，系统图是用单线条画出来的。它没有管件之间的装配尺寸。

在平面图上我们可以很清楚地看出 1 号位置是厕所内的坐便器污水排出口，2、3 号的位置分别是卫生间里洗手盆、浴盆的污水排出口。而与浴盆隔着一道墙的 4 号位置则是厨房内洗涤池的污水排水口（即图中带有“P”和序号的圆圈）的平面图。

根据平面图与系统图对照来看，图中除一个管径尺寸和土建尺寸外，都是排水管道安装尺寸。位于厕所内的 1 号和 2 号排水口之间的排水立管与 1 号排水口至排水立管之间的水平管管径均为 *DN*100，其余水平排水管管径则为 *DN*50。

在系统图中可以看出水平排水管1号排水口通过三通直接与排水立管相接，2号排水口到3号排水口，需要弯折135°安装，4号排水口则向上弯90°连接回水弯，如图7-23所示。

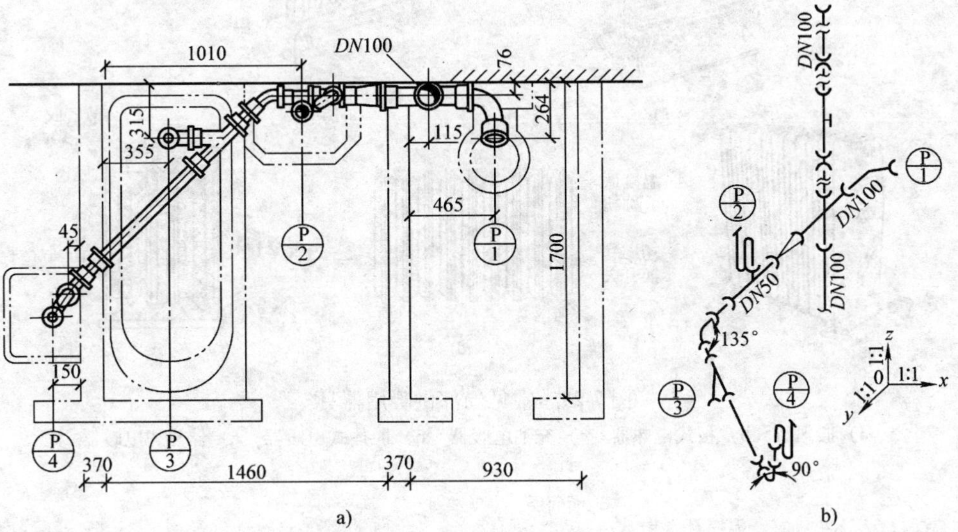

图7-23　卫生洁具排水管路图
a）平面图　b）系统图

7.4　暖通与空调施工图样的内容与特点

暖通与空调系统包括供暖、通风和空气调节三个方面的内容，这三种系统的组成和工作原理各不相同，但是对于安装施工图的识读来说，各个系统的图样是相似的。

7.4.1　供暖系统的分类与组成

1. 供暖系统的分类

供暖系统因热源、输送热能的方式、散热器的安装形式不同，而形成不同的供暖系统。如热水机械供暖就有散热器供暖和地热供暖两种形式。而同一种散热器也可以采用热水或蒸汽两种不同的热媒作为热源。甚至同一种散热形式也可采用不同的供暖形式，如地热供暖既可以采用电加热，也可以采用热水集中供暖。因此，供暖系统的分类相对比较复杂。如根据热源与散热器的位置关系，供暖系统可以分为局部供暖系统和集中供暖系统两种形式；根据热能在系统中输送方式可以分为自然循环热水供暖和机械循环热水供暖形式；从散热方式上来看，有散热器供暖和地热供暖两种方式。

（1）局部供暖系统　为使室内局部空间或局部工作地点保持一定温度要求，热源和散热器在同一个空间内即称局部供暖系统，如一般的火炉供暖、煤气供暖、各种电热器供暖、电气地热供暖等。其中电气地热供暖是近些年来发展起来的新型供暖方式。常见局部供暖用器具和电气地热局部供暖示意图，如图7-24、图7-25所示。

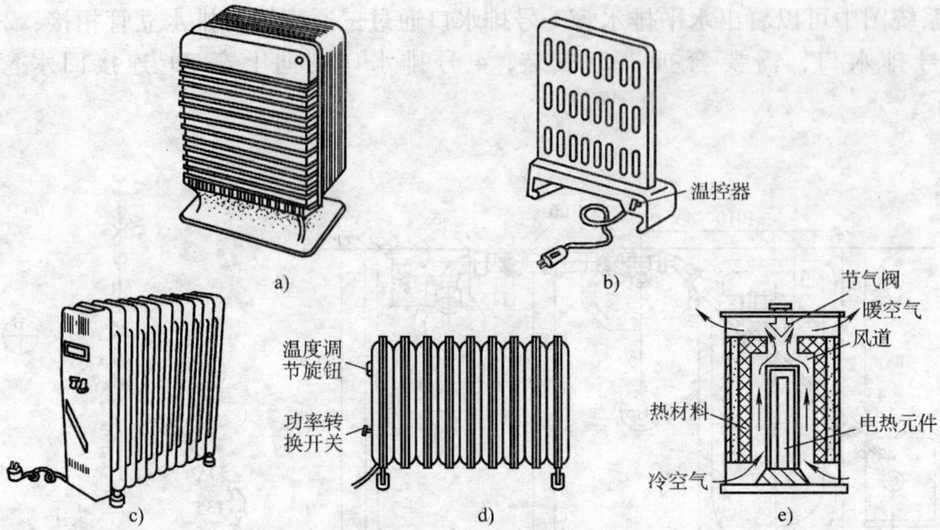

a) b) c) d) e)

图 7-24　常见局部供暖用器具

a）暖风机　b）板式电热器　c）充油电暖器　d）腔体式电暖器　e）储热式电暖器

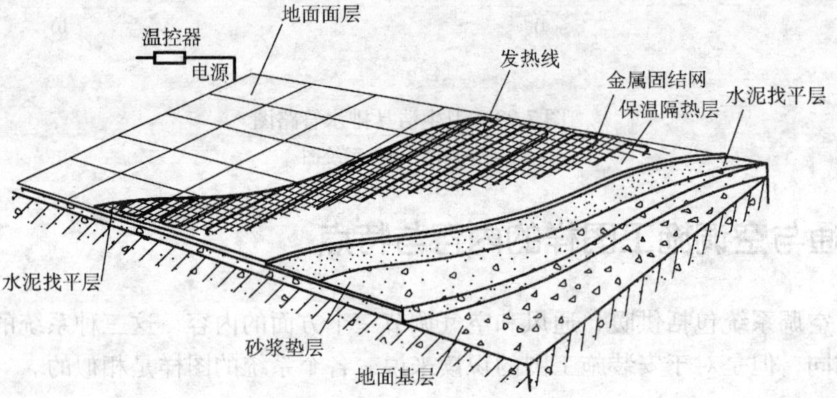

图 7-25　电气地热供暖示意图

（2）集中供暖系统　集中供暖系统是指热源和散热设备分别设置，利用一个热源产生的热能通过输热管道向各个建筑空间供给热量的供暖方式。从经济、卫生和供暖效果来看，是目前住宅建筑中常见的供暖系统。

目前集中供暖系统一般都是以供暖锅炉、天然温泉水源、热电厂余热供汽站、太阳能集热器等作为热源，分别以热水、蒸汽、热空气作为热媒，通过供热管网将热水、蒸汽、热空气等热能从热源输送到各种散热设备；散热器再以对流或辐射方式将热量传递到室内空气中，用以提高室内温度。以此形成热水供暖、蒸汽供暖和热风供暖三种供热方式。

锅炉热水供暖系统是目前住宅建筑广泛采用的一种供热方式。它是由锅炉将水加热至90℃左右以后，热水通过室外供热管网输送到建筑室内，再经由供热干管、立管、支管送至各散热器内，散热后已冷却的凉水回流到回水干管，再返回至锅炉重新加热，如此循环供热。

（3）自然循环热水供暖系统　自然循环热水供暖系统不设水泵等强制循环动力，主要依靠供给热水和回流冷水的容重差所形成的压力使水进行循环。在自然循环热水供暖系统中一般不设置集气罐，而是利用膨胀水箱或放气阀来排除系统内的空气。这种供暖方式主要以小型的热水供暖系统为主，供暖面积相对较小，如小型企业、乡村住宅或城镇分户住宅家庭中广泛采用的上供下回式的自然循环热水供暖设施就是这种形式。

（4）机械循环热水供暖系统　较大的热水供暖系统不可能采用循环效率较低的自然循环方式，必须依靠水泵才能使水进行强制性循环，加快热能交换与输送，这就是机械热水循环供暖系统。

机械循环热水供暖系统由热源、输热管网、水泵、散热器、膨胀水箱以及集气罐等组成。膨胀水箱的作用是为了容纳系统内水受热后所膨胀的体积。集气罐一般设置在供水干管的最末端，即供水干管的最高点，是为了及时地排出系统中的空气，防止空气积存在散热器和管道中影响散热和热水循环而设置的。机械循环热水供暖系统如图7-26所示。

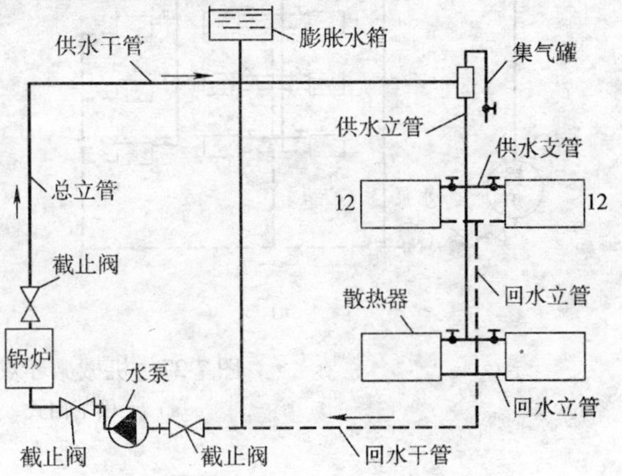

图7-26　机械循环热水供暖系统

2. 热水供暖系统的组成

供暖系统按照供暖立管与散热器的连接形式不同，连接每组散热器的立管有单管顺流输送供暖和双管均流输送供暖两种安装形式。

由于供暖干管的位置不同，其热水输送的循环方式也不尽相同。比较常见的是上供下回式、下供下回式两种形式。

上供下回式热水输送循环系统是指供水干管设在整个供暖系统之上，回水干管则设在供暖系统的最下面。

下供下回式热水输送循环系统是指热水输送干管和回水干管均设置在供暖系统中所有散热器的下面。供热干管应按水流方向设上升坡度，以便使系统内空气聚集到供暖系统上部设置的空气管，并通过集气罐或自动放风阀门将空气排至系统外的大气中。回水干管则应按水流方向设下降坡度，以便使系统内的水全部排出。一般情况下，供暖系统上面的干管敷设在住宅顶层的天棚处，而下面的干管应敷设在住宅底层地板上或地沟里。

（1）双管热水输送循环系统　常见的住宅室内一般多采用双管均流输送供暖系统，这种循环方式有两根立管（供水立管和回水立管）分别与散热器连接，热水均匀平行地分配给所有散热器，从散热器流出的回水都直接返回到热源。双管均流输送式热水供暖系统图如图7-27所示。

（2）单管热水输送循环系统　是指与散热器连接的供热立管只有一根，来自热源的热水依照楼层顺序流过各层的散热器，最后回流到热源（锅炉）。单管顺流输送供暖系统由于供热干管敷设方式的不同，可以分为垂直式和水平串联式等多种。

垂直式单管顺流输送供暖系统有两种连接方式，一种是采用的是顺流式连接，这种系统不能对单个散热器进行热量调节，如图7-28a所示。另一种是跨越式连接，它克服了不能单独调节的缺点，如图7-28b所示。

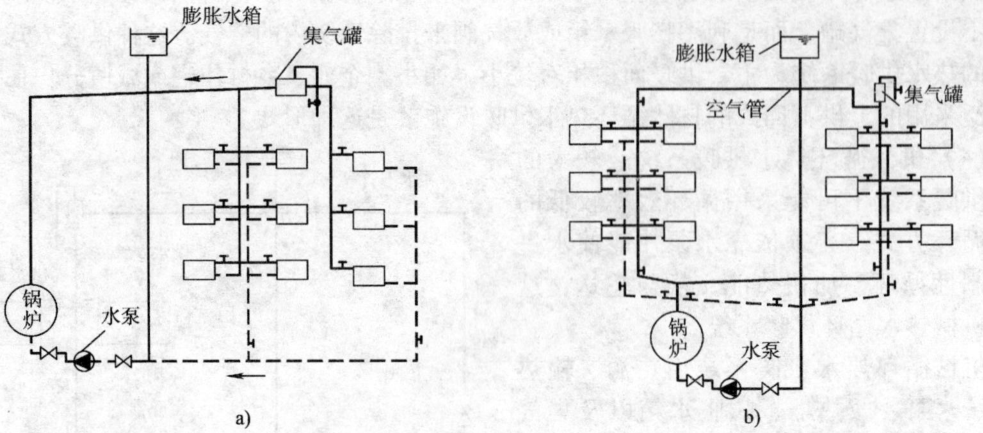

图 7-27　机械循环双管式热水供暖系统

a）上供下回式　b）下供下回式

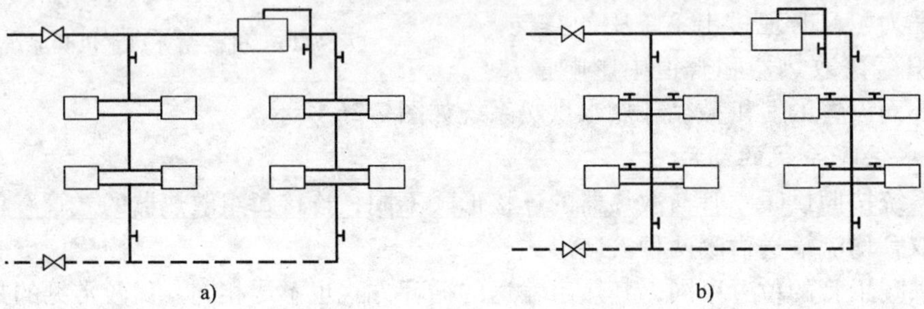

图 7-28　单管垂直式热水供暖系统

a）顺流式连接　b）跨越式连接

水平串联式单管顺流输送供暖系统，是利用水平支管把几组散热器串联在一起，一般不超过 5 组。单管水平式热水供暖系统可以通过安装在每个散热器上的放气阀进行局部排气，也可以将散热器上部用一根专门的空气管连接起来，集中通过一个散热器上的放气阀进行集中排气，如图 7-29 所示。

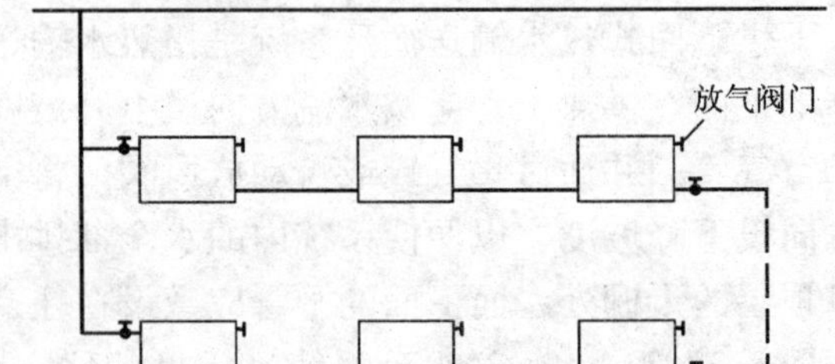

图 7-29　水平串联式安装

7.4.2　供暖系统的施工图及识读

建筑供暖系统施工图分室内和室外两部分。住宅室内装修中很少涉及室外部分，主要接触住宅建筑的供暖系统平面图、系统轴测图和安装详图。

住宅建筑的供暖系统施工图经常采用单线表示管路，一般均附有设计施工说明。而供暖工程图中有许多不易图示的做法，如表示刷漆、接口方式等一般用文字在施工说明中叙述。

1. 供暖工程平面图

绘制住宅建筑供暖平面图时经常采用1∶100的比例。图样应表达如下内容：

1）住宅建筑的平面轮廓、定位轴线和建筑主要尺寸，如各层楼面标高、房间各部位尺寸等。

2）为突出整个供暖系统，散热器、立管、支管用中实线画出；供热干管用粗实线画出；回水干管用粗虚线画出；回水立管、支管用中虚线画出。表示出供暖系统中各干管支管、散热器位置及其他附属设备的平面布置。每组散热器的近旁应标注片数。

3）标注各主干管的编号，编号应从总立管开始按照①②③的顺序标注。为避免影响图形清晰，编号应标注在建筑物平面图形外侧。同时标注各段管路的安装尺寸、坡度，如0.3%，即管路坡度为千分之三，箭头指向下坡方向等，并应示意性表示管路支架的位置。立管的位置，支架和立管的具体间距、距墙的详细尺寸等在施工说明中予以说明，或按照施工规范确定，一般不做标注。

图7-30是住宅楼单元套房供暖工程平面图，该工程为常见的分户供暖形式，采用上给下回热水采暖系统。图中入户门旁边的白色圆圈和黑色圆圈是热水输送立管和回水立管，并排布置在单元房入口处，是由楼下引入后贯穿各楼层。热水经水平供热管的闸阀后进入室内的各个散热器，而冷却水则经每个散热器的回水管集中返回总回水管，最后进入回水立管。散热器一般布置在窗或门边，以利于室内热对流。散热器每组均由多片组合而成。散热器前的数字表示片数。

本图在住宅室内入门处的“*DN*50”表示的是热水和回水立管的公称直径为50mm，其余所标注的“*DN*32”均为热水和回水支管的公称直径为32mm。如图7-30所示。

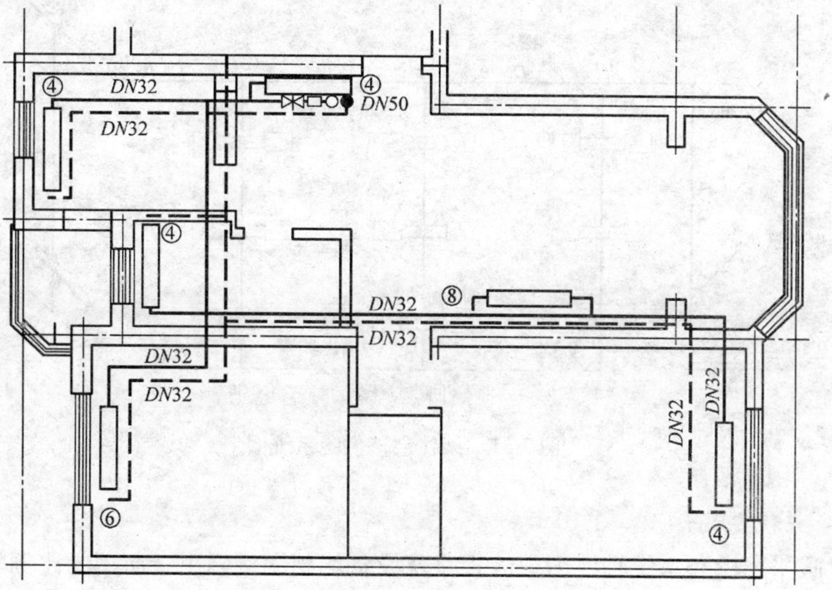

图7-30　某住宅楼套房供暖工程平面图

2. 供暖工程系统图

供暖系统图是表示从热水（蒸汽）入口至出口的采暖管道、散热器、各种安装附件的空间位置和相互关系的图样，能清楚地表达整个供暖系统的空间情况。供暖系统图以供暖平面图为依据，采用与平面图相同的比例以正面斜轴测投影方法绘制，其作图方法和步骤如下：

1）确定地面标高为 ±0.00 的位置及各层楼地面的标高。

2）从室外热水（蒸汽）引入管画起，先画总立管和建筑顶层棚下的供暖干管。干管的位置、走向应与供暖平面图一致。

3）根据供暖平面图中各个立管的位置，画出与供暖干管相连接的各个立管。

4）画出各楼层的散热器及与散热器连接的立管、支管。

5）接着依次画出回水立管、回水干管，直至回水出口。在管线中需画出每一个固定支架、阀门、补偿器、集气罐等附件和设备的位置。

6）标出各立管的编号、各干管相对于各层楼面的主要标高、干管各段的管径尺寸、坡度等，并在散热器的近旁标注片数。

识读供暖系统图时应与供暖平面图对照阅读，要先查明管道系统的立管编号、管道标高、各段管径、坡度坡向等。可以从平面图了解散热器、管线等平面位置，再由平面图与系统图对照找出平面上各管线及散热器的连接关系，了解管线上如阀门、膨胀水箱、集气罐、疏水器等配件的安装位置及标高。

图 7-31 是某住宅楼供暖系统图，此系统图反映了供暖系统管路连接关系、空间走向及管路上各种配件和散热器在管路上的位置，并反映管路各段管径和坡度等。从系统图上可看出，该系统为单管自然循环上供下回垂直跨越式热水供暖系统。标注有立管的系统编号 L1 ~ L4，供水干管的标高为 9. 900m。供暖系统热水出入口的标高为 -0. 700m，热水出入口与供水干管的末端均设置了闸阀，敷设在地沟中。图中还标注了水平干管的坡度和坡向。

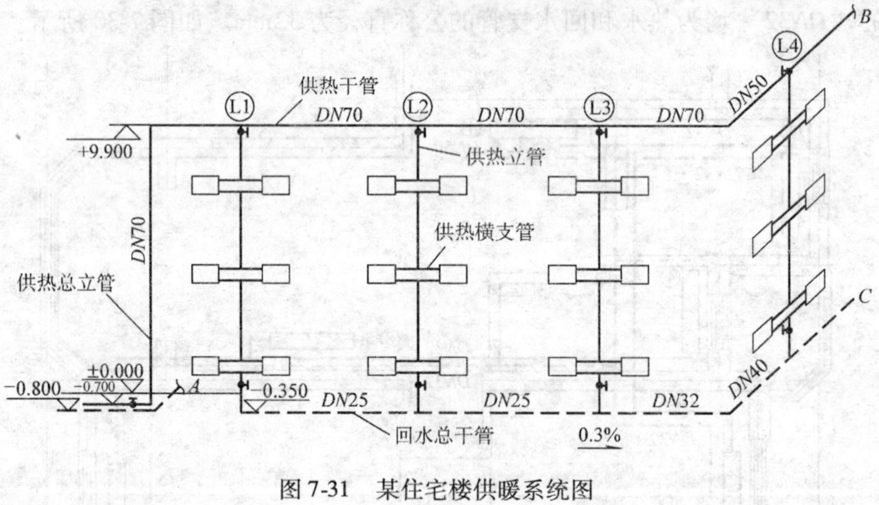

图 7-31　某住宅楼供暖系统图

3. 供暖工程安装详图

由于供暖平面图和系统轴测图中的管路及设备均用图例画出，所用的比例较小，很难清楚地表达设施构造及安装情况。设计时常采用常用 1∶5、1∶10、1∶20 等较大的比例，以利于安装，这种图样称为安装详图。供暖工程安装详图有散热器的安装详图、集气罐的构造及与管路的连接详图、补偿器的构造详图等多种。这类图样有国家标准及地区性标准图集，一般不必画出，只要用详图索引符号索引即可。图 7-32 为散热器安装详图及有关尺寸，图中可以看到散热器的形式及固定构造，以及管线连接管穿墙、穿板做法及散热器距墙距地尺寸等。

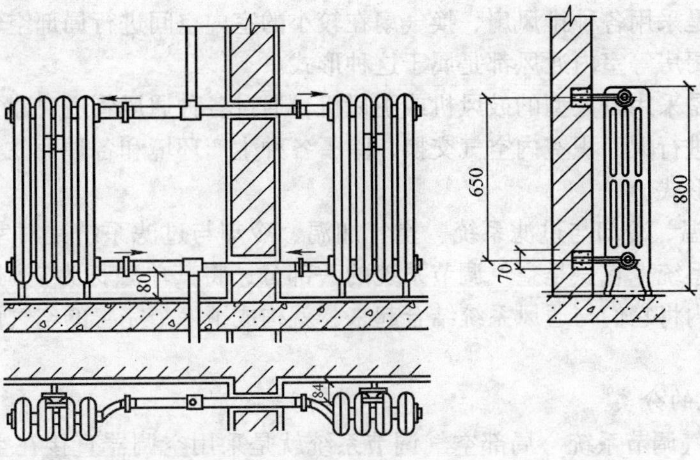

图 7-32 散热器安装详图

7.4.3 空调系统的组成与分类

1. 空调系统的组成

空调系统是泛指对室内空气进行加温、冷却、过滤或净化后，采用气体输送管道进行空气调节的系统。包括通风系统，空气加温、冷却与过滤系统两类。

(1) 通风系统 建筑通风包括排风和送风两个方面，从室内排出污浊的空气叫排风，向室内补充新鲜空气叫送风。通风系统可以分为自然通风和机械通风两种形式。根据通风作用范围不同，机械通风又有室内局部通风和全面通风两种工作系统。

自然通风是借助于自然条件产生的“风压”或“热压”促使空气流通，它不消耗能源，换气量较大。由于完全依靠自然条件，通风效果不稳定。

机械通风则是依靠风机产生的压力强制空气流动，可以根据需要控制通风范围、气流方向及风量的大小。但是机械通风消耗能源、构造复杂、成本相对较高。机械通风系统示意图如图 7-33 所示。

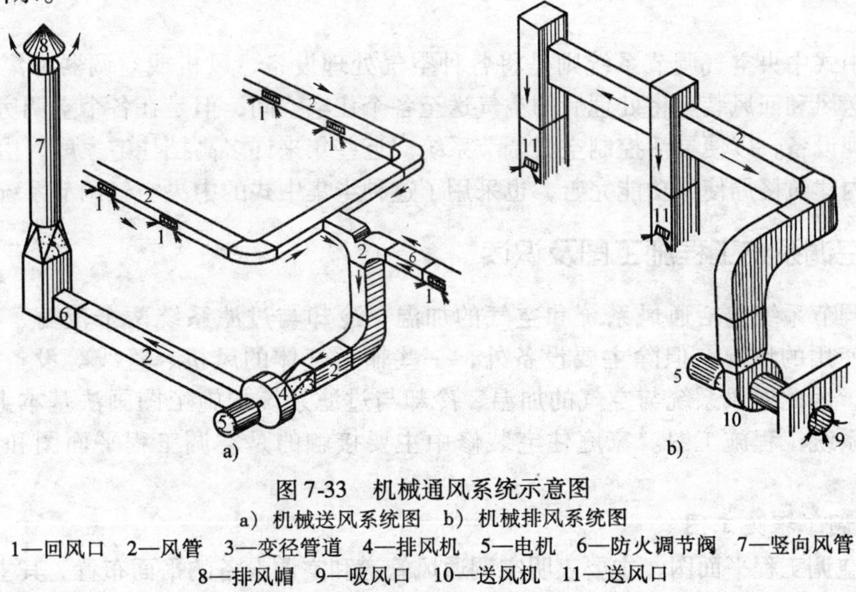

图 7-33 机械通风系统示意图

a) 机械送风系统图 b) 机械排风系统图

1—回风口 2—风管 3—变径管道 4—排风机 5—电机 6—防火调节阀 7—竖向风管 8—排风帽 9—吸风口 10—送风机 11—送风口

局部通风多是采用各种排风扇、换气扇在较小的室内空间进行局部空气交换，多数建筑住宅的卫生间、厨房等室内通风都是属于这种形式。

全面通风则是采用较大型的鼓风机或引风机，通过各种通风管道对建筑室内的各个房间或大型空间统一进行大面积室内空气交换，除了各种生产环境和各种商住公寓以外，一般住宅很少采用这种形式。

（2）空气加温、冷却与过滤系统　空气加温、冷却与过滤系统是对室内外交换的空气进行处理的设备系统，它只是空气调节系统的一部分，将其单独称为空调系统是不准确的。而在很多建筑室内将它们与通风系统结合起来，就构成了一个完善的空气调节体系，即空调系统。

2. 空调系统的分类

（1）局部空气调节系统　局部空气调节系统就是采用空调器直接在空调房间内或其邻近地点就地进行空气调节的一种分散式调节系统，常见的如分体式空调器、窗式空调器、柜式空调器等。

（2）中央空气调节系统　又分为集中式和半集中式中央空气调节系统两种。集中式中央空气调节系统是指将各种空气处理设备以及风机都集中设在专用机房室，是各种商场、商住楼、酒店经常采用的空气调节形式，中央空调系统将经过加热、冷却、加湿、净化等处理过的暖风或冷风通过送风管道输送到房间的各个部位，室内空气交换后用排风装置经回风管道排向室外。有空气净化处理装置的，空气经处理后再回送到各个住宅空间，使室内空气循环达到调节室内温度、湿度和净化的目的，如图 7-34 所示。

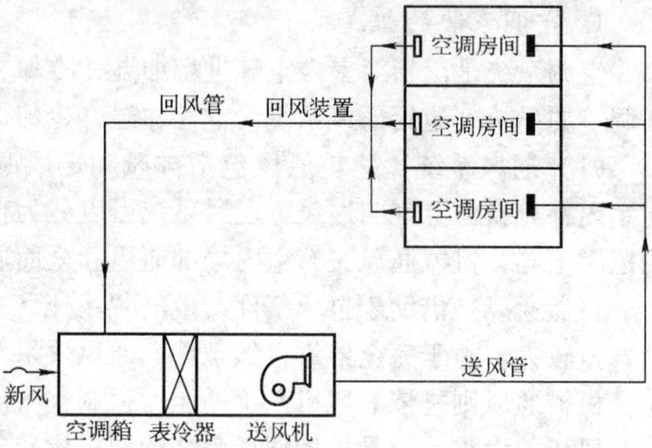

图 7-34　中央空气调节系统示意图

半集中式中央空气调节系统则是将各种空气处理设备、风机或空调器都集中设在机房内，通过送风和回风装置将处理后的空气送至各个住宅空间，但是在各个空调房间内还有二次控制处理设备，以便灵活控制空气调节系统。近些年来许多高挡住宅家庭，由于住宅面积较大，室内建筑格局使用功能完善，也采用了这种半集中式的中央空气调节系统。

7.4.4　空调系统工程施工图及识读

空气调节系统包括通风系统和空气的加温、冷却与过滤系统两个范畴，有时通风系统有单独使用的情况，但除主要设备外，一些输送气体的风机、管线等设备、附件往往是共用的，因此通风系统与空气的加温、冷却与过滤系统的施工图画法基本上是相同的，统称空调系统工程施工图。家庭住宅装修中主要接触的是空调工程平面图和空调工程安装详图。

1. 空调工程施工图

（1）空调工程平面图　主要表明空调通风管道和空调设备的平面布置。其主要特点是：

1）空调工程平面图中一般采用中粗实线绘制墙体轮廓；用细实线绘制门窗；使用细单点长画线绘制建筑轴线，并标注房间尺寸、楼面标高和房间名称等。

2）根据空调系统中各种管线、风道尺寸大小，由风机箱开始，采用分段绘制的方法，按比例逐段绘制送风管的每一段风管、弯管、分支管的平面位置，并标明各段管路的编号、坡度等。用图例符号绘出主要设备、送风口、回风口、盘管风机、附属设备及各种阀门等附件的平面布置。

3）标明各段风管的长度和截面尺寸及通风管道的通风量、方向等。

4）图样中应注写相关技术说明，如设计依据、施工和制作的技术要求、材料质地等。空调工程中的风管一般都是根据系统的结构和规格需要，采用镀锌铁皮分段制作的矩形风管，安装时将各段风管、风机用法兰连接起来即可，图 7-35 为某住宅送风系统平面图。

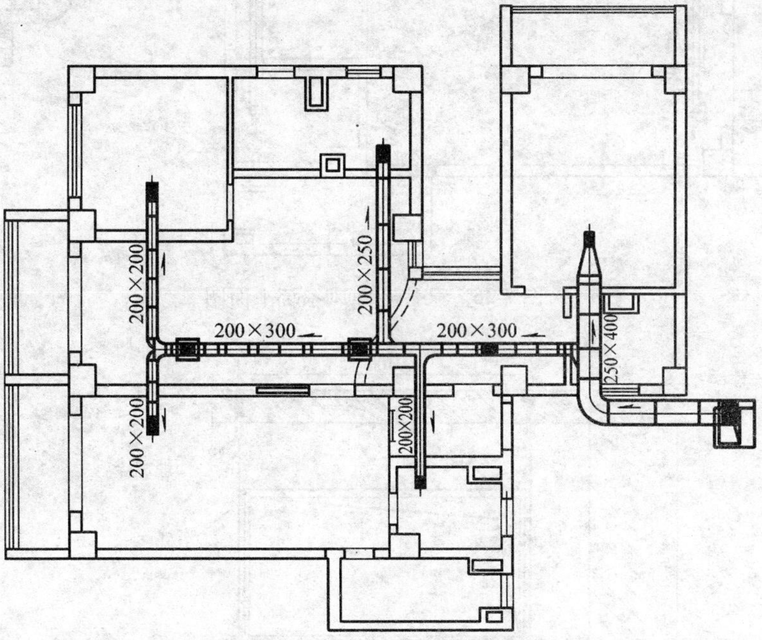

图 7-35　某住宅送风系统平面图

回风平面图的绘制过程与送风平面图相似，只不过是送风口改成了回风口，图 7-36 为某住宅回风系统平面图。

（2）空调工程安装详图　将各种空调构件、设备及附件的制造和安装结构用较大的比例绘制出来的图样，称为安装详图。通常采用 1∶5、1∶10、1∶20 等的比例。空调系统中通风管件的安装是经常性施工项目，风管、吊架安装详图也是比较常见的，详图中一般都标注详细的安装尺寸，它是风管安装的依据。风管、吊架安装详图如图 7-37 所示。

除通风部分的管道以外，多数空调工程安装详图都比较复杂。如厂家提供的各种设备详图、空调机房安装详图、设备基础详图等。这类设备图样基本上都是按照机械制图标准绘制的，识读时应予以注意。还有各专业安装标准详图的图集供选用，绘制施工图时不必再画相关详图，只在图中标明详图索引符号即可。

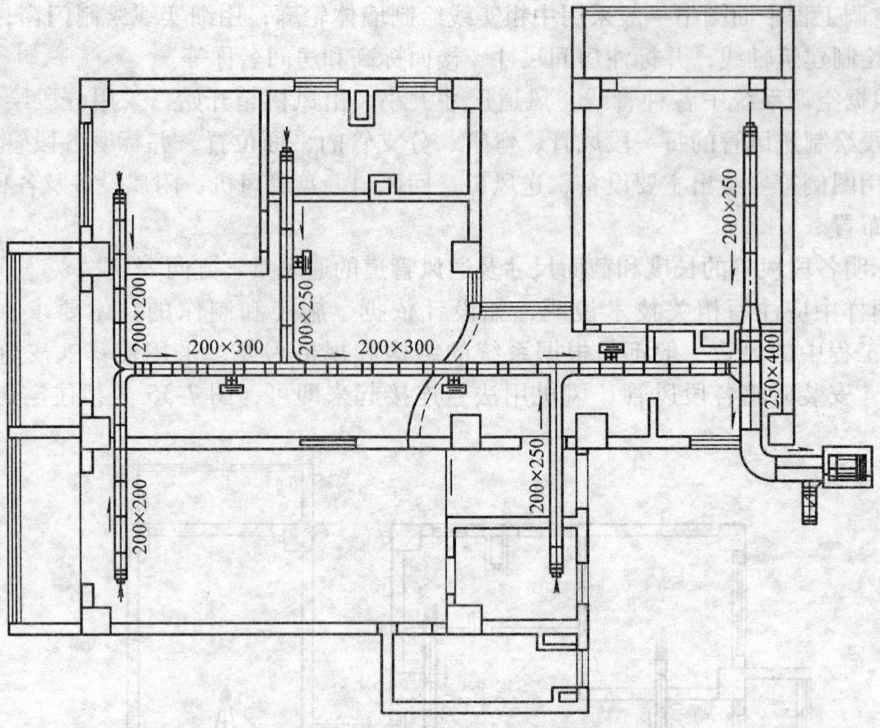

图 7-36　某住宅回风系统平面图

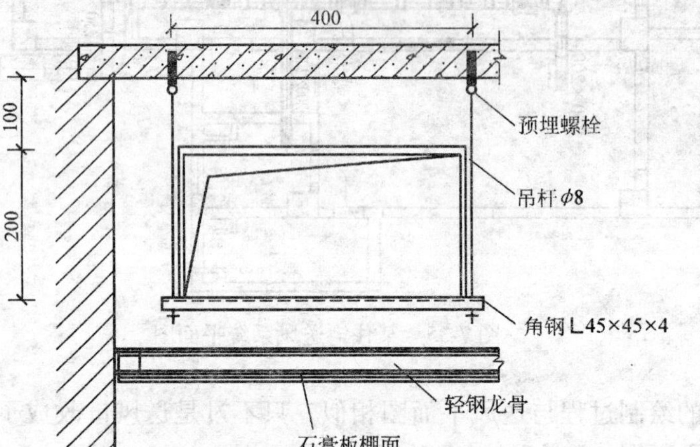

图 7-37　风管、吊架安装详图

2. 空调系统工程图样识读

图 7-38 为某住宅楼内单元套房的空调平面图。该工程为半集中式中央空调，新风管引自设在套房室外的共用送风机等设备。空调采用风机盘管加送新风系统，即空调制冷（热）机组在使水产生低（高）温后，用循环泵把水送入水系统中，流动冷（热）水流经风机盘管散发冷（热）量到房间内，之后经回水管再流回空调制冷（热）设备中，与此同时新风机产生的新风沿风管送入各房间，使空气保持清新。在这个过程中，室内的风机盘管选用可在室内进行二次调节的设备，以灵活控制室内的空气流通，达到节约能源的目的。

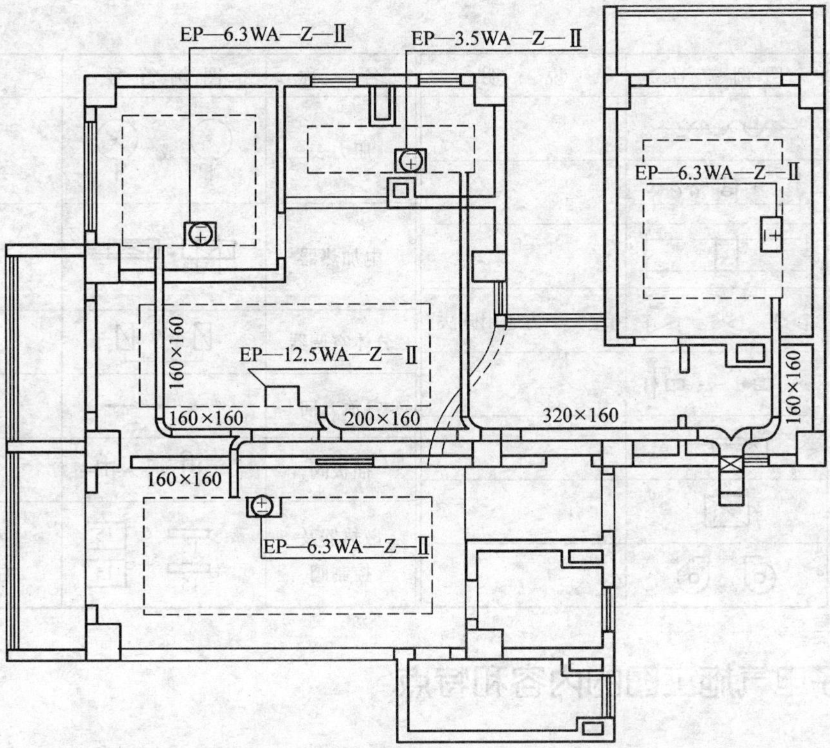

图 7-38　某住宅半集中式中央空调

该平面图中绘制了新风系统平面图与风机盘管的位置，标注了各种管线的截面尺寸，图中风管边上所标注"160×160"等，表示这段风管为矩形管水平宽 160mm、高 160mm。风机盘管所标注的"EP-6.3WA—Z—Ⅱ"为型号及规格。

7.4.5　暖通空调系统安装图例

供暖与空调安装图例见表 7-3。

表 7-3　供暖与空调安装图例

名　称	图例符号	说　明	名　称	图例符号	说　明
手动调节阀			风机盘管		
检查孔	检　测		轴流风机	或	
			软管	或光滑曲线（中粗）	
三通调节阀			挡水板		
			水泵		
温度计	T 或	（左为圆盘式）	天圆地方		（左接矩形管，右接圆管）
板式换热器			闸阀		
空气过滤器		（左为粗效，右为高效）	截止阀		

（续）

名　称	图例符号	说　明
绝热管		
防火阀	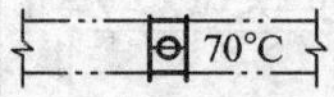	
风管止回阀		
止回阀		（左、中为通用画法）
集气管	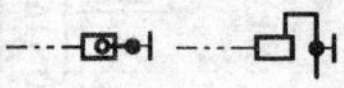	
加湿器		
窗式空调器		
离心风机	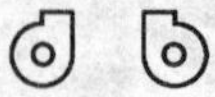	

名　称	图例符号	说　明
压力表		
电加热器	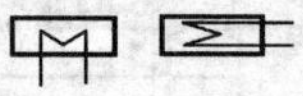	
分体空调器		
气流方向		
插板阀	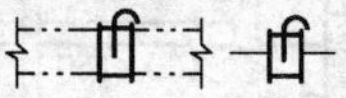	
散热器及控制阀	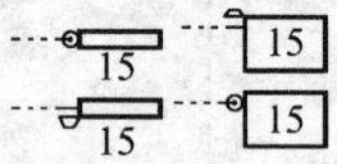	（左为平面图，右为剖面图）

7.5 电子电气施工图的内容和特点

7.5.1 电子电气施工图的内容和种类

1. 电子电气线路图的内容

电子电气安装工程可以分为强电和弱电两大类，强电和弱电没有严格的区别标准。强电一般指交流电或电压较高的直流电；弱电一般指直流通讯、广播线路上的电。在家居中弱电的安装项目相对较少，工程量相对较大的是电气设施的安装。住宅室内装饰装修的电气安装施工工程大致有电气设施安装、电子电器设备安装和综合布线系统施工三类。

这里的电气设施的安装包括照明工程和室内配线工程。照明工程是指各种类型的照明灯具、开关、插座和照明配电箱等设备安装，其中最主要的是照明线路的敷设与电气零配件的安装；电子电器安装包括各种家用电器和家用电子设备的安装，如电热水器、空调器、煤气报警器、电子门铃等；综合布线系统施工则是弱电工程的一种建筑集成化的配线安装方式，如智能化建筑各种设备、线路系统的综合敷设安装，它包括通信信息、有线电视、监控系统、远程检测作业信号的传送等。

2. 电子电气安装施工图的种类

住宅装修工程中电子电气系统施工图既有建筑的电气安装图、各种电子装置的电子线路图，还有专用于表达电气设施与建筑结构关系的灯位图，以及照明电气、通信信息、有线电视的综合布线图等。从目前来看，与建筑装修工程有关的电气安装施工图样资料主要有电气平面图、系统图、电路图、设备布置图、综合布线图和图例、设备材料明细表等几种。

各种电子设备与装置的电路安装图主要有电路原理图、元器件安装图和方框图等三种。

设计说明主要表达电气工程设计的依据、施工原则和要求、建筑特点、电气安装标准、安装方法、工程等级、工艺要求等，以及有关设计的补充说明。图例一般只列出本套图纸中涉及到的一些图形符号。而设备材料明细表则是在图样中列出该项电气工程所需要的设备和材料的名称、型号、规格和数量，供设计概算和施工预算时参考。

7.5.2 电气设施组成与施工图的特点

1. 电气线路的组成

住宅装饰装修工程中的电气线路主要由下面几部分组成：

（1）进户线　进户线通常是由市电的架空线路引进建筑物的室内，如果是楼房，线路一般是进入楼房的二级配电箱前的一段导线。

（2）配电箱　进户线首先是接入总配电箱（盘），然后再根据需要分别接入各个分配电箱（盘）。配电箱是住宅电气照明工程中的主要设备之一，城市住宅多数用暗装（嵌入式）的方式进行安装，只绘出电气系统图即可。

（3）室内照明电气线路　分为明敷设和暗敷设两种施工方式，暗敷设是指在建筑墙体内和吊顶棚内采用线管配线的敷设方法进行线路安装。线管配线就是将绝缘导线穿在线管内的一种配线方式，常用的线管有薄壁钢管、硬塑料管、金属软管、塑料软管等。在有易燃材料的线路敷设部位必须标注焊接要求，以避免产生打火点。

（4）熔断器　为了保证用电安全，应根据负荷，选定额定的电压和额定电流的熔断器。

（5）灯具　建筑住宅常用的有吊灯、吸顶灯、壁灯、荧光灯、射灯等。在图样上以图形符号或旁标文字表示，进一步说明灯具的名称、功能。

（6）电子电气元件和用电器　主要是各类开关、插座和电子装置。插座主要用来插接各种移动电器和家用电器设备的，应明确开关、插座是明装还是暗装，以及它们的型号；而各种电子装置和元器件则要注意它们的耐压和极性。其他用电器有电风扇、空调器等。

2. 电气安装图样的特点

建筑电气安装图能够表达建筑中电气工程的组成、功能和电气装置的工作原理，提供安装、使用维护数据。电气安装图种类比较多，如平面图和接线图可表明安装位置和接线方法，电气系统图可表示供电关系，电气原理图可说明电气设备工作原理。住宅装修工程中常用的电气安装图有照明电气平面图、电气系统图、电路图、灯位图和设备元件表等几种。

（1）照明电气平面图　是表达各种家用照明灯具、配电设备（配电箱、开关）、电气装置的种类、型号、安装位置和高度，以及相关线路的敷设方式、导线型号、截面、根数及线管的种类、管径等安装所应掌握的技术要求。

为了突出电气设备和线路的安装位置、安装方式，电气设备和线路，一般在简化的建筑平面图上绘出，照明平面图上的建筑的墙体、门窗、楼梯、房间等平面轮廓是用细实线严格按比例绘制的，但电气设备如灯具、开关、插座、配电箱和导线并不按比例画出它们的形状和外形尺寸，而是用中粗实线绘制的图形符号表示。导线和设备的空间位置、垂直距离应按建筑不同标高的楼层地面分别画出，并标注安装标高或用文字符号和安装代号表达，如BLV代表聚氯乙烯绝缘导线、BLX代表铝芯橡胶绝缘导线等。

（2）电气系统图　电气系统图是表现建筑室内外电力、照明及其他日用电器的供电与配电的图样。在家居的装饰装修中，电气系统图不经常使用。它主要是采用图形符号表达电源的引进位置，配电盘（箱）、分配电盘（箱）、干线的分布，各相线的分配，电能表和熔断器的安装位置、相互关系和敷设方法等。住宅电气系统图常见的有照明系统图、弱电系统图等。某住宅楼单元室内配电系统图如图 7-39 所示。

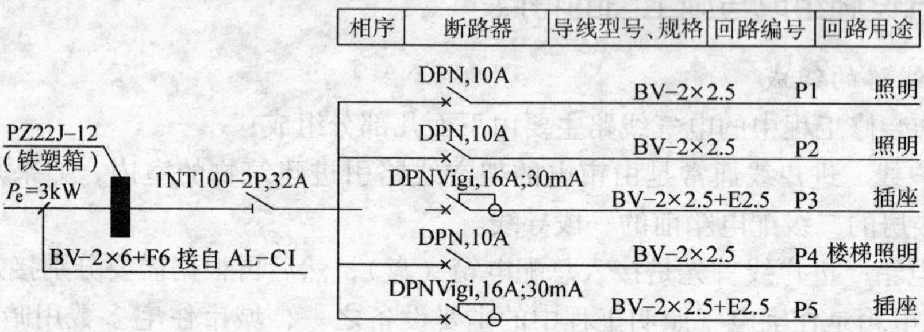

图 7-39　某住宅楼单元室内配电系统图

（3）电路图　也可以称为接线图或配线图，是用来表示电气设备、电器元件和线路的安装位置、接线方法、配线场所的一种图。一般电路图包括两种，一种是属于住宅装修电气施工中的强电部分，主要表达和指导安装各种照明灯具、用电设施的线路敷设等安装图样，如图 7-40 所示。

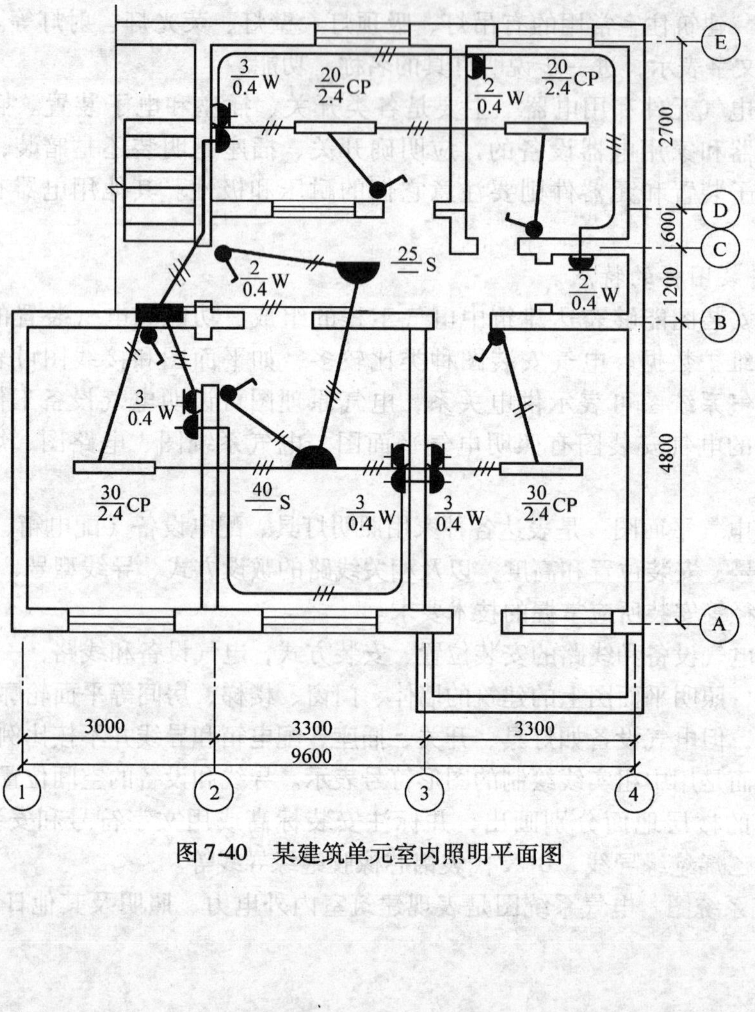

图 7-40　某建筑单元室内照明平面图

另一种是属于电气安装施工中的弱电部分，是表示和指导安装各种电子装置与家用电器设备的安装线路和线路板等电子元器件规格的图样，如图 7-41 所示。

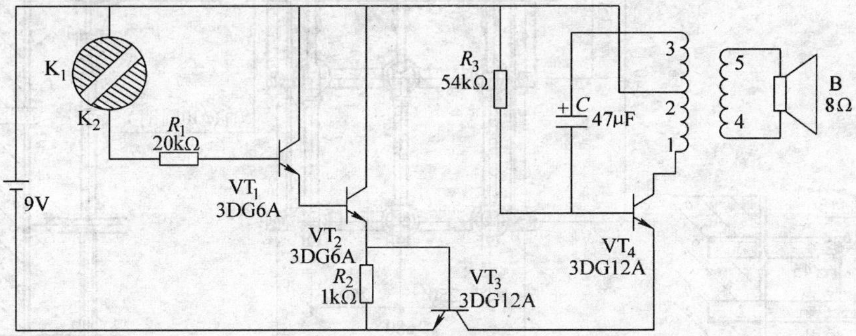

图 7-41　触摸式门铃电路图

（4）设备布置图　设备布置图是按照正投影图原理绘制的，用以表现各种电器设备和器件的平面与空间的位置、安装方式及其相互关系的图样。通常由水平投影图、侧立面图、剖面图及各种构件详图等组成。

室内装饰装修工程中的灯位图即是一种设备布置图。为了不使工程的结构施工与电气安装施工产生矛盾，装饰装修行业在室内的装修工程中广泛地应用灯位图。灯位图在表明灯具的种类、规格、安装位置和安装技术要求的同时，还详细地画出部分建筑装修结构，如图 7-42 所示。这种图无论是对于电气安装工，还是结构制作的施工人员都有很大的作用。

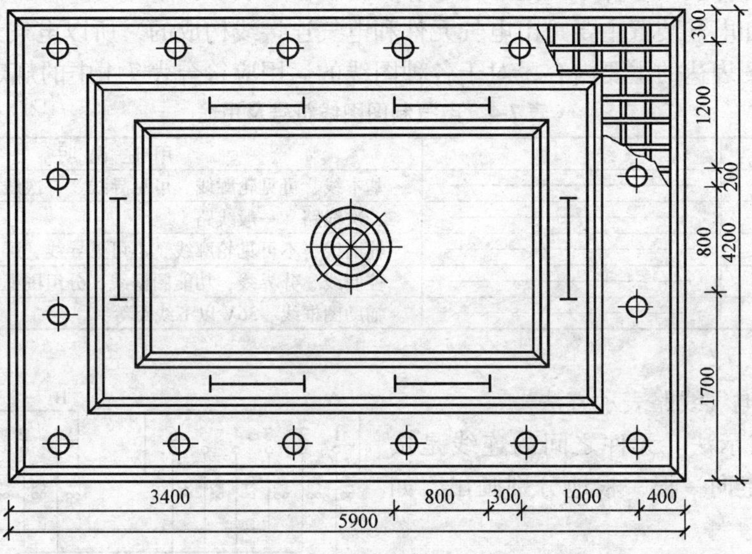

图 7-42　某客厅灯位图

（5）安装详图　安装详图是表现电气工程中设备的某一部分的具体安装要求和做法的图样。国家已有专门的安装设备标准图集可供选用。如负荷开关手柄墙体安装的角钢支架详图见图 7-43。

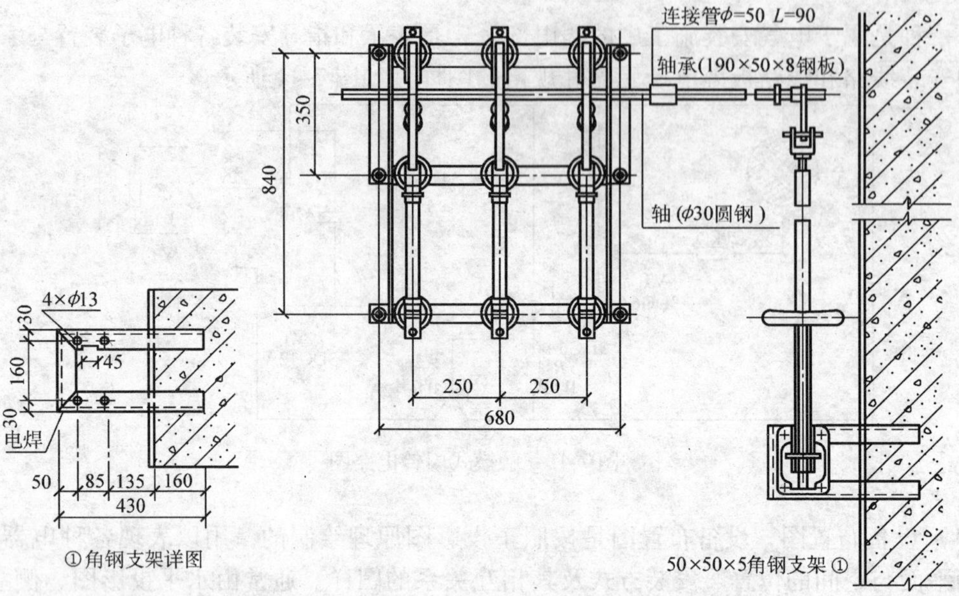

图 7-43　负荷开关手柄墙体安装的角钢支架详图

7.5.3　电气设备安装图样的绘制与识读

1. 电气设备安装图绘制的相关规定

电气设备安装图主要表达各种线路敷设安装、电气设备和电器元件的基本布局，因此要采用相关的各种专业图形符号、文字符号和项目代号来表示。

电气系统和电气装置主要是由电气元件和电气连接线构成的，所以电气元件和电气连接线是电气工程图表达的主要内容，对于各种图线的运用应符合表 7-4 中的规定。

表 7-4　电气制图图线符号及用途

名　　称	线　　型	用 途 说 明
粗实线	————————	基本线、可见轮廓线、可见导线、一次线路、主要线路
细实线	————————	二次线路、一般线路
虚线	– – – – – – – – – – –	辅助线、不可见轮廓线、不可见导线、屏蔽线等
单点长画线	———·———·——	控制线、分界线、功能图框线、分组围框线等
双点长画线	———··———··——	辅助图框线、36V 以下线路等

（1）常用电气线路表示方法

1）多线表示法。元件之间的连线是按照导线的实际走向一根一根地分别画出，如图7-44所示。

2）单线表示法。各元件之间走向一致的连接导线可用一条线表示，而在线条上画上若干短斜线表示根数，或者用一根短斜线旁标注数字表示导线根数（一般用于三根以上导线数），即图上的一根线实际代表一束线。某些导线走向不完全相同，但在某段上

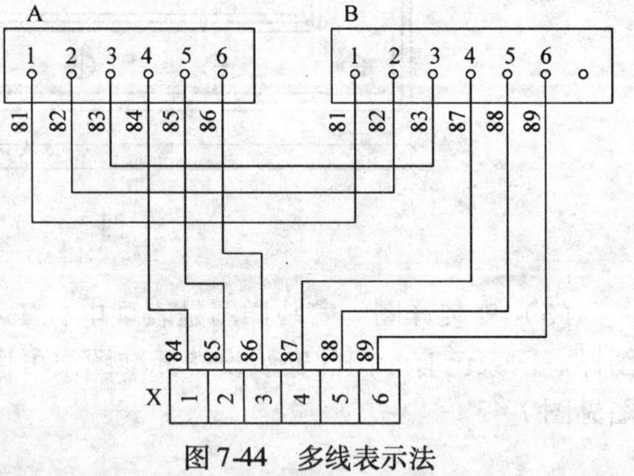

图 7-44　多线表示法

相同、平行的连接线也可以合并成一条线，在走向变化时，再逐条分出去，使图面保持清晰。单线法表示的线条可以编号，如图 7-45 所示。

3）组合线表示法。在同一图样中，必要时可以将多线表示法和单线表示法组合起来使用，在复杂连接的地方使用多线表示法，在比较简单的地方使用单线表示法。线路的去向可以用斜线表示，以方便识别导线的汇入与离开线束的方向，如图 7-46 所示。

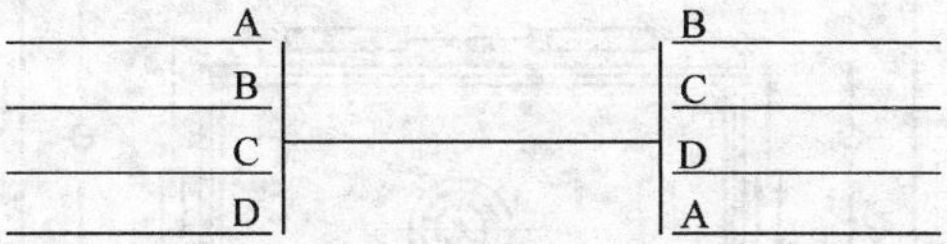

图 7-45　单线表示法

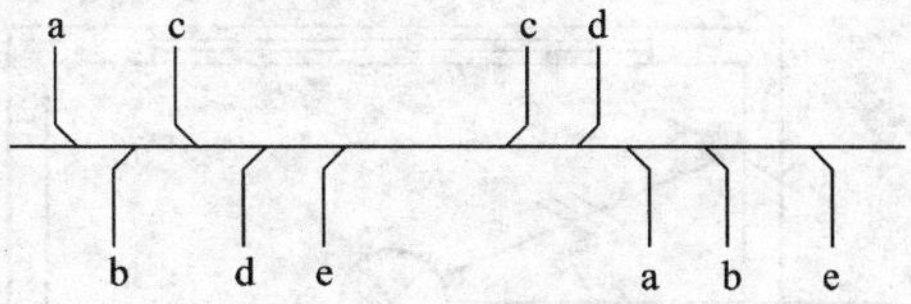

图 7-46　组合线表示法

4）指引线标注。指引线一般为细实线。在电气施工图中，为了标记和注释图样中的某些内容，需要用指引线在旁边标注简短的文字说明，指向被注释的部位。指向轮廓线内线端以圆点表示，如图 7-47a 所示；指向轮廓线上，线端以箭头表示，如图 7-47b 所示；指向电路线上，线端以短斜线表示，如图 7-47c 所示。

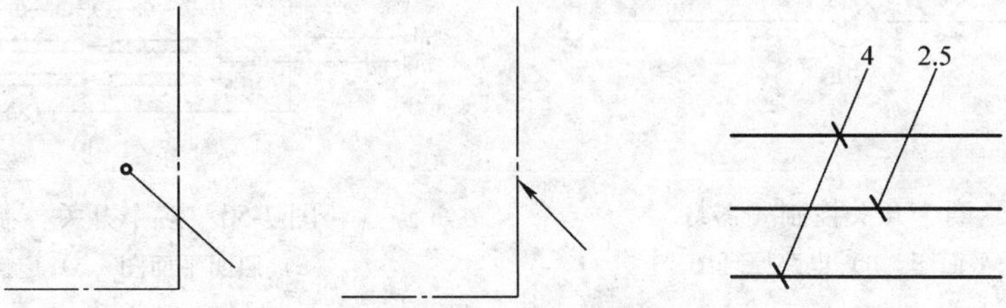

a)　　b)　　c)

图 7-47　指引线末端标注

（2）安装标高　在电气施工图中，线路和电气设备的安装高度需要标注标高，通常采用与建筑施工图相统一的相对标高，或者相对本楼层地面的相对标高。如某住宅电气施工图中标注的总电源进线安装高度为 5.0m，是指相对建筑基准标高 ±0.000 的高度；某插座安装高度 0.4m，则是指相对于本楼层地面的高度，一般表示为 $nF+0.4$m。

（3）常见设备表示法　住宅建筑中最简单的用电设备就是照明灯具及其控制系统，如开关、灯具等。

1）一个开关控制一盏灯。通常最简单的住宅照明布置，是在一个房间内设置一盏照明灯，由一只开关控制即可满足需要。图 7-48a 为其照明平面图，图 7-48b 为其电路原理图。

2）两个开关控制一盏灯。为了方便使用，两只双控开关在两处控制一盏灯也比较常见，通常用于面积较大或楼梯等住宅空间，便于从两处的位置

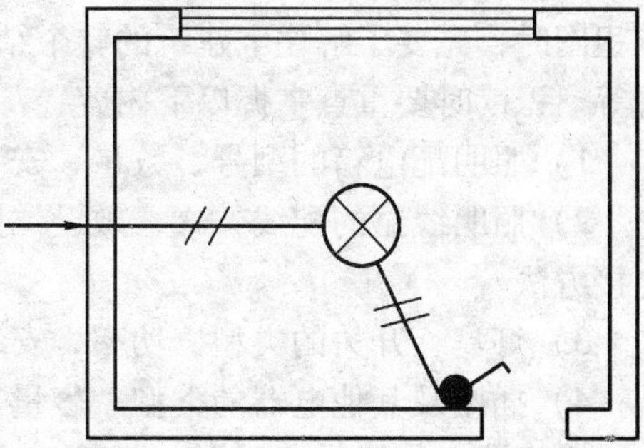

a)

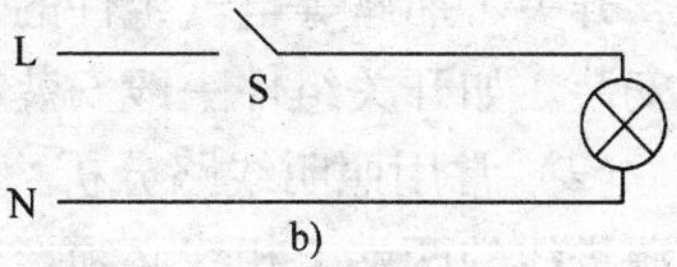

b)

图 7-48　一个开关控制一盏灯
a）照明平面图　b）电路原理图

进行控制，如图 7-49 所示。

3）多个开关控制多盏灯。现代居家中有些环境如客厅、卧室等的照明需要不同的照度和照明类型，因此需要设置数量不同的灯具形式，用多个开关控制多盏不同类型和数量的灯，如图 7-50 所示。

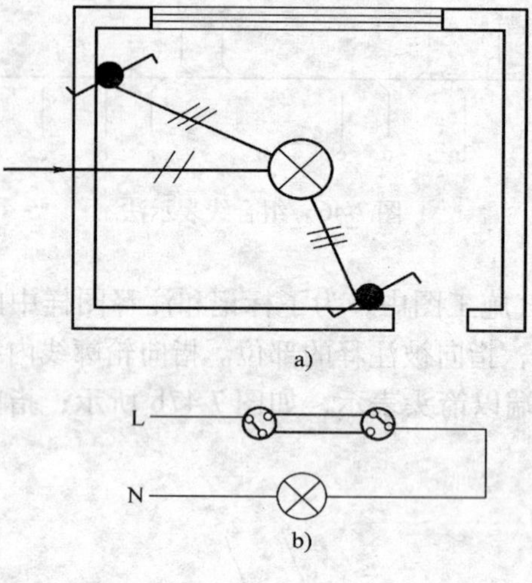

图 7-49　两个开关控制一盏灯
a）照明平面图　b）电路原理图

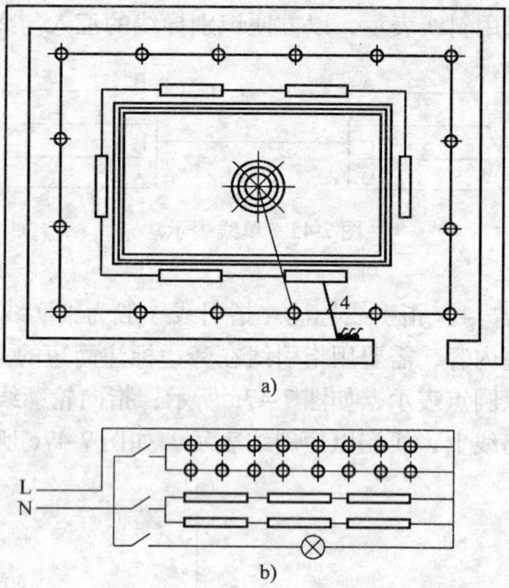

图 7-50　多个开关控制多盏灯
a）照明平面图　b）电路原理图

2. 电气照明工程图分析与识读

建筑电气照明工程图中的电气设备和线路是在简化的建筑结构施工图上绘制的，因此阅读时应掌握合理的看图方法，了解国家建筑相关标准、规范，掌握一些常用的电气工程技术，结合其他施工图，才能较快地看懂电气工程图。

（1）熟悉工程概况　电气照明工程图表达的对象是照明设备和供电线路。看电气照明工程图时，先要了解住宅建筑的整个结构，楼板、墙面、平顶材料结构，门窗位置，房间布置等。识读时要重点掌握以下内容：

1）照明配电箱的型号、数量、安装位置和标高以及配电箱的电气系统。

2）照明线路的配线方式，敷设位置，线路的走向，导线的型号、规格及根数，导线的连接方法。

3）灯具、开关的类型、功率，安装方式、位置、标高及控制方式。

4）插座及其他电器的类型、容量、安装位置及高度等。

在识读电气照明工程图时要熟悉有关的技术资料和施工验收规范。如果在照明平面图中，开关、插座等电气组件的安装高度在图上没有标出，施工者可以依据施工及验收规范进行安装。如开关组件一般安装在高度距地面 1.3m，距门框 0.15 ~0.2m 的位置。

（2）常用照明线路分析　在照明平面图和工程实践中，灯具和插座一般都是并联接于电源进线的两端，相线必须经过开关后再进入灯座，零线直接进灯座，保护接地线与灯具的金属外壳相连接。

通常在一个建筑物内，有许多灯具和插座，目前工程广泛使用的是线管配线、塑料护套线配线的安装方式，线管内不允许有接头，导线的分路接头只能在开关盒、灯头盒、接线盒中引出，这种接线法称为共头接线法。当灯具和开关的位置改变，进线方向改变，并头的位置改变，都会使导线的根数变化。所以要真正地看懂照明平面图，就必须了解导线根数变化的规律，掌握照明灯具、开关、插座、线路敷设的具体位置、安装方式。

3. 建筑电气安装工程图的阅读方法

看电气工程图时各种图样要结合起来看，并注意一定的顺序。一般来说，看图顺序是施工说明、图例、设备材料明细表、系统图、平面图、线路和电气原理图等。

从施工说明了解工程概况，图样所用的图形符号，该工程所需的设备、材料的型号、规格和数量。

由于电气施工需与土建、给水排水、采暖通风等工程配合进行，如电气设备的安装位置与建筑物的墙体结构、梁、柱、门窗及楼板材料有关，尤其是暗敷线路的敷设还会与其他工程管道的规格、用途、走向产生制约关系。所以看图时还必须查看有关土建图和其他工程图，了解土建工程和其他工程对电气工程的影响。

看图时，平面图和系统图要结合起来看，一般来说照明平面图能清楚地表现灯具、开关、插座和线路的具体位置及安装方法。但同一方向的导线只用一根线表示，这时要结合系统图来分析其联接关系，逐步掌握原理接线图并找出接线位置，这样在施工中穿线、并头、接线就不容易搞错了。在实际施工中，重点是掌握原理接线图，不论灯具、开关位置的变动如何，原理接线图始终不变。所以一定要理解原理图，那么就能看懂任何复杂的平面图和系统图。

4. 简单电气照明平面图的识读

(1) 住宅套房电气照明平面图　图7-51是一个较简单的照明线路图，从这个平面图上

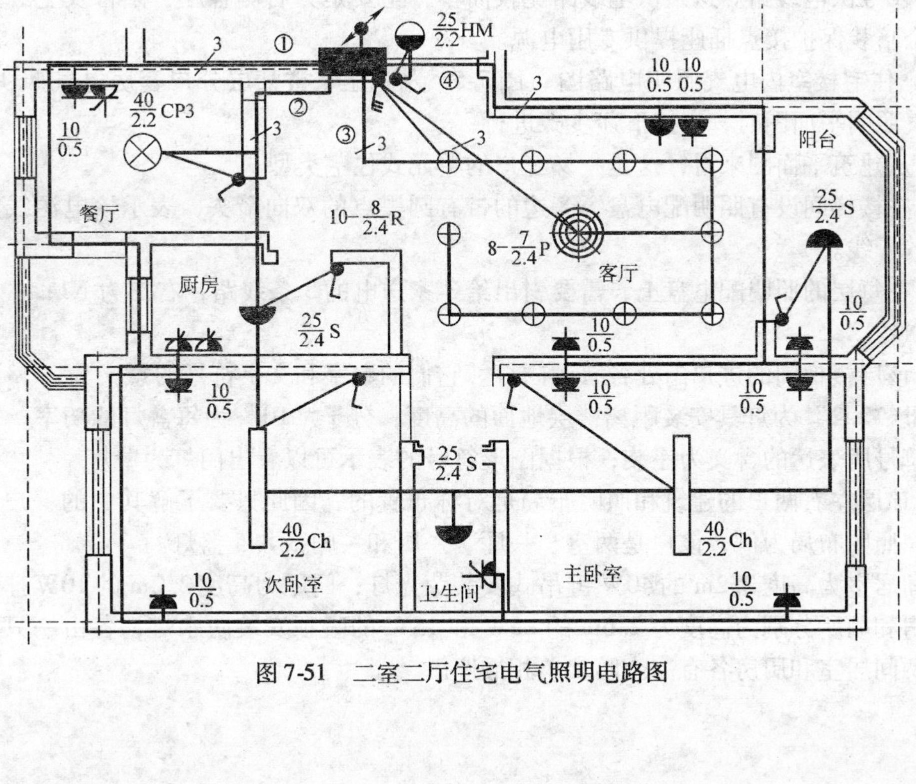

图7-51　二室二厅住宅电气照明电路图

我们可以看出它实际上是一单元式套房，是有二室二厅、一卫、一厨的住宅。楼梯间户门入口处照明配电箱的旁边有一个带黑点的双箭头符号，表明进入分户配电箱前的电源主干线可以垂直向上下接入其他分配电箱。而这户的电源从分户配电箱引出后，分别向图样的左、中、右三个方向引出①、②、③、④总共四条供电线路，从图中我们可以看出这四条主要供电线路上都标有数字“3”，说明这四个方向的导线都是由三根导线所组成，当然根据行业默认的条件说明这三根导线分别是相线、零线和保护线。从线路的走向和位置上来看，这些导线都属于暗敷设施工。

1）①号供电线路。①号供电线路是由位于入户门旁边的照明配电箱左侧引出，负责向餐厅、厨房、次卧室、卫生间和主卧室外侧的4只暗装保护接点插座和4只密闭专用插座供电的专用线路，共有各种暗装插座8个。每个暗装插座旁分式的分子数表示电流强度（A）。

2）②号供电线路。②号供电线路由照明配电箱的中部左侧引出，分别向餐厅、厨房、次卧室、卫生间、主卧室和客厅阳台的各种灯具供电。根据相关图例、数字和字母符号，我们看出餐厅安装的是悬挂高度距地面2.2m的40W吊线器式的普通灯，室内安装暗装插座和密闭专用插座各一个。厨房安装的是高度2.4m的25W的吸顶灯，室内安装密闭专用插座两个。次卧室和主卧室安装的是悬挂高度2.2m的40W的链吊式荧光灯，室内分别安装普通暗装插座两个和三个。引入卫生间的是一盏吸顶安装高度2.4m的25W防水灯，室内安装密闭专用插座一个。而阳台安装的则是高度2.4m的25W吸顶灯和一个普通暗装插座。上述灯具均由单极暗装开关控制。②号供电线路总计有各种灯具6盏和相关配套的控制开关。

3）③号供电线路。③号供电线路由照明配电箱的中部右侧引出，主要负责向客厅照明灯和门灯提供电源。这条供电线路包括10盏8W内嵌式安装灯具（筒灯）、一盏8头7W管吊式安装吊灯和一盏25W座式安装的门灯，灯具的悬挂高度分别是距地面2.4m和2.2m。它们由一个三极开关、一个单极开关分三路控制。客厅有不同暗装插座三个。

4）④号供电线路。这条供电线路比较简单，主要是为右侧客厅、阳台及主卧室内侧所有的6个暗装保护接点插座提供专用电源。

（2）住宅楼室内电气照明电路图　图7-52为一住宅楼某层分户套房电气照明平面图，阅读电气照明平面图时，应按下述步骤进行：

1）从建筑平面图来看，这是一梯三户的单元式住宅类型。

2）在楼梯间设有照明配电盘，旁边的带有圆黑点的双向箭头，表示该电源线是向上向下引通的干线。

3）在每层的照明配电盘上，需要引出给3家送电的3条线路，右户为N1；中户为N2；左户为N3。

4）该层楼梯间的进户门处各有一门灯。它们的数字和文字符号的意义为：“3”为三盏灯；分母“2.2”为灯具安装距离楼层地面的高度；分子“10”为每盏灯的功率；“HM”按照文字符号所表达的含义为座装；根据图形符号的表示可以看出门灯为壁灯。

5）该层左右两户的建筑和照明布局是对称布置的，因此只要了解其中的一户即可。以右侧住户照明布局为例，该户是两室、一厅、一厨和一厕，共5盏灯。

两间居室为高度2.2m的40W链吊式安装荧光灯；门厅为高度2.2m的10W座式安装壁灯；厨房和厕所分别为高度为2.6m的25W和15W的吸顶安装防水灯，各由一只单极开关控制。两间居室和厨房各有一个暗装单相插座。

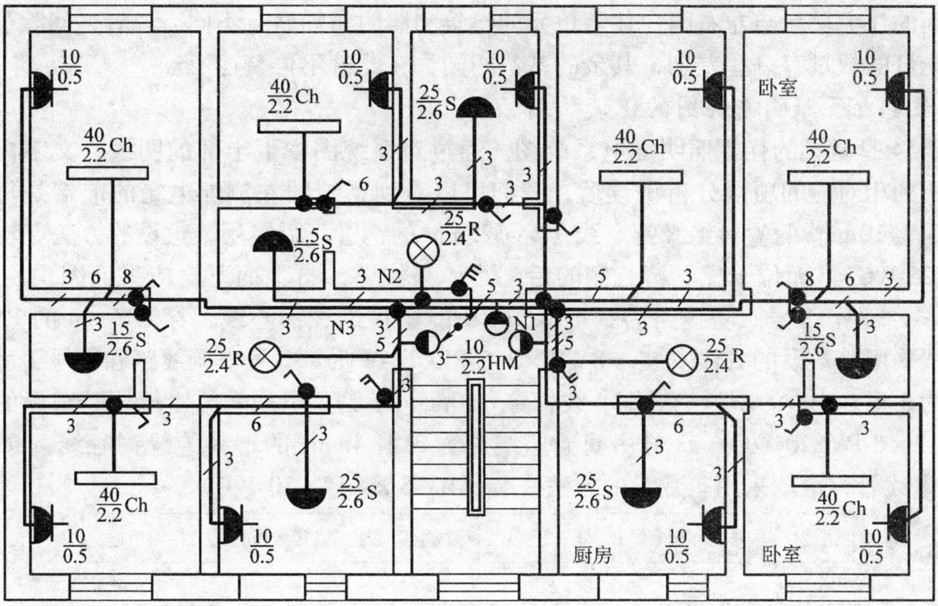

图 7-52　住宅楼某层分户套房电气照明平面图

6）从图 7-53 的该户的导线敷设示意图上来看，进入右户的 N1 线路，包含 3 根导线：相线 L1、保护线 PE 和零线 N。为了识图的方便醒目，相线采用粗实线，保护线用中实线，零线用点画线绘制，接线盒用细双点画线表示。

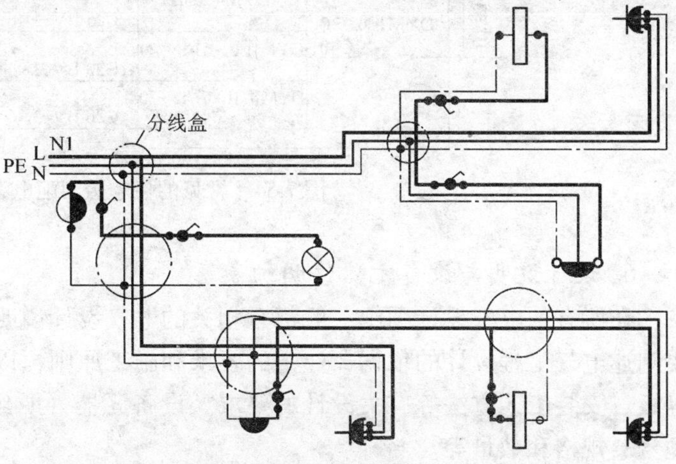

图 7-53　右户套房电气照明导线敷设示意图

从示意图上来看 N1 线路进入户内后，便进入接线盒，然后导线分为两个方向，一路向右接入大居室的接线盒，从这个接线盒内接出导线至大居室的荧光灯、插座以及厕所内的吸顶灯。大居室荧光灯的导线有两根，分别是相线和零线。而插座是 3 根导线，多了一根保护线。厕所的吸顶灯也是用了 3 根导线。

另一路线通向下方的接线盒。从这个接线盒，接出入户门上方座式安装的壁灯（门灯）和室内门厅普通灯各两根导线（一相一零）。再从该接线盒再接出导线至厨房，在厨房同样安装一接线盒。

由厨房接线盒接出两组导线，一组接至厨房内安装的吸顶灯和插座，有相线、零线和保护线 3 条导线。另一组从厨房接线盒再引出 3 根导线至小居室的接线盒。

从小居室接线盒同样接出两组导线。一组为两根导线接至室内荧光灯；另一组为三根导线引至室内插座。要注意开关应接在相线上，开关的两根导线都要经由接线盒，如图 7-53 所示。

中间的住宅单元与左右两户住宅单元的建筑和照明布局略有不同，二者之间除了灯具位置和荧光灯的数量有一些差别，其余的基本相同，在此就不再赘述了。

5. 住宅电气照明系统图的识读

图 7-54 是常见的住宅照明配电系统图。通过对系统图中下半部的图线、文字标注与上部表头所列相对应的项目分析识读后，我们可以看到系统图左侧配电箱的前端是每户的进线，为 3 根 10mm^2 的塑料绝缘铜心线，穿 ϕ25mm 的钢管，沿墙用暗敷设的方法安装（BV-3×10-SC25-WC）。而位于配电箱右侧的后端是 4 条线路，自上而下对应平面图中所示的 1、2、3、4 号线路。1 号照明线路为 3 根 2. 5mm^2 的塑料绝缘铜心线，穿 ϕ16mm 的 PVC 电线管，沿墙采用暗敷设的方法安装（BV-3×2. 5-PVC16-WC）。2 号空调线路和 4 号厨房插座线路，各为 3 根 6mm^2 的塑料绝缘铜心线，穿 ϕ20mm 的 PVC 电线管，沿墙用暗敷设的方法安装（BV-3×6-PVC20-WC）。3 号房间插座线路为 3 根 4mm^2 的塑料绝缘铜心线，穿 ϕ20mm 的 PVC 电线管，沿墙采用暗敷设的方法安装（BV-3×4-PVC20-WC）。

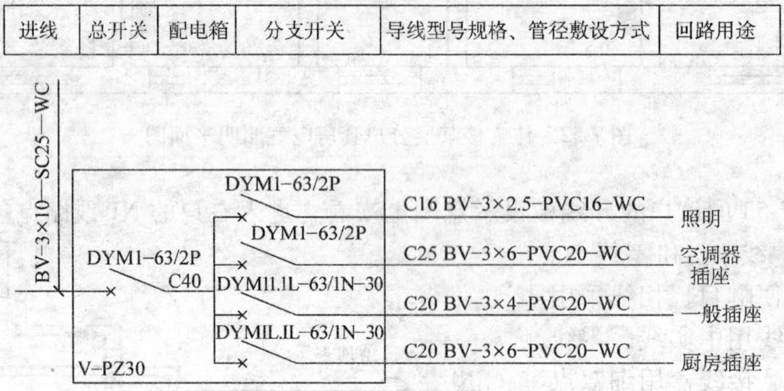

图 7-54 常见的住宅照明配电系统图

6. 设计说明与设备元器件明细表

在所有的电气设计图中一般都有相关的电气设计说明和设备元器件明细表，设计说明主要阐述电气工程设计的依据，业主的要求和施工原则，以及建筑特点、电气安装标准、工程等级、安装工艺方法等有关设计的要求。设备元器件明细表，用来表示设备、装置的名称、型号、规格和数量等。

7. 5. 4 弱电系统概况

1. 弱电系统概述

强电（电力）和弱电（信息）两者之间既有联系又有区别，一般来说强电的处理对象是能源（电力），其特点是电压高、电流大、功率大、频率低，主要考虑的问题是减少损耗、提高效率，弱电的处理对象主要是信息，即信息的传送和控制，其特点是电压低、电流小、功率小、频率高，主要考虑的是信息传送的效果问题，如信息传送的保真度、速度、广度、可靠性。

当前，住宅建筑逐渐实现了智能化管理，弱电工程在住宅建筑电气施工中的比例逐渐上升。火灾自动报警和灭火系统、防盗安保报警系统、有线电视系统、电话通信系统等弱电工程，已经成为满足人们居住环境需要必备的保障系统。

（1）火灾消防自动报警系统　火灾自动报警系统一般都采用24V左右的电压为工作电压，故称为弱电工程，但自动灭火装置中一般仍为强电控制。消防自动报警系统自动监测住宅内的火灾迹象，并自动发出火灾报警和执行某些消防措施。每户住宅所涉及到的消防报警系统主要由住宅室内火灾探测器、报警控制按钮部分组成，联动控制、自动灭火装置等则作为住宅消防系统整体集中控制。

家庭住宅中较常见的是可燃气体探测器和烟感火灾探测器两种。可燃气体探测器是通过可燃气体敏感元件检测出可燃气体（燃气管道漏气）的浓度，当达到给定值时，就能发出报警信号。烟感火灾探测器是通过烟雾敏感元件检测烟雾，并发出报警信号的装置。常用的有离子感烟式和光电感烟式。烟雾报警器线路图如图 7-55 所示。

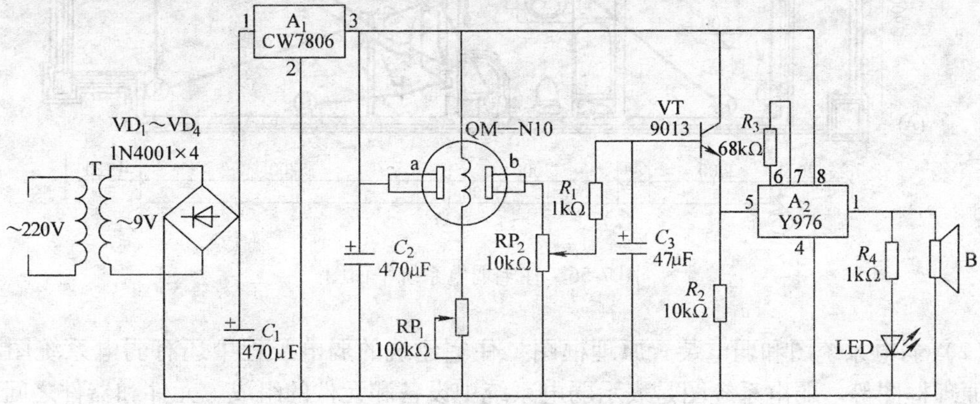

图 7-55　烟雾报警器线路图

（2）有线电视系统　有线电视系统又称共用天线电视系统，是通过同轴电缆连接多台电视机，共用一套电视信号接收装置、前端装置和传输分配线路的有线电视网络。

有线电视系统工程图是有线电视配管、预埋、穿线、设备安装的主要依据，有系统图、有线电视设备平面图、设备安装详图等。除系统图外，其他图样绘制方法与照明电气工程图基本相同。共用天线电视系统图与照明电气系统图不同，阅读时要熟悉规定的图形符号。同时住宅装修中一般都是接触电视接收终端的插座接线盒，不会对施工有较大的影响。

（3）防盗安保系统　防盗安保系统是住宅安全保障重要的监控设施之一，包括防盗报警器系统、电子门禁系统、对讲安全系统等内容。其设备主要有防盗报警器、电子门锁、摄像机等。主要有防盗报警系统框图、防盗监视系统设备及线路平面图。

（4）电话通信系统　电话通信系统工程主要包括电话通信、电话传真、电传、电脑联网等设备的安装。常用的施工图有电话配线系统框图、电话配线平面图、电话设备平面图等。

2. 弱电系统施工图

弱电系统工程虽然涉及到火灾消防自动报警、有线电视、防盗安保、电话通信等多种系统，但工程图样的绘制除了图例符号有所区别以外，画法基本相同。主要有弱电系统平面图、弱电系统图和安装详图等几种。弱电系统平面图与照明电气平面图相似，主要是用来表示各种装置、设备元器件和线路平面位置的图样。弱电系统图则是用来表示弱电系统中各种设备和元器件的组成、元器件之间相互连接关系的图样，对指导安装和系统调试有重要的作用。

（1）弱电系统平面图　弱电系统平面图比照明电气平面图复杂，是指导弱电设备布置安装、信号传输线路敷设的依据。主要表达各种弱电设备、装置、元器件和传输线路的位置关系，一般情况下施工中应首先识读弱电系统平面图，了解和掌握各种系统的概况。住宅弱电系统平面图如图7-56所示。

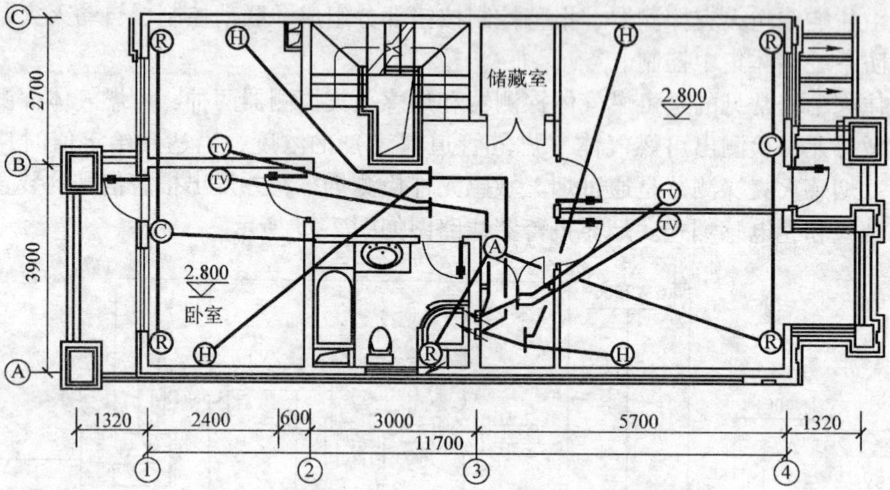

图7-56　住宅弱电系统平面图

（2）弱电系统图和弱电装置原理框图　住宅建筑的弱电工程中还有弱电系统图和弱电装置原理框图等。弱电系统图是表示弱电系统中设备和元件的组成、元件和器件之间相互的连接关系，用于指导弱电系统整体安装施工。弱电装置原理框图则是说明弱电设备的功能、作用、原理的图样，主要用于系统调试。一般弱电系统工程的系统调试主要由专业施工队负责，住宅装修施工中很少直接接触，所以只要了解各分项工程简单的系统图就可以了。住宅建筑常见弱电系统图如图7-57所示。

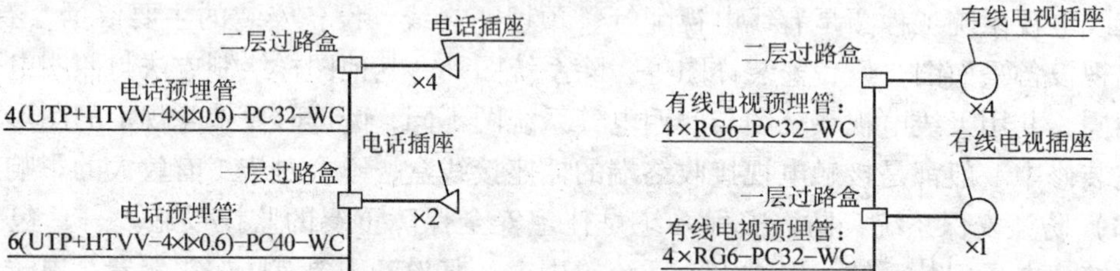

图7-57　住宅建筑常见弱电系统图

a）电话系统图　b）电视系统图　c）可视对讲系统图　d）安全技防系统图

（3）弱电系统电子设备施工图　电子设备电路安装图属于住宅装修电气安装施工中弱电部分，主要是表达各种家用电器设备、电子装置和电子产品的电子元器件的组成、工作线路及工作原理等安装图样。主要有电路原理图、元器件安装图和框图等三种。框图在住宅室内装修施工中很少接触，因此本书不作介绍。

1）电路原理图。电路原理图是表示各种电子装置、系统工作原理的图样。在这种图上用图例符号按工作顺序排列各种电子元器件，并表示出各个元器件和电路的连接关系，如图7-58所示。有了这种电路图，就可以研究电路的来龙去脉，了解工作电流怎样在元器件和导线里流动，从而分析各种电子装置、设备产品的工作原理，用来指导电子设备和器件的安装、调试与维修。

图7-58是现在住宅中常见的一种声控式延迟照明灯电路原理图。每当人们进入室内通道，随着走路的脚步声或拍手掌声，电灯就会自动点亮，延迟一段时间后电灯则会自动熄灭，从而给人们的生活带来不少方便。

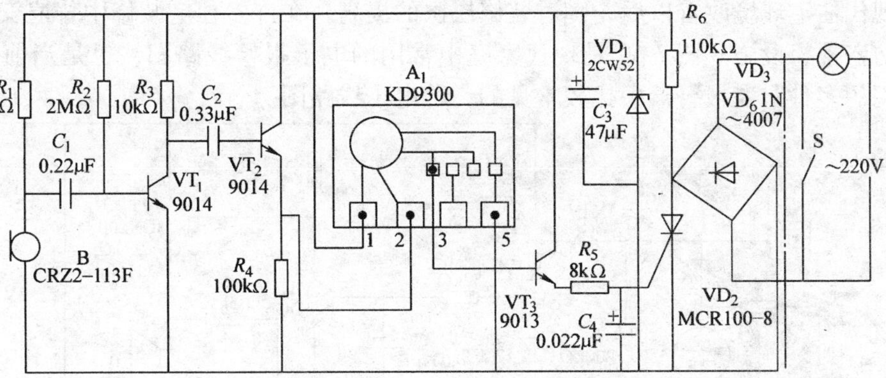

图7-58　声控式延迟照明灯电路原理图

其电路原理是：声控式延迟照明灯电路图中点画线右侧为普通开关照明电路，S为电灯开关；点画线左侧为声控延迟电路。当开关S合上时，电灯就亮，延迟电路不起作用；S断开时，声控式延迟电路即开始工作，一旦接收到声响，电灯即可点亮发光，约20s后电灯会自行熄灭。再次收到声响，电灯仍可再次被点亮。

2）元器件安装图，又称布线图，有实体图和线路板安装图两种形式。电路原理图只说明电路的工作原理，看不出各种元件的实际形状、位置和连接方式。而有了安装图，我们就能很方便地知道各种元器件的位置。安装图一般很接近于实际安装和接线情况。

通常安装图采用印制电路板作为底图，在图上用图例、符号画出每个元器件在印制板的什么位置，焊在哪些接线孔上，表示出各个元器件和电路的连接情况，每个元器件旁还注明元器件的型号、数值。如图7-59就很清楚地表明了上述声控延迟照明灯的印制板上边的元器件排列和线路板上的接线情况。

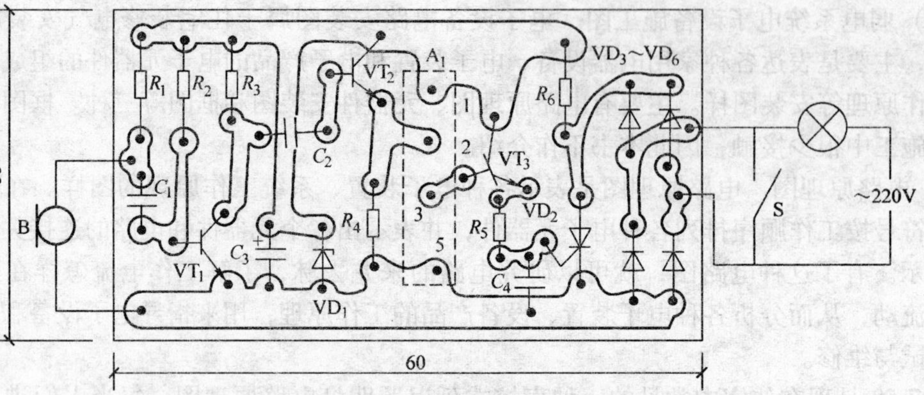

图 7-59　声控延迟照明灯接线图的印制板

7.5.5　电子电气设备安装图样的识读

1. 家用电子防灾防盗报警电路图的识读

在现代住宅环境改善以后，随着装修层次的提高，在许多住宅装修中普遍安装了各种电子防灾防盗报警设施。图 7-60 是现代家庭中常用的电子报警线路图，也是当前住宅装修中经常使用的多种防盗报警器中比较常见的一种电子线路图。

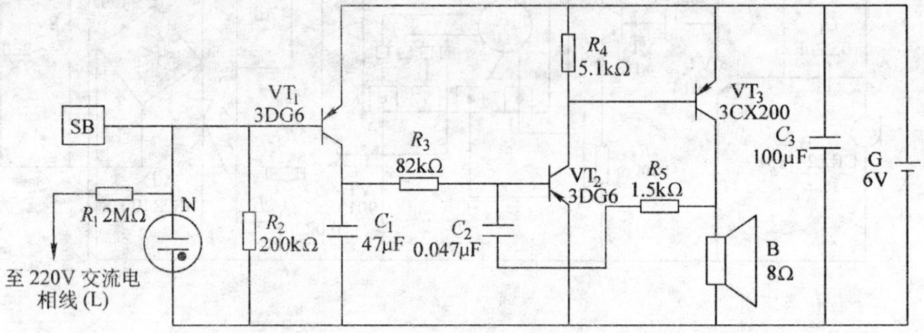

图 7-60　触摸式防盗报警器电路图

根据掌握的相关图例符号和电路图中文字标注型号、数据的识读分析，我们了解到在这个电路图中除 1 只氖泡、2 只 3DG6 型硅晶体管（VT_1、VT_2）、1 只 3CX200 型硅晶体管（VT_3）和 1 只 8Ω 扬声器是醒目可见的主要元器件以外，阻容元件只有 5 只固定电阻、3 只电容。电路图中还标注有一个触摸探头 A，这个触摸探头通常可以由门把手和能够起相关作用的金属部件所代替。电源则采用四节共 6V 电池。

这种触摸报警器可用在门把手、弹子门锁或其他需要报警的设备上。只要人体碰一下触摸电极，它就会发生持续 7s 以上的报警声。

2. 照明熄灯装置电路图的识读

在现代家庭装饰装修中，照明装置中经常采用的一种调光装置。即住宅照明灯在电源开关断开后，灯光不是立即消失，而是在 1～2min 内逐渐变暗后熄灭，它给人们带来很大的方便，这种电气产品是典型的强电与弱电结合的照明装置，如图 7-61 所示。

从电路图中我们可以看到整个线路是由一盏 15～100W 普通的白炽灯、1 只开关、1 只二极管（2CP17）、4 只整流二极管（2CZ11C）、1 只晶闸管（3CT11A-400V）、1 只电容（450V-20μF）、1 只电位器和 2 只固定电阻所组成的。

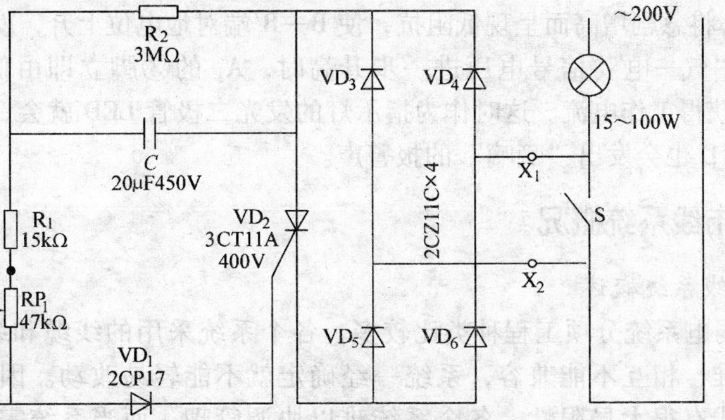

图 7-61　渐暗熄照明灯装置电路图

其电路原理是，当开关闭合时，照明灯可以像平时一样被接通，这时该装置的接线端子虽然与开关的两个接线端相连，但根本就不工作。只有当开关被断开后，交流电压才能被二极管 $VD_3 \sim VD_6$ 整流，加到晶闸管 SCR 的阳极与阴极上。同时，电源正极通过 C、R_1、RP_1 和 VD_1 为晶闸管控制极提供一个触发电流，使 SCR 导通。而电容 C 则充电，充电过程使 SCR 保持导通，直到充足电为止。电阻 R_1 和电位器 RP_1 的作用是限制起始充电电流；电阻 R_2 与 C 并联，能够使开关闭合期间将电容内的电荷放掉，这样才能保证电容 C 两端的初始电压为零，使该装置延长的时间相同。

3. 煤气泄露报警器电路图的识读

从图 7-62 可知，煤气泄露报警器电路由电源电路、气敏探测电路、音响报警电路等几部分组成。其主要元器件有：RQ、A_1、A_2、A_3 和 YD、LED 等几个。RQ 为 QM-N5 型气敏元件，它是用金属氧化物半导体材料制成的“气—电”能换器件。A_1 为 SL322 型发光显示电平指示驱动器。A_2、A_3 为 5G1555 集成电路。YD、LED 分别是压电陶瓷蜂鸣片和发光二极管。其余的为各种阻容元件和电源。

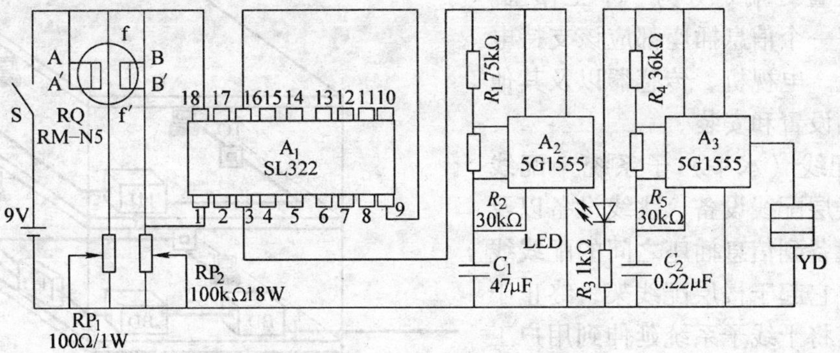

图 7-62　煤气泄露报警器线路图

其工作原理为，9V 直流电源经电位器 RP_1 限流，为 RQ 的丝极 f—f′提供触发电流，将 A—A′、B—B′极预热，在清净的空气中此时两极间（A—A′、B—B′）电阻较大，其输出端

B—B′对地电压较低，气敏元件无信号输出。

当气敏元件 QM 感受到一定浓度的有害气体时，在气敏元件表面立即会发生化学吸附，其内部的导电率将急剧增高而呈现低阻抗，使 B—B′端对地电位上升，就这样产生了“气—电”信号。当“气—电”信号电压进一步升高时，A_1 的③脚立即由低电位变为高电位，A_2、A_3 则相继获得工作电流。这时作为指示灯的发光二极管 LED 就会一闪一闪地发光，压电陶瓷蜂鸣片 YD 也会发出“嘀嘀”的报警声。

7.5.6 综合布线系统概况

1. 综合布线系统概述

由于建筑弱电系统分项工程种类比较多，各个系统采用的线缆和终端设备规格不同，没有统一的标准，相互不能兼容，系统一经确定就不能轻易改动。因此，传统的弱电系统工程布线方式有很大局限性，各个系统难以协调管理。而当系统需要更新升级时，往往造成设备资源极大的浪费。同时随着智能化住宅建筑的普及，一种能够以标准的方式兼容各种信息和硬件设备的新型、开放性的布线系统，是解决弱电系统综合布线与维护最好的措施。

综合布线系统能够支持多家厂商的不同产品，安装时不需要对将要连接的设备本身有详细了解。所以这种开放性的综合布线系统消除了非兼容性布线系统带来的麻烦和浪费。能够按照统一的技术标准，采用统一的传输介质，提供标准通信接口（信息插座），支持不同类型设备之间的数据传输和网间互联；可以适应各种数据、文本、图像、语音、控制信号的传输；当需要调整系统时，只要在相应的设备上进行处置即可，维护十分方便。

2. 综合布线系统的构成

我国将综合布线系统划分为若干子系统，如：工作区子系统、配线（水平）子系统、设备间子系统、管理子系统等，但是除工作区子系统、配线（水平）子系统外，其余子系统与家庭住宅装修联系并不密切。

（1）工作区子系统　工作区子系统由终端设备适配器、信息插座及终端设备到信息插座之间的连接线缆组成，一般将一个独立的需要设置终端划分为一个工作区。工作区的每一个信息插座都应该支持电话、计算机、电视机、传感器以及其他终端设备的设置和安装。

（2）配线（水平）子系统　配线子系统由楼层配线设备、跳线设备以及每层配线设备到信息插座之间的配线线缆等组成。它起于楼层配线架，终止于信息插座，将干线子系统延伸到用户工作区。综合布线系统的示意图如图 7-63 所示。

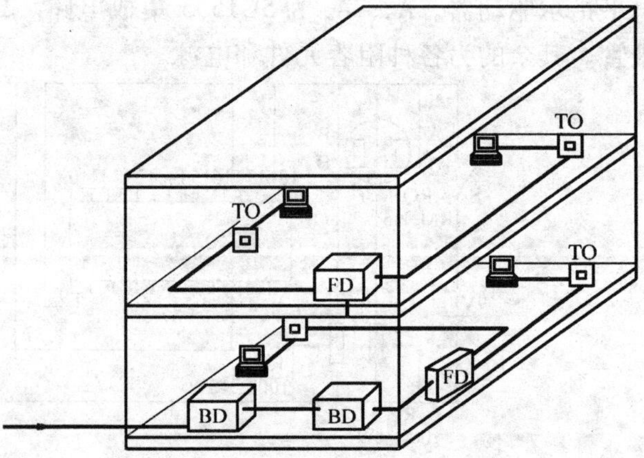

图 7-63　综合布线系统示意图

综合布线系统根据功能和配置的不同可以分为基本型、增强型、综合型三个等级，在进行综合布线系统选型和设计时，应根据实际需要选择适当的等级。

7.5.7 电子电器的元器件基本图例

新的《电气图用图形符号》国家标准代号为 GB/T 4728。为了保证电气图用符号的通用性，不允许对 GB/T 4728 中已给出的图形符号进行修改和派生，但如果某些特定装置的符号在 GB/T 4728 中未作规定，允许按已规定的符号适当组合派生。在 GB/T 4728 中，某些设备、器件、元件给出的图形符号，有优选型和其他型，选用符号时，应尽量选用优选形和最简单型，但同一张图样中只能选用一种图形。

电气图应用的图形符号引线一般不能改变位置，但某些符号的引线变动不会影响符号的含义，则引线允许画在其他位置。电气安装施工基本图例见表 7-5。

表 7-5 电气安装施工基本图例

名　称	图 例 符 号	名　称	图 例 符 号
单极开关		暗装三极开关	
密闭防水单极开关	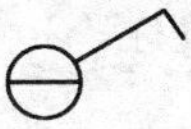	防爆三极开关	
双极开关		暗装三极开关	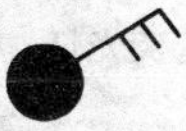
密闭防水双极开关	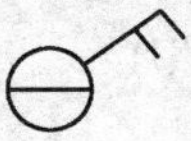	防爆三极开关	
三极开关		单极三线双控开关	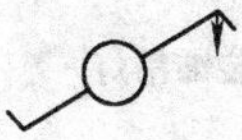
密闭防水三极开关		暗装声光双控开关	
暗装单极开关		单极拉线开关	
防爆单极开关		单极限时开关	
暗装双极开关		多拉开关	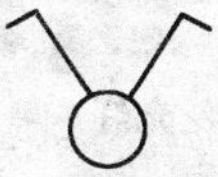
防爆双极开关		定时开关	

（续）

名　称	图例符号	名　称	图例符号
漏电开关		应急灯	
有指示灯的开关		弯灯	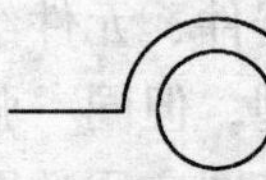
荧光灯的一般符号		球形灯	
防爆荧光灯		局部照明灯	
三管荧光灯	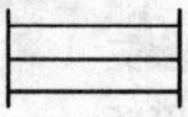	花灯	
五管荧光灯	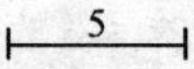	防水防尘灯	
灯的一般符号		嵌灯	
装饰吊灯	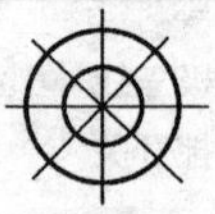	台灯或落地灯	
吸顶灯		壁灯	
天棚灯		单相插座	
聚光灯	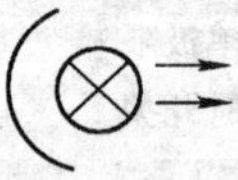	暗装单相插座	
泛光灯		密闭防水单相插座	
投光灯		防爆单相插座	

（续）

名　　称	图 例 符 号	名　　称	图 例 符 号
带保护接点插座		带熔断器插座	
暗装保护接点插座		熔断器	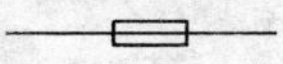
密闭保护接点插座		多种电源配电箱	
防爆保护接点插座		照明配电箱	
专用插座	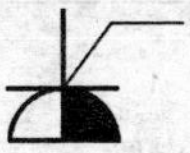	电能表	
带接地三相插座	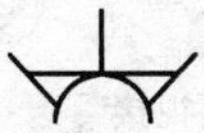	安全灯	
暗装接地三相插座		室内分线盒	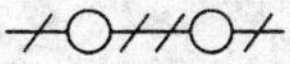
密闭接地三相插座	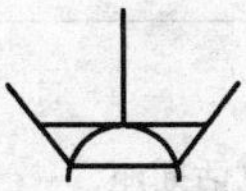	指示灯	
防爆接地三相插座		热水器	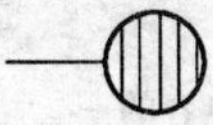
有单极开关的插座	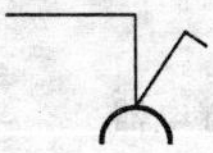	风扇的一般符号	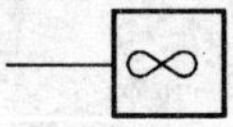

电子元器件和设备安装图例见表7-6。

表7-6　电子元器件和设备安装图例

名　称	图例符号	名　称	图例符号
消防喷淋器		发光二极管	
消防烟感器		光敏二极管	
警卫信号报警器		晶体管	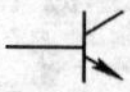
红外探测器	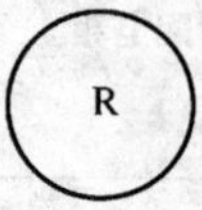	光电池	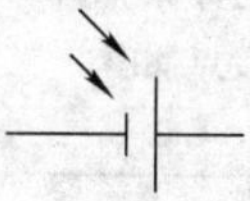
门磁开关	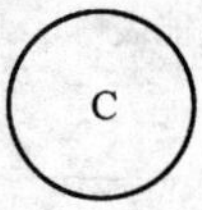	光电管	
门铃		电视接线插座	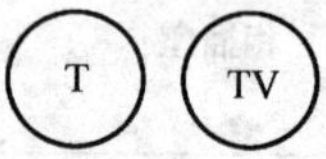
门铃按钮	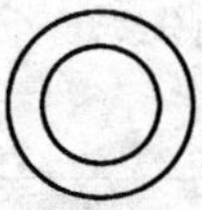	紧急求助按钮	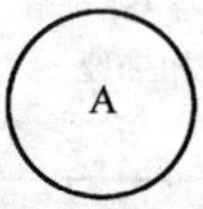
电阻的一般符号		电话插座	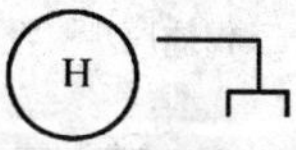
电容的一般符号	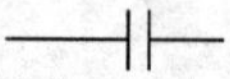	扬声器	
二极管		继电器	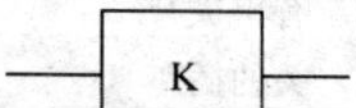

照明灯具安装方式及电子元件标注的文字代号见表7-7。

表7-7　照明灯具安装方式及电子元件标注的文字代号

表达内容	代号	表达内容	代号	表达内容	代号	表达内容	代号
线吊式	CP	吸顶式或直附式	S	顶棚内安装	CR	放大器	A
吊线器式	CP3	壁装式	W	座装	HM	熔断器	F
管吊式	P	台上安装	T	指示灯	H	晶体、电子管	V
固定线吊式	CP1	支架安装	SP	光电池	B	拾声器、送话器	B
链吊式	Ch	柱上安装	CL	照明灯	E		
嵌入式	R	墙壁内安装	WR	蓄电池	G		

习　题

1. 在金属吊顶的施工图上一般要标注各种零部件的尺寸，而不标安装尺寸，对吗？为什么？

2. 常见的住宅室内给水管网布置形式一般有哪几种？其中哪种适合于安装燃气热水器？为什么？

3. 住宅室内排气管一般在平面图中和系统图中如何表示？起什么作用？

4. 室内供热方式有哪几种？热水供热系统中哪种供热效率较高？图中的散热器旁的数字表示什么？

5. 电气线路图中有哪些主要组成部分？

6. 读图7-49，说明：

1）“L”、“N”各表示什么？

2）为什么两个开关都能操作开关动作？

3）若将开关安装在N线端（即开关与灯对调位置）可以吗？为什么？

7. 试解释图7-52中，N1线路通向厨房右墙上的暗装插座的三极是哪三极？其旁的数字$\frac{10}{0.5}$是什么含义？

8. 试根据本章中提供的各种电子电路图，画出以下零件的图例：二极晶体管、三极晶体管、电容器、电阻、扬声器、电位器和集成电路。

第 8 章　建筑装饰装修工程图

8.1　建筑装饰装修工程制图基础知识

8.1.1　装饰工程图的产生及分类

建筑装饰设计通常是在建筑设计的基础上进行的。在制图和识图上，装饰工程图有其自身的规律，如图样的组成、施工工艺及细部做法的表达等都与建筑工程图有所不同。装饰设计同样经过方案设计和施工图设计两个阶段。

1. 方案设计阶段

方案设计阶段是根据业主要求、现场情况以及有关规范、设计标准等，以透视效果图、平面布置图、室内立面图、楼地面平面图，以及尺寸、文字说明等形式，给出设计方案，经修改补充，取得合理方案后，报业主或有关主管部门审批。

2. 施工图设计阶段

施工图设计是装饰设计的主要程序。装饰施工图是用正投影方法绘制的用于指导施工的图样，并应遵守《房屋建筑制图统一标准》（GB/T 50001—2001）、《建筑制图标准》（GB/T 50201—2001）和各省市建筑装饰装修工程协会制定的制图标准。

装饰工程施工图一般由装饰设计说明、平面布置图、楼地面平面图、顶棚平面图、室内立面图（以上为基本图样）、墙（柱）面装饰剖面图、装饰详图等图样组成，必要时绘制透视图、轴测图等辅助表达，以利识读。

8.1.2　装饰工程图的有关规定

1. 图样的比例

装饰工程图常用的比例有：1∶1、1∶2、1∶5、1∶10、1∶20、1∶25、1∶30、1∶40、1∶50、1∶100、1∶200 等，其中在平面图和天花图（镜像图）中主要用 1∶50、1∶100、1∶200。

2. 建筑装饰装修材料图例

1）常用建筑装饰装修材料图例除了应参看表 6-2 外，一般还有如表 8-1 所示。

表 8-1　室内装饰常用图例

名　称	图　例
书桌	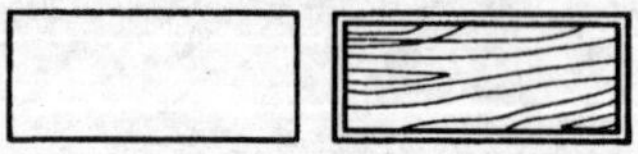
衣橱	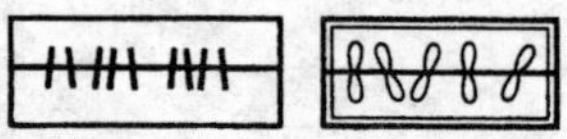

（续）

名　称	图　例
床（双人）	
床（单人）	
洗手池	
坐便器	
浴缸	
煤气灶	
椅凳	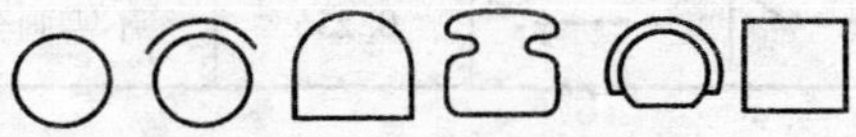
沙发	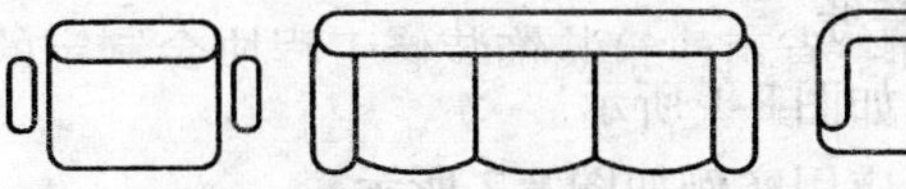
茶几	
灯具	
绿化	
冰箱	
电视	
电脑	

2）建筑装饰装修工程图线。建筑装饰装修工程图线应符合表 8-2。

表 8-2　装饰装修工程图线

名称	线　型	线宽	用　　途
粗实线	━━━━━━	b	平面图、天花图、立面图、详图中被剖切的主要构件（包括构配件）的轮廓线
中实线	──────	$0.5b$	1. 平面图、天花图、立面图、详图中被剖切的主要构件（包括构配件）的轮廓线 2. 立面图中的转折线 3. 立面图中的主要构件的轮廓线
细实线	──────	$0.25b$	1. 平面图、天花图、立面图、详图中一般构件的图形线 2. 平面图、天花图、立面图、详图中索引符号及其引出线
超细实线	──────	$0.15b$	1. 平面图、天花图、立面图、详图中细部润饰线 2. 平面图、天花图、立面图、详图中尺寸线、标高符号、材料标注引出线 3. 平面图、天花图、立面图、详图中配景图线
中虚线	— — — — —	$0.5b$	平面图、天花图、立面图、详图中不可见的灯带
细虚线	- - - - - - -	$0.25b$	平面图、天花图、立面图、详图中不可见的轮廓线
细单点长画线	—·—·—·—	$0.25b$	中心线、对称线、定位轴线
折断线	——╱╲——	$0.25b$	不需画全的断开界线

3. 立面视图符号

立面视图符号如图 8-1 所示。

立面视图符号应用实例如图 8-2 所示。

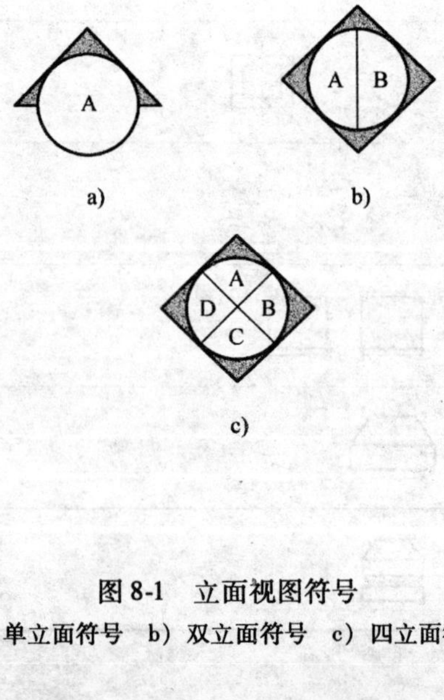

图 8-1　立面视图符号

a）单立面符号　b）双立面符号　c）四立面符号

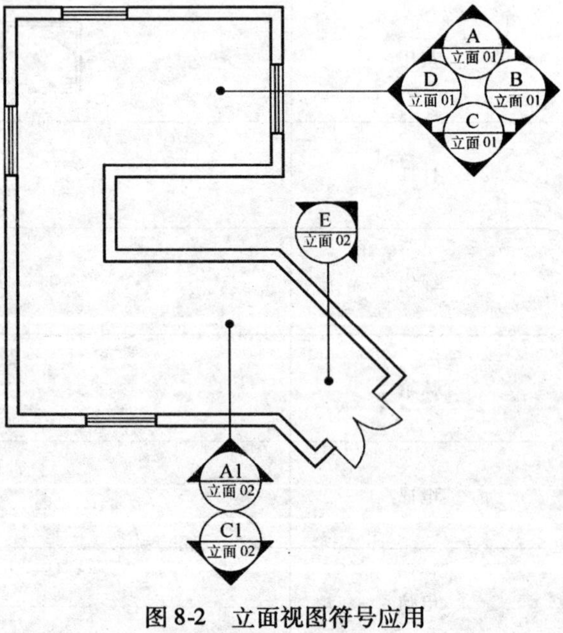

图 8-2　立面视图符号应用

8.1.3 装饰施工图中的图样目录及设计说明

1. 装饰施工设计图样目录

图纸目录应逐一写明序号、图样名称、图号、档案号和备注等，标注编制日期，并盖设计单位设计专用章。规模较大的建筑装饰装修工程设计，图纸数量一般很大，需要分册装订，通常为了便于施工作业，以楼层或者功能分区为单位进行编制，但每个编制分册都应包括图样总目录。

2. 设计说明

设计说明包含工程概况、设计的依据、施工图设计说明及施工说明等。具体内容如下：

1）工程名称、工程地点和建设单位。

2）工程的原始情况、建筑面积、装饰等级、设计范围和主要目的。

3）施工图设计的依据，应包括设计所依据的国家和所在省市现行政策、法规、标准化设计及其他有关规定。

4）经国家、地区上级有关部门审批获得批准文件的文号及其相关内容，应着重说明装饰设计在遵循防火、生态环保等规范方面的情况。

5）施工图设计说明应表明装饰设计在结构和设备等技术方面对原有建筑进行改动的情况，应包括建筑装饰的类别、防火等级、防火分区、防火设备、防火门等设施的消防设计说明，以及对工程可能涉及的声、光、电、防潮、防尘、防腐蚀、防辐射等设施的消防设计说明。

6）对设计中所采用的新技术、新工艺、新设备和新材料的情况进行说明。

关于施工图设计图纸的有关说明，应能说明图纸的编制概况、特点以及提示看图施工时必要的注意事项。同时还应对图纸中出现的符号、绘制方法、特殊图例等进行说明。若有可能，可将甲方（或客户）的概况，以及他们对设计的要求也写入。

8.2 建筑装饰装修平面图

建筑装饰装修平面图是装饰施工图的主要图样，其主要用于表示空间布局、空间关系、家具布置、人流动线，让客户了解平面构思意图。绘制时力求清晰地反映各空间与家具等的功能关系，图中符号、标注不能过分随意，尤其是图例应恰当、美观。

8.2.1 建筑装饰装修平面图的形成

装饰平面图的形成与建筑平面图的形成方法相同，即假设一个水平剖切平面沿着略高于窗台的位置对建筑进行剖切，将上面部分挪走，按剖面图画法作剩余部分的水平投影图：用粗实线绘制被剖切的墙体、柱等建筑结构的轮廓；用细实线绘制在各房间内的家具、设备的平面形状，并用尺寸标注和文字说明的形式表达家具、设备的位置关系和各表面的饰面材料及工艺要求等内容。根据装饰平面图，可进行家具、设备购置单的编制工作；结合尺寸标注和文字说明，可制作材料计划和施工安排计划等。

8.2.2 建筑装饰装修平面图的主要内容

建筑装饰装修平面图包括所有楼层的总平面图、平面布置图、平面尺寸图、地面装饰图、索引图等。所有平面图应共同包括以下内容：

1）标明原有建筑平面图中柱网、承重墙、主要轴线和编号；标明装饰设计变更过后的所有室内外墙体、门窗、管井、电梯和各种扶梯、楼梯、平台和阳台等。房间的名称应注全，并标明楼梯的上下方向。

2）标明固定的装饰造型、隔断、构件、家具、卫生洁具、照明灯具、花台、水池、陈设以及其他固定装饰配置和部品的位置。

3）标注装饰设计新发生的门窗编号及开启方向，对家具的橱柜门或其他构件的开启方向和方式也应能予以表示。

4）标注各楼层地面、主要楼梯平台的标高；标注索引符和编号、图样名称和制图比例。

1. 总平面图

1）总平面图应能全面反映各楼层平面的总体情况，包括家具布置、陈设及绿化布置、装饰配置和部品布置、地面装饰、设备布置等内容。

2）在图样中可以对一些情况作出文字说明。

3）标注索引符号和指北针。

2. 平面布置图

（1）家具布置图　应标注所有可移动的家具和隔断的位置、布置方向、柜门或橱门开启方向，同时还应能确定家具上摆放物品的位置，如电话、电脑、台灯、各种电器等。标注定位尺寸和其他一些必要尺寸。

（2）卫生洁具布置图　此图在规模较小的装饰设计中可以与家具布置图合并。一般情况下应标明所有洁具、洗涤池、上下水立管、排污孔、地漏、地沟的位置，并注明排水方向、定位尺寸和其他必要尺寸。

（3）绿化布置图　此图在规模较小的装饰设计中可以与家具布置图合并，规模较大的装饰设计可按建设方需要，另请专业单位出图。一般情况下应确定盆景、绿化、草坪、假山、喷泉、踏步和道路的位置，注明绿化品种、定位尺寸和其他必要尺寸。

（4）电气设施布置图　一般情况下可省略，如需绘制，则应标明地面和墙面上的电源插座、通信和电视信号插孔、开关、固定的地灯和壁灯、暗藏灯具等的位置，并标注必要的材料和产品编号或型号、定位尺寸。

（5）防火布置图　应注明防火分区、消防通道、消防监控中心、防火门、消防前室、消防电梯、疏散楼梯、防火卷帘、消火栓、消防按钮、消防报警等的位置，标注必要的材料和设备编号或型号、定位尺寸和其他必要尺寸。

（6）如果楼层平面较大，可就一些房间和部位的平面布置单独绘制局部放大图，同样也应符合以上规定。

3. 平面尺寸图

1）标注装饰设计新发生的室内外墙体、室内外门窗洞和管井等的定位尺寸、墙体厚度洞口宽度与高度尺寸、门窗编号及材料种类等并注明做法。

2）标注装饰设计新发生的楼梯、自动扶梯、平台、台阶、坡道等的定位尺寸、设计标高及其他必要尺寸，并注明材料及其做法。

3）标注固定隔断、固定家具、装饰造型、台面、栏杆等的定位尺寸和其他必要尺寸，标注材料及其做法。

此图与下述的地面装饰图在规模较小的装饰设计中可以与平面布置图合并。

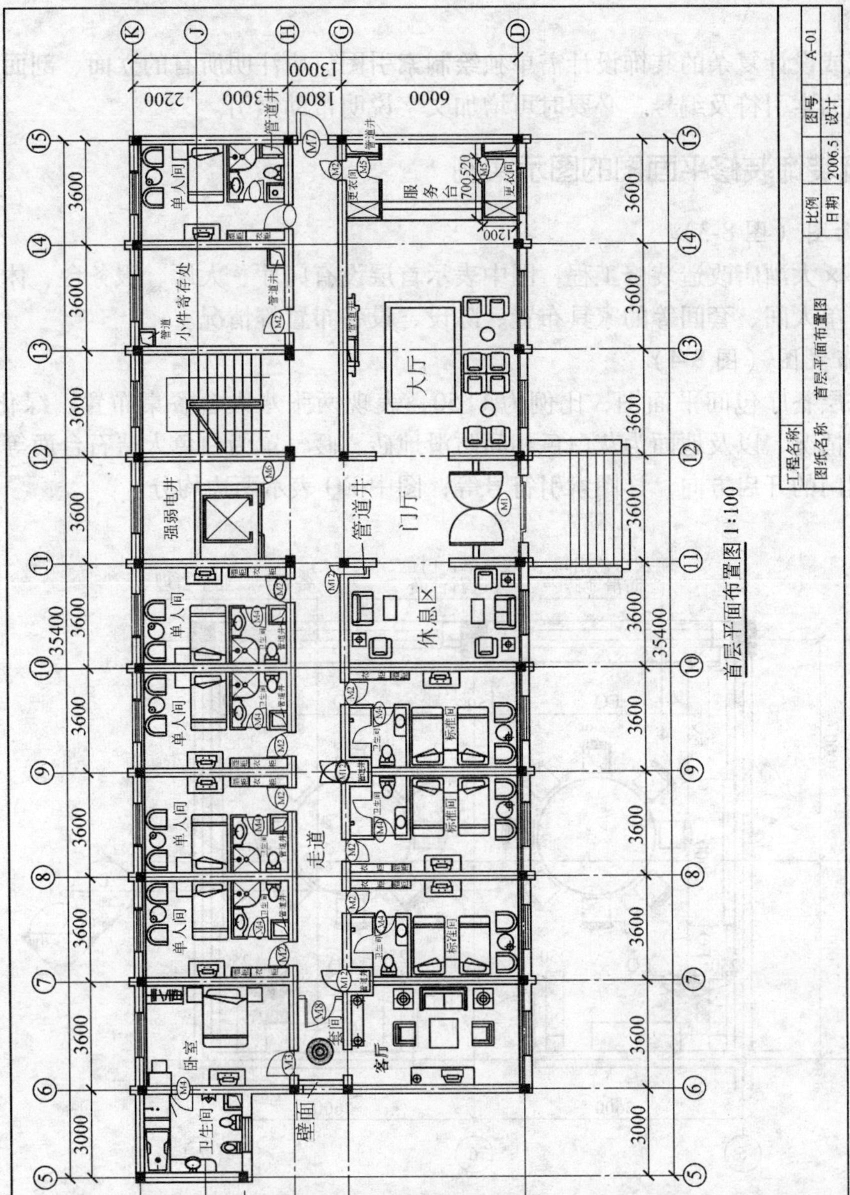

首层平面布置图 1:100
工程名称
图纸名称
首层平面布置图
比例
日期
2006.5
图号
A-01
设计
单人间
小件寄存处
强弱电井
管道井
卧室
卫生间
壁面
客厅
走道
标准间
休息区
门厅
大厅
服务台
更衣间
35400
12900
13000
3600
3000
3400
1700
1800
6000
2200
3000
1200

图 8-3 总平面图

4. 地面装饰图

1）标注地面装饰材料的种类、拼接图案、不同材料的分界线。

2）标注地面装饰的定位尺寸、标准和异形材料的单位尺寸、施工做法。

3）标注地面装饰嵌条、台阶和梯段防滑条的定位尺寸、材料种类及做法。

5. 索引图

规模较大或设计复杂的装饰设计需单独绘制索引图。应注明所有的立面、剖面、局部大样和节点详图的索引符及编号，必要时可增加文字说明帮助索引。

8.2.3 建筑装饰装修平面图的图示实例

1. 总平面图（图 8-3）

本图为××大酒店改造装修工程，图中表示首层设有门厅、大厅、服务台、休息区以及标准客房间、单人间、套间等的家具布置、陈设、设备布置等情况。

2. 平面布置图（图 8-4）

本图为首层餐厅包间平面图，比例为 1∶50，表现两张八人台餐桌布置、绿化布置图、备餐台布置等情况，以及地面为灰白色相间防滑地砖，暖气罩为白色人造石台面等情况；从图中可以看到门的开启方向，详图索引符号等；图中 EQ 表示两边均分。

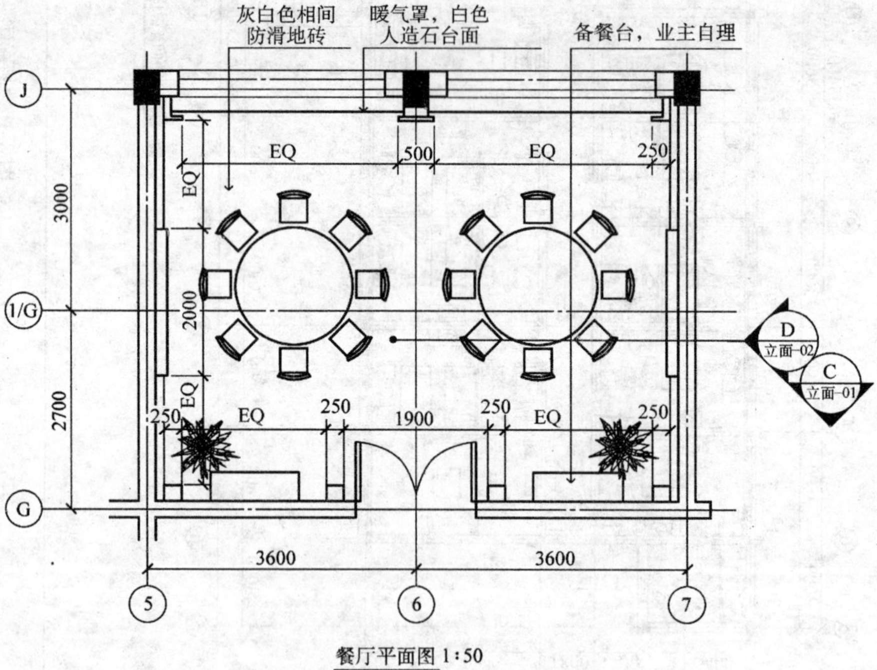

图 8-4　平面布置图

3. 地面装饰图（图 8-5）

地面装饰为 600×600 灰白色相间防滑地砖，黑色波打线。

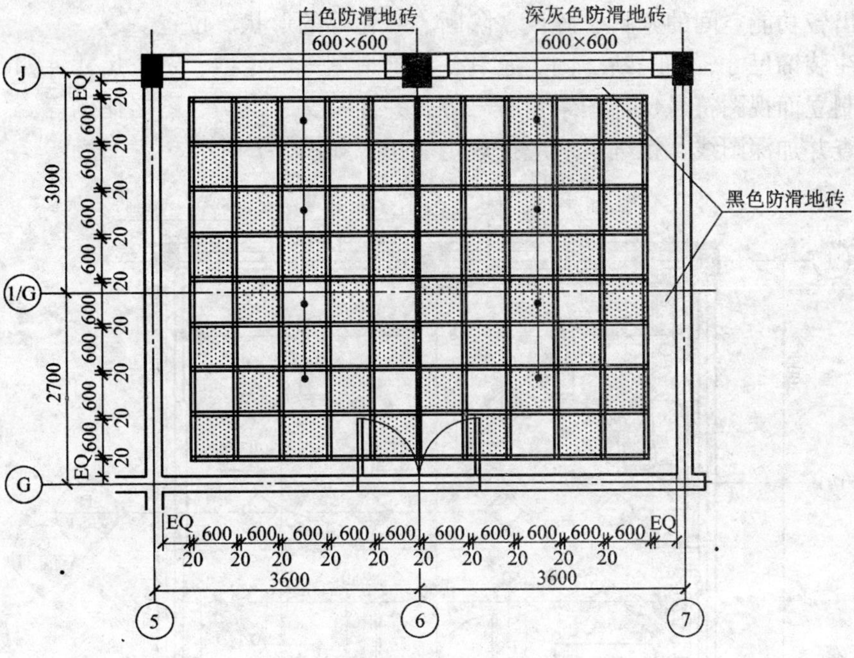

餐厅地材图 1∶50

图 8-5 地面装饰图

8.2.4 建筑装饰装修平面图的绘制

1. 平面布置图

平面布置图的画法与建筑平面图基本一致，其基本步骤如下：

1）选比例、定图幅。

2）先用浅色画出建筑主体结构，标注其开间、进深、门洞尺寸及其轴线，如图 8-6 所示。

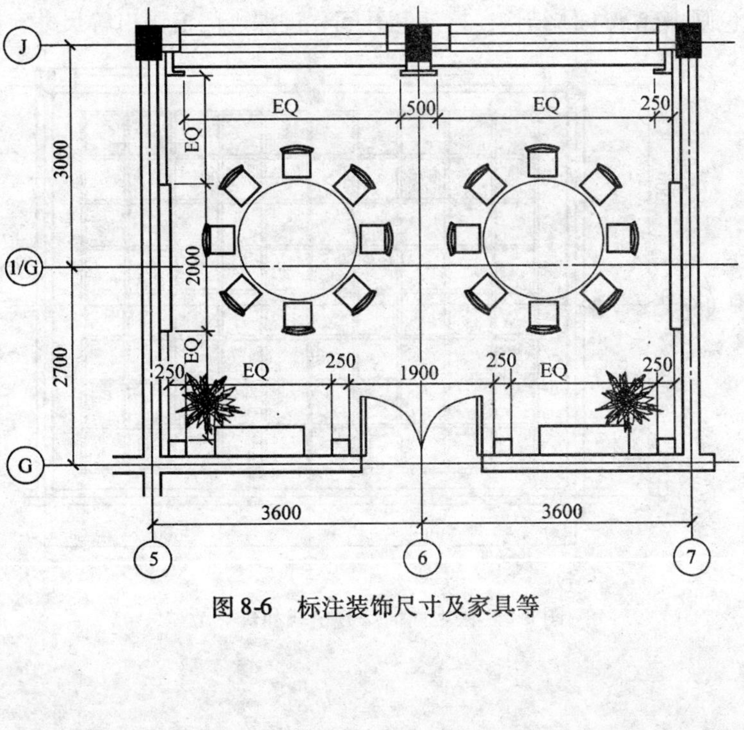

图 8-6 标注装饰尺寸及家具等

3）画出各功能空间的家具、陈设、隔断、绿化等的形状、位置。

4）标注装饰尺寸，如隔断、固定家具、装饰造型等的定型、定位尺寸，如图 8-6 所示。

5）绘制立面视图符号、详图索引符号等，并注写文字说明、图名比例等。

6）检查并加深图线，粗细实线应按规定应用，如图 8-7 所示。

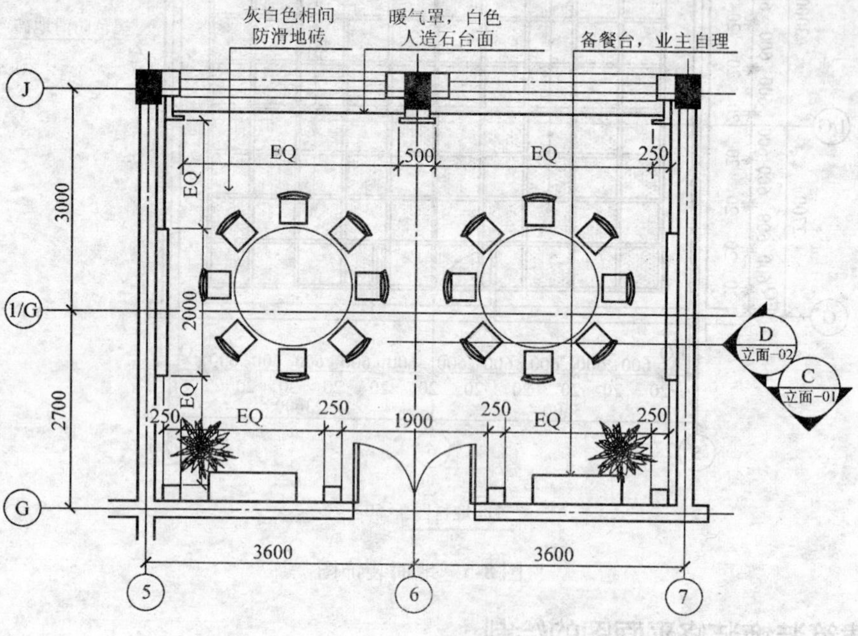

图 8-7　完成作图

2. 地面装饰图

楼地面平面图是主要用于表达楼地面分格造型、材料名称和做法要求的图样。对于台阶和其他凹凸变化等特殊部位，还应画出剖面（或断面）符号。

1）选比例、定图幅。

2）先用浅色画出建筑主体结构，标注其开间、进深、门窗洞口等尺寸，如图 8-8 所示。

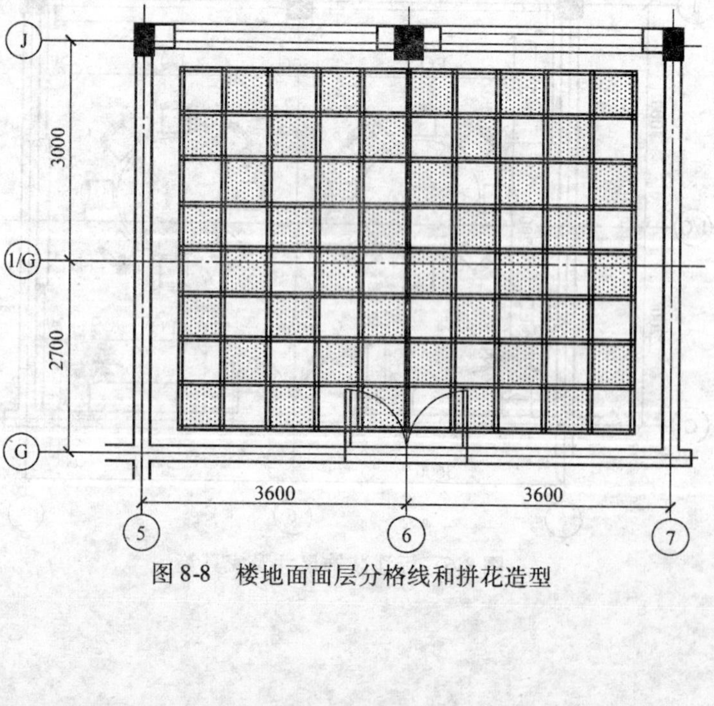

图 8-8　楼地面面层分格线和拼花造型

3）画出楼地面面层分格线和拼花造型等，如图 8-8 所示。

4）标注分格和造型尺寸。材料不同时用图例区分，并加引出说明，明确做法。

5）细部做法的索引符号、图名比例。

6）检查并加深图线，粗细实线应按规定应用。如门窗、楼梯、台阶、固定家具、铺地之前安装的洁具等用中实线表示；楼地面分格用细实线表示。完成作图如图 8-9 所示。

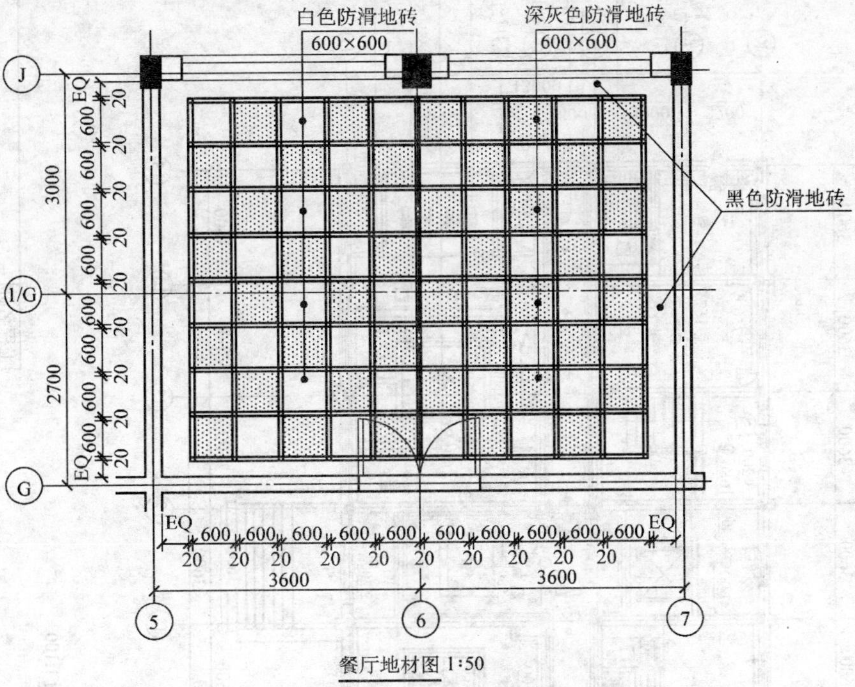

图 8-9　完成作图

8.3　建筑装饰装修顶棚图

天花的功能综合性较强，其作用除装饰外，还兼有照明、音响、空调、防火等功能。天花是室内设计的重要部位，其设计既要有较高的净空，扩大空间效果，又要把在视觉范围内的梁、板处理好。其设计是否合理对于精神感受影响非常大。

8.3.1　顶棚图的图示内容与要求

为了便于与平面布置图对应，天花平面图通常是采用“镜像”投影作图。天花的装修施工图除天花平面图外，还要画出天花的剖面详图（或称节点详图），并在天花平面图中注出剖面符号或详图索引符号。天花平面图的比例一般与平面布置图一致。顶棚（天花）平面图应包括所有楼层的顶棚总平面图、顶棚布置图等。所有顶棚平面图应共同包括以下内容：

1）应与平面图一致，标明柱网和承重墙、主要轴线和编号，轴线间尺寸和总尺寸。

2）标明装饰设计调整过后的所有室内外墙体、管井、电梯和自动扶梯、楼梯和疏散楼梯、雨篷和天窗等的位置，注全名称。

3）标注顶棚（天花）设计标高。

4）标注索引符和编号、图样名称和制图比例。

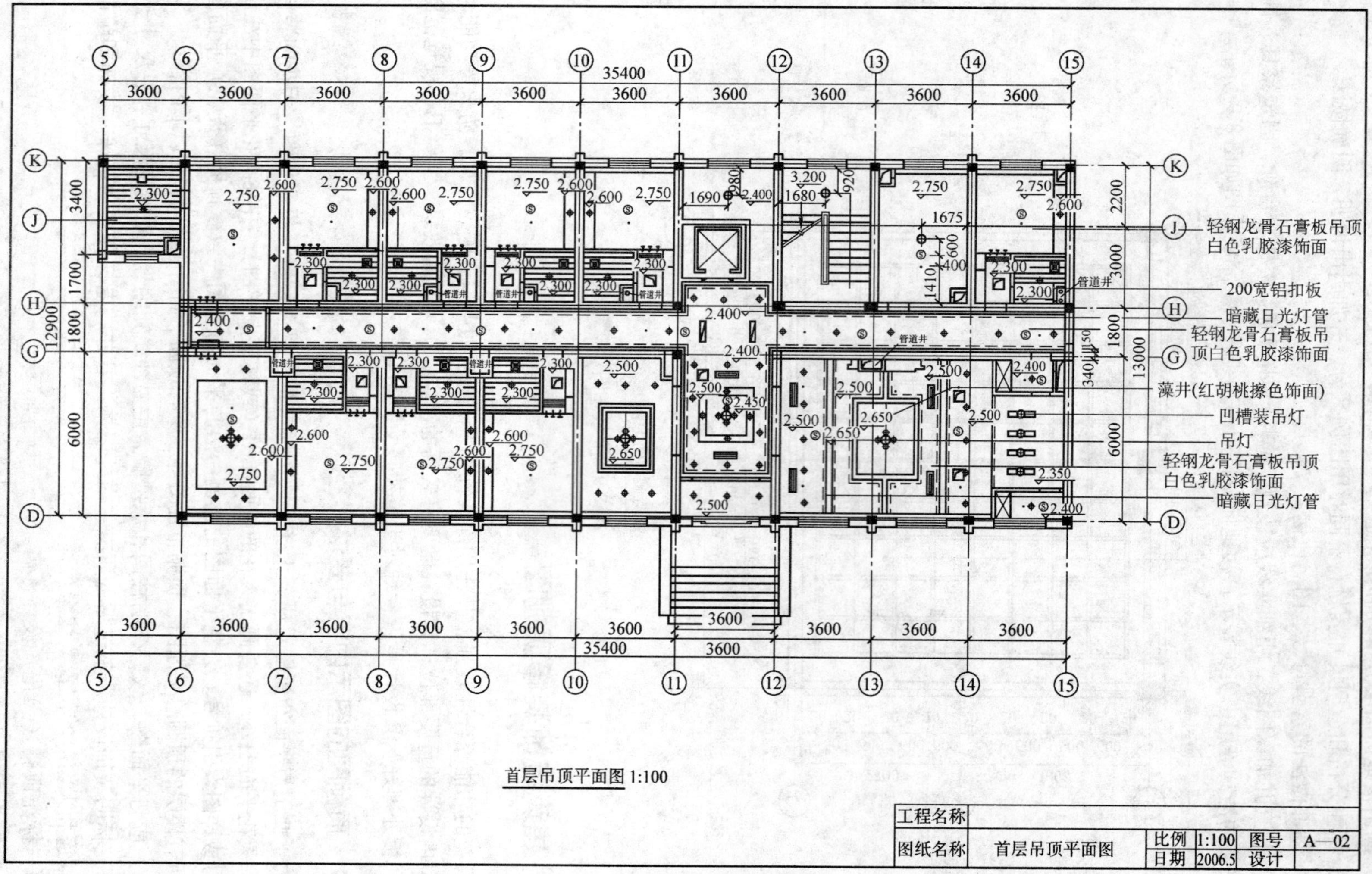

图 8-10　顶棚（天花）总平面图

1. 顶棚（天花）总平面图

1）规模较小的装饰设计可省略顶棚（天花）总平面图，如需要绘制，一般应能反映全部各楼层顶棚总体情况，包括顶棚造型、顶棚装饰灯具布置、消防设施及其他设备布置等内容。

2）在图样中可以对一些情况作出文字说明。

2. 顶棚（天花）造型布置图

应标明顶棚（天花）造型、天窗、构件、装饰垂挂物及其他装饰配置和部品的位置，注明定位尺寸、材料和做法。

1）顶棚（天花）灯具及设施布置图。应标注所有明装和暗藏的灯具（包括火灾和事故照明）、发光顶棚（天花）、空调风口、喷头、探测器、扬声器、挡烟垂壁、防火卷帘、防火挑檐、疏散和指示标志牌等的位置，标明定位尺寸、材料、产品型号和编号及做法。

2）如果楼层顶棚（天花）较大，可就一些房间和部位的顶棚（天花）布置单独绘制局部放大图，同样也应符合以上规定。

8.3.2 顶棚图的图示实例

1. 顶棚（天花）总平面图（图 8-10）

本图表示××大酒店改造装修工程首层顶棚平面图，比例为 1:100，与图 8-3 总平面图对应反映大厅顶棚设有红胡挑擦色饰面藻井，标高为 2.65m；其他部分如客房为轻钢龙骨石膏板顶棚刷白色乳胶漆饰面，标高为 2.75m；卫生间顶棚为 200 宽铝扣板，标高为 2.3m。其中墙、柱用粗实线表示，天花的藻井、灯饰等主要造型轮廓线用中实线表示。

天花的装饰线、面板的拼装分格等次要的轮廓线用细实线表示。

2. 天棚（天花）造型布置图（图 8-11）

本餐厅包房天花造型布置图比例为 1:50，图中表示造型轮廓线、灯饰及其材料做法，

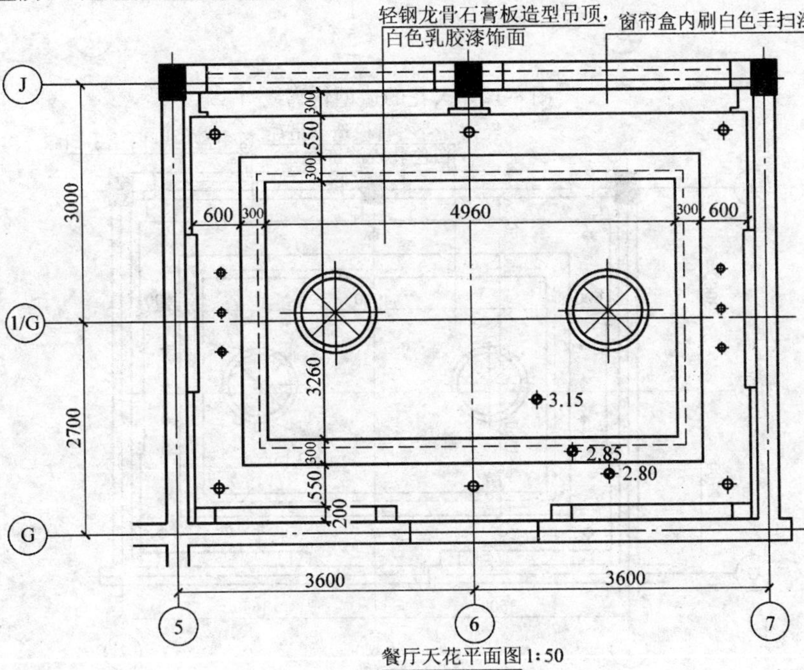

图 8-11 天棚（天花）造型布置图

顶棚为轻钢龙骨石膏板顶棚白色乳胶漆饰面，标高分别为 2. 80m、2. 85m、3. 15m，窗帘盒内刷白色手扫漆。

8. 3. 3　绘图步骤

1）选比例、定图幅。

2）先用浅色画出建筑主体结构的平面图。不用画出门窗。

3）画出天花的造型轮廓线、灯饰及各种设施，如图 8-12 所示。

4）标注尺寸、剖面符号、详图索引符号和文字说明等。

5）检查并加深图线。其中墙、柱用粗实线表示；天花的藻井、灯饰等主要造型轮廓线用中实线表示；天花的装饰线、面板的拼装分格等次要的轮廓线用细实线表示，如图 8-13 所示。

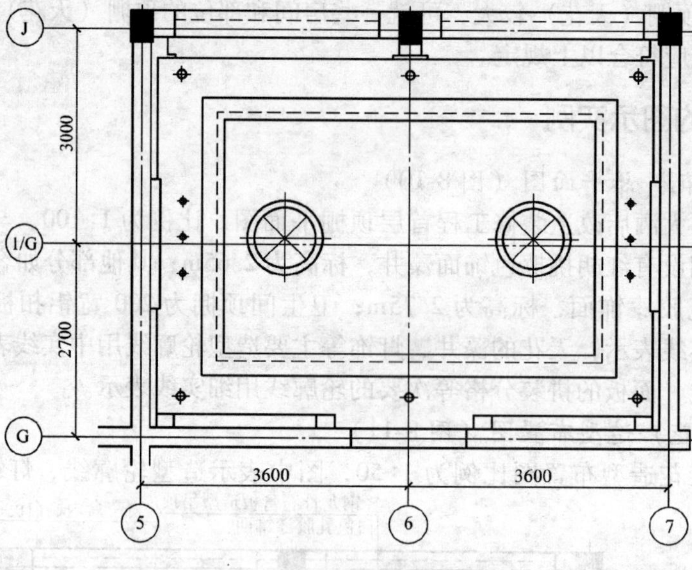

图 8-12　天花的造型轮廓线

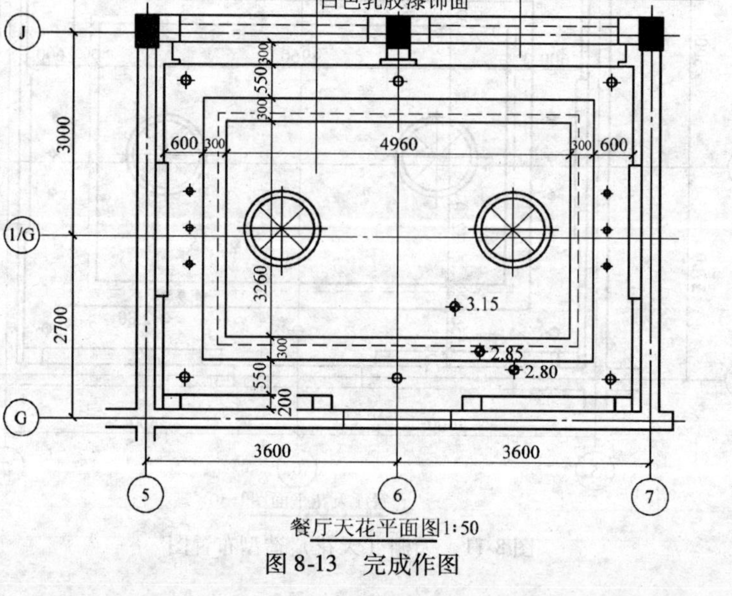

图 8-13　完成作图

8.4 建筑装饰装修立面图

建筑装饰装修立面图一般为室内墙柱面装饰装修图，主要表示建筑主体结构中铅垂立面的装修做法，反映空间高度、墙面材料、造型、色彩、凹凸立体变化及家具尺寸等。

8.4.1 建筑装饰装修立面图的内容和要求

建筑装饰装修立面图应包括投影方向可见的室内轮廓线和装修构造、门窗、构配件、墙面作法、固定家具、灯具、必要的尺寸和标高及需要表达的非固定家具、灯具、装饰物件等。

应按一定方向依顺序绘制各墙面立面图。

一般只要墙面有不同的地方，就必须绘制立面图。如果是圆形或多边形平面的室内空间，可以分段展开绘制室内立面图，但均应在图名后加注“展开”二字。立面图一般要求如下：

1）标明立面范围内的轴线和编号，标注立面两端轴线之间的外包尺寸。

2）绘制立面左右两端的内墙线，标明上下两端的地面线、原有楼板线、装饰设计的顶棚（天花）及其造型线。

3）标注顶棚（天花）剖切部位的定位尺寸及其他相关所有尺寸，标注地面标高、建筑层高和顶棚（天花）净高尺寸。

4）绘制墙面和柱面、装饰造型、固定隔断、固定家具、装饰配置和部品、广告灯箱、门窗、栏杆、台阶等的位置，标注定位尺寸及其他相关所有尺寸。可移动的家具、艺术品陈设、装饰部品及卫生洁具等一般无需绘制，如有特别需要，应标注定位尺寸和一些相关尺寸。

5）标注立面和顶棚（天花）剖切部位的装饰材料、材料分块尺寸、材料拼接线和分界线定位尺寸等。

6）标注立面上的灯饰、电源插座、通信和电视信号插孔、开关、按钮、消火栓等的位置及定位尺寸，标明材料、产品型号和编号、施工做法等。

7）标注索引符和编号、图纸名称和制图比例，由于墙柱面的构造都较为细小，其作图比例一般都不宜小于1∶50。

8.4.2 建筑装饰装修立面图的图示实例

餐厅立面图C（见图8-14）及立面图D（见图8-15），比例为1∶50，C立面表示有装饰画、绿化植物布置，并标明上下两端的地面线、原有楼板线、装饰设计的顶棚（天花）及其造型线。墙面浅灰色乳胶漆，木制踢脚板为白色硝基亚光漆饰面。麦哥利木门套，硝基亚光漆饰面。

D立面墙面居中2000mm内为麦哥利夹板斜拼，硝基亚光漆饰面并含有不锈钢条。其两侧为米色亚麻布硬包。

8.4.3 绘制步骤

1）选比例、定图幅。

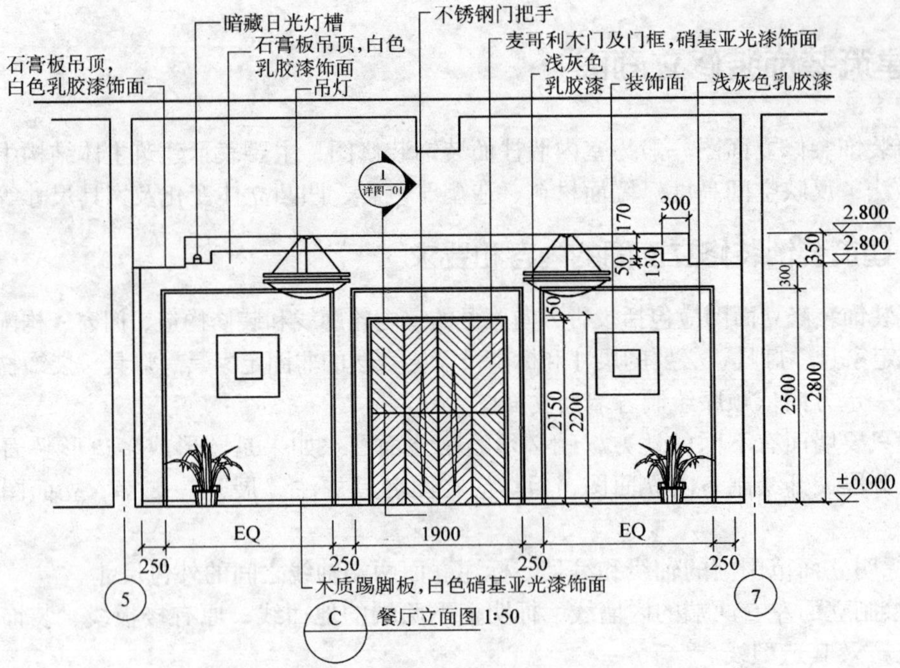

图 8-14　立面图 C

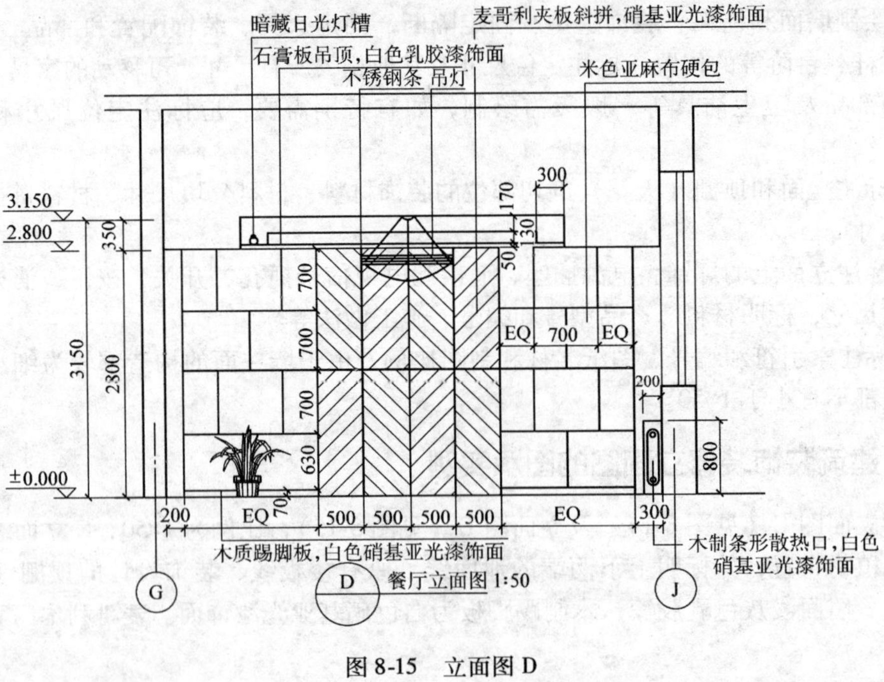

图 8-15　立面图 D

2）先用浅色画出楼地面、楼盖结构、楼柱面的轮廓线或定位轴线，如图 8-16 所示。

3）画出墙柱面的主要造型轮廓。画出上方顶棚的剖面和可见轮廓（比例不大于 1∶50 时顶棚的轮廓可用单线表示）。

4）检查并加深图线。其中室内周边的墙柱、楼板等结构轮廓用粗实线，顶棚剖面线用粗实线，墙柱面造型轮廓用中实线，造型内的装饰和分格线及其他可见线用细实线，如图8-16所示。

图8-16　结构轮廓线与装饰造型

5）标注尺寸，相对于本层楼地面的各造型位置及顶棚标高。

6）标注详图索引符号、剖切符号、文字说明、图示比例。完成作图，如图8-17所示。

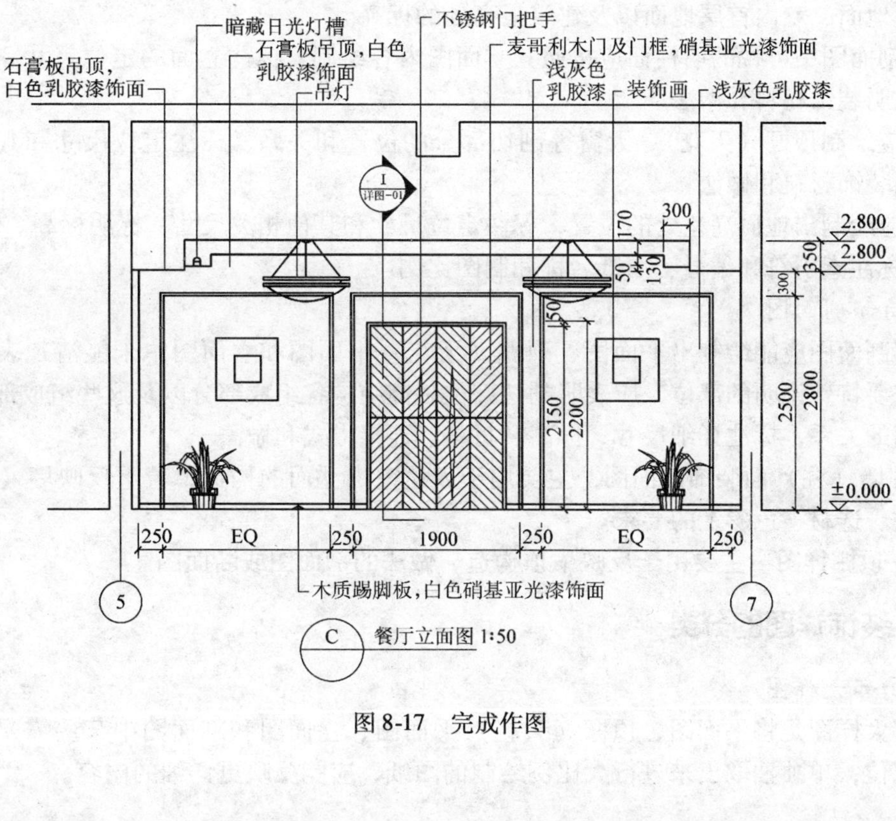

图8-17　完成作图

8.5 建筑装饰装修剖面图与详图

8.5.1 装饰剖面图与详图的形成与表达

由于平面布置图、地面平面图、室内立面图、顶棚平面图等的比例一般较小，很多装饰造型、构造做法、材料选用、细部尺寸等无法反映或反映不清晰，满足不了装饰施工、制作的需要，故需放大比例画出详细图样，形成装饰详图。装饰详图一般采用1∶10到1∶20的比例绘制。

在装饰详图中剖切到的装饰体轮廓用粗实线，未剖到但能看到的投影内容用细实线表示。

8.5.2 装饰剖面图的分类

装饰剖面图包括大剖面图以及局部剖面图。

1. 大剖面图

大剖面图应剖在层高和层数不同、地面标高和室内外空间比较复杂的部位，应符合以下要求：

1）标注轴线、轴线编号、轴线间尺寸和外包尺寸。

2）剖切部位的楼板、梁、墙体等结构部分应按照原有建筑条件图或者实际情况绘制清楚，标注各楼层地面标高、顶棚（天花）标高、顶棚净高、各层层高、建筑总高等尺寸，标注室外地面、室内首层地面以及建筑最高处的标高。

3）剖面图中可视的墙柱面应按照其立面图内容绘制，标注立面的定位尺寸和其他相关尺寸，注明装饰材料和做法。

4）应绘制顶棚（天花）、天窗等剖切部分的位置和关系，标注定位尺寸和其他相关尺寸，注明装饰材料和做法。

5）应绘制出地面高差处的位置，标注定位尺寸和其他相关尺寸，标明标高。

6）标注索引符和编号、图纸名称和制图比例。

2. 局部剖面图

局部剖面图应能绘制出平面图、顶棚（天花）平面图和立面图中未能清楚表达的一些复杂和需要特殊说明的部位，应表明剖切部位装饰结构各组成部分以及这些组成部分与建筑结构之间的关系，标注详细尺寸、标高、材料、连接方式和做法。

（1）墙（柱）面装饰剖面图　主要用于表达室内立面的构造，着重反映墙（柱）面在分层做法、选材、色彩上的要求。

（2）顶棚详图　主要用于反映吊顶构造、做法的剖面图或断面图。

8.5.3 装饰详图的分类

1. 局部大样图

局部大样图是将平面图、顶棚（天花）平面图、立面图和剖面图中某些需要更加清楚说明的部位，单独抽取出来进行大比例绘制的图纸，应能反映更详细的内容。

2. 节点详图

节点详图应以大比例绘制，剖切在需要详细说明的部位，通常应包括以下内容：表示节点处内部的结构形式，绘制原有建筑结构、面层装饰材料、隐蔽装饰材料、支撑和连接材料及构件、配件以及它们之间的相互关系，标注所有材料、构件、配件等的详细尺寸、产品型号、做法和施工要求；表示装饰面上的设备和设施安装方式及固定方法，确定收口和收边方式，标注详细尺寸和做法；标注索引符和编号、节点名称和制图比例。

常见的装饰详图有以下几种：

（1）装饰造型详图　独立的或依附于墙柱的装饰造型，表现装饰的艺术氛围和情趣的构造体，如影视墙、花台、屏风、壁龛、栏杆造型等的平、立、剖面图及线脚详图。

（2）家具详图　主要指需要现场制作、加工、油漆的固定式家具，如衣柜、书柜、储藏柜等。有时也包括可移动家具，如床、书桌、展示台等。

（3）装饰门窗及门窗套详图　门窗是装饰工程中的主要施工内容之一。其形式多种多样，在室内起着分割空间、烘托装饰效果的作用，它的样式、选材和工艺做法在装饰图中有特殊的地位。其图样有门窗及门窗套立面图、剖面图和节点详图。

（4）楼地面详图　反映地面的艺术造型及细部做法等内容。

（5）小品及饰物详图　小品、饰物详图包括雕塑、水景、指示牌、织物等的制作图。

8.5.4　装饰剖面图与详图实例

图8-18为餐厅节点图，比例为1∶5，从图中看出麦哥利夹板贴面，实木线收边窗帘盒；门厚为45mm，门内为木龙骨，5mm木夹板，麦哥利夹板贴面硝基亚光漆面。

8.5.5　装饰剖面图与详图的绘制

1. 墙（柱）面装饰剖面图

墙（柱）面装饰剖面图是反映墙柱面装饰造型、做法的竖向剖面图，是表达墙面做法的重要图样。墙（柱）面装饰剖面图除了绘制构造做法外，有时还需分层引出标注，以明确工艺做法、层次以及与建筑结构的连接等。

1）选比例、定图幅。

2）画出楼地面、楼盖结构、墙柱面的轮廓线（有时还需画出墙柱的定位轴线）。

3）画出墙柱的装饰构造层次，如防潮层、龙骨架、基层板、饰面板、装饰线角等。

4）检查并加深、加粗图线。剖切到的建筑结构体轮廓用粗实线，装饰构造层次用中实线，材料图例线及分层引出线等用细实线。

5）标注尺寸，相对于本层楼地面的墙柱面各造型位置及顶棚底面标高。

6）标注详图索引符号、说明文字、图名比例。完成作图。

2. 门的装饰详图

1）选比例、定图幅。

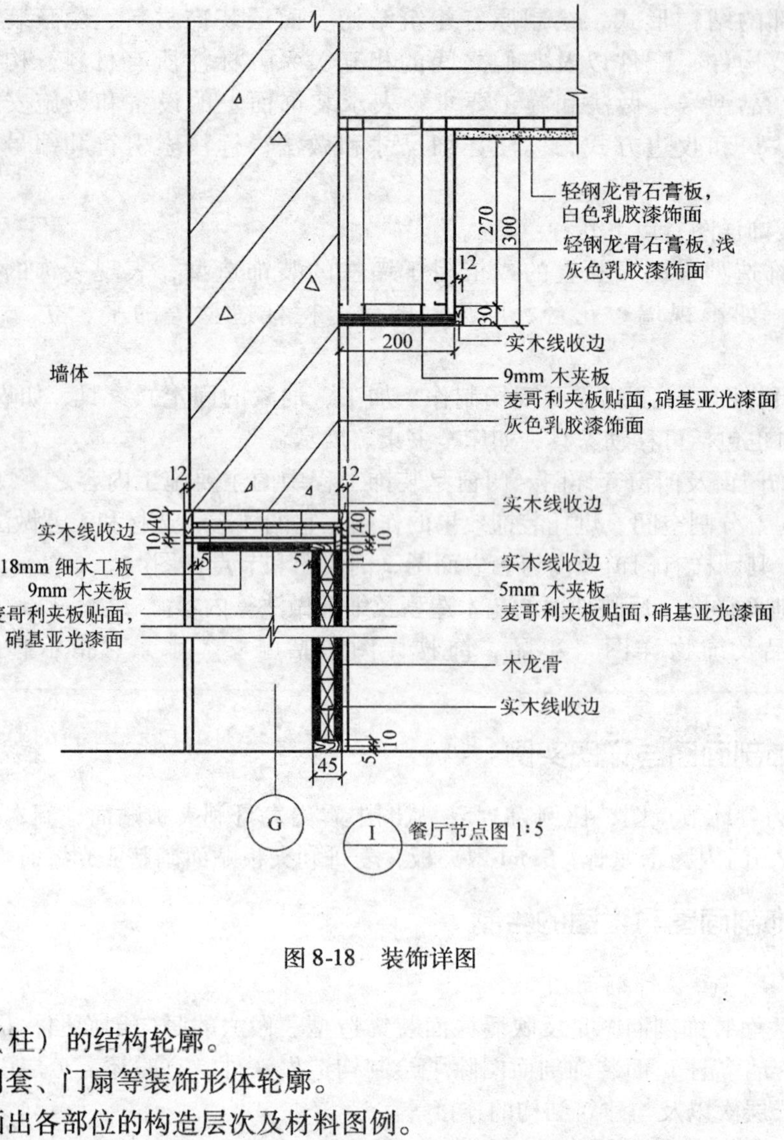

图 8-18　装饰详图

2）画墙（柱）的结构轮廓。

3）画出门套、门扇等装饰形体轮廓。

4）详细画出各部位的构造层次及材料图例。

5）检查并加深、加粗图线。剖切到的结构体用粗实线，各装饰构造层用中实线，其他内容如图例、符号和可见线均为细实线。

6）标注尺寸，做法及工艺说明。完成作图。

8.6　建筑室内外绿化施工图

近些年来，人们追求时尚、向往大自然、强调人在自然环境中的生存和谐已经成为潮流。于是在单体别墅、带有屋顶花园、大型露台的住宅中，甚至在室内的大客厅中，用大量的植物、水体、山石进行绿化施工，来丰富人们在日常生活中与自然的融合。因此，室内设计中绿化设计和施工的比重逐渐增加，已是现代室内装修设计中不可缺少的一部分。

8.6.1 建筑绿化系统设计图的内容

主要有各种室内外山石、绿化、水体等工程施工设计。

在室内的绿化施工中，虽然各种山石、植物和水体等图样往往与建筑设计的基本结构图样融合在一起，很少单独绘制，但要想完整地表达这些绿化的施工要求，仍然要画出它们（如屋顶花园、住宅露台等）的室内外平面图和室内外立面图。由于这些绿化设施能够布置在建筑的很多部位，因此还可能涉及到室内地面、建筑顶面的构造，如地面、屋顶的防水、管线的敷设等，所以还要绘制出这些绿化设施的剖面图和详图，这是与庭院绿化有所区别的情况。建筑绿化系统设计图主要有绿化平面图、立面设计图、剖面图、透视图等工程施工图样。

8.6.2 环境绿化图的特点

装修绿化施工图，有的是按照专业特点单独绘制，也有的是用于室内设计，往往与建筑结构施工图融合为一体，这些绿化施工图是绿化施工的主要依据。在绿化系统图中，由于建筑空间相对较小，其空间定位的参照尺寸比较准确。由于绿化图的设计对象主要是自然界生长的各种植物、山石和水体，它们没有统一的形状和尺寸，所以一般不可能使用绘图工具绘制出标准的图形来。图样上植物、水体等的规格尺寸具有示意的性质，不要求绝对准确。因此在绘制室内绿化图时，属于建筑结构的部分均应使用制图工具绘制，而属于树木、草坪、山石和水体类图形，可以参照园林绿化图所规定的图例徒手绘制，图面的形态要自然美观，基本准确地反映图例的基本属性就可以了。

8.6.3 常用的室内外园林绿化图样

在室内外的装修施工中，我们经常接触到的主要有绿化平面图、室内外立面绿化设计图、剖面图、绿化点局部详图和透视图等多种。

（1）绿化平面图　住宅建筑的绿化平面图除了要表达建筑室外（住宅露台及屋顶花园等）的平面轮廓和室内布置格局外，还应在建筑的平面图中用各种图例表示各种绿化设施、设备、植物、水体、山石的位置和相互之间的种植、安装施工关系，并标注植物品种、规格、设备型号和安装尺寸，如图 8-19 所示。

在住宅的装饰装修中，室内绿化平面图则用于较大的室内客厅、起居室等住宅空间，一般都是与室内装修图样融为一体，很少单独绘制。这种图主要是表达在室内外有限的空间之内，各种山石、水体和各种绿化植物的配置等施工要求，如图 8-20 所示。

（2）绿化立面图　绿化立面图是室内外装修设计中广泛应用的绿化施工图样。主要表达各种植物、山石、水体、结构设施的种类、规格和高度等，如图 8-21 所示。

（3）剖面图　剖面图在室内外的装饰装修设计中广泛应用，主要用于表达室内外绿化设施的内部结构。如绿化设施实体的断面形态，内部管线的敷设、建筑室内外的防水处理，土壤、石材的品名、材质等材料与安装结构的表达，如图 8-22 所示。

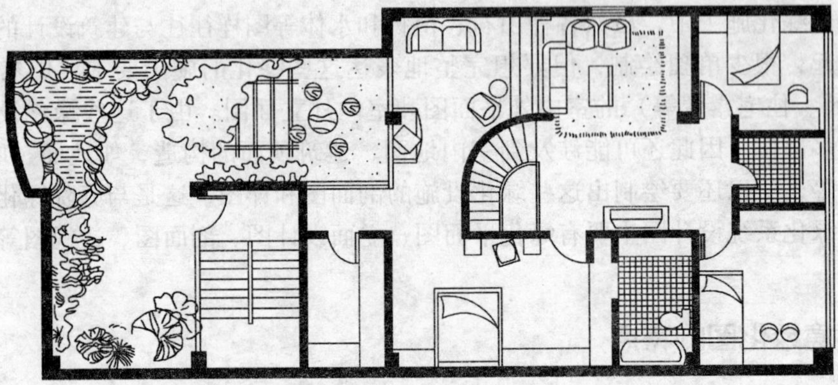

图 8-19 住宅单户露台绿化平面图

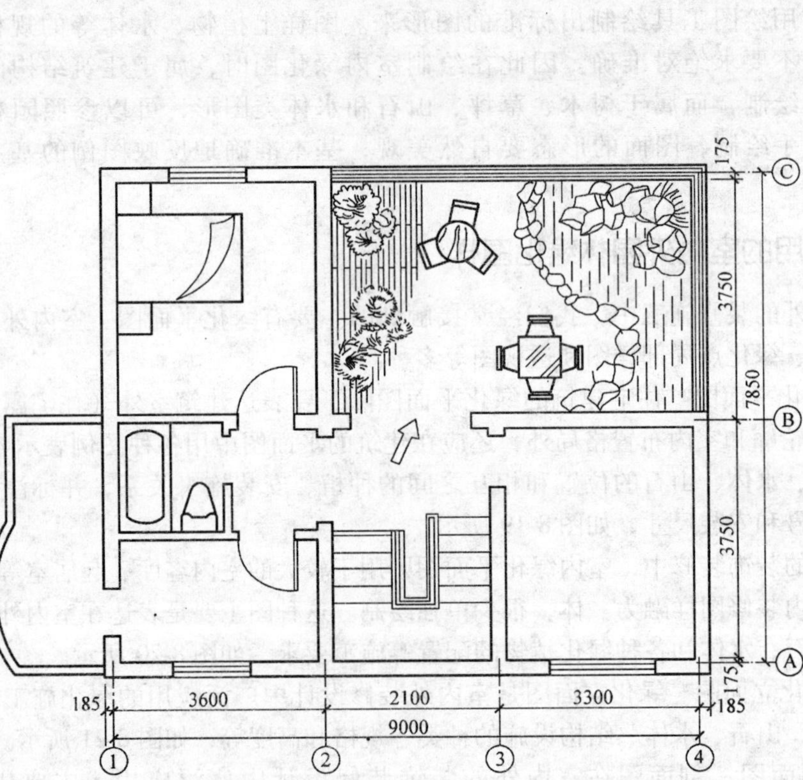

图 8-20 住宅室内绿化设施平面图

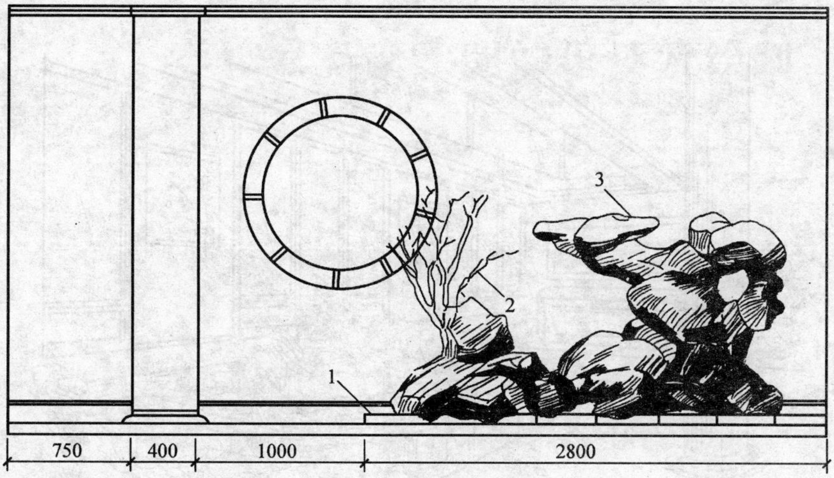

图 8-21 室内绿化设施立面图
1—块石 2—灌木 3—青石

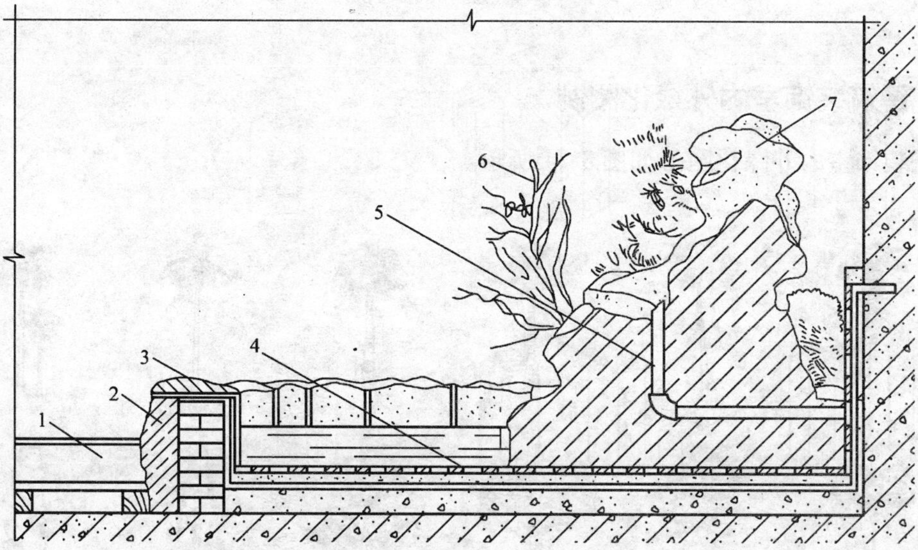

图 8-22 绿化设施剖面图
1—踢脚板 2—蘑菇石 3—防水层 4—瓷砖 5—水管 6—灌木 7—青石

（4）绿化设计透视图　是表现建筑室内、室外的植物、山石、建筑小品和水体等绿化的立体图样，画法与建筑透视图相同。绿化设计透视图，除建筑和各种设施外，由于各种植物原则上没有固定的尺寸和形状，因此必须以徒手配合绘图工具才能完成透视图的绘制，所以这种图有一定的随意性。绿化设计透视图以两点透视投影图为主，适于表达视域较大的绿化透视效果，图 8-23 是常见的室内绿化透视图。

图 8-23　室内绿化透视图

8.6.4　建筑装饰室内外绿化图例

建筑装饰室内外绿化图例如图 8-24 所示。

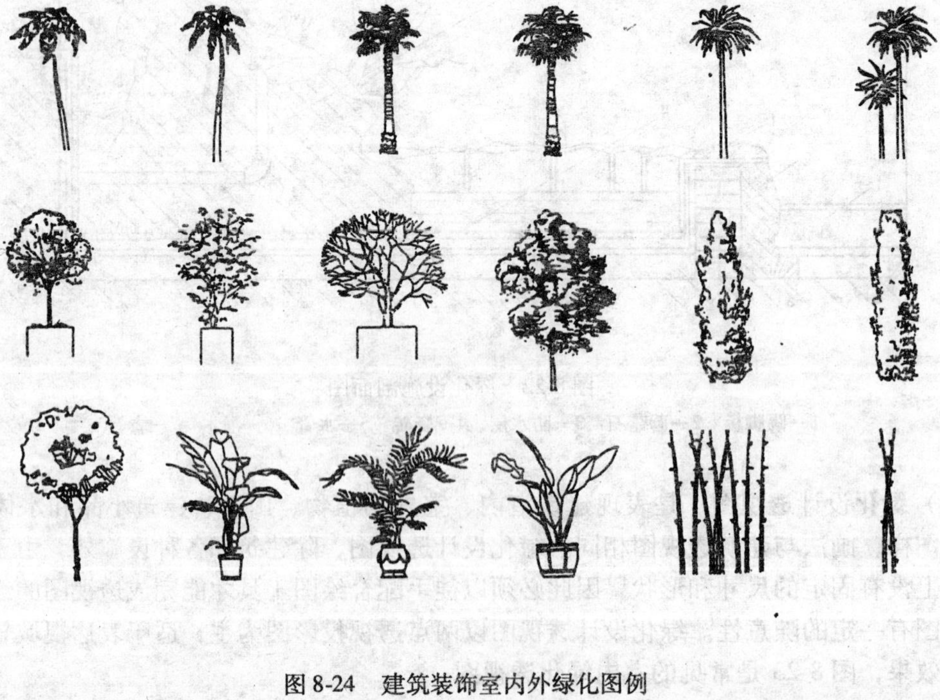

图 8-24　建筑装饰室内外绿化图例

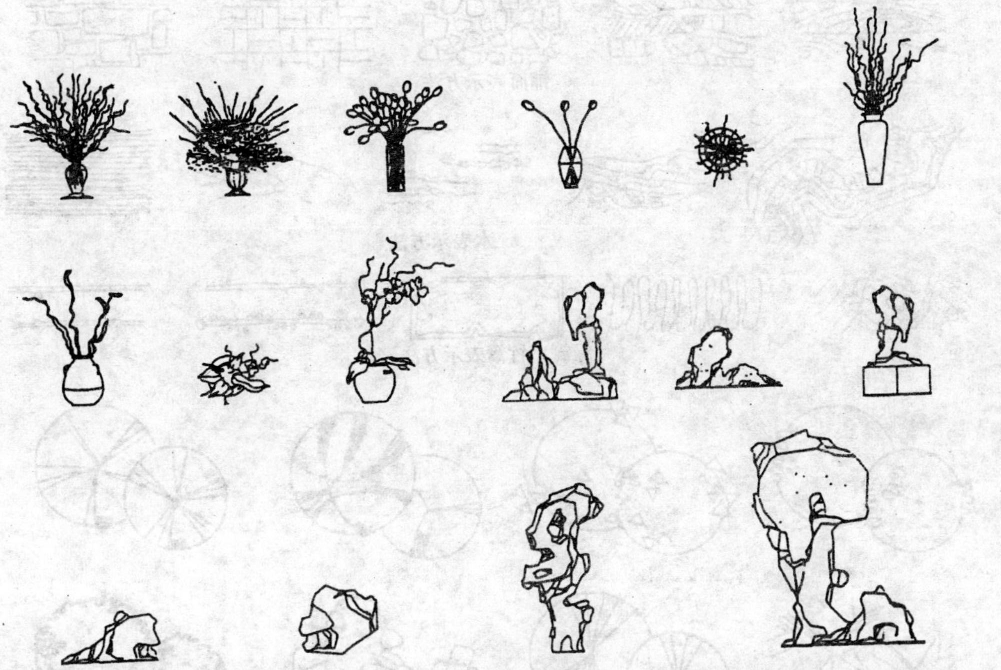

灌木丛表示方法

乔木丛表示方法

地被类表示方法

图 8-24　建筑装饰室内外绿化图例（续一）

铺面表示方法

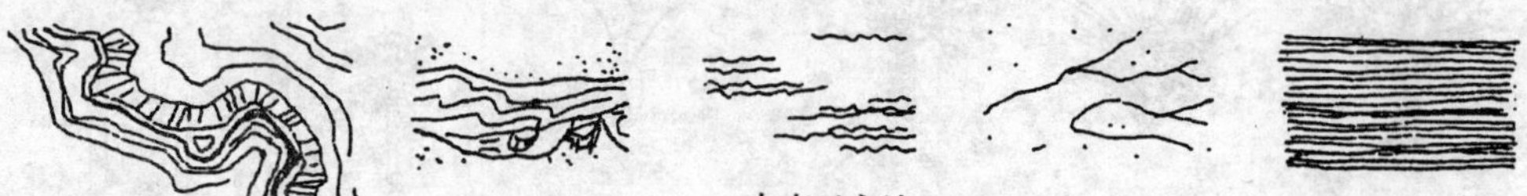

水表示方法

绿篱、竹篱表示方法

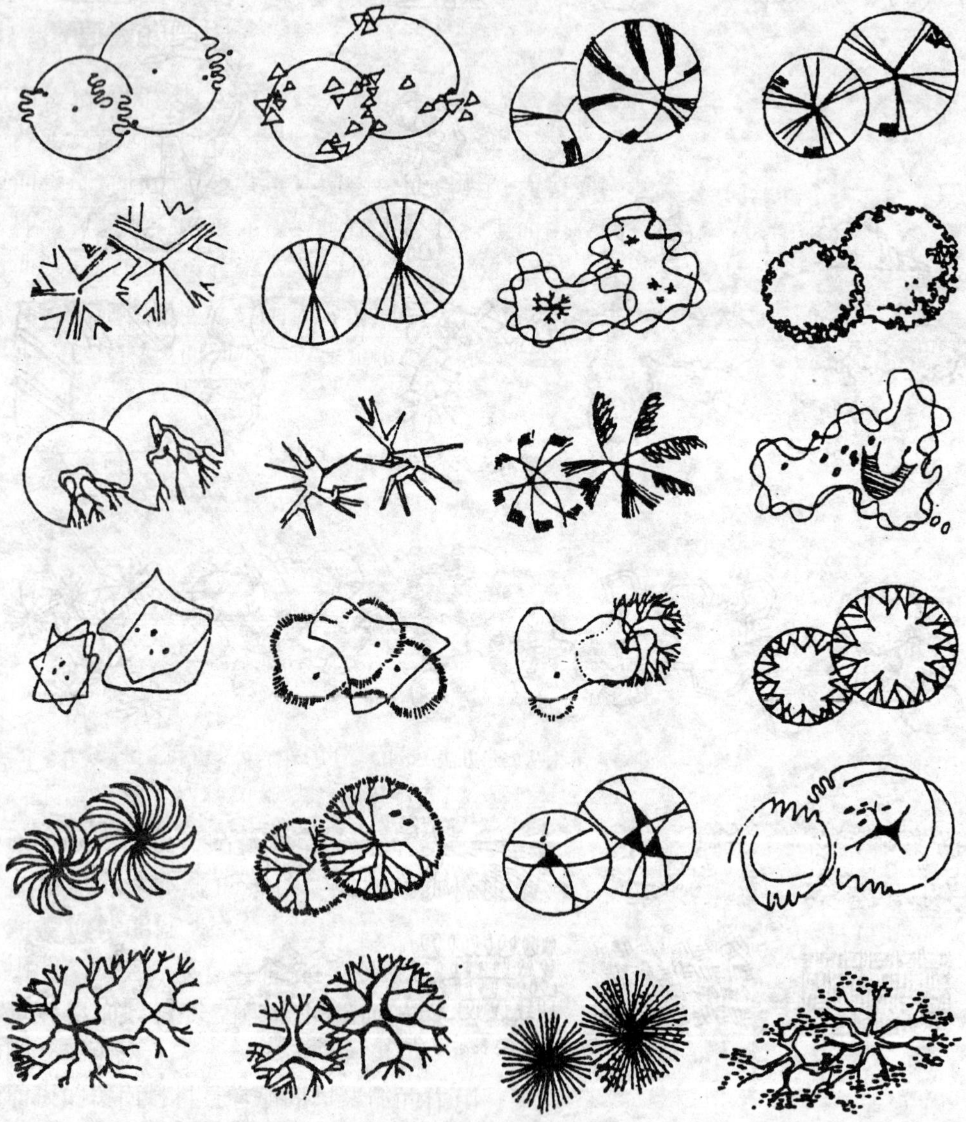

图 8-24　建筑装饰室内外绿化图例（续二）

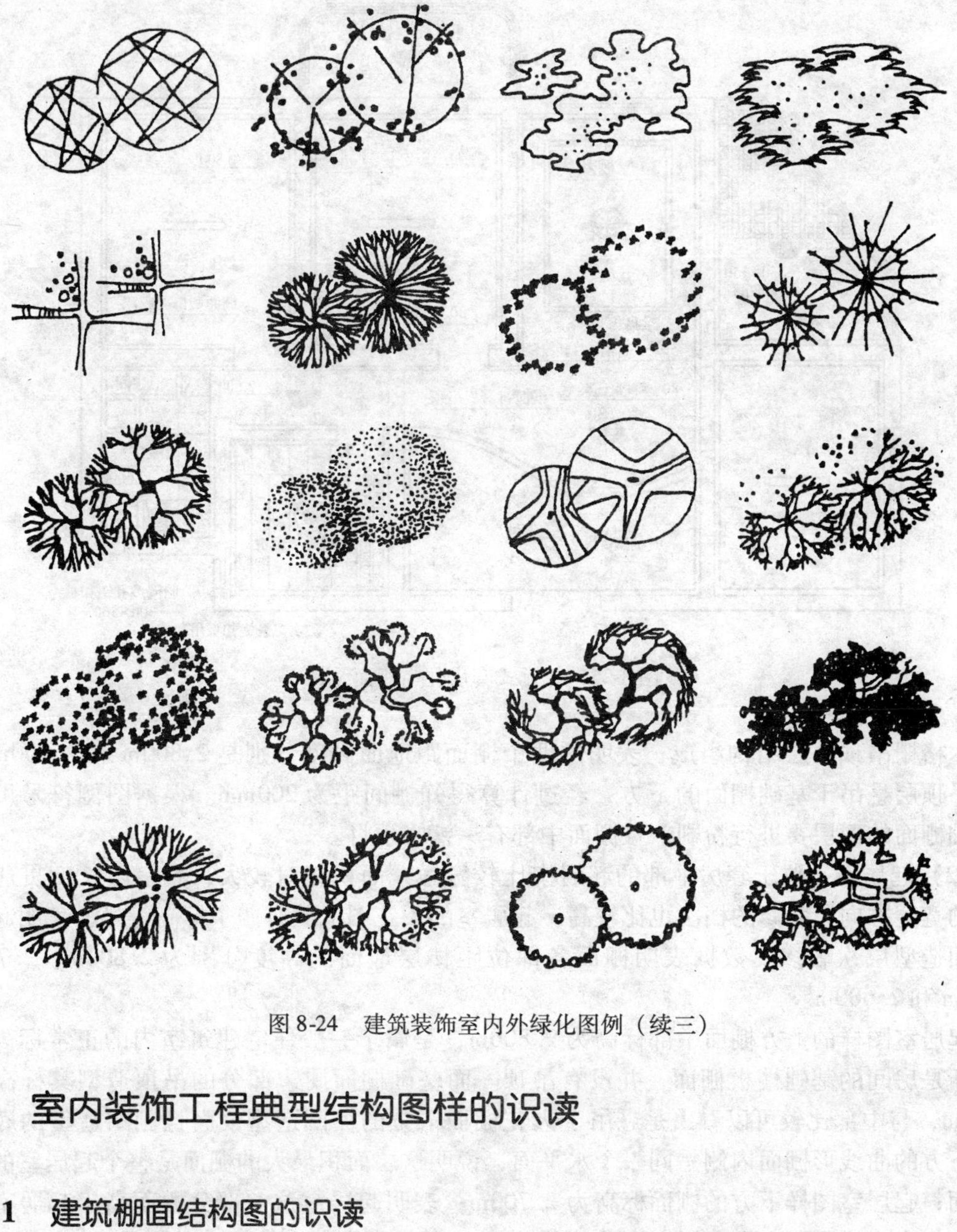

图 8-24　建筑装饰室内外绿化图例（续三）

8.7　室内装饰工程典型结构图样的识读

8.7.1　建筑棚面结构图的识读

1. 建筑棚面结构的识读

图 8-25 是一个典型的家庭室内装修棚面图，从图上看这套住宅属于三室两厅一厨一卫的套房。

这套住宅的建筑格局比较常见，住宅室内的棚面结构比较简单，我们逐个从左向右判读。

(1) 偏厅　从房间的棚面上看到棚面已被剖开，这是一个平面吊顶，偏厅的棚面上共有两个标高符号，一为 2.800m，是楼板棚面的基础标高，另一个为 2.600m，是间距为 150mm × 150mm 木格栅吊顶层的标高，由此可以知道偏厅的顶棚是由上方的基础棚面和下

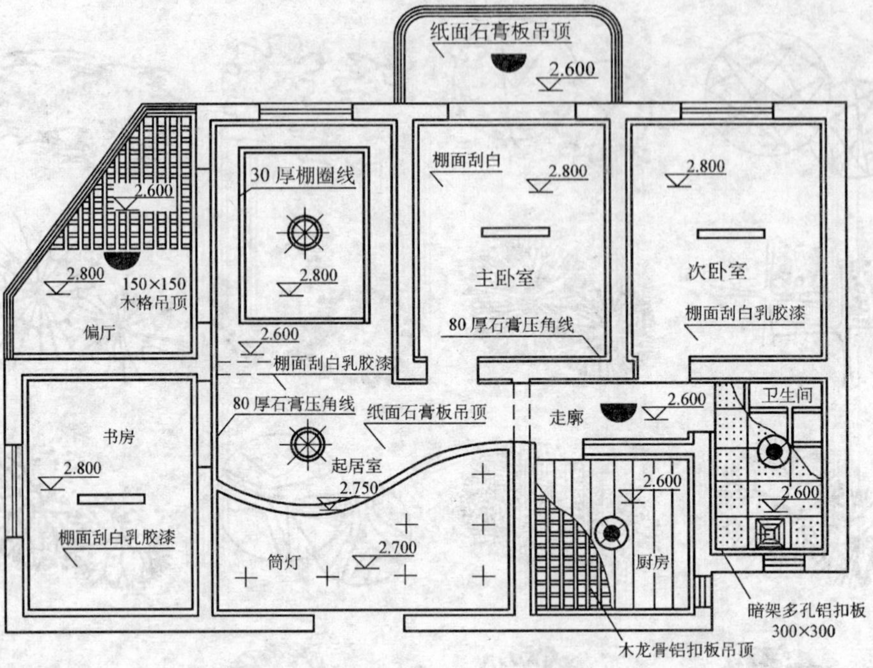

图 8-25　单元式套房住宅棚面结构

方的木格栅吊顶两层结构组成，表明这两个棚面距地面高度分别是 2. 800m 和 2. 600m。木格栅吊顶层悬吊于基础棚面的下方，经过计算得知棚间距为 200mm。根据图例符号可以看出基础棚面的面层要进行粉刷，且棚面中部有一盏吸顶灯。

（2）起居室　位于套房中部的起居室比较宽敞，面积相对较大，其室内长度贯通整个套房的宽度方向，装修的档次也比较高。起居室的天花图上共有四个标高符号，表明起居室的棚面造型层次较多。数据表明棚面各部位距楼层地面的高度分别为 2. 800m、2. 750m、2. 700m 和 2. 600m。

起居室图样的上方棚面中部标高为 2. 800m，是属于一般住宅建筑室内的正常标高，由此推断是房间的基础楼板棚面，并没有吊顶。而基础棚面周边部分的吊顶造型其标高则为 2. 600m，与中部比较可以看出是悬吊于天花棚面下方的棚圈造型，而且棚圈造型的底面与图样下方的曲线形棚面内侧是同一个水平面，说明这层面积最大的棚面是整个起居室的最底层棚面；起居室图样下方的棚面标高为 2. 700m，表明起居室这一部分棚面高于起居室底层平面，为次高层平面；在起居室下方曲线形棚面两条曲线之间的标高数据为 2. 750m，它实际上是位于二者之间的一个曲形槽造型。

在起居室图样中我们还可以看到房间的棚面周围与墙面相交界部分有一圈标注宽度为 80mm 的石膏线，通常作为压角线使用；棚圈造型内侧有宽度为 30mm 棚圈线。室内棚面上还有 2 盏吊灯和 7 盏内嵌式筒灯符号。

（3）主卧室、次卧室和书房　这三室的棚面形式基本相同，每个房间的标高均为 2. 800m，说明都是在基础棚面上刮白刷乳胶漆，并没有吊顶结构。在天棚基础棚面与墙面相交界的部位都绘有一圈细实线，文字标注表明这部分是宽度为 80mm 的石膏线，与客厅的石膏线同样是作为压角线使用的。棚面中部则是一盏荧光灯符号。

（4）厨房　厨房的天花棚面上也画有剖面符号，揭示出厨房的天花内部是方格形木格栅龙骨，棚面则是铝合金条形扣板材料，棚面中间是一盏防尘防水灯，棚面距地是2.600m。

（5）卫生间　卫生间天花棚面上的剖面显示其内部是木质龙骨，棚面是多孔铝合金板，棚面距地是2.600m。卫生间棚面上配置一盏防尘防水灯和一个通风口。

（6）阳台、走廊　标高符号显示阳台和走廊的棚面距地均为2.600m，是与客厅棚面相同的纸面石膏板吊顶结构，阳台、走廊各安装一盏普通的吸顶灯。

2. 建筑棚面结构详图的识读

图8-26是一种较常见的室内棚面结构剖面的局部详图，由于房间的中部有一道过梁，将整个吊顶分为两部分，左侧为平棚，右侧是有暗槽荧光灯的拱形造型吊顶。图下方的两个局部详图，对照详图索引符号可知它们分别是平面吊顶和拱形吊顶的两个剖面的局部详图。

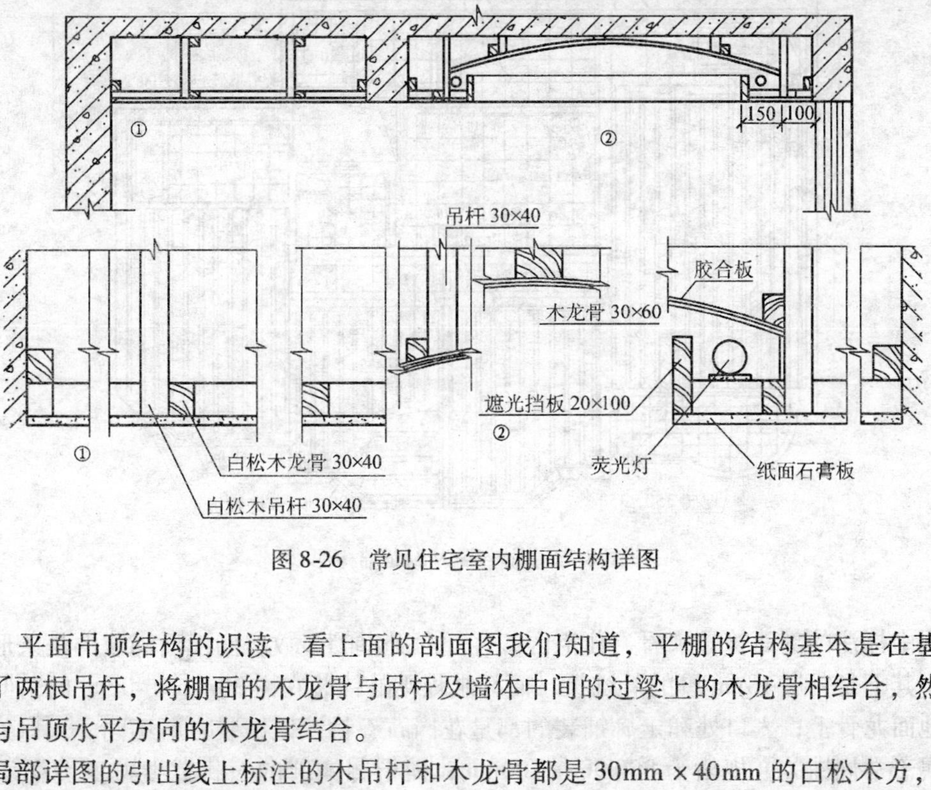

图8-26　常见住宅室内棚面结构详图

（1）平面吊顶结构的识读　看上面的剖面图我们知道，平棚的结构基本是在基础棚面上安装了两根吊杆，将棚面的木龙骨与吊杆及墙体中间的过梁上的木龙骨相结合，然后将棚面材料与吊顶水平方向的木龙骨结合。

在局部详图的引出线上标注的木吊杆和木龙骨都是30mm×40mm的白松木方，而从图中的剖面符号来看，吊顶的面层是纸面石膏板。

（2）拱形吊顶结构的识读　拱形吊顶实际上是一个暗槽反光顶棚，棚的中部呈拱形造型，拱脚则深入两侧的悬吊顶棚内形成一个较大的反光面，拱脚与悬吊顶棚之间有前后两块遮光挡板，共同组成灯具的发光暗槽。当灯具发光之后，光线的主要部分被挡板遮住，而所有的光线都由挡板和拱形吊顶反射出去，因此光线柔和，有良好的视觉效果。可以说这个吊顶主要是由拱顶造型和悬吊的棚圈两部分所组成。

所用的木吊杆、木龙骨都是采用同样的30mm×40mm的白松木方，拱形造型的面层用3mm胶合板弯曲而成。由于拱顶部位与建筑的基础棚面的间距非常近，空间狭小，不可能适于安装吊杆的施工，因此在拱顶部位使用了30mm×60mm的白松木方，以方便拱顶的胶合板与基础棚面结合。

棚圈部分主要是灯具发光暗槽，这部分的前部遮光挡板是100mm×20mm的实木板，后部遮光挡板是胶合板，规格未定；悬吊顶棚的面层是纸面石膏板。在荧光灯的下边有一块非金属的断面符号，一般来说电气或灯具下面的垫料都是不导电的石棉垫。

8.7.2 建筑墙面、地面结构图的识读

1. 住宅室内地面结构图的识读

图8-27是一个很普通的室内装修地面平面图，主要表达了室内地面的铺装材料和结构。从图上看，入门处和走廊铺装的是花岗石石材，厨房和卫生间铺装的是各种型号的地砖，而其余的卧室和客厅铺装的是长条形的木地板。

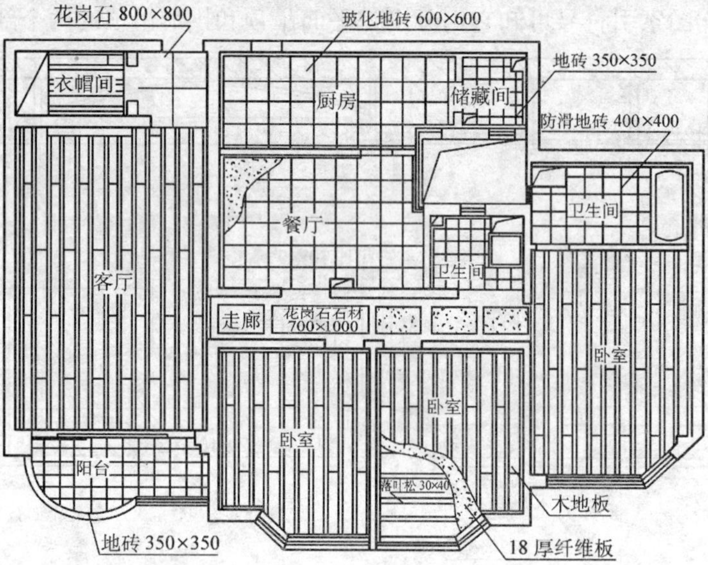

图8-27 住宅室内地面结构图

从图中标注的剖面符号来看，住宅内的客厅、卧室等多数房间地面铺装的是条形实木地板面层，其下是一层18mn厚的纤维板，而纤维板则是铺装在由30mm×40mm的落叶松木材构成的地面龙骨上；入口处和走廊铺装的都是花岗石石材，但铺装有所不同。入口处铺装的石材是属于常规铺装，规格为800mm×800mm；而走廊铺装的石材需要按照图样所设计的间距进行拼合，是由两种不同的规格的石材拼合成简单的图案，即我们通常所说的有镶边造型，主材的规格为700mm×1000mm；厨房和餐厅铺装的是规格为600mm×600mm的玻化地砖；右侧卫生间的地面铺装的是400mm×400mm的防滑地砖。而厨房的储藏间和阳台的地面铺装的是350mm×350mm普通地砖。

2. 建筑墙、地面结构详图的识读

建筑室内墙、地面结构一般不单独绘制，多数与室内的立面布置图同时绘制。该图样是一张室内剖面的局部详图，揭示了该处的局部棚面、地面和墙面的全部结构，如图8-28所示。

（1）建筑墙、地面结构造型的识读　整个墙体可以分成棚面吊顶、棚面托裙、墙面、墙体下部的墙裙和地面等几部分。识读图样时可按建筑结构部位的顺序从上向下依次判读。

吊顶部分，可看到整个吊顶只是在基础棚面的四周制作了一个下浮的棚圈结构造型。

在悬吊的棚圈造型的下方是一个在悬浮的棚圈的下边具有一定厚度托裙造型。它不同于普通室内墙体的挂镜线或装饰板面结构。墙体中间部分表面平整，造型无变化，表面刮白后涂饰乳胶漆。

墙体的下部有一圈低矮的护墙板，从墙体的剖面上观察，这圈低矮的护墙板也做成了有一定厚度的托裙造型，踢脚板镶贴在较矮的墙裙造型下部，与墙体的上部造型相呼应。

（2）建筑墙、地面的结构材料、规格与接合方式的识读。

1）棚圈吊顶造型。由上往下观察，吊顶部分悬吊在基础棚面上，除了与基础棚面结合的一圈木质线条外，这个棚圈是由木质吊顶、木龙骨、纸面石膏板和筒灯组成的。悬吊棚圈的木龙骨与吊杆之间都是采用30mm×40mm的木方结合、纸面石膏板面层直接安装到棚面的木龙骨上，在纸面石膏板面层上直接开孔安装直径为100的筒灯。

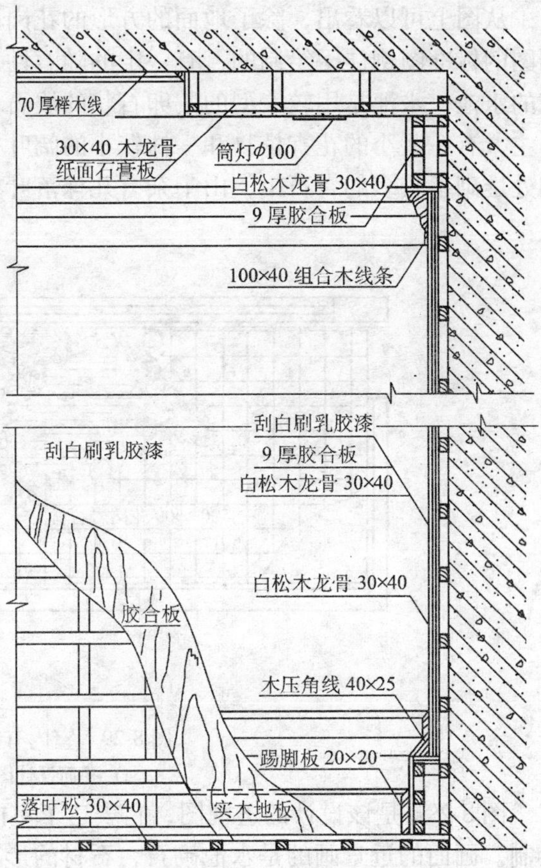

图 8-28　室内墙、地面结构详图

2）棚面的托裙造型。从图上看，它是由30mm×40mm的白松木方制成方形的框架结构与墙体结合的，这个框架结构由前面三根木龙骨与后面的三根墙体木龙骨所组成，框架表面安装的是9mm厚的胶合板作为墙体的面层，框架结构的下面则是规格为100mm×40mm的组合木线镶贴在墙体与框架相交的部位，作为压角线来使用。

3）墙体。整个墙体由木龙骨与胶合板构成，是由30mm×40mm的白松木方制成龙骨格栅作为墙体装修的骨架与基础墙体结合，然后将胶合板直接安装在龙骨上，最后在墙体的面层上刮白并涂刷乳胶漆。

4）护墙板造型。墙体下部的护墙板结构与上面的吊顶托裙相似，形成了一个凸起的墙脚造型，它由一个方形的构架与压角线、踢脚线组成。这个造型的框架结构由墙面的三根木龙骨与基础墙体上的二根木龙骨接合而成，框架的表面采用胶合板作面层。框架结构的上方与墙体的交界处钉装一个规格为40mm×25mm的压角线，而规格为120mm×20mm的踢脚线则安装在墙脚造型与地板的交界处。

5）地面。地面的剖面比较简单，实木地板是铺装在等距的地面木龙骨之上的，图上的引出线注明这些木龙骨是采用30mm×40mm的落叶松木材制作而成。

3. 室内有绿化地面设计图的识读

图8-29表达的是某个房间室内固定绿化设施的一角，这在一些面积较大的住宅客厅、

起居室等房间中采用较多，以体现现代生活中的一种自然状态。

从图上可以看出，除了地面的方形的花岗石石材以外，微型绿化点基本上都是按照建筑制图的标准图例徒手绘制的，有一定的随意性。这个微型绿化点略呈椭圆形，整体是一个静态的水池，水池是用较大型的鹅卵石状的块石堆砌而成，水池的两侧种植的植物以针叶树种为主，有一些小的花卉植物和一株较小的阔叶树，根据园林图例表明，在水池的后部，即墙脚处堆砌了较多的青石山，山中杂有几株落叶树种的符号。

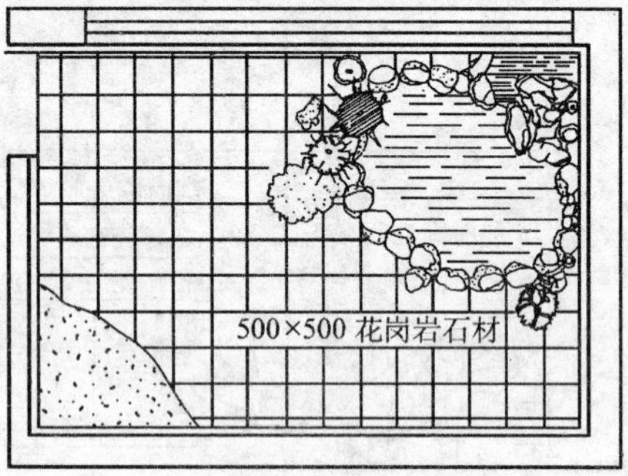

a)

b)

图 8-29　室内有绿化地面设计图

a）平面设计图　b）透视图

图 8-29b 是该设计的透视图，它表达了室内地面绿化施工后的效果，图样采用两点透视绘制。画面的近景画的是水池砌石，石材的形状是较大型的圆形鹅卵石，画面的中景是水池两侧的几株松树，在针叶树的附近有一些丛生的花卉等草本植物，画面上的远景则是，堆砌的山石和一株小的阔叶树及耸立的灯具等，这与平面图上的图例符号是相吻合的。值得指出的是，堆砌的山石上画的是小型瀑布效果，而平面图所表示的图例是静态的水，二者之间似乎有些不同。这是因为室内堆砌的山石上画的虽然是小型瀑布效果，但水池的水并不是流动的，是一种循环水，因此凡是属于室内池中的水都可以画成静态的水。

8.7.3　建筑门窗图样的识读

1. 建筑木制门窗图样的识读

建筑木制门窗是建筑构件的一种，在住宅的装饰装修中广泛地使用，其造型很多，下面以图 8-30 为例。

这是一樘平开的木制窗（每一个安装在一起的窗扇、窗框称为一樘），是由窗框和对开的两个窗扇所组成的。

图中的窗户樘框由窗框的两个边框以及上、下冒头所组成，从 1—1 剖面、2—2 剖面和 5—5 剖面的局部详图上看，樘框的断面形状是在方形的截面上裁制出一个“L”形的缺口，以便安装窗扇，同时在樘框的背面两侧也裁制出较小的凹下去的小角线槽，以便保证樘框在墙体内比较容易固定。

窗扇由边框、窗板和上、下冒头组成。但是从 1—1 剖面和 3—3 剖面的局部详图上看，窗扇的边框有两种断面形式，一种是窗扇外边框，其截面的外侧平直，内侧则是裁制出安装玻璃的“L”形裁口槽；另一种是位于两个窗扇中间的两个内边框（也称中挺），其除了要在断面上裁制出安装玻璃的“L”形裁口槽外，还要在内边框截面相对的另一面同样裁制出“L”形缺口，以利于两个窗户扇之间关闭后互相弥合。这两个内边框断面相同，均有这种裁口，只不过方向相反。

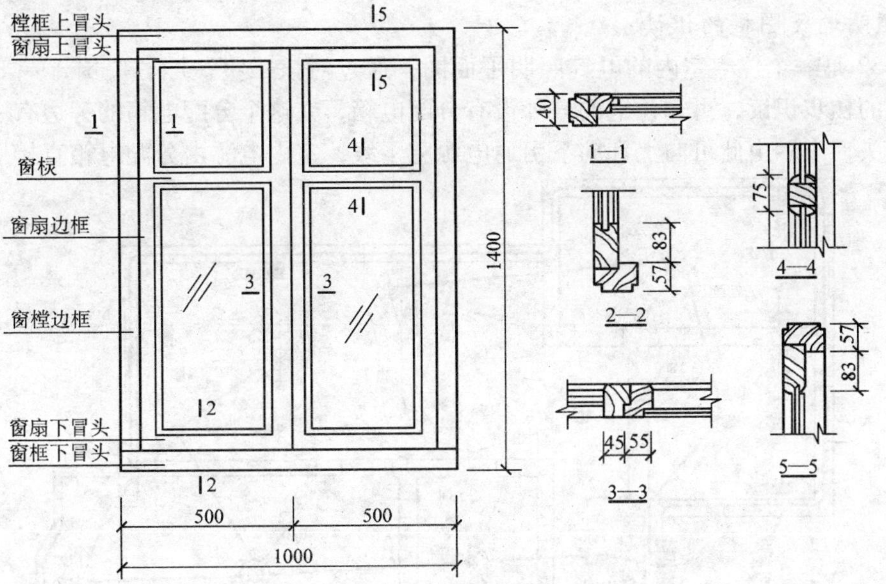

图 8-30　木窗详图

窗扇的上、下冒头断面形状可见 2—2 剖面和 5—5 剖面局部详图的内侧，截面形式与窗扇外边框截面形状基本相同。

窗扇的窗板是指窗扇中的横枨，一般都是在窗棂截面的上下裁制线型。在窗板的外侧裁制“L”形的角线槽，以便安装窗玻璃，而在窗板的内侧裁制各种漂亮的坡形或曲形截面。

2. 建筑金属门窗图样的识读

金属门窗一般用各种金属型材制成，因此金属门窗除了绘制窗户的造型图样以外，只要绘制出节点的局部详图就可施工。以铝合金窗的节点详图为例。

如图 8-31 所示，由于铝合金窗采用型材制作，所以只要了解其型材的用途和使用部位即可。这是铝合金窗图样的一个剖面图，我们只能够看到窗扇的上横框和下横框的断面，上横框和下横框之间夹装玻璃后用橡胶条固定，下横框的下部端面装有滑轮，窗扇组装之后安装在窗框的上下滑框之间。从局部详图上看，两个窗扇内侧的边框

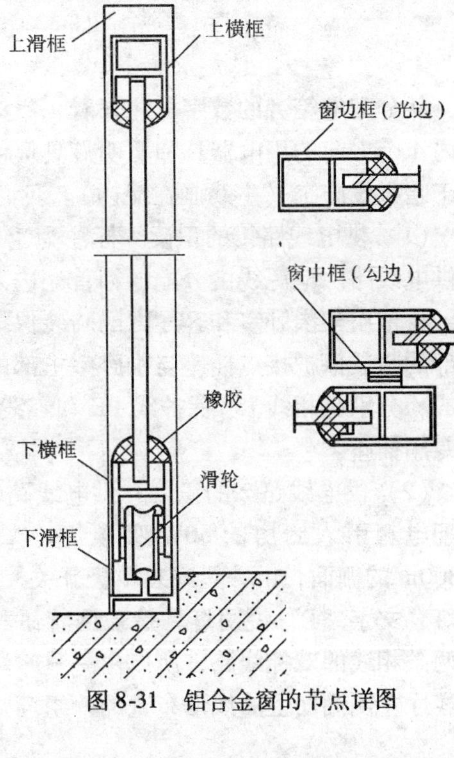

图 8-31　铝合金窗的节点详图

采用中框，即安装人员常说的“勾边（框）”，“勾边（框）”上有能够安装密封毛条的凹槽，以便互相扣合。而窗扇的外侧边框则采用边框，通常称为“光边（框）”，把玻璃夹装进去后用橡胶条密封即可。

8.7.4 电气安装图样的识读

1. 照明电气图样的识读

图 8-32 是一个住宅室内的电气照明平面图，通过对该二室一厅、一厨、一卫的单元式套房图样的初步识读，可知住宅的户外设有分配电箱，在这个分配电箱的旁边有一个带黑点的双向箭头，表示由此可向上和向下引通电源主干线，室内电源由分配电箱直接引入。

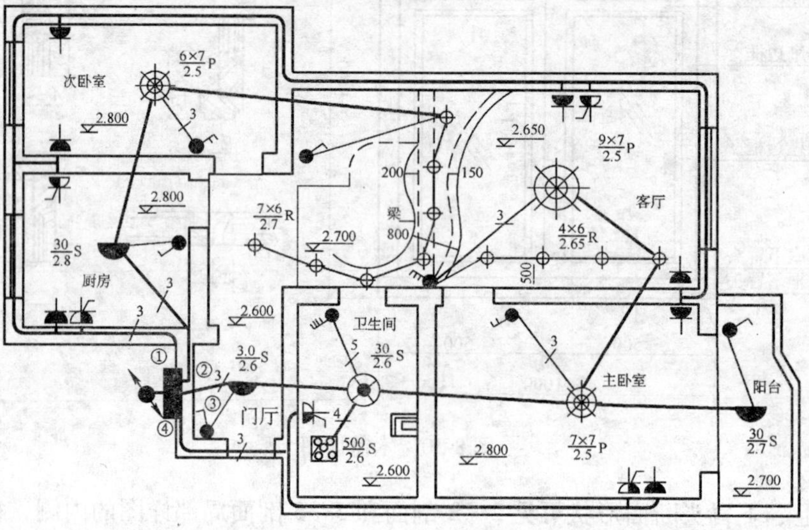

图 8-32 住宅室内电气照明平面图

从分配电箱旁的数字标注来看，室内的电源有①、②、③、④等 4 条供电线路，分别向室内 4 个方向的用电器具和照明灯具提供电源。从线路的走向和位置上来看，这些导线都是属于暗敷设施工（主线画在墙内）。我们可由左向右逐次识读。

（1）供电线路①的识读 标注为①的线路是一条由左侧开始环绕住宅上半周的插座专用供电线路。电源线由分配电箱首先进入住宅左侧厨房内的暗装专用插座和暗装保护接点插座，再依次与次卧室和客厅内的暗装保护接点插座和暗装专用插座连接，最后通过位于客厅下部的暗装保护接点插座与主卧室上部的暗装保护接点插座相连接。这条线路是由三根导线组成，分别是相线 L、保护线 PE 和零线 N。整条线路共有 6 个暗装保护接点插座和 3 个暗装专用插座。

（2）供电线路②的识读 供电线路②是住宅左侧各房间的电气照明线路，电源首先由分配电箱引入厨房的 30W 吸顶灯，文字“S”标注表明灯具是吸顶安装在高度距地面 2.800m 的棚面，由一只暗装单极开关控制；随后线路向上进入次卧室的一盏 6×7W 的多头吊灯，文字“P”说明灯具是采用管吊式安装方式，灯具的高度为距楼面 2.500m。吊灯应为两条相线的双控线路，所以由一只暗装双极开关控制；最后供电线路向右转，穿过墙体后与客厅左侧棚面上曲线形布置的一组筒灯相连接。曲线形布置的筒灯共有 7 盏灯，每盏的功率 6W。文字“R”表示筒灯采用内嵌式的方法直接安装在距地面高度 2.700m，宽度 800mm 的曲线形棚面上，由一只暗装单极开关控制。

（3）供电线路③的识读　供电线路③是住宅右侧各房间的电气照明线路，电源由分配电箱引出后直接与门厅的吸顶灯相连，吸顶灯功率 30W，安装高度距地面 2.600m，由一只暗装单极开关控制；随后电源接至卫生间的一盏 30W 防尘防水灯和一盏 500W 浴霸取暖灯，灯具采用吸顶安装方式，安装高度距地面 2.600m。由于浴霸是带有加热功能的多控灯，因此卫生间的防水灯和浴霸灯由一只暗装四极开关控制；线路从卫生间的防尘防水灯出来后，与主卧室的一盏 7×7W 的多头吊灯相连接。吊灯采用管吊式安装方式，安装高度距楼层地面 2.500m，由一只暗装双极开关控制；供电线路由主卧室吊灯引出后分为两条路线。一路继续向右侧延伸接至阳台的吸顶灯，灯具安装距地面高度 2.700m，功率 30W，由一只暗装单极开关控制。另一路由主卧室吊灯直接向上穿过墙体接至客厅内的主灯和一组筒灯。客厅主灯是一盏 9×7W 的多头吊灯，采用管吊式安装方式，安装高度距楼面 2.500m。而 4 盏 6W 筒灯则采用内嵌式安装在距楼地面 2.650m 的吊顶棚面上。吊灯和筒灯由一只暗装三级开关控制。

（4）供电线路④的识读　供电线路④同样是插座的专用供电线路，电源、由分配电箱引出后进入右侧卫生间的暗装专用插座，然后进入主卧室依次与室内的暗装专用插座和暗装保护接点插座相连。这条供电线路同样是由相线 L1、保护线 PE 和零线 N 等三根导线组成。整条线路共有 1 个暗装保护接点插座和 2 个暗装专用插座。

2. 电子装置线路图的识读

图 8-33 是一个家庭中常用的夜光门铃电路图，从图上看这个门铃是由 A_1 集成电路 CW9300（一种熟知的音乐片）、扬声器 B、晶体管 VT_1、VT_2、VT_3（VT_1、VT_2 均为 3DG6、VT_3 为 3AX31）、发光二极管 LED、光敏二极管 VD（2CU1）、开关、电源和 7 只各种阻容元件所组成。

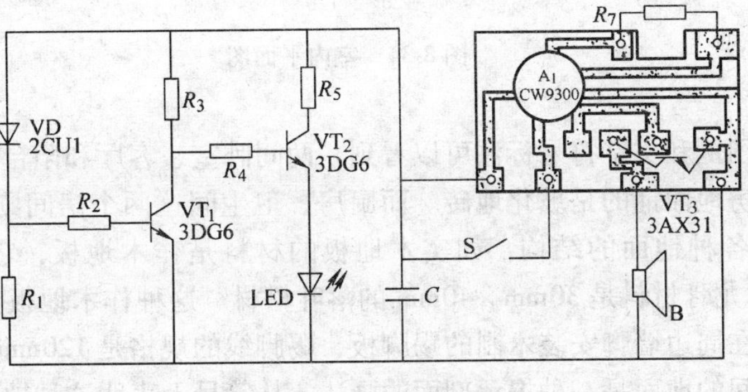

图 8-33　夜光门铃电路图

它的工作原理是白天或光线较强时，光敏二极管 2CU1 产生较强的光电流，为晶体管 VT_1 提供足够的正向偏置电流使其导通，这时晶体管 VT_2 的基极与发射极之间近似短路，VT_2 截止，发光二极管 LED 不发光；当光线较暗时，光电管 2CU1 的光电流不足以维持晶体管 VT_1 导通，于是晶体管 VT_1 截止，晶体管 VT_2 导通，发光二极管发光，为客人指出门铃所在的位置。

8.8 住宅室内装饰工程成套图样的识读

8.8.1 住宅室内平面图的识读

1. 室内平面图

图8-34是一套三室二厅的家庭住宅的室内平面图。进户门在上方，入门就是这套居室的面积比较大客厅。客厅的右侧直接通向阳台，客厅的左侧可以兼作餐厅，与厨房、客房的入口相近；住宅室内共设有主、次两间卧室和一间客房；卫生间位于主次卧室之间；客房设有通向小阳台的门。这张图样完整地绘制出了每个房间的地面构造情况。

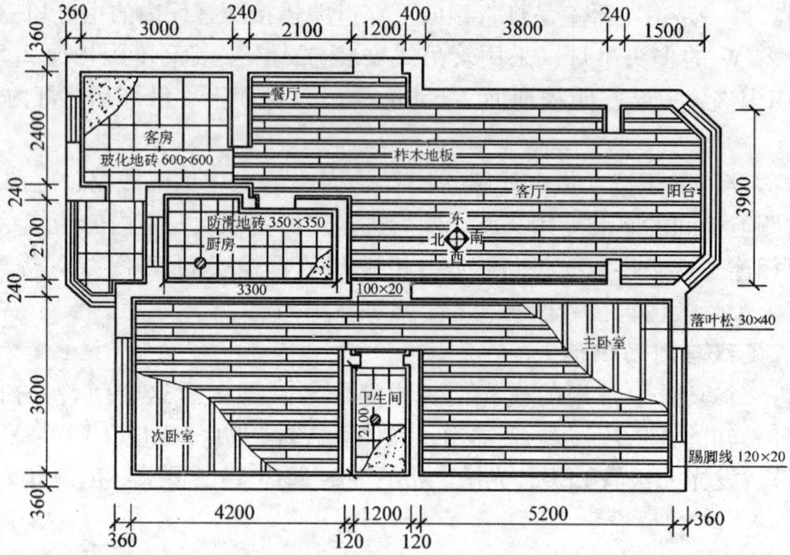

图8-34 室内平面图

从图样中的图例和文字符号标注可以看到，两间卧室、客厅和阳台的地面铺装的是实木地板。左侧的客房地面铺的是玻化地砖。而厨房、卫生间这两个房间则全部铺装防滑地砖。图样上还表达了各种地面的结构，如实木地板的材料是柞木地板，它的规格是100mm×20mm。地板的木龙骨材料是30mm×40mm的落叶松材。这种柞木地板直接铺装在地面的木龙骨之上，然后在周边墙脚安装木制的踢脚板，踢脚线的规格是120mm×20mm。

厨房和卫生间的地面是一种揭示剖面的画法，从符号上表明这种地砖是直接铺装在地面的水泥砂浆上面的，规格是350mm×350mm。同时在厨房和卫生间中还绘制有给水排水中的地漏符号。

客房的面积相对较小，地面的铺装材料与小阳台的相同，都是用规格为600mm×600mm的玻化地砖铺成的。

2. 室内平面布置图

室内平面布置图除了能够表达建筑室内的地面装修情况以外，更主要的是表达室内的各种家具、室内设备和设施的配置状况。

图 8-35 就是图 8-34 的室内平面布置图，这张图主要表达了每一个房间的家具、室内设备和设施的配置和陈设状态。由于不涉及到制作，所以只表达了家具的大致陈设位置。

（1）客厅　客厅的家具主要有一组沙发（包括一只双人沙发、两只单人沙发）和茶几、一组电视柜和音箱，地面的地板上铺有一块地毯。

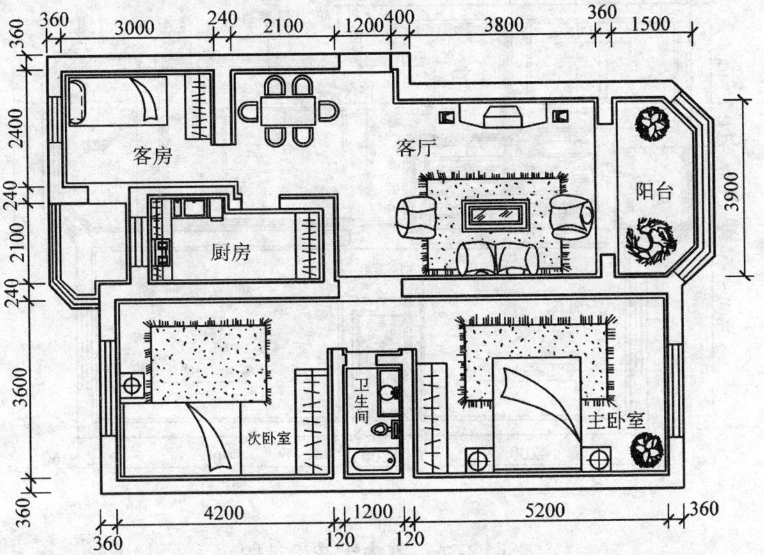

图 8-35　室内平面布置图

一组沙发和一只茶几占据了客厅中的主要的室内陈设位置；在它们的对面靠墙的电视柜上有一台电视，从表达的图例符号可以看出电视柜的两侧配有一对音箱；而在阳台上只布置了两盆落叶或乔木花卉。

（2）主卧室　主卧室即这套住宅中较大的卧室。主卧室中以双人床为陈设中心，床头的两侧各摆放有一只床头柜，其上各放置一盏白炽灯的台灯，靠房间内侧的墙边陈设有柜类家具。同样一盆落叶或乔木花卉，摆放在室内的窗户旁边，房间的中部床前部地面上铺有一块地毯。

（3）次卧室　即这套住宅中较小的卧室。由于其面积较小，卧室中的家具只配置有床、床头柜、衣柜等几种主要家具。

家具的陈设的位置，主要是床所占的面积较大，靠窗的床头侧边放置一只床头柜，上面陈设一盏白炽灯的台灯。室内的柜类家具陈设在床角对面的墙边，地面上铺设一条地毯。

（4）客房　主要是供家庭中来客人时作为卧室使用，亦可以改作书房或保姆房间使用，因此陈设相对比较简单。室内主要位置是一张单人床和靠墙摆放的柜类家具。

（5）餐厅与厨房　餐厅实际上是位于客厅左侧的一个比较开放的就餐区域，临近厨房和客房的门外侧，以方便就餐。餐厅的面积较小，陈设布局很紧凑，陈设的家具主要有一张餐桌和四把椅子。

8.8.2　住宅室内天花、立面设计图的识读

1. 室内天花设计图的识读

图 8-36 是图 8-34 所示住宅中的室内天花设计图，图中主要表达这套住宅中的每个房间

的棚面装修设计情况。这套住宅的主、次卧室、客房和小阳台的棚面比较简单，在棚面与墙面的交界处做了石膏线型的装饰。其余的多数房间都作了吊顶设计。

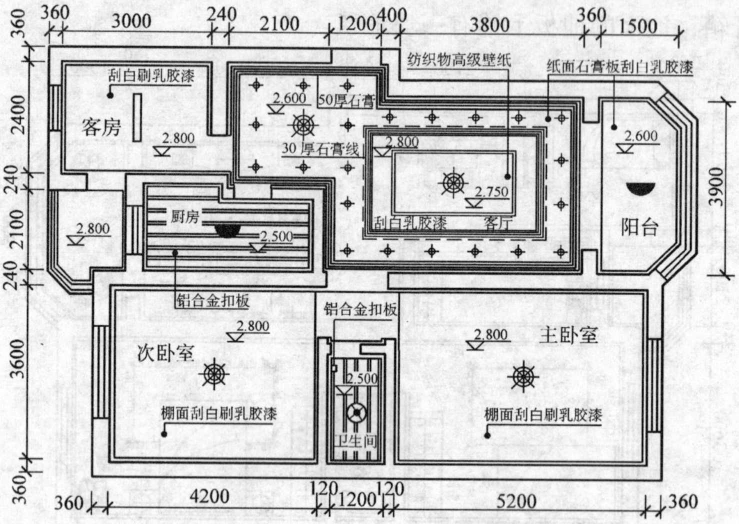

图 8-36　室内天花设计图

（1）客厅　客厅是与阳台融为一体的，但从天花设计图看，在客厅与阳台之间的门洞处，上方的梁将棚面分为两部分，因此室内棚面的吊顶也同样分成两个：一个是阳台的吊顶，从整个阳台棚面只有一个标高符号可以看出它是平顶。吊顶的棚面是纸面石膏板，棚面距楼地面的高度是 2.600m，与住宅室内的基础标高是有一定差距的；另一个就是客厅内部的棚面吊顶，其造型比较复杂。首先观察客厅的标高符号，发现有三个标高符号，位于棚芯和大面积棚面中间的标高符号显示 2.800m，这显然是客厅顶面的基本高度，顶面刮白刷乳胶漆；棚芯的标高符号显示 2.750m，表示该处棚面造型的高度比基础顶面低 0.050m；另一个是与餐厅相连的最大棚面，其标高为 2.600m。分析表明客厅吊顶棚面共两层，方形棚面用纺织物高级壁纸裱糊；下层吊顶有下浮式方形棚圈造型，其棚面刷乳胶漆。另外，在方形棚圈吊顶的内侧边缘有 30mm 宽的石膏线型，而在棚面与墙面的交角处有 50mm 宽的石膏压角线。

在客厅的天花图上还表达了照明灯具的安装位置，在阳台上安装了一盏吸顶灯。客厅的中间部位和餐厅位置各安装一盏吊灯。在餐厅和下浮式棚圈造型上共计安装 22 盏筒灯。

（2）主卧室、次卧室和客房　这三个房间的棚面构造比较简单，房间内均只有一个标高符号，表明这些棚面距楼地面的高度是 2.800m，是室内的基础棚面，没有特殊的造型。与客厅一样，这几个房间在棚面与墙体的交角处也镶有石膏压角线。

主卧室和次卧室棚面上各安装一盏吊灯，考虑到客房的用途和需要则选择了普通的单管荧光灯。

（3）厨房、卫生间　根据用途这两个房间的吊顶面层都是采用铝合金条形扣板。从棚面的标高符号上看，其数据标注为 2. 500m，与这套住宅的基础棚面的标高符号 2. 800m 显然是降低了很多，这通常与厨房、卫生间的给水排水等管线的安装构造需要有一定关系。虽然棚面的造型上也没有什么变化，但房间只有一个标高符号说明厨房、卫生间的天花吊顶都是平面顶棚。

在灯具的选择上，厨房安装的是吸顶灯，卫生间则安装一盏防尘防水灯。

2. **建筑室内立面图的识读**

建筑室内立面图有墙面剖面结构图、墙面布置图等多种，如图 8-37 所示。图中包括上下两张图样，根据图 8-34 知，上面图样是图 8-34 中阳台、客厅西侧方向的剖面图，下面图样是客厅、主卧室的南侧方向剖面图。

（1）客厅立面图　客厅立面图主要表达客厅室内的天花吊顶、墙体立面、地面的造型、结构及相关的材料品种等技术要求。在这张图上有两个剖面图与客厅的立面结构相关，因此可以对照分析进行立面图的识读。

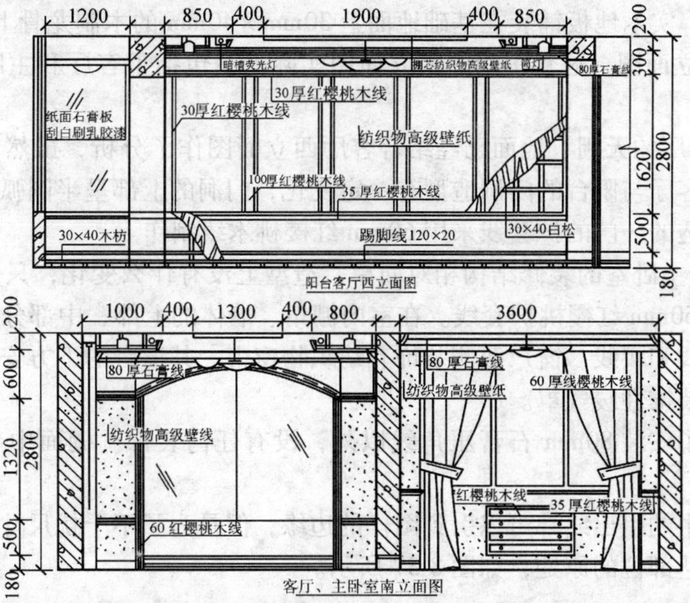

图 8-37　室内立面图

首先，客厅的西侧方向剖面图主要由两部分组成。一部分是阳台，这部分比较简单，棚面的结构和材料没有特殊的标注，与客厅的墙体、地面结构基本相同，吊顶面层选用的纸面石膏板材刮白刷乳胶漆。

结合客厅的南侧和西侧方向剖面图综合分析来看，客厅大致可以分成天花吊顶、墙体和地面等三部分造型结构。

1）天花吊顶。从两个剖面图中可以看出，客厅吊顶与两侧墙面相交的部位都有方形的框架结构，其高度尺寸线标注为 200mm，从前面的天花图样知，客厅的天花吊顶是在基础棚面的四周设计了一圈悬吊式的长方形棚圈，棚圈的悬吊宽度东西方向（即南立面图客厅左右两侧吊顶）分别是距室内墙面 1000mm 和 800mm，南北方向（客厅西立面图左右两侧吊顶）则是距室内墙面 850mm。从两个图样棚面附近标注的引出线来看，在棚圈与墙体的交角处安装有规格为 80mm 的装饰性石膏压角线。

客厅西立面图和南立面图吊顶结构的尺寸标注显示棚芯的尺寸为1900mm×1300mm，面层材料为纺织物高级壁纸。

客厅中部的棚芯部位安装一盏多头吊灯，棚圈内侧为暗槽荧光灯。在两侧悬吊的棚圈上则标注有筒灯的图例符号。

2）墙体。从图中可以看出，墙体上部和下部虽然造型有所不同，但基本由三层材料组成，最里层是30mm×40mm的白松木格栅龙骨直接与墙体接合，然后采用胶合板钉装在木制龙骨上，墙体的外层则是裱糊纺织物高级壁纸，最后在墙体上部的表面用各种规格的红樱桃木线进行分格造型装饰。从墙体的表面索引符号中我们可以得知，墙体上部的分格造型是由规格分别为30mm的挂镜线、35mm的腰线和100mm立板线钉装而成的。

墙体的下部与上部的内部结构基本相同，是由木龙骨、胶合板构成的，只不过是在墙体与地面的交角处安装了120mm×20mm踢脚线。

3）地面。地面的结构比较简单，整个地面全部是铺装的实木地板，这一点从图8-28中也可以得到验证，实木地板铺装在基础地面上30mm×40mm的木制龙骨上。

（2）室内南立面图　这套房间的南立面图实际上是包括了客厅和主卧室两个房间的南立面剖面图。

1）客厅。客厅的天棚、地面已经结合客厅西立面图作了分析，虽然方向变了，但结构基本相同，只是客厅与阳台的门洞造型有一定变化，门洞的上部呈半圆弧形，洞口没有安装任何门扇，是通透的。门的护套线采用60mm红樱桃木线制作。

2）主卧室。主卧室的装修结构相对简单，造型上没有什么变化，只是在窗户的边缘安装了保护窗户的60mm红樱桃护套线。在室内棚角、墙体的上部、中部分别安装了石膏压角线、红樱桃挂镜线和腰线。窗户两侧装饰有纺织物窗帘，其窗台的下方安装有4块条形红樱桃实木板组成的装饰性暖气罩。

室内棚面除了安装80mm石膏压角线以外，没有任何装饰。棚面中部安装一盏多头吊灯。

上述的图样中的引出线都可以引到图样的边缘，但是为了不干扰尺寸线的标注，所以一般都标注在所表达部位的原处，如图8-37所示。

8.8.3　室内电气设计图的识读

1. 室内电气照明设计图的识读

图8-38是与图8-34、图8-35、图8-36、图8-37配套的家庭住宅室内电气照明设计图，它与第7章的第7.5.3节中图7-51大同小异，故这里不再作详细介绍。

2. 弱电系统平面图的识读

图8-39是图8-34住宅室内的弱电系统平面图，它表达了室内弱电各系统的装置和传输线路平面位置，是这套住宅室内装饰装修的弱电安装施工中重要的技术依据。

从图样知，在入户门附近可以看到室内弱电各系统的图例符号旁都有一个带黑点的双箭头符号，表明各弱电系统的信号主干线是通过垂直向上或向下敷设，由各弱电系统的主机、接线箱或分支器盒接入各楼层以暗装方式安装的过路盒，再从过路盒接入住宅室内各系统的。按照图例符号和文字标注显示，安装在墙体内的过路盒由左向右依次为安全技防系统、电话通信系统、可视对讲系统和有线电视系统。

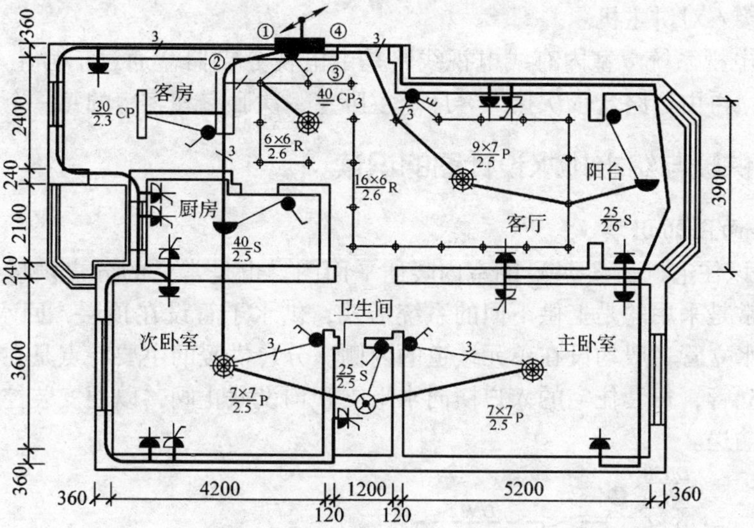

图 8-38　室内电气设计平面图

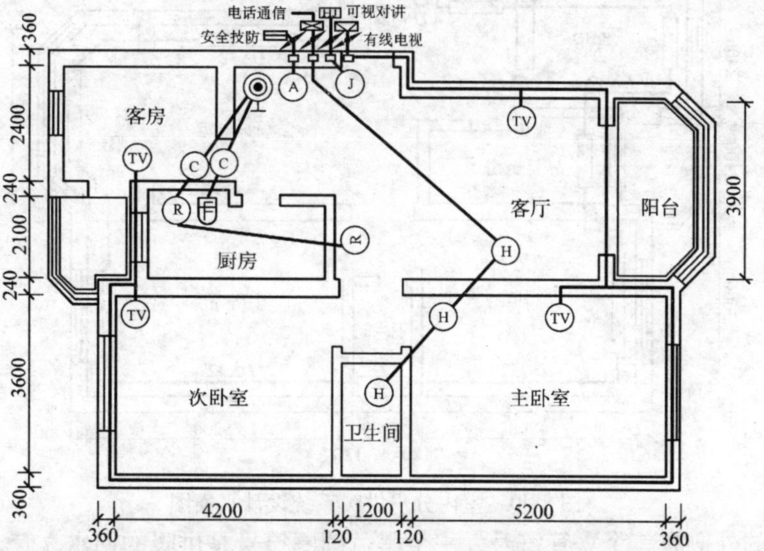

图 8-39　室内弱电系统设计平面图

（1）安全技防系统　这是常见的室内安全报警系统，它由煤气泄露报警器、红外探测器、门磁开关和紧急求助按钮组成。

在图样中，厨房内同时安装了煤气泄露报警器和红外探测器的探头，煤气泄露报警器通过门磁开关与户门附近的报警器相连。而客厅内的红外探测器探头与厨房内红外探测器探头串联，同样通过门磁开关与报警器相连接。煤气泄露报警器和红外探测器的线路与紧急求助按钮共同接入住宅内安全技防系统的过路盒，最后连接至安全技防主机。

（2）电话通信系统　室内的电话通信线路是由户外的电话通信接线箱通过信号主干线引入楼层的过路盒，再由楼层的过路盒接入住宅室内的。电话通信线路进入室内后依次接入客厅、主卧室和卫生间等共三个电话通信插座。

（3）可视对讲系统　可视对讲系统室内部分比较简单，从图样上看只是在入户门左侧部位安装了一个户内对讲话机，将话机与可视对讲系统的室内过路盒相连，最后通过信号主干线垂直向下接入对讲主机。

（4）有线电视系统　室内有线电视线路是由电视分支器盒通过信号主干线垂直向上引入室内过路盒，再由过路盒依次接入客厅、主卧室、次卧室和客房的每一个有线电视插座。

8.8.4　室内供暖与给水排水设计图的识读

1. 供暖平面图的识读

图8-40是该住宅（图8-34）的室内暖通平面图，也是常见的分户供暖平面施工图。这种供暖系统通常是采用的是上供下回的系统形式，供水干管设在顶层，回水干管设在底层。供水立管、回水立管一般均设在单元楼道的内侧。分户供暖的主要特点是在室内一般没有供水立管和回水立管，每套住宅的入户横向水平支管均设截止阀，以便安装控制阀用于控制室内管线热水的输送。

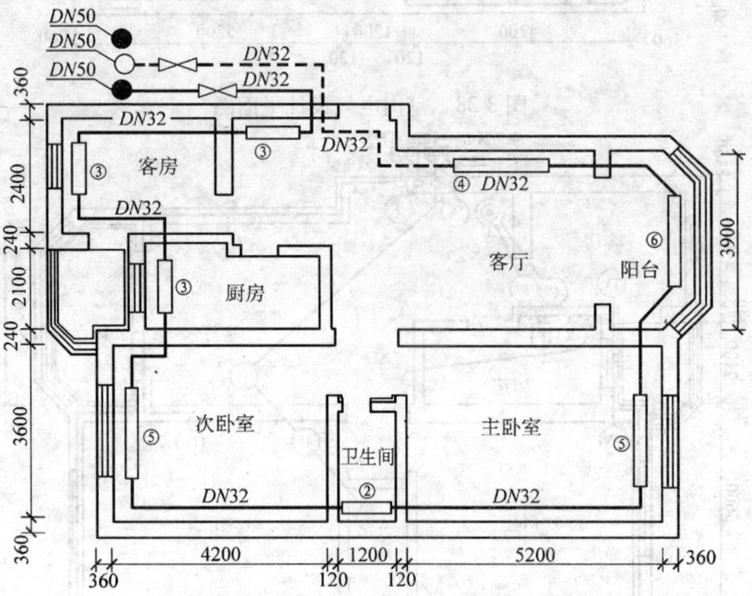

图8-40　室内分户供暖系统设计平面图

该套住宅的外侧有三个立管符号，一个黑色圆圈符号是供暖的回水立管，两个黑圆点符号是供水立管。供水立管中有一根立管是供水总立管，直接将热水输送至顶层总干管，不与每户的热水输送管线发生直接的联系，因此图上没有管线与它相连接。另一根供热立管则是直接与每户住宅室内的水平支管相连，使热水通过截止阀输送至室内，然后依次串联每个房间内的散热器。图中按照标准规定以粗实线表示供热水管，粗虚线表示回水管线。

图中显示供热水管穿墙进入室内后向左侧接至客厅左侧的散热器，通过散热器前边的标注我们可以知道该组散热器为3片。热水管线由客厅左侧的散热器进入客厅后，向下转向接入窗前的3片散热器。接着供热水管从客厅散热器的下方略向右转，然后再向下依次连接厨房和次卧室的两组散热器，这两组散热器分别为3片和5片。随后供热水管从次卧室的散热器出水管开始向右侧水平延伸，经过串联卫生间的2片散热器，直至主卧室右侧的墙边向上转折，与窗前的5片散热器相连接。再由主卧室的散热器穿过墙体与阳台散热器相连，最后再将供热水管接入客厅中部的散热器。

回水部分比较简单，回水支管由客厅内供热水管流经的最后一组散热器出水口开始，沿墙向左侧敷设，穿过墙体直接将回水通过截止阀排入户外的回水立管，再经由回水立管进入回水总干管返回锅炉。

所有立管、水平支管的管径均在图纸中表示出来，立管和水平支管旁标注的数据“*DN*50”“*DN*32”，表明户外的给水立管和回水立管直径为50mm，室内的热水水平支管和回水水平支管直径均为32mm。

图中除了表示散热器在每个房间的位置以外，还在每组散热器旁用文字标注出该组散热器的片数情况。例如：在阳台的散热器旁标注为⑥，即表示该组散热器的片数为6片。在卧室散热器旁标注为⑤，则表示该组散热器的片数为5片等。

2. 给水排水平面图的识读

图8-41是该住宅（图8-34）的给水排水平面图，主要表示住宅室内给水立管、给水支管、排水立管、排水横管的位置、走向及管道直径等。该给水排水平面图涉及的只是厨房和卫生间给水、排水系统中立管、支管、附件及卫生器具的布置情况。

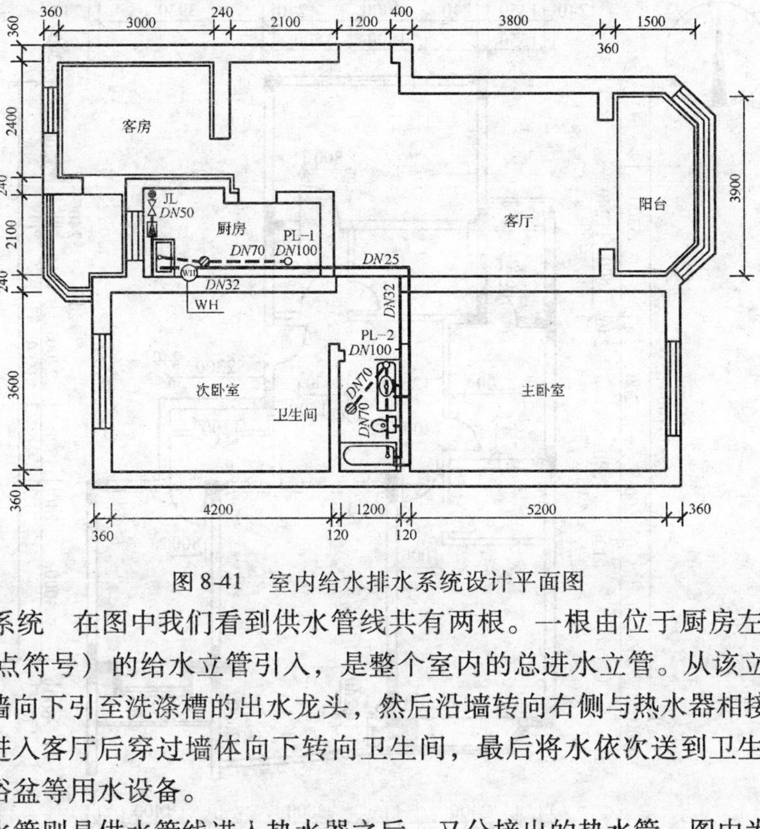

图8-41　室内给水排水系统设计平面图

（1）给水系统　在图中我们看到供水管线共有两根。一根由位于厨房左侧上方标注为“JL”（黑色圆点符号）的给水立管引入，是整个室内的总进水立管。从该立管上引出的给水水平支管沿墙向下引至洗涤槽的出水龙头，然后沿墙转向右侧与热水器相接。接着沿墙再向右侧延伸，进入客厅后穿过墙体向下转向卫生间，最后将水依次送到卫生间的台式洗面盆、坐便器和浴盆等用水设备。

另一根供水管则是供水管线进入热水器之后，又分接出的热水管，图中为与冷水管区别采用中实线表示。这条热水管线向左引至洗涤槽，向右则与冷水供水管线并行敷设，直至将水引至卫生间洗面盆和浴盆的热水龙头。

平面图中给水立管旁标注的“*DN*50”表明其直径为50mm，而供水支管和热水支管的标注分别为“*DN*32”和“*DN*25”，表明其直径分别为32mm和25mm。

（2）排水系统　这个住宅的排水系统共有2根排出管PL-1、PL-2，分别位于厨房和卫生间。厨房内的排水立管位于图样中厨房的右侧下方，标注显示其直径为100mm。厨房中洗涤槽和地漏所排出的污水，沿图中标注直径为70mm的排水横管直接排入排水立管PL-1（黑色圆圈符号）。

卫生间的排水立管PL-2（黑色圆圈符号）位于门内右侧的洗面盆处，直径标注为100mm。浴盆、坐便器和洗面盆中使用后的污水先排入直径为70mm的排水横管，再沿地面上有一定坡度的排水横管进入排水立管PL-2。而卫生间地面上的地漏所收集的污水进入标注直径为70mm排水横管后，沿有一定坡度的排水横管斜向排入排水立管PL-2。最后所有污水排入排水总干管。一般都将排水横管画在本层平面图中。

习　　题

1. 根据所提供的一套三室二厅住宅，编写一简单的设计说明（内容①自定业主概况和要求；内容②设计理念和设计内容）；作一份平面布置图和二份立面图（宜选择两厅的几个背景墙为设计对象）。

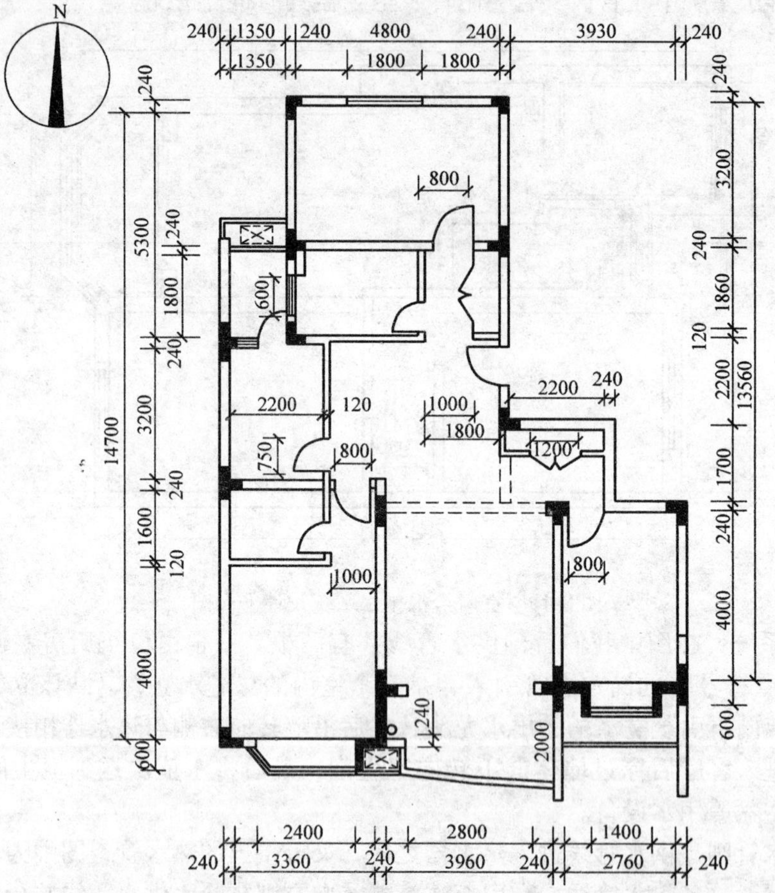

习图 8-1

2. 以上题的两厅设计为基础，并结合上题的立面图设计，做一份二灭点透视图。

参 考 文 献

[1] 徐长玉．装饰工程制图与识图［M］．北京：机械工业出版社，2005.

[2] 杨月英，施国盘．建筑制图与识图［M］．北京：中国建材工业出版社，2007.

[3] 张寅，蔡红，彭晓燕，等．建筑装饰制图［M］．北京：中国水利水电出版社，知识产权出版社，2006.

[4] 陈国瑞．建筑制图与 AutoCAD［M］．北京：化学工业出版社，2004.

[5] 吴雪梅．建筑阴影与透视［M］．哈尔滨：哈尔滨工业大学出版社，2005.

[6] 邓背阶，陶涛，孙德彬．家具设计与开发［M］．北京：化学工业出版社，2006.

[7] 劳动和社会保障部教材办，上海市职业培训指导中心，等．室内装饰设计［M］．北京：中国劳动社会保障出版社，2008.